普通高等教育“十三五”规划教材

环境土壤学

第二版

张　辉　编著

化学工业出版社

·北京·

《环境土壤学》（第二版）系统阐述了土壤的成因理论，土壤的自然属性，土壤的环境功能，土壤的环境意义和有关化学过程、机理以及土壤污染修复治理中的相关问题等知识，介绍和讨论了当前土壤环境与工程领域污染研究和防治实践中的前沿问题及其动态，具有鲜明的时代特征。全书共分八章，主要包括土壤的成因及基本属性、土壤污染、土壤污染研究中的有关问题、土壤污染防治与修复等内容。每章后均附有相关参考文献以及就本章内容的思考讨论题，便于读者进一步深入研究与学习。

本书可作为高等院校环境科学、环境工程以及与之有关专业高年级学生的专业教材或教学参考书，也可供从事环境科学与环境工程工作的专业人员在相关研究以及工程实践中参考。

图书在版编目(CIP)数据

环境土壤学/张辉编著.—2版.—北京：化学工业出版社，2018.9（2024.9重印）
普通高等教育“十三五”规划教材
ISBN 978-7-122-32594-5

Ⅰ.①环… Ⅱ.①张… Ⅲ.①环境土壤学-高等教育-教材 Ⅳ.①X144

中国版本图书馆CIP数据核字（2018）第149704号

责任编辑：满悦芝
责任校对：王素芹
文字编辑：陈 雨
装帧设计：张 辉

出版发行：化学工业出版社（北京市东城区青年湖南街13号 邮政编码100011）
印 装：北京七彩京通数码快印有限公司
787mm×1092mm 1/16 印张19 字数473千字 2024年9月北京第2版第7次印刷

购书咨询：010-64518888
售后服务：010-64518899
网 址：http://www.cip.com.cn
凡购买本书，如有缺损质量问题，本社销售中心负责调换。

定 价：69.00元

前　言

《环境土壤学》（第二版）是笔者编著的2006年版《土壤环境学》的再版。《土壤环境学》出版后，在十多年的使用过程中，根据来自学生层面以及同行们的反馈意见，并结合自我发现的一些问题和不足，笔者陆续对其进行了修改和补充完善，形成了现今呈现给大家的《环境土壤学》（第二版）。在原《土壤环境学》基础上，《环境土壤学》（第二版）除了侧重介绍、阐述土壤环境的一般问题和研究方法、动态外，就当前学科实际需求方面的知识以及问题探索做了较多的介绍和讨论，以适应学科发展的需要。其中，就污染物在土壤体系中的行为效应和有关修复治理中的相关问题安排了较多的篇幅，占了一定比重，这是《环境土壤学》（第二版）的特色。

党的二十大报告指出，我们坚持绿水青山就是金山银山的理念，坚持山水林田湖草沙一体化保护和系统治理，全方位、全地域、全过程加强生态环境保护，生态文明制度体系更加健全，污染防治攻坚向纵深推进，绿色、循环、低碳发展迈出坚实步伐，生态环境保护发生历史性、转折性、全局性变化，我们的祖国天更蓝、山更绿、水更清。针对污染土壤的修复问题，人们陆续提出了诸多方法、思路，这些方法、思路有的甚至无论是在理论上还是在实践层面上都还存在问题或争议，但这些都是在土壤污染防治进程中为最终达到使土壤得以持续地被人类生态友好地利用的有益探索。因此，就当今本领域和业界近年有代表性的工作成果、有新意的工作思路以及人们较感兴趣的方向，本书分别从痕量金属污染修复、有机污染物污染修复、痕量金属有机物复合污染修复、主要工程方法和案例的重要机理等几个方面进行了概述、总结，希望通过分析、讨论从中得到启示，以供读者在对土壤环境问题的认识和在土壤污染修复治理工作中参考。

《环境土壤学》（第二版）总体由以下四部分内容组成。

第一部分：土壤的成因及基本属性（含第一章绪论，第二章土壤的形成，第三章土壤环境，第四章土壤的物理化学性质）——主要介绍、阐释土壤的自然属性，包括土壤的形成、物质成分、土壤在地球圈层中的位置以及特征与功能、土壤在能量与物质循环及其转化过程中的功能与作用、土壤体系中主要的物质作用过程等基础理论知识。

第二部分：土壤污染（含第五章土壤环境污染）——介绍、分析、论述土壤污染的发生、形成和种类，以及土壤体系中与污染物有关的物质行为、效应、因素等问题。

第三部分：土壤污染研究中的有关问题（含第六章土壤中元素的背景值和化学形态）——介绍、讨论当前土壤污染研究中的前沿问题，如土壤中元素的背景含量及其确定方法或思路、土壤中元素化学形态及其环境意义、土壤中元素化学形态分析方法以及各种土壤元素化学形态分析程序的适用情况和局限性，阐述当前环境科学与工程领域土壤元素形态分析研究的现状与发展趋势。

第四部分：土壤污染防治与修复（含第七章土壤环境污染防治，第八章土壤污染修复案例及主要工程措施的重要机理）——介绍土壤污染防治的有关方法、思路、工作实践及其理论依据，如土壤环境容量及其环境意义的时空相对性、土壤污染分区、土壤污染防治研究以及修复治理案例、土壤污染修复治理工作的动态以及发展趋势等。

本书部分内容是国家自然科学基金项目（41572329）资助完成的研究成果（第六章），特此鸣谢！

希望《环境土壤学》（第二版）介绍、论述的内容对土壤环境学科领域以及相关学科的教学和研究能够有所裨益，也希望听到来自同行专家和同学们等各方面的意见。

欢迎各界同仁指正。

编著者

2023 年 7 月

目　录

第一章 绪 论

土壤是地球吸收和转化太阳能的最重要的过程媒介与物质载体，在其中发生着最重要的生命过程——呼吸与光合作用。土壤圈是生物圈的主要组成部分之一，是人类赖以生存的物质基础和生产资料，同时也是人类和人类社会生存发展的基本生态环境条件（柯夫达，1973）。然而，越来越多的证据表明，土壤环境正在承受着人类活动施加给它的日趋严重的环境负荷，这些负荷包括对其资源能力的超额索取和对其自净能力的过量使用。越来越多的事实提醒人们，土壤在人类超负荷利用和影响下正在发生退化，其质量与功能在下降和削弱，故土壤环境需要被保护，土壤环境问题需要人类的高度重视和科学应对。

第一节 土壤概述

一、土壤的概念

土壤作为独立的表生自然体，被定义为“位于地球陆地的、具有肥力的、能够生长植物的疏松表层”。按容积计，一般土壤中矿物质占38%～45%，有机质占5%～12%，土壤空隙约占50%；按质量计，一般土壤中矿物质约占固相部分的90%～95%，有机质约占1%～10%。总的看来，土壤是以矿物质为主的物质体系。土壤是独立的、复杂的地球外壳，它覆盖在整个地球大陆外层。土壤圈处在与岩石圈、生物圈、水圈和大气圈密切的相互依存与作用之中（Sposito et al，1995）。

人类很早就将土壤作为主要的生产资料——农业劳动的工作对象。因而，土壤也就成为人类赖以生存的独特且重要的自然资源。以土壤的肥力特征、保蓄性能以及其中的生命活动等主要客观属性为中心，对土壤的研究、探索不断深化，建立了有关土壤的发生、发展、性质、分类和地理分布规律的一系列概念和理论，形成了系统的研究方法，从而建立并发展了现代土壤科学（詹尼 H，1998）。

二、土壤的环境意义与环境土壤学

土壤是地球表层的一圈脆弱薄层，它关系到人类的生死存亡。土壤圈是人类赖以生存与发展的重要资源与生态环境条件，是在地球演化特别是地表圈层系统形成的历史过程中，继原始岩石圈、大气圈、水圈和生物圈之后，最后出现和形成的独立自然圈层。土壤圈处于上述圈层的交接面上，是地球各圈层与生物圈共同作用的结果。由于土壤圈的特殊空间位置，从而使其成为地球表层系统中物质与能量交换、迁移和转化最为复杂、频繁和活跃的场所，同时又是自然界中有机界与无机界相互连接的纽带、陆地生态系统的基础。土壤与依赖于它生存的动植物息息相关，因此，它在维持生物圈的生命过程和生物多样性、全球变化以及人类社会的可持续发展中扮演着重要而独特的角色。

从环境科学的角度看，土壤不仅是一种资源，而且是人类生存环境的重要组成要素，为人类环境的总体组成要素之一（Annold，1991）。由于土壤环境的特殊物质组成、结构和空间位置，除了肥力外，土壤尚有另外一些重要的客观属性，如土壤系统的缓冲性、土壤系统的净化性能等。这些属性使土壤在稳定和保护人类生存环境中起着极为重要的作用，在某种程度上这种重要性并不亚于土壤肥力对于人类生存发展的意义。这会使人们更加深刻地认识到合理利用土壤资源和保护土壤环境对保护人类生存环境、促使人类社会持续发展的内涵及其深远意义，进而也要求人们从环境科学的角度去深入研究和认识土壤。

在长期的生产过程中，人类在利用和改造土壤的同时，产生了新的环境问题。所谓土壤环境是指连续覆被于地球陆地表层的土壤圈层。环境土壤学（soil in environment）则是以人类和土壤环境的特殊矛盾为研究对象，应用土壤学、环境学（环境地球化学、环境化学、环境生物学）以及其他相关学科——地理学、生态学等的基本理论和知识，研究土壤环境的发生、发展及其有关过程，特别是人类活动对土壤环境的组成、结构、性质的影响，为预测、调控、管理、改造及保护土壤环境服务的科学。因而从学科性质上，环境土壤学属于土壤学和环境学之间的交叉学科或边缘学科。

第二节　土壤与人类

一、土壤的自然属性与功能

土壤是在母质、气候、生物、地形和时间等因素的共同作用下形成的自然体。在不同的自然环境中，土壤的形成过程和性状各具特色。土壤在地球表面是生物圈的组成部分，它提供陆生植物的营养和水分，是植物进行光合作用、能量交换的重要场所。土壤-植物-动物系统在人类生活中是太阳能输送的主要媒介；在陆地生态系统中，土壤-生物系统（主要是植物）进行着全球性的能量、物质循环和转化。土壤具有天然肥力和生长植物的能力，是农业发展和人类生存的物质基础。由于土壤肥力能保证人类获得必要的粮食和原料，因此，土壤与人类生产活动有着紧密的联系。

土壤是人类须臾不可分离的自然资源和环境条件。对于人类甚至整个陆地生态系统来说，土壤首要的基本功能是具有生产性能，其本质属性是具有肥力，即同时不断地供给植物生长所需的水分、养分、空气和热量，以及其调节、控制生态环境条件的能力。土壤的第二个基本功能是土壤的净化作用，即通过土壤生物对有毒有机和无机物质进行迁移、转化（生物降解作用），通过土壤黏粒进行离子吸附与交换，通过土壤水分和空气对物质进行稀释、扩散、溶解与沉淀的过程，以及因土壤的酸碱反应和氧化还原条件的改变而使有毒物质赋存形态的改变，以减少或降低、缓解土壤中有毒物质的浓度、毒性（或活性）的过程。利用土壤的净化作用或称为土壤的净化过滤作用，将土壤作为生活垃圾及生产废弃物的处理场所，古已有之。随着现代化社会的发展和人口的增长，“三废”物质日益增多，环境污染日趋严重，人们在关注土壤的生产功能、土壤资源的承载力和足够食物保证的同时，也把目光转向了土壤的净化功能和农业产品的质量、健康与安全等方面。土壤圈是一个开放复杂的耗散系统，是地表系统整体的组成部分，它不但通过界面与其他圈层之间进行物质、能量与信息的迁移、转化和交换，在其他圈层的作用和影响下不断发展和变化，而且它对其他圈层的作用和影响导致各圈层整体也在不断地发展变化（陈静生，1990）。因而，土壤圈对整个地表系统来说起着重要的缓冲与稳定作用。从土壤和生物的关系来说，土壤的多样性是生物多样性的基础，某一土壤类型和特征的消失意味着依赖于该土壤生存的植物和土壤生物的濒危。这是土壤圈的第三个基本功能——生态功能。

土壤和土壤圈的基本功能是通过土体中的物理、生物、化学和物理化学特性与过程之间的互动和协同，以及土壤圈与其他圈层之间的物质、能量和信息的迁移、转化及交换过程来实现的。这也是由土壤的特性所决定的。

土壤特性是从几个方面体现的，包括物理特性、生物特性、化学与物理化学特性等。

（1）物理特性　土壤圈是由固（有机物质和矿物质）、液（土壤水分和溶质）、气（土壤空气）多相物质且多层次组成的疏松多孔的复杂体系。土壤的物理特征包括土体厚度、土体的垂直变异（剖面构型和质地构型）结构、质地、孔隙度和大中小孔隙的比例、紧实度、土壤密度等。这些物理条件与特性决定了土壤圈的物理运动过程和物理性状，如土壤水分运动与水分状况、能量运动与温热状况和土壤空气运动与空气状况等，并影响着土壤圈与其他圈层之间的物质与能量交换，对维持、调节和控制地表系统的稳定性起着重大作用（黄昌勇，2000）。

（2）生物特性　土壤生物是生物圈的重要组成部分，从微生物至高等动植物体现了从微观到全球陆地范围内的异乎寻常的生物多样性。据研究，1kg 土壤中可能有 54 亿个细菌、100 亿个放线菌和 10 亿个真菌；土壤剖面 1m 厚度土层中所包含的一株植物根系的总长度就可达 600km。土壤圈和岩石圈（包括其风化壳）的主要区别就在于它的生物学活性。土壤圈的主要功能在很大程度上是靠这一生物学特性体现的。

（3）化学与物理化学特性　土壤圈中的化学与物理化学过程和特性主要有如下几点。

① 土壤胶体表面和溶液间的离子吸附与解吸作用。土壤胶体表面和溶液间的离子吸附交换量以每千克土壤（或黏粒）吸附或交换溶液中的阳离子的厘摩尔数（cmol/kg）表示，即土壤阳离子交换量（CEC）。它不但反映了土壤腐殖质、黏土矿物的种类与数量，而且反映了影响可变电荷的土壤 pH 值的大小。与之有关的物理化学特性还有土壤吸附的交换性盐基离子总量与该土壤阳离子交换总量的比例，即盐基饱和度。土壤交换性阳离子的组成中，如不含交换性酸离子（H^+、Al^{3+}），则该土壤为盐基饱和土壤，反之即为盐基不饱和土壤。交换性阳离子的组成在很大程度上反映了土壤的淋溶强度。随着淋溶强度的增加，土壤盐基饱和度降低，土壤酸度增加。而交换性钠饱和度大于 5%是土壤发生碱化作用的表征。

② 土壤酸碱度。土壤酸碱度是土壤的重要化学特性和指标（通常以 pH 值表示）。一般将土壤酸碱度分为：强酸性（pH≤5）、酸性（pH＝5～6.5）、中性（pH＝6.5～7.5）、碱性（pH＝7.5～8.5）、强碱性（pH≥8.5）。土壤酸碱度是影响、调节和控制土壤圈物质迁移、转化的重要因素。

③ 氧化还原反应。土壤中的氧化还原反应是土壤中不断进行着的重要化学作用过程，是影响土壤中物质迁移、转化的主要因素之一，对土壤中元素的生物化学效应起着至关重要的制约作用。

此外，土壤在全球水循环、地表热量调节以及与生态平衡密切相关的 C、N、P、S 循环中都起着不可替代的作用与深远影响。土壤中的水是土壤圈最重要的物质组成部分，它在土壤圈的形成与发展过程中起着十分重要的作用，在很大程度上，土壤水参与了土壤圈中大部分物质的迁移与转化过程。因此，土壤圈中土壤水分的变化和运移机理、土壤水分与土壤组成部分之间的相互关系是土壤形成过程中的重要作用因素。同时，土壤水也是地球表层系统水循环的重要组成部分，进入土壤圈的降水、地表水与地下水，通过土表蒸发、植物蒸腾、土内侧向径流和地下水流动再回归大气圈、河流、湖泊和海洋。虽然它的容积只占全球水总体积的0.005%，但它是重要的淡水储存库，是土壤生物和植被的主要生命水源，是地球陆地地表水的过滤净化器，也是地表水和地下水相互转化的重要环节和"调节器"。因此，土壤水分、土壤水分平衡、土壤水分储量及其有效性都将直接或间接地影响水圈。

土壤热量平衡中主要收入是太阳辐射能，它除了用来提高土壤温度外，主要耗散于土壤水分蒸发。此外，近地面空气的流动将热量带走或补给土壤。昼间，土壤表层吸收太阳辐射后温度上升，与下层土壤产生温度梯度，热量流向温度较低的下层土壤；夜间，表层土壤冷却，热量则由下层土壤流向表层土壤。以上这些过程对地表温度起调节作用。

土壤圈的生物地球化学循环是全球生物地球化学循环的重要组成部分（李天杰，2004）。土壤有机质的形成与转化是土壤生物地球化学的总体过程；土壤圈中C、N、P、S元素的内循环是其全球循环的重要环节，也是当前学界研究的热点问题之一。

二、土壤与人类的关系

人类从一出现就与环境构成了对立统一体，在对立统一的过程中发展。人与土壤环境正是这一关系的具体表现。在利用和改造土壤环境的过程中，人类活动对土壤影响的性质和程度是不同的。例如，人类最初只是采食土壤中生长的植物产品，仅对土壤生态造成一定影响，对土壤环境的影响甚微。人类在开垦利用土壤作为种植业基地的最初阶段，也仅是破坏了土壤的自然植被和土壤肥力的自然平衡，而这些可以通过自然过程或施加有机肥料来得到恢复。但当人类利用土壤过度，超过了土壤的自然恢复能力，依靠上述手段不再能恢复其生态平衡时，便产生了土壤侵蚀、沙化、盐渍化、沼泽化、肥力下降以及污染等现象。随着社会经济的发展、科学技术的进步及人口的增长，人类活动对土壤环境的影响范围和强度不断增大，人类不但在利用而且在改造着土壤环境，甚至影响到产生新的土壤环境，如新的人工土壤类型（水稻土、堆垫土等）和农田生态系统。另外，过度利用土壤环境使土壤退化面积不断扩展、程度不断加深，导致土壤生态环境恶化。同时，由于"三废"物质的积累，输入土壤环境的有毒有害物质的绝对数量在不断增加，逐渐超过土壤环境的承载能力，结果使土壤环境受到污染，质量下降，从而出现更深刻的土壤环境危机。由此可见，人类活动对土壤环境的影响是多方面的，是土壤环境问题发生的最主要根源（王焕校，2001；赵其国，1995）。

土壤环境是自然环境诸要素长期、综合作用的产物，因此，土壤环境的形成和发展、物质组成、结构与功能都与地球表层自然环境系统的时空变化密切联系着。如全球性气候变暖趋势可导致全球自然地带的各种变化，由于气温升高而引起的海平面上升也必然会使全球土壤环境发生相应的变化，有的区域可能向有利的方向（如温度和湿度的增加）转变，而另一些地区可能向不利的（如干旱）方向变化，或者遭受海水淹没，或使咸水通过地下向大陆侵浸；臭氧层变薄可能影响到生物圈和土壤生态系统的改变等。总之，土壤环境的发生、发展仍在受着自然环境系统所固有的自然规律的制约。

土壤具有肥力是人类最早认识和利用的基本土壤特性，也是人类在利用土壤过程中最先产生的经常性土壤环境问题（如土壤贫瘠化和总体退化等）的缘由（中国农业百科全书土壤卷编辑委员会，1996；中国土壤学会，1999）。土壤肥力包括自然肥力和经济肥力。自然肥力是土壤自然形成过程中的产物；经济肥力主要是在人类活动综合作用下才具有的，它实际包括自然肥力和人工肥力。由此可见，土壤肥力水平的高低是可以随着人类对土壤的利用和改造过程而改变的，在此意义上土壤属可更新或再生性自然资源范畴。但地球上土壤资源的面积一般说来在理论上是不变的、有限的，因而在此意义上它又是不可更新的资源。此外，土壤肥力虽然在理论上来说是可以不断提高的，但在一定的社会经济和技术水平下，提高也是有限的，因此，单位面积土壤对人口（或动物）的承载力或者说环境容量是有一定限度的。这样，全球人口的不断增长以及生产、生活对土壤的自然属性的负面影响与可利用的土壤资源的有限性就形成了难以克服的供需矛盾，这种矛盾是土壤环境问题产生的另一个重要缘由。

第三节 土壤环境问题

土壤不仅是一种生产资料，而且是一种环境要素。目前，人们较为关心的土壤环境问题主要有如下3个方面。

（1）人类的大规模生产、生活活动改变了影响土壤发育的生态环境，使土壤本身的自然循环状态受到影响或破坏。如人类对森林、草原等天然植被的破坏引起土壤侵蚀、水土流失、土地沙化和贫瘠化，由此引发干旱、沙尘暴、河流断流、地下水位下降等一系列生态环境问题。

（2）现代化农业生产对农药、化肥的大量使用使土壤遭受长期污染。

（3）现代城市发展以及现代工业排放的大量废气、废水和废渣中的各种污染物常常经由不同途径污染土壤。

一、土地利用类型变化

人类对土壤资源利用的直接后果是土地利用类型比例的变化，它影响着土壤生态平衡、经济发展和与环境的协调性。世界土壤资源的面积和承载力的有限性与随人口增长而不断膨胀的需求之间的矛盾日益扩大，其结果是对土壤资源的压力增大，这样，土壤的经济肥力不会提高，而对土壤自然肥力的掠夺性利用会不断增加，土壤的生态平衡迅速恶化，加速了土壤的退化。土壤退化则进一步使土壤肥力和农产品产量、质量下降，最终导致土壤资源与人口增长之间的矛盾激化，生态平衡陷入恶性循环。

二、现代农业使土壤环境长期遭受污染

随着现代农业的发展，为提高土壤单位面积产量而不断增加化肥和农药的施用量，为了缓和并解决水资源紧缺而采用污水灌溉和土地处理系统，为提高土壤有机质含量而在农田施用污泥与生活垃圾等等，这些过程和措施都使土壤环境中污染物质的累积量逐渐增加，最终招致土壤环境的污染（Zhao et al，1997）。

三、城市及工业对土壤环境的污染

土壤被侵占主要是指城市化、工矿业和其他建设项目等的非农用地所占的面积比例在惊人地增长。它不但加剧了土壤资源和人口膨胀之间的矛盾，而且使土壤环境污染的面积急剧扩张、污染的程度不断加重。

据有关资料统计和预测，地球上所能承载的人口极限为80亿，逾越这个极限对经济发

展将造成不可估量的压力。现在，世界可耕地面积约29.55亿公顷，世界人均可耕地在逐年锐减。据推算，目前世界水土流失面积达2000万平方千米，已达总面积的16.8%。全球沙漠化面积已达40多亿公顷，并且每年以600万公顷的速度在向沃土良田延伸。伴随着经济的高速增长，环境污染物的排放量猛增，使土壤污染面积随之增加。据20世纪末的统计资料，我国遭受环境污染物污染的耕地约600万公顷，农药污染面积13003公顷，遭受酸雨危害的耕地已达260万公顷；全国占用耕地面积呈增长趋势，建设用地已达29.7万公顷（超过计划的7.4%），工业固体废物堆存量59.2亿吨（占地5.45万公顷）。从上述不完整的资料统计中，足见全球和我国土壤资源在数量与质量上所面临的严峻形势。

综上所述，无论从资源、环境还是生态学的观点出发，人类都应该珍惜和保护土壤，但目前土壤资源被破坏、侵占，土壤环境问题（即土壤环境污染和土壤生态环境破坏）的严重状况实际上已成为突出的全球性问题之一。

需要指出的是，迄今为止，除环境学、土壤学、农学、地学和生态学等学科的部分科学工作者外，其他学者对土壤环境问题还远没有像对全球气候变化、臭氧层变化以及酸雨等问题那样给予重视和关注，其原因是多方面的，如以下几个方面。

（1）缺乏对土壤环境污染危害性的正确评价。土壤污染绝不是孤立的个别和局部的公害事例，而是日趋严重的全球性环境问题。土壤环境痕量金属污染、农药有机物污染、化肥污染、放射性污染等全球性土壤环境污染问题日趋严重，而且土壤环境一旦遭受污染便难以治理，其危害深远。上述这些问题目前尚没有被深刻认识和受到足够的重视。

（2）由于土壤环境污染的特点——渐进性、隐蔽性和复杂性，使它不像大气和水环境污染那样易为人们所直观觉察到其危害。

（3）土壤环境污染对生物和人体的影响或生态效应是间接的，具后效性，即其危害是通过在食物链中逐级积累的方式显示出来的。因此，人们往往是已身受其害而尚不自知。

为了保证农畜产品质量和人体健康，大力开展对土壤环境污染防治的研究，唤起和提高人们的土壤环境保护意识，以保护农业生态系统和全球表层环境系统，已是刻不容缓的具有现实意义和深远历史意义的重大课题。

土壤环境污染其实也是土壤生态环境问题，若说二者之间存在差别，也不过是它们的后果稍有差异而已。前者的危害主要是使产品遭受污染从而质量下降，直接影响人体健康和人类生存。而后者（生态环境破坏）的后果，如土壤退化，主要是威胁土壤资源和土壤环境本身的继续存在与发展，影响产品质量、数量和土壤资源与环境的永续利用。如上所述，人类活动对土壤生态环境影响的强度、原因和途径是多方面的，包括施用化肥、污灌、固体废物堆放、大型工程项目影响、现代工业排放和全球气候变化等因素造成或引起的土壤环境问题。

施用化肥本来是为提高土壤肥力从而增加作物产量的，但若施用不当，会引起土壤中营养元素的失衡，并且会通过挥发进入大气或通过溶解进入水系统而发生迁移，最终影响大气和水环境质量。污水灌溉和土地处理系统对土壤生态环境的影响主要表现为对土壤正常成分的改造或影响。污灌和污水土地处理系统是人们有意识、有目的利用土壤环境自净功能解决水资源缺乏问题从而使污水资源化的重要应用工程措施，但由于污水的成分和水质变化极为复杂，而土壤的环境容量又有限，因此污水灌溉和污水土地处理系统都是需要深入研究的重要土壤环境课题，对土壤环境污染防治和生态环境保护都有重要意义。土壤向来都被作为废物的最终处理场所，随着工农业生产的发展，固体废物的种类、数量、成分日益增多和复杂化，如工矿业的固体废物包括金属矿渣、煤矸石、粉煤灰、城市垃圾、污泥、塑料废物等。固体废物对土壤资源的侵占、污染已成为当今必须重视研究和解决的土壤环境问题之一。大型建设项目是指一些大型的水利枢纽工程、煤矿、铁矿、多金属矿床和石油开采等项目，它们已成为当今人类开发建设对环境造成影响的主要形式。它们往往造成对土壤的大面积侵占、大规模破坏、大范围淹没和严重污染，破坏了土壤自身的生态平衡，改变了土地自身的作用或功能。这都是对土壤环境的重要影响，并相应地随之对社会环境产生一系列影响，如社会经济发展和移民等。因此，对受其影响的土壤环境的治理、复垦和生态保护措施的研究应该是今后的重大课题。由于人类活动向大气排放的酸性物质（SO_2、NO_x 等）的增加，酸性物质的干、湿沉降增多，它们沉降到土壤环境中，从而引起土壤酸化、土壤营养状况变化，以致土壤生态环境的改变，最终影响到植物的正常生长。酸沉降对土壤生态环境产生的生态效应问题已成为全球性的重要环境问题。全球变化是人们所关注的焦点，首先是全球气候变化，而全球气候变暖对冻土带的冻融变化、自然地带界限的移动和某些区域的干旱都将产生极大的影响。由于气温上升，两极地区冰盖的融化会使海面上升，对滨海地区土壤也将产生重大影响。全球性气候变化对世界规模的土壤退化现象如土壤侵蚀、土壤沙化、土壤盐渍化和土壤沼泽化等都将产生深刻的影响。

保护土壤环境和对土壤污染的预防治理是人类面临的一项十分迫切且重要的任务。

思考讨论题

1. 土壤作为资源对人类社会的作用与意义具体体现在哪些方面？
2. 土壤环境的环境功能及意义有哪些？
3. 土壤环境问题的发展趋势及制约因素是什么？
4. 试简述土壤环境学的研究内容。

参考文献

陈静生，1990. 环境地球化学. 北京：海洋科学出版社.

黄昌勇，2000. 土壤学. 北京：中国农业出版社.

柯夫达 B A，1973. 土壤学原理. 陆宝树，等译，北京：科学出版社.

李天杰，等，2004. 环境地学原理. 北京：化学工业出版社.

王焕校，2001. 污染生态学. 北京：高等教育出版社.

詹尼 H（Jenny H），1998. 土壤资源起源与性状. 李孝芒，等译. 北京：科学出版社.

赵其国. 1995. 跨世纪的土壤科学，中国科学院院士谈 21 世纪科学技术. 上海：三联书店.

中国农业百科全书土壤卷编辑委员会，1996. 中国农业百科全书土壤卷. 北京：农业出版社.

中国土壤学会编，1999. 迈向 21 世纪的土壤科学. 中国土壤学会第 9 次全国代表大会论文集（综合卷）.

Annold R W，1991. 全球土壤变化. 赵其国，编译. 土壤学进展，5：16-23.

Sposito G，Reginato R J，1995. 基础土壤科学研究的契机. 陈杰，骆国保，等译. 北京：中国农业科技出版社.

Zhao Q G，Li Z，1997. Organic carbon storage in soils of southeast China. Nutrient Cycling in Agroecosystems，49：229-234.

第二章　土壤的形成

地表岩石和矿物受温度变化及大气、水溶液和生物的影响所发生的一切物理状态和化学成分的变化称为风化作用。

风化作用发生于地表，即岩石圈、水圈、大气圈和生物圈界面相互交错重叠的空间带——表生带内。在这个带中的物理化学环境的主要特点是：①低而变化的温度条件（世界地表的温差一般小于160℃，即由－75℃到＋85℃），有昼夜变化和季节变化；②低压（常压状态）；③常处在大气圈游离氧和二氧化碳的环境下（氧化-还原界面主要取决于潜水面的高低及其他因素）；④水源极丰富，且具不同酸碱度（pH值变化范围一般为4～9）的介质条件；⑤有生物和有机质参与，它们有时甚至起主要作用（Bowen，1979；Faure，1998）。

风化作用与其他表生作用一样，在能源方面与地球深部的内生作用不同。这里太阳辐射能具有重要意义，它决定着表生带的温度，推动着大气圈和水圈的运动，决定着生物界的生命过程和方向，同时也支配着元素在表生带内的迁移。风化作用的实质是岩石圈深部形成的岩石进入表生带后，由于物理化学条件发生巨大变化从而失去原有平衡并通过深刻改造建立新平衡的过程。具体表现为原来的矿物和岩石被破坏和分解，原组合形式的元素发生分离，一部分被溶液带走，一部分形成在地表条件下稳定的化合物。风化作用的产物或直接留在原地，或经局部搬运后在距离不远的地方形成堆积（沉积），结果就导致了风化壳的形成。所以，风化作用包括表生带中所有的岩石和矿物的改造过程，同时又是岩石圈、大气圈及生物圈互相作用从而进行物质交换的过程。

风化和沉积是表生作用的两个方面，是互相连接着的表生作用的不同发展阶段。影响风化和沉积作用的物理化学条件很多是相同的。风化作用中元素以原地淋滤集中或者短距离迁移集散为主，而沉积作用则是元素经过长途搬运在异地聚集的过程。

风化作用揭开了外力地质作用的序幕，为地质循环作用的进行创造了有利的条件，它导致了岩石矿物的崩解和分解，从而加速了大陆地形的改造和各种沉积物的形成过程。不同时期、不同地质环境条件下风化作用的差异性被与之相应的风化产物——各种类型的沉积物记录了下来。因此，可以通过地质历史时期各种沉积物的地球化学特征追索这些沉积物的原岩特点、风化历史及其环境条件演变过程。另外，风化作用可以导致某些元素在风化壳中集中，形成风化成因的矿产资源，如Fe、Al、Mn、Ni、Co、Au、Pt、W、Sn、Nb、Ta、U、V等金属矿产和金刚石、刚玉、蓝晶石、重晶石、水晶、高岭石、黏土等非金属矿产。风化作用是土壤形成的前提条件，土壤是在岩石风化产物基础上发育形成的自然体，没有风化作用的发生，土壤便无从谈起。所以，有关风化作用的地球化学知识对了解土壤成因、认识土壤物质组成特征和深入理解土壤环境学中的机理与过程都有很大意义。

第一节　风化作用及其产物

如上所述，风化作用（weathering）是地表的岩石在与大气圈、水圈和生物圈的相互作用下发生机械崩解、化学成分变化与性质改变的过程。各类不同性质的岩石都有其各自稳定存在的环境条件，不同成因的岩石在地表条件下其稳定性不尽相同，从而发生不同类型的风化过程和作用，相应地形成各种风化产物。

风化作用可以是单纯的机械破碎，岩石只是由大变小，仅发生形态上的物理变化；也可以是通过化学反应使岩石矿物分解，分解产物一部分可能被水溶解带走，一部分变成新的化合物残留下来而发生了不同于原来的矿物或化学成分的变化。生物活动对矿物、岩石的风化作用既有机械的破坏，又有对化学成分的分解。根据风化作用的因素和性质，风化作用分为3大类：物理风化作用、化学风化作用和生物风化作用。

一、岩石圈风化及其表生自然体

岩石圈（lithosphere）是构成人类环境的基本地球化学系统之一。从物质成因和基本性质来看，岩石圈物质可被明显地分为下伏坚硬岩石和上覆表生自然体两部分。前者是岩石圈的主体，后者是前者的派生物。

岩石圈的体积仅为固体地球的1.5%，其质量不及地球的1%。但正是这一层与人类生活的关系远比固体地球其他壳层更为密切。同样地，包括土壤在内的岩石圈表生自然体的质量与整个岩石圈相比简直微不足道。但它与水圈、大气圈和生物圈处于密切的相互联系之中，是地表环境中物质之间发生物理、化学和生物作用最活跃的场所。

岩石圈表生自然体包括风化壳（weathered crust）、土壤和沉积物（sediments）。风化壳是因遭受风化淋溶作用而改变了原来形态和性质的岩石圈表层。土壤则是在生物因素参与下，在风化壳上发育的对植物具有肥力的陆地疏松表层。沉积物泛指由沉积作用形成的地表松散表层。土壤是在岩石圈风化壳上发育形成的，风化作用是土壤形成的关键环节。

土壤是在地球岩石圈基础上发生和发育的表生自然体。原始岩石经风化作用、成土作用成为土壤。岩石圈是土壤的最原始物质基础。岩石圈是构成人类环境的基本地球化学系统之一。岩石圈表生自然体在生态系统中所起的作用显著大于下伏坚硬岩石（Bohn et al，1985）。

岩石圈表生自然体包括风化壳、土壤和沉积物，它们各有特定的概念范畴。从元素转移角度看，风化过程中主要发生元素的释放与淋溶作用。而在成土过程中，不仅发生元素及化合物的淋溶作用，而且发生元素及化合物的生物堆积作用。所谓元素的生物堆积作用，是指陆地植物从土壤中吸收元素后堆积在植物体中，当植物死亡后残体分解时，这些元素及化合物又被归还给土壤且富集于土壤表层，从而保证了土壤的最本质特征——肥力的产生和维持。沉积物是风化壳与土壤被流水冲刷、搬运而在低地和水体中沉积的物质，由于构造抬升运动，第四纪陆地沉积物大部分已露出水面，成为现代大陆上分布最广泛的疏松物质，它们成了年轻土壤的母质。正沉积于陆地水体中的物质和现代海洋沉积物仍处于水下，这部分沉积物有时被称作底泥，它们与已露出水面的沉积物处于不相同的地球化学条件下。

风化壳、土壤、沉积物在地球化学成因和概念范畴方面有较大的差别，但从物质组成和基本的物理化学性质来看，却又有相当大的相似性，即均由两大类物质——矿物质和有机质组成。当然这两者的含量比例在不同地区有较大差别。矿物质中的黏土矿物和有机质中的腐殖质在土壤环境中均以胶体形式存在，有很高的化学活性，是环境中的强吸附剂与强螯合剂。它们的数量、性质和分布在很大程度上制约着各种微量金属在环境中的行为。各类表生自然体的形成过程（如风化过程、成土过程、沉积物堆积过程）以及其中元素迁移的基本规律都有其各自的特征，主要具体体现在原生矿物的化学风化过程和环节中。

组成火成岩的原生矿物是在地壳深处的高温、高压和缺少游离氧、碳酸和水的条件下生成的。它们露出地表以后，处于完全不同的热力学条件（低温、低压、具游离氧、二氧化碳和水）下，在这种新的条件下它们是不稳定的，必然要发生一系列的变化来适应新的热力学条件。原生矿物为适应地表条件，在物理、化学形态和性质方面所发生的一系列变化过程即为风化作用。风化作用表现为两个方面：①岩石的解体过程，包括岩石与矿物的物理与机械破碎作用；②岩石化学成分的改变过程，包括原生岩石与矿物的物理化学性质发生的变化和新矿物的生成。

上述两个过程，前者称为物理风化作用，后者称为化学风化作用。化学风化作用对岩石中元素的释放与迁移、对各种类型的风化壳与土壤的生成、对天然水获得离子成分具有极为重要的意义。

化学风化主要是在 H_2O、CO_2、O_2 以及生物分泌的各种有机酸的作用下进行的。这些物质对各种原生矿物的作用可以主要归结为水解作用和氧化作用。对硅酸盐与铝硅酸盐矿物来说主要发生水解作用，对硫化物及含 Fe、Mn 的矿物来说主要发生氧化作用（Bowen，1979；Faure，1998；Bohn et al，1985）。

1. 硅酸盐与铝硅酸盐的水解作用

硅酸盐的水解可以镁橄榄石的水解为例：

$$Mg_2SiO_4\text{(镁橄榄石)}+4H_2O \longrightarrow 2Mg^{2+}+4OH^-+Si(OH)_4$$

在上述反应中，水解生成的 H^+ 与硅酸根结合为硅酸。由于地表水中通常溶有 CO_2，其中所含的 H^+ 多于纯水中所含的 H^+，这部分附加的 H^+ 可以加速上述水解过程，其反应式为：

$$Mg_2SiO_4+4H_2CO_3 \longrightarrow 2Mg^{2+}+4HCO_3^-+Si(OH)_4$$

在局部地方，当有比碳酸更强的酸存在时，如在含黄铁矿的矿脉附近，将更加强上述过程，其反应为：

$$Mg_2SiO_4+4H^+ \longrightarrow 2Mg^{2+}+Si(OH)_4$$

也就是说，当有丰富的 H^+ 存在时，硅酸盐的水解作用会更完全。上述水解方程式的不同写法主要取决于 H^+ 的多少。

对含有几种阳离子的硅酸盐来说，其水解反应要复杂一些。因为不同的阳离子以不同的速率进入溶液，使得硅酸盐颗粒的表面有可能被已经淋溶出来的某些阳离子所包裹，这些外壳像盔甲一样保护内部的硅酸盐颗粒，使内部硅酸盐的溶解变得越来越缓慢。

铝硅酸盐的水解更为复杂，其风化产物中实际上通常包含了新生成的黏土矿物。下面举硅酸盐矿物钾长石风化后生成高岭石的例子：

$$4KAlSi_3O_8\text{(钾长石)}+22H_2O \longrightarrow 4K^++4OH^-+Al_4Si_4O_{10}(OH)_8\text{(高岭石)}+8Si(OH)_4$$

上述反应可以在实验室中模拟出来。在 200℃条件下反应较迅速，但在地表正常温度下反应极其缓慢。对这个反应存在着几种不同的解释。比较流行的一种解释是认为上述反应不可能直接发生，而是一个分步过程，其可能的途径是：长石解体后，首先生成水铝石 $Al(OH)_3$ 和溶解性硅酸 H_4SiO_4，然后再通过 $Al(OH)_3$ 与 H_4SiO_4 之间的反应生成高岭石；或者可能是在第二步反应中有微量铝进入到溶液中，或者是从长石中分离出来的铝和硅先分别以胶体形式存在，后来再生成高岭石。

硅酸盐与铝硅酸盐反应的一个特点是，反应后溶液的碱度比反应前有所升高。如果反应在纯水中进行，则反应后水的pH值将大于7（如上述橄榄石在纯水中的水解反应与钾长石的水解反应）。如果有碳酸或其他酸参与，则反应后溶液的酸度将降低（如上述橄榄石在有CO_2存在的水中的水解反应或有强酸存在的水解反应）。这个结论既适用于近地表的冷水，也适用于地下深处的热水，即与硅酸盐矿物接触的任何溶液都不能长期维持其原有酸度。如果这种接触持续地维持下去，最后溶液必然变为碱性，至于达到何种程度，则取决于硅酸盐的性质。碱度的增加受到不同形态的硅与OH^-反应的制约：

$$H_2O+SiO_2(\text{石英})+OH^- \longrightarrow H_3SiO_4^- \quad K=10^{0.4}$$

$$H_4SiO_4(\text{水})+OH^- \longrightarrow H_3SiO_4^- + H_2O \quad K=10^{4.2}$$

上述反应可以使水的pH值保持在9以上。

在上述所有反应中，释放出来的硅均以$Si(OH)_4$的形式进入溶液中。这种现象在地下水和地表水中均可见到。以后，硅的行为将有所差别。当游离硅浓度较高时，可以析出胶体态的无定形SiO_2。有一部分硅，特别是角闪石和辉石中的硅，在风化过程中可能一点也不释放出来，而以无定形残余物的形式充填于原来的矿物结构中。某些植物可以从风化物质中吸收硅，待其死亡后再以无定形硅的颗粒释放出来。但是在风化过程当中及以后，绝大部分硅或者最后与铝结合成黏土，或者重新结晶转化为次生石英。

总而言之，硅酸盐与铝硅酸盐的风化作用主要是水解反应。反应结果是使风化溶液变为碱性，或者至少使其酸度降低，同时向溶液中释放阳离子和硅酸，并生成残余固体物质——黏土。其通式可概括如下：

$$\text{阳离子}\cdot\text{铝硅酸盐(次生矿物)}+H_2CO_3+H_2O \longrightarrow HCO_3^- + Si(OH)_4 + \text{阳离子} + \text{铝硅酸盐(原生矿物)}$$

2. 含铁、锰、硫的矿物的氧化作用

含亚铁的矿物长期暴露于空气中必然发生氧化作用，其反应式为：

$$Fe_2SiO_4(\text{铁橄榄石})+1/2O_2+2H_2O \longrightarrow Fe_2O_3+Si(OH)_4$$

$$2CaFeSi_2O_6(\text{钙铁辉石})+1/2O_2+10H_2O+4CO_2 \longrightarrow Fe_2O_3+4Si(OH)_4+2Ca^{2+}+4HCO_3^-$$

$$2FeCO_3(\text{菱铁矿})+1/2O_2+2H_2O \longrightarrow Fe_2O_3+2H_2CO_3$$

上述反应式只表示了氧化过程的总结果。在反应过程中亚铁转变为高铁氧化物；硅以溶解态$Si(OH)_4$或SiO_2胶体的形式释放出来；许多不被氧化的金属（如钙等）以阳离子形式被释放出来。实际上，上述反应是分步进行的。首先是H_2CO_3对亚铁化合物的轻微溶解作用：

$$Fe_2SiO_4+4H_2CO_3 \longrightarrow 2Fe^{2+}+4HCO_3^-+Si(OH)_4$$

继而是释放出的Fe^{2+}被氧化：

$$2Fe^{2+}+4HCO_3^-+1/2O_2+2H_2O \longrightarrow Fe_2O_3+4H_2CO_3$$

在还原性条件下（如当其与有机质共存时），上述两步骤之间往往有很长的间隔，只有当溶液转移到氧化环境中时，第二个步骤才能发生。在氧化性条件下（如当其与空气接触时），上述两步骤几乎难以分开，在此情况下，Fe^{2+}的氧化很快，以至于在反应过程中不可能检出有Fe^{2+}的存在。

Fe_2O_3在地表极其稳定，几乎不溶。这一情况表明，在地表几乎不存在其他的铁的氧化物。在局部地区可能存在有微溶的磷酸铁和砷酸铁。在干旱地区，可能有较易溶的硫酸铁。在中等氧化条件下，如在浅海区域，Fe^{2+}可以进入海绿石［近似于$KMgFe(SiO_3)_3\cdot 3H_2O$］，在热泉中$Fe^{3+}$可以进入黄钾铁矾［$KFe_3(OH)_6(SO_4)_2$］。但是，在与大气圈接触的条件下，绝大部分铁最终均以铁的氧化物形式存在。

锰矿物的氧化作用比铁矿物复杂一些。因为锰有两种氧化态（正三价与正四价），价态均高于二价锰离子，正三价的氧化态可以水锰矿（MnOOH）为例，正四价的氧化态可以软锰矿（MnO_2）为例。此外，锰还有一系列更复杂的氧化物矿物，其中含有几种氧化态的锰，如褐锰矿（$3Mn_2O_3 \cdot MnSiO_3$）、黑锰矿（Mn_3O_4）和硬锰矿（接近于 $BaMn_9O_{18} \cdot 2H_2O$）。在大气中最稳定的是软锰矿，所以锰矿物的氧化反应通常以下式为代表：

$$MnSiO_3(\text{蔷薇辉石})+1/2O_2+2H_2O = MnO_2+Si(OH)_4$$

$$MnCO_3(\text{菱锰矿})+1/2O_2+H_2O = MnO_2+H_2CO_3$$

上述反应也是分步进行的。第一步是锰矿物被 H_2CO_3 微溶解，第二步是 Mn^{2+} 被氧化。后一步或者紧接着前一步（在氧化环境中），或者有一段时间间隔（在还原环境中）。

在风化过程中被氧化的第三种普通元素是硫。在火成岩和岩脉中，硫主要以金属硫化物的形式存在。在硫化物中硫的氧化数为−2，氧化作用可使硫的氧化数改变为任何较高的数值。在与空气接触时，只有当硫的氧化数达到最高值（即+6）时反应才能达到平衡。其反应式如下：

$$PbS+2O_2 = PbSO_4$$

$$ZnS+2O_2 = Zn^{2+}+SO_4^{2-}$$

$PbSO_4$ 的溶解度极低，多生成铅矾，而 $ZnSO_4$ 则易溶。与铁和锰的氧化作用一样，在缺水时上述反应很缓慢，或者不发生。水的作用在于供给碳酸，使对硫化物有微弱的溶解作用：

$$PbS+2H_2CO_3 \rightleftharpoons Pb^{2+}+H_2S+2HCO_3^-$$

接着 H_2S 被氧化：

$$H_2S+2O_2+Pb^{2+}+2HCO_3^- = PbSO_4+2H_2CO_3$$

由于溶解态金属离子的水解作用，使硫化物氧化后生成的溶液呈酸性反应，如：

$$Zn^{2+}+H_2O \rightleftharpoons ZnOH^++H^+$$

酸度的大小取决于金属羟基络离子的稳定性。对于易生成不溶性氧化物和氢氧化物的金属来说，水解作用使其生成固体沉淀。在黄铁矿的氧化过程中，此反应特别重要，生成不溶 Fe_2O_3 和强酸：

$$2FeS_2+15/2O_2+4H_2O = Fe_2O_3+4SO_4^{2-}+8H^+$$

应注意，在 FeS_2 中硫的氧化数是−1，而不是−2。还应注意，在上述反应中 Fe 和 S 两种元素同时被氧化。在干旱地区，黄铁矿的氧化作用除生成褐铁矿（$Fe_2O_3 \cdot nH_2O$）和赤铁矿（Fe_2O_3）外，还生成铁的硫酸盐［包括 $FeSO_4$ 和 $Fe_2(SO_4)_3$］。这一情况说明，上述反应也是分步发生的：

$$FeS_2+7/2O_2+H_2O = Fe^{2+}+2SO_4^{2-}+2H^+$$

$$2Fe^{2+}+1/2O_2+2H^+ = 2Fe^{3+}+H_2O$$

$$\text{或 } 2Fe^{2+}+1/2O_2+2H_2O = Fe_2O_3+4H^+$$

有多少铁生成溶解态 Fe^{3+} 和 $FeOH^{2+}$ 以及有多少铁生成氧化物沉淀取决于溶液的 pH 值。溶解态 Fe^{2+} 和 Fe^{3+} 与 SO_4^{2-} 结合生成硫酸盐矿物，这一过程只可能发生在干旱地区。在潮湿地区，铁实际上全部被氧化，生成氧化铁沉淀。

3. Stumm 的风化作用化学反应分类系统

风化作用是土壤形成的基础，风化作用中元素的组合变化及其相应条件是理解认识土壤形成过程、作用机理和成分特征的关键。在地表条件下，矿物与二氧化碳、水等物质反应，在不同的环境条件如温度、pH 值、Eh 值等因素作用下，会生成各种不同的反应物。这些化学作用过程在自然界岩石圈体系中是不间断地进行着的，其对土壤的所有属性和特征都有重要影响。

在化学风化研究中，实际上存在着 2 种观点：一种把化学风化作用仅理解为 H_2O、CO_2、O_2 等对火成岩及原生矿物的化学破坏作用（如上所述）；另一种观点把化学风化作用理解为 H_2O、CO_2、O_2 等对一切岩石（包括沉积岩）和一切矿物（包括次生矿物）的化学破坏作用。在后一种理解中，把石膏和铁的氧化物的水化作用和脱水作用［如 $CaSO_4+2H_2O = CaSO_4 \cdot 2H_2O$；$2Fe(OH)_3 = Fe_2O_3+3H_2O$；$Fe_2O_3+H_2O = 2FeOOH$ 等］、把碳酸对方解石的溶解作用（$CaCO_3+CO_2+H_2O = Ca^{2+}+2HCO_3^-$）均视为化学风化过程。

Stumm 与 Morgan（Stumm et al，1981）曾着重研究了 H_2O、CO_2、O_2 对各类矿物化学破坏的典型反应，将其分为 3 大类：均相溶解作用、非均相溶解作用和氧化还原作用（陈静生，1990）。所谓均相溶解作用是指该矿物溶解后全部生成水溶性离子和分子；非均相溶解作用是指矿物溶解后的产物中既有溶解态物质，同时又有新生成的固体产物，见表 2-1（Stumm et al，1981）。

表 2-1　Stumm 典型化学风化反应举例

分类	典型反应
Ⅰ.均相溶解反应	SiO_2(固)$+2H_2O = H_4SiO_4$ （石英） $CaCO_3$(固)$+H_2O = Ca^{2+}+HCO_3^-+OH^-$ （方解石） $CaCO_3$(固)$+H_2CO_3 = Ca^{2+}+2HCO_3^-$ $Al_2O_3 \cdot 3H_2O$(固)$+2H_2O = 2Al(OH)_4^-+2H^+$ （水铝石） Mg_2SiO_4(固)$+4H_2CO_3 = 2Mg^{2+}+4HCO_3^-+H_4SiO_4$ （镁橄榄石） Fe_2SiO_4(固)$+4H_2CO_3 = 2Fe^{2+}+4HCO_3^-+H_4SiO_4$ （铁橄榄石） $Mg_6Si_8O_{20}(OH)_4$(固)$+12H^++8H_2O = 6Mg^{2+}+8H_4SiO_4$ （滑石） $Mg_3Si_2O_5(OH)_4$(固)$+6H^+ = 3Mg^{2+}+2H_4SiO_4+H_2O$ （蛇纹石）
Ⅱ.非均相溶解反应	$MgCO_3$(固)$+2H_2O = HCO_3^-+Mg(OH)_2$(固)$+H^+$ （菱镁矿）　　（水镁石） $Al_2Si_2O_5(OH)_4$(固)$+5H_2O = 2H_4SiO_4+Al_2O_3 \cdot 3H_2O$(固) （高岭石）　　（水铝石） $NaAlSi_3O_8$(固)$+11/2H_2O = Na^++OH^-+2H_4SiO_4+1/2Al_2Si_2O_5(OH)_4$(固) （钠长石）　　（高岭石） $NaAlSi_3O_8$(固)$+H_2CO_3+9/2H_2O = Na^++HCO_3^-+2H_4SiO_4+1/2Al_2Si_2O_5(OH)_4$(固) $CaAl_2Si_2O_8$(固)$+3H_2O = Ca^{2+}+2OH^-+Al_2Si_2O_6(OH)_4$(固) （钙长石） $CaAl_2Si_2O_8$(固)$+2H_2CO_3+H_2O = Ca^{2+}+2HCO_3^-+Al_2Si_2O_5(OH)_4$(固) $4Na_{0.6}Ca_{0.5}Al_{1.5}Si_{2.5}O_8+6H_2CO_3+11H_2O = 2.4Na^++2Ca^{2+}+4H_4SiO_4+6HCO_3^-+3Al_2Si_2O_5(OH)_4$(固)

续表

分类	典型反应
Ⅱ. 非均相溶解反应	$3KAlSi_3O_8$(固)$+2H_2CO_3+12H_2O = 2K^+ +2HCO_3^- +6H_4SiO_4+KAl_3Si_3O_{10}(OH)_2$(固) (钾长石)　(云母) $7NaAlSi_3O_8$(固)$+6H^+ +20H_2O = 6Na^+ +10H_4SiO_4+3Na_{0.33}Al_{2.33}Si_{3.67}O_{10}(OH)_2$(固) (钠长石)　钠·蒙脱石 $KMg_3AlSi_3O_{10}(OH)_2$(固)$+7H_2CO_3+1/2H_2O = K^+ +3Mg^{2+} +7HCO_3^- +2H_4SiO_4+$ (黑云母) $1/2Al_2Si_2O_5(OH)_4$(固) $Ca_5(PO_4)_3F$(固)$+H_2O = Ca_5(PO_4)_3OH$(固)$+F^- +H^+$ (氟磷灰石)　(水磷灰有) $KAlSi_3O_8$(固)$+Na^+ = K^+ +NaAlSi_3O_8$(固) (钾长石)　(钠长石) $CaMg(CO_3)_2$(固)$+Ca^{2+} = Mg^{2+} +2CaCO_3$(固) (白云石)
Ⅲ. 氧化还原反应	MnS(固)$+4H_2O = Mn^{2+} +SO_4^{2-} +8H^+ +8e$ $3Fe_2O_3$(固)$+H_2O+2e = 2Fe_3O_4$(固)$+2OH^-$ (赤铁矿)　(磁铁矿) FeS_2(固)$+15/4O_2+7/2H_2O = Fe(OH)_3$(固)$+4H^+ +2SO_4^{2-}$ (黄铁矿) PbS(固)$+4Mn_3O_4$(固)$+12H_2O = Pb^{2+} +SO_4^{2-} +12Mn^{2+} +24OH^-$ (方铅矿)

岩石圈是土壤的最原始物质基础，土壤是岩石圈经风化作用的产物。这决定了土壤与岩石、矿物在化学成分上存在着天然联系，这同时也是化学元素在土壤中具有背景含量的本质原因（南京大学等，1981；于天仁，1981）。这些客观情况使得对土壤污染问题的研究常常变得复杂和困难。这是土壤环境问题的一个显著特点。

二、物理风化作用

地表或接近地表条件下，岩石、矿物在原地产生机械破碎而不改变其化学成分的过程称为物理风化作用（physical weathering）。

岩石释重、温度的变化是物理风化作用的主要原因。岩石释重引起岩石膨胀，温度的变化引起岩石矿物的膨胀与收缩。另外，水的冻结与融化、盐类的结晶与潮解等都会导致岩石矿物发生崩解。

1. 岩石释重

各类岩石，无论是岩浆岩、变质岩还是沉积岩，在其形成以后都可以因为上覆有极厚的岩层而承受巨大的静压力。一旦上覆岩石遭受剥蚀而卸荷时，岩石释重，随之而产生向上或向外的膨胀作用，形成一系列与地表平行的破裂构造，称为席理，这种作用属于剥离作用，常见于花岗岩分布区。处于地下深处承受巨大静压力的致密岩石，其潜在的膨胀力是十分惊人的，所形成的裂隙为水溶液、空气活动创造了条件，也给后期的各种地质作用奠定了基础。

2. 岩石、矿物的热胀冷缩

长期以来，人们认为温度的剧烈变化使岩石矿物热胀冷缩是岩石矿物发生物理风化作用的主要原因。当地表岩石的向阳面处在太阳光的直接照射下时，岩石表层升温快，由于一般岩石是热的不良导体，热量向岩石内部传递很慢，故使岩石内外出现温差，各部分矿物即按自己的膨胀系数膨胀。于是，在岩石向阳面内外之间出现与表面平行的风化裂隙。到了夜晚，向阳面吸收的太阳辐射热仍继续以缓慢速度向岩石内部传递，内部仍在缓慢地升温膨胀，而岩石表面却迅速散热降温和体积收缩，此时出现的风化裂隙垂直于岩石表面。久而久之，这些风化裂隙日益扩大、增多，被这些风化裂隙割裂开来的岩石表皮层层脱落，发生剥离作用。如果岩石的裂隙继续发展，这种作用会使坚硬完整的岩石最终崩解成大大小小的碎块。

岩石中不同矿物有不同的膨胀系数，据测算，在常温常压时膨胀系数的平均值石英为 31×10^{-6}，普通角闪石为 28.4×10^{-6}，长石为 17×10^{-6}。当温度反复变化时，不同的矿物就有不同的膨胀与收缩，本来联结在一起的矿物颗粒就会彼此分离开来，使完整的岩石破裂松散。即使是单矿岩，由于晶体的非均匀性，晶体各个方向上的线胀系数也不相同，受热或冷却时各个方向上的膨胀与收缩也不一致，如石英晶体长轴的线胀系数只有短轴的 1/2，不同方向上膨胀系数的差异也会导致晶体的破裂。

膨胀收缩引起岩石的破裂主要不在于温度的变化幅度，而是温度的变化速度。温度变化速度愈快，收缩与膨胀交替愈快，岩石破裂愈迅速。基于这种原因，温度日变化对岩石、矿物膨缩的影响最大，相对而言，年度变化影响较小。内陆干旱沙漠地区昼夜温度变化显著，如我国西北沙漠地区夏季的白天气温高达 47℃，而夜间气温可降到－3℃，昼夜温差达 50℃左右；又如北非的撒哈拉沙漠，夏季白天气温可达 53℃，而夜间气温可降至－8℃，昼夜温差达 61℃。由于岩石的热容远小于水，因此在缺乏植被和水的内陆沙漠地区，地表岩石温度日变化就远大于气温的日变化。如土库曼斯坦的卡拉库姆沙漠，当白天气温达 43℃的时候，沙粒温度高达 80℃；到了夜晚沙粒降温比空气快，温度降低至 18℃。所以这些地区物理风化作用最为强烈。

3. 岩石空隙中水的冻结与融化

储藏在地表岩石空隙中的水，在温度降至冰点以下时就要结冰，结冰后的水的体积比原来水的体积增大了 1/11 左右，体积增大对岩壁产生每平方厘米数百至上千巴（1 巴 $=10^5$ 帕）的压力，这样巨大的压力会形成和扩大空隙；当温度升高至冰点以上时，冰又融化成水，体积减小，扩大的空隙中又有水渗入，填满空隙。如此反复冻结、融化使裂隙不断扩大，这个过程称为冰劈作用。在较高纬度和中纬度的高山地区，昼夜温度变化在 0℃上下，冰劈作用频繁，是岩石风化的主要原因和作用机制。冰劈作用的结果会使岩石破裂崩解。

4. 岩石空隙中盐分的结晶与潮解

在降水量上，蒸发剧烈的干旱、半干旱地区，地表或近地表的岩石空隙中含盐分较多。白天，在烈日照晒之下，气温升高，水分陆续蒸发，地下水通过毛细管向上迁移，毛细孔隙中盐分不断增多，当其浓度增大至过饱和时盐分结晶，结晶时便引起体积膨胀。实验证明，明矾从溶液中结晶后体积要增大 0.5%。自然界类似的溶液结晶膨胀会对周围岩石产生压力，形成新的空隙。夜晚，气温降低，盐分从大气中吸收水分变成盐溶液，同时将周围所遇到的盐溶解。盐溶解时体积缩小，盐溶解后的溶液又渗透到结晶时所产生的新裂隙中。如此反复进行，岩石裂隙不断增多、扩大以致崩解。有实验表明，将花岗岩块常温下浸泡在饱和硫酸钠中 17h，然后在 105℃的温度下干燥 7h，如此反复进行 42 次，花岗岩块便发生崩解。

在干旱的沙漠地区，无论是风化还是侵蚀，水只起次要的作用，而风是最大的营力。大风暴常夹带沙粒冲击岩石露头，磨蚀它们并使其慢慢被破坏成小块；冰川在其运动中可磨蚀下面岩石，但因冰川的覆盖面积还不到现代大陆面积的12%，而且，在大部分地史时期冰川所起的作用比现在还小，所以，在物理风化作用中冰川的侵蚀一般情况下不具有很大的意义。但是，它可能是岩石发生局部物理风化的主导因素。

总的来说，相对于其他风化作用，物理风化作用在岩石的风化过程中所起的作用是极其次要的。但在严寒的极地，气候干燥、温度变化剧烈的沙漠地带及温带的高山区，它却起着重要的作用。应该强调的是，物理风化作用是化学风化作用的前提和必要条件，没有物理风化作用的辅助及其所产生产物的作用，化学风化作用很难进行得彻底。

三、化学风化作用

通过化学作用使原来组成岩石的矿物发生分解并形成在新的环境中稳定的矿物的过程称为化学风化作用（chemical weathering）。引起化学风化作用的主要因素有水、氧和二氧化碳，有机酸也经常起很大的作用。从本质上来说，化学风化的过程就是富含氧及二氧化碳的水（雨水和土壤水）与矿物发生化学反应的过程（于天仁等，1990）。了解雨水及土壤水的分布和性质对研究风化作用有重要意义。

与正常大气组成平衡的雨水 pH 值约为 5.6，其中含 CO_2 约为 10^{-5} mol/L。但落到工业区或活动的火山附近的雨水由于溶解了大气中大于非正常含量的 CO_2、SO_2 等气体，常常使其 pH 值低于 5.6，有时可达到 3 左右。雨水中 CO_2、SO_2 的存在对于化学风化作用有很大的意义，是土壤水中 CO_2、SO_2 的重要来源。土壤水有较高的 CO_2 含量和盐含量，CO_2 含量通常是雨水中的 10～40 倍。土壤水一般呈弱酸-弱碱性，是化学风化过程中的重要作用剂。

1. 雨水和土壤水在风化过程中的作用

水的循环及其化学性质与化学风化作用有密切的关系。河流将水从大陆带到海洋，由海洋里蒸发而落到大陆上的雨水又将水从海洋还原给大陆，保持了水循环系统的平衡。大气圈中水蒸气的总量近 1.3×10^{16}kg，这些水蒸气的完全更新大约需要 3～4 个星期。大陆上的平均降雨量约为 660mm/年，这些雨水落下后蒸发、渗透到地下或沿地表流动，三者之间的比例有很大的变动。一般情况下，在炎热潮湿气候条件下的平缓丘陵地区，雨水的渗透以及与岩石、矿物发生的化学作用对风化作用的意义最大。

雨水及地下水的化学成分与纯水明显不同（表 2-2），而且各地雨水的化学成分也有很大差别。美国所作的全国雨水中氧、钠及硫酸盐分布等值线图表明，氯和钠的含量等值线几乎平行于海岸线，其含量由海岸向内陆逐渐降低。在一些群岛区的雨水中，正负离子相对比例与海水中的情况极为近似。这些滨海地区雨水的 pH 值通常＞5.7，这是由于波浪的相互碰撞或雨点撞击海水时所形成的微小气泡破裂时将许多盐类物质带入大气圈。沙漠区附近的雨水中硫酸盐含量与硫酸盐微粒有关，这些微粒是从沙漠土壤中被风吹起从而进入大气中的。假如雨水最初是由与大气相平衡的水组成的，那么它的 pH 值约为 5.6，含溶解的 CO_2 约为 10^{-5}mol/L。但落到工业区及活动的火山附近的雨水，因大气中 CO_2 的含量较高，pH 值通常约为 3.0。这种情况常常与燃料燃烧过程中及火山喷发逸出的 CO_2、SO_2 气体等有关，而雨水中 CO_2 的存在对于化学风化作用有很大的意义。

表 2-2　河水、地下水、地热水和雨水的主要化学成分（陈静生，1990；Stumm et al，1981）

单位：μg/g

成分	河水[①]	地下水			地热水[⑤]	雨水[⑥]
		石灰岩中[②]	黏土页岩中[③]	流纹岩中[④]		
Na^+	6.3	8.1	362	62	352	9.4
K^+	2.3	5.7	14	2.0	24	0
Mg^{2+}	4.1	28	143	1.0	0	1.2
Ca^{2+}	15	79	416	8.0	0.8	0.8
HCO_3^-	58.4	267	104	131	—	4
SO_4^{2-}	11.2	51	2107	22	23	7.6
Cl^-	7.8	29	38	16	405	17
NO_3^-	1	28	0.2	6.7	1.8	0
SiO_2	13.61	8.4	26	52	263	0.3
其他	0.67	0.07	64.8	0.92	42.06	0.02
总计	120	504	3300	302	1310	38
pH 值	—	7.3	6.3	7.9	9.6	5.5
温度/℃	—	—	6.1	15.6	94	—

① 世界河水平均成分。
② 样品取自白云质灰岩钻孔。
③ 样品取自黏土页岩钻孔。
④ 样品取自流纹岩中的泉水。
⑤ 样品取自美国黄石公园的温泉。
⑥ 样品取自明罗园的雨水。

雨水进入土壤后，其成分可能会发生剧烈的改变。土壤水的特点是含盐量和 CO_2 含量较之雨水显著增加，并含有有机酸。其 CO_2 含量通常是大气中的 10～40 倍，这主要是由于在土壤中的生命过程放出大量 CO_2。土壤水一般常为弱酸性-弱碱性，但土壤水的成分和 pH 值常随原岩成分及时间的变化而不断发生改变。

雨水和土壤水都是富含 CO_2 等多种物质的溶液体系，在与岩石或矿物颗粒接触时，极易与之发生一系列作用，导致化学风化作用进程的加快。

2. 化学风化作用的进行方式

引起化学风化作用的主要因素是氧、CO_2、有机酸及水溶液，它们是通过以下几种方式进行的（Sparks，1989；李学垣，1997）。

(1) 氧的作用——氧化作用　在地壳表层的包气带，氧化作用（oxygenation）是常见的地球化学过程，其是包气带特有的。对于气体引起的氧化作用来说，水的存在是非常重要的。最适于氧化作用进行的条件是在地下水永久饱和带以上湿润的土壤带内。但是，在含有富氧水的某些特殊地段，氧化作用可延伸到地下水面之下很大的深度。氧化作用的实质就是使含有变价元素的原生矿物在氧和水的作用下发生分解，形成在表生条件下稳定的较高价次的氧化物、含氧盐或氢氧化物。例如，在岩石风化作用中，大部分铁在岩石矿物中是以 Fe^{2+} 状态存在的，当岩石遭受风化时，二价铁就被氧化为 Fe^{3+}，如铁橄榄石的氧化反应为：

$$2Fe_2SiO_4+O_2+4H_2O = 2Fe_2O_3+2H_4SiO_4$$

对于更复杂的含铁硅酸盐矿物，氧化过程也是按同样的方式进行，最后生成不溶的氧化铁。铁的金属硫化物如黄铁矿的氧化反应为：

$$4FeS_2+15O_2+8H_2O = 2Fe_2O_3+8SO_4^{2-}+16H^+$$

这说明，该反应过程除生成赤铁矿（或褐铁矿）外，还生成硫酸。硫酸的加入可大大提高水的腐蚀能力，导致岩石进一步风化。

从标准状态下铁的氧化物与水的反应平衡可知，随 p_{O_2}（氧的分压）的增高，铁矿物的变化为：自然铁（Fe）→ 磁铁矿[Fe(Ⅱ) Fe(Ⅲ)$_2$O$_4$]→ 赤铁矿[Fe(Ⅲ)$_2$O$_3$]。自然铁只能在 p_{H_2}（氢的分压）值极大 [>1atm（1atm＝101325Pa）] 的条件下产生，并可与磁铁矿共生。但如此强烈的还原环境在地表显然是不存在的。在氧化条件下磁铁矿是很不稳定的，现在大气中的 p_{O_2}（2.1×10^{-1}atm）远远大于磁铁矿的假象赤铁矿化所必需的最低 p_{O_2}（为 10^{-1}atm），所以在表生环境中只有高价的铁矿物才是最稳定的。

介质氧化能力的大小以 Eh 值（氧化还原电位）来表示，其值愈高则氧化能力愈强。在风化带中，Eh 值一般为－0.2～＋0.7V。介质的 Eh 值与 pH 值之间有着一定的关系。对于水介质来说，$Eh=Eh_0-0.059pH$（Eh_0 为体系标准状态下的 Eh 值，查表可得），所以，通常情况下在酸性溶液中大多数离子比其在碱性溶液中更易被氧化。

（2）水化作用（水合作用） 在溶液中，溶质分子和溶剂分子相结合从而生成一种特殊的、组成不定的化合物，叫作溶剂化物。所以，对某些溶质来说，溶解不仅是一个物理过程，而且是一个化学过程。在一般溶剂中，水分子的极性最强，它常常和一部分溶质分子结合成水化物，这种生成水化物的过程叫水化（水合）作用（hydration）。在自然界，水合作用是指把水结合到矿物晶格中去的作用。水在矿物中常以 nH_2O 的形式出现。硬石膏（$CaSO_4$）转变为石膏（$CaSO_4 2H_2O$），结晶赤铁矿（Fe_2O_3）转变为水赤铁矿（$Fe_2O_3\cdot nH_2O$），长石转变为水云母{$2K[AlSi_3O_8]+2CO_2+(n+4)H_2O = K_{<1}Al_2[(Al,Si)Si_3O_{10}](OH)_2\cdot nH_2O+K^++2HCO_3^-+2H_2SiO_3$}是最常见的水合作用现象。

许多离子键化合物在水介质中电离后（如 $KCl = K^++Cl^-$），由于进一步发生离子的水合作用而被彻底破坏。所以，在自然界盐岩层的风化过程中，因潜水简单的溶滤作用即可使岩层中一些具离子键的矿物如食盐（NaCl）、石膏等转入溶液中进而被带出风化带。

在风化带中的某些特定条件下，也可出现与水合作用相反的一种作用——脱水作用，如石膏在饱和的 NaCl 溶液中或温度高于 57℃时脱水形成硬石膏。与成岩作用相比，风化带中的脱水作用是十分次要的。

（3）水解作用 水解作用（hydrolysis）是水中呈离解状态的 H^+ 和 OH^- 与被风化矿物中的离子发生交换的反应，即由水电离而成的 H^+ 能置换矿物中的碱金属。例如主要硅酸盐造岩矿物的一般水解反应式为：

$$MSiAlO_n+H^++OH^- = M^++OH^-+[Si(OH)_{0\sim4}]_n+[Al(OH)_6]_n^{3-}$$

水解的结果引起矿物的分解，水中的 OH^- 和矿物中的金属阳离子（式中的 M^+）一起溶解在水中从而被带出，其中部分金属阳离子可被胶体吸附。但水中的 H^+ 与铝硅酸络阴离子结合成难溶解的黏土矿物，残留在风化壳中。硅酸盐的水解还可产生复杂的硅酸和铝硅酸胶体。虽然矿物的水解作用可以在纯水中发生，但自然酸类（最通常的是碳酸）的存在可以加强这种反应。水解是一种放热反应，并且常常伴随着反应产物的体积增大。

水解作用也是引起溶液酸碱度（pH 值）发生变化的重要化学反应之一。溶液的 pH 值不仅决定着化学元素的迁移能力，对风化壳的形成过程有着极大的影响，而且，其变化与风化产物的生成也有着密切的关系。例如白云母在不同 pH 值的介质中生成的各种中间矿物如下：

$$KAl_2(AlSi_3O_{10})(OH_2) \xrightarrow{pH=9.5} K_{1-n}nAl_2(AlSi_3O_{10})(OH)_2 \cdot H_2O$$
（白云母）　（伊利石）

$$\xrightarrow{pH=7.8(7)\sim9.5} Al_2(AlSi_3O_{10})(OH)_2 \cdot nH_2O$$
（贝得石）

$$\xrightarrow{pH=7.5\sim8.5} Al_2(Si_4O_{10})(OH)_2 \cdot nH_2O \xrightarrow{pH=7\sim8.5} Al_4(Si_4O_{10})(OH)_8 \cdot 4H_2O$$
（蒙脱石）　（埃洛石）

$$\xrightarrow{pH=6\sim7} Al_4(Si_4O_{10})(OH)_8 \cdot 2H_2O \xrightarrow{pH=5\sim6} Al_4(Si_4O_{10})(OH)_8$$
（变埃洛石）　（高岭石）

pH=3.5～5

在各类化合物中，弱酸盐最易水解。因此，硅酸盐岩石和碳酸盐岩石发生化学风化时，水解起着极重要的作用。另外，水的离解度随温度升高而增大，50℃时水的离解度较 10℃时约增大 4 倍，所以水解作用也随温度的升高而增强。热带气候条件下化学风化进行得又快又强烈，原因之一即在于此。

（4）酸的作用

① 碳酸（carbonic acid）的作用。CO_2 占大气体积的 0.03%，与其他气体相比，CO_2 较易溶于水，但其溶解度随温度的升高而降低。通常，在雨水内 CO_2 的含量达 2.14%，为大气的几百倍，河水和地下水中 CO_2 的含量甚至比大气中高出 1700～2700 倍。但是，在溶于水的 CO_2 中，大约只有 1%游离的 CO_2 可形成碳酸。碳酸虽然是一种弱酸，但在自然界中分布十分普遍，它对许多矿物特别是硅酸盐和铝硅酸盐矿物的分解起着极其重要的作用。如铁橄榄石、硅灰石和钾长石在碳酸作用下的分解反应分别为：

$$Fe_2SiO_4+4H_2CO_3 = 2Fe^{2+}+4HCO_3^-+H_4SiO_4$$

$$CaSiO_3+CO_2 = CaCO_3+SiO_2$$

$$4KAlSi_3O_8+2CO_2+4H_2O = 2K_2CO_3+Al_4(Si_4O_{10})(OH)_8+8SiO_2$$

上述三个反应式显示，在硅酸盐和铝硅酸盐矿物与碳酸作用时，其中的阳离子（如 Fe^{2+}、Ca^{2+}、K^+）常形成重碳酸盐或碳酸盐，同时 SiO_2 被分解出来。各种金属碳酸盐的溶解度不同，在碱金属中，除部分 K 由于分解后被难溶产物吸收仍留于原地外，其他金属大部分被带走。而 Ca 与 Mg 由于活泼性较小，它们的碳酸盐容易沉淀下来。如果介质中游离的 CO_2 多，则这些简单的金属碳酸盐变成重碳酸盐：

$$CaCO_3+H_2O+CO_2 = Ca(HCO_3)_2$$

重碳酸盐的溶解度要比碳酸盐大几十倍，因此也就容易被搬运（据估计，河流每年携带入海的碳酸钙达 6×10^8 t）。在被分解出来的 SiO_2 中，一部分沉淀下来形成石英、蛋白石或玉髓，但大部分还是呈真溶液或胶体状态被带走。强碱性介质（如 K_2CO_3）是适合于 SiO_2 搬运的，所以，每年由河流搬运入海的 SiO_2 约有 3.2×10^8 t，仅次于碳酸盐。

可以这样说，碳酸与硅酸盐和硅酸盐矿物作用的实质是使这些矿物中的阳离子及二氧化硅迁出，从而导致矿物的彻底分解。但是，硅酸盐、铝硅酸盐矿物分解时阳离子析出的速率并不是始终如一的。据研究，这些矿物和碳酸反应析出阳离子的同时，在其表面可形成一层与原矿物成分稍有不同的保护膜。保护膜形成后，矿物的分解速率就会下降。此时，阳离子基本上在水解作用下以透过惰性表层的扩散方式溶解。这种不等溶作用就是硅酸盐和铝硅酸盐矿物主要的化学风化作用。

② 腐殖酸（humic acid）的作用。生物有机体分解时会产生大量的腐殖酸。腐殖酸虽然也是一种弱酸，但在地表条件下要比二氧化碳活泼，仍能分解铝硅酸盐矿物等从而形成各种易迁移的腐殖化合物。

（5）胶体（colloid）作用及离子交换反应　硅酸盐和铝硅酸盐矿物遭受风化时，由于氧化反应、水解和酸的作用等，使它们所含的 Al_2O_3 和 SiO_2 间的键遭到完全破坏，游离出来的 Al_2O_3、SiO_2 以及由含铁硅酸盐矿物分解出来的 Fe_2O_3 常形成胶体。所以，胶体在风化带内有着非常广泛的分布，而胶体化学过程在风化作用中也表现得非常突出。胶体间的相互作用、凝聚与晶化对于形成许多表生矿物有着重要的作用，例如 SiO_2 和 Al_2O_3 胶体按不同比例凝聚和晶化，可以形成不同的黏土矿物。胶体具有从介质溶液中吸附离子的能力，例如带正电荷的铁和铝的氢氧化物胶体可吸附 PO_4^{3-}、VO_4^{3-}、AsO_4^{3-}、SO_4^{2-} 等阴离子，带负电荷的黏土矿物胶体（如高岭石和蒙脱石等）则常吸附 Be、Pb、Cu、Hg、Ag、Au 等的阳离子，SiO_2 的胶体常吸附放射性元素等。深入系统地研究这种吸附现象有助于我们了解风化壳中元素集中和分散的规律。

在表生带中，胶体吸附离子与介质中离子的交换反应经常广泛发生，对元素的再分配起重大作用。例如蒙脱石中的 Ca^{2+}、Mg^{2+} 可以与溶液中的 Ni^{2+} 相互交换，这是使镍在超基性岩风化壳中富集的原因之一。但需指出，对不同的胶体来说，其离子的交换能力差别很大。

四、生物风化作用

生物风化作用（organic weathering）是指生物对岩石、矿物产生的破坏作用。这种作用可以是机械的，也可以是化学的。由于生物广泛分布在地壳表层，因此生物风化作用是一种普遍的地球化学现象。已经发现，在许多情况下，岩石的风化作用是从生物的活动开始的。细菌、真菌、藻类以及地衣一起覆盖在岩石的表面上，用自身分泌出来的有机酸分解岩石，并从中吸取某些可溶性物质转变为有机化合物，以构成它们的躯体。当生物死亡后，有机质分解，一系列元素又转变为矿物质，形成黏土矿物（如蒙脱石等）。所以，有的学者强调指出硅酸盐矿物的破坏过程是一种生物化学作用。生物在风化过程中的作用机能大致可概括如下。

① 产生气体的机能。绿色植物的光合作用 [$nH_2O+nCO_2 \longrightarrow (HCOOH)_n+n/2O_2$] 产生 O_2；微生物的生理活动和有机体的分解能生成大量的 CO_2、H_2S 和有机酸等。它们直接影响介质的 pH 值和 Eh 值，从而强烈影响风化作用的进程。

② 氧化和还原的机能。自然界中某些微生物，特别是铁细菌、硫细菌和还原硫酸盐细菌，具有氧化或还原某些元素的能力。例如铁细菌（*Ferrobacillus*）能将二价铁氧化为三价铁；硫细菌（*Thiobacillus*）能把硫化物氧化成硫酸盐。如有细菌参加的黄铁矿的氧化反应可写成：

$$2FeS_2+15/2O_2+H_2O = Fe_2(SO_4)_3+H_2SO_4$$

氧化作用的结果产生了可溶的金属硫酸盐和硫酸，硫酸则将进一步加速岩石的风化。自然界中铁的生物氧化比例远远超过了化学氧化。可以认为，许多风化成因的铁或锰矿床都和微生物作用有关。目前，有些国家借助于细菌氧化的原理，通过“堆淋法”而从低品位的硫化物矿石中提取金属。

还原硫酸盐细菌（如 *Desulfovibrio* 及 *Desulfomaculmi*）则能将硫酸盐（如水溶液中的硫酸根离子）还原为 H_2S：

$$SO_4^{2-}+8e+10H^+ \longrightarrow H_2S+4H_2O$$

溶液中的任何金属与 H_2S 反应都能生成硫化物沉淀。砂岩和碳酸盐岩中所含金属硫化物的成因即可能与此作用有关。

③ 元素富集的机能。生物生存期间，不断地从周围介质中有选择地吸取某些元素，然后在新陈代谢过程中以有机化合物的形式把它们固定下来。元素的生物吸收和堆积有时可达到惊人的程度，如捷克的奥斯兰地区的1t水木贼的灰分（植物灰化后所遗留下来的无机物质）中存在着610g金，在另一种木贼的1t灰分中含有63g金，而当地土壤中含金量仅为0.1g/t。另外，一些有孔虫和水藻中含铁达20%以上。

④ 合成有机化合物及吸附的机能。有机质之所以能影响元素的迁移和集散，主要在于它可以和原生矿物中的金属元素组成螯合物。螯合物比一般的络合物具有更大的稳定性，能在风化壳中自由迁移。有机质另一个影响元素迁移和集散的原因是有机胶体的吸附作用。

1. 生物风化作用的进行方式

（1）生物机械风化作用　生物的机械风化作用主要表现在生物的生命活动上。如生长在岩石裂隙中的植物，随着植物的长大，根变大变长，使岩石裂隙扩大从而引起岩石崩解，称为根劈作用。植物根长大时对围岩产生的压力可达10～15Pa。生物的作用从机械风化能力的意义上来说，植物根系的楔插作用或根劈作用可能仅次于冰劈作用。据观察，十分细小的地衣菌丝（根）可渐渐瓦解页岩，它钻入闪长岩，可从矿物表面剥开片状颗粒。

动物的机械破坏，如穴居动物田鼠、蚂蚁和蚯蚓等不停地挖洞掘穴，使岩石破碎、土粒变细。据观察统计，温带地区每公顷（1公顷=1万平方米）土地内有30万条蚯蚓，每年能翻动30t土壤，使之变细变松。有蹄类动物的践踏对地表岩石、土层也起一定的破坏作用。

（2）生物化学风化作用　生物的化学风化作用是通过生物的新陈代谢和生物死亡后的遗体腐烂分解来进行的，植物和细菌在新陈代谢中常常析出有机酸、硝酸、碳酸、亚硝酸和氢氧化铵等溶液从而腐蚀岩石。生物死亡后逐渐聚集起来，在还原环境下经过缓慢腐烂分解形成一种暗黑色胶状物质，叫腐殖质。它一方面供给植物必不可少的钾盐、磷盐、氮的化合物和各种碳水化合物；另一方面腐殖质含有的有机酸对岩石、矿物有着腐蚀作用。

生物特别是微生物的化学风化作用是很强烈地。据统计，每克土壤中可含几百万个微生物，它们都在不停地制造各种酸，从而强烈地破坏岩石。据估计，微生物对岩石所产生的总分解力远远超过全部动植物所具有的分解力，如高岭土在实验室内要在1000℃的高温下经化学处理才能分解，而硅藻在常温下就能完成这一分解过程。利用微生物的这种能力可进行生物选矿，如石油的脱蜡，用细菌回收废矿液中的金、银、铜等。

2. 生物对元素迁移集散的影响

生物的生命活动产物如 CO_2、O_2、有机酸等强烈地影响着岩石的风化过程，影响着周围环境的pH值、Eh值等一系列物理化学条件，从而影响岩石矿物的分解与合成、化学元素在表生带中的迁移和集散。如前所述，在生物作用中，除高等植物外，微生物起着相当重要的作用。任何微生物都产生 CO_2，如硝化细菌产生硝酸、硫化细菌产生硫酸等等，势必对介质产生影响。

活着的植物对于风化过程中元素的迁移和分配有着深刻的影响。某一元素被植物根系吸收的强弱程度一般取决于该元素在土壤溶液中的溶解度，而在植物根系附近的土壤水会变得更加呈酸性（pH 值甚至可以降至 2)，因此，许多元素的溶解度会增大。此外，许多植物对元素的摄取是有选择的，植物的种属不同，它们选择富集的元素也不同。例如，禾本科植物中富含 SiO_2，而贫于 CaO；相反，豆科植物则富含钙而贫于 SiO_2。后者在缺钙的土壤中也能吸取大量的钙。

植物根系摄取各种元素后，会把它们分配到植物体的各个部分。当植物的叶子或其他器官落在地上并腐烂时，雨水就把易溶的组分浸出，其中大部分被转移入地下水和地表水中。这些被溶元素可以再次被植物吸收，或者在土壤的 B 层中与 Fe、Mn 和 Al 胶体物质作用再沉淀下来。植物腐烂所释放出的难溶组分趋向于留存在腐殖层中，而可溶性离子亦可以借吸附作用被保留在有机物质之上。这种效应是积累的，经过漫长的地质年代后即会导致元素的可观富集。上述通过植物生命活动而造成的元素迁移的整个过程一般称之为生物地球化学旋回。

3. 有机质对元素迁移的影响

动物和植物死亡后，其遗体在微生物的参与下发生腐烂分解。组成生物机体的各种元素依据其自身性质的差异具有不同的迁移过程。

含有 C、H、O 和 N 等元素的生物机体分解时，有相当部分形成 CO_2、H_2O、NH_3 和其他简单化合物；而其他部分则转入复杂的高分子有机化合物中，即腐殖质。后者一般由胡敏酸和富里酸两类有机酸物质所组成，它们都是由 C、H、O 和 N 组成的高分子有机化合物，不同的方面主要是胡敏酸分子量大（1684)，烃类化合物的含量和羧基（—COOH）含量却较低，而富里酸分子量较小，烃类化合物、羧基和羟基含量都较高；胡敏酸的水溶胶 pH 值一般在 3～4 之间，富里酸的水溶胶 pH 值更低些。植物遗体分解过程中有时还释放出 SiO_2、Fe_2O_3 和 Al_2O_3 等，它们可以互相作用从而形成某些次生黏土矿物。

生物机体分解产物中，CO_2 和腐殖酸具有重要的地球化学意义。CO_2 和有机酸自生物机体形成后就富集于生物繁殖地区的地表水、土壤、地下水以及沼泽等水体中，它们都能提高水溶液的酸度（pH 值下降)，使水具有更高的化学侵蚀性。例如，当有平均 pH 值为 5.6 的雨水沿土壤剖面向下渗透时，由于上部土壤中腐殖质和其他有机物质的氧化而放出的大量 CO_2 溶于下渗水后，使土壤水的 pH 值低达 4～5。相反，在潮湿的热带地区，生物遗体被掩埋之前就已发生腐烂，这种有机物质的氧化作用所形成的 CO_2 都逃逸到大气圈中去，所以在这些地区的土壤水中 pH 值和溶解 CO_2 的浓度都接近雨水中的数值。

有机质的氧化作用消耗着被溶解的游离氧，从而降低水的氧化还原电位，造成相对还原的环境，而在这种水中有利于更多元素离子的溶解和搬运。

腐殖质在地表常呈胶体状态，它们一般带有负电荷，因而具有吸附阳离子的能力，使某些元素在富含有机质的沉积物中富集起来。例如，从泥炭中分离出来的胡敏酸就能吸附溶液中 50%的 Cu、10%的 U 和 60%的 Zn。

综上所述，不难看出岩石的风化是大气、水和生物共同作用的结果。在自然界，物理风化、化学风化和生物风化三种作用不是彼此孤立存在的，而是相互联系、相互促进、相互影响的。仅在特定的环境中或条件下，常以某种作用为主。但就整个风化作用在物质运动形式中的作用而言，化学风化（包括生物化学风化）作用具有最重要的意义。

第二节　土壤形成的条件和过程

一、土壤形成的条件

土壤是在风化产物（母质）的基础上经过成土作用逐渐发育起来的。但它在水、热状况及化学元素组成方面已完全不同于母质，因此土壤不同于风化物质。土壤是在气候、生物、母质、地形等诸因素的综合影响下形成的，其中生物起着主导作用，气候对成土过程的方向和速度起着控制作用。如在炎热多雨的热带发育着砖红壤和红壤，而在寒冷的冻原带发育着冰沼土。在不同土壤带，化学元素迁移和富集有着不同的特点。如在草原和沙漠区，降水非常稀少，土壤呈弱碱性反应（有大量 $CaCO_3$），很多元素（如 Fe、Zn、Cu、Ni、Co 等）活动性很弱；而在气候潮湿地区，土壤呈中性或酸性反应，Ca、Cu、Zn、U、Mo 迁移能力增强。在这种条件下，地势低处有泥炭发育，形成有利于 Fe、Mn 和其他某些金属元素迁移的环境。

在矿物岩石风化和成土的过程中，盐基、SiO_2、Fe_2O_3 和 Al_2O_3 等都以不同的速度成为游离状态，并且形成各种不同的次生矿物。同时，由于有机质的分解和腐殖质的形成，产生各种无机酸、有机酸（包括腐殖质）及其盐类。在这些物质的基础上，通过淋溶和淀积两方面作用，逐渐形成土壤发生层。上层在下渗水流作用下，通常呈溶解或悬浮状态的某些物质成分随水向下迁移，形成土壤上部的淋溶层，以 A 表示（简称 A 层）；淋溶下来的物质在其下层淀积，形成元素富集层，称淀积层，以 B 表示（简称 B 层）；B 层之下是未受淋溶或淀积作用影响的母质层——风化层，以 C 表示（简称 C 层）。A 层与 B 层合称为土壤体。土壤母质的下面便是未风化的基岩，称基岩层，以 R 或 D 表示。在地下水位高、空气闭塞的情况下，B 层下段或 C 层一部分将因还原作用形成潜育层（潜育是指在还原条件下，无机化合物特别是 Fe、Mn 由高价变低价的作用）。

土壤剖面中的每一发生层常因上下段性状的差异可再分为亚层，如 A 层可再分为 A_1、A_2、A_3 等亚层，B 层可再分为 B_1、B_2、B_3 等亚层，C 层可再分为 C_1、C_2、C_3 等亚层。地面的有机质层（或简称 O 层）可分为 O_1 和 O_2 亚层。各发生层的位置见表 2-3、图 2-1。

表 2-3　土壤各发生层在土壤剖面中的位置

层　位	代号	主要成分描述
O 层(覆盖层)	O_1	疏松的枯枝落叶(新鲜或部分分解)
	O_2	暗色腐殖质层
A 层(淋溶层)	A_1	暗色土层(含腐殖质较多)
	A_2	灰白色淋溶层
	A_3	向 B 层过渡,但主要似 A 层
B 层(淀积层)	B_1	向 A 层过渡,但主要似 B 层
	B_2	深色淀积层
	B_3	向 C 层过渡层
C 层(风化层)	C	风化层
R 层(基岩层)	R	基岩层

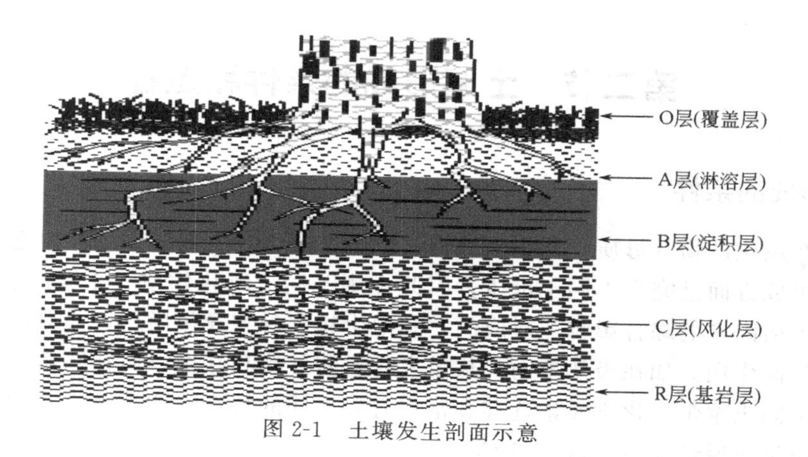

图 2-1 土壤发生剖面示意

淋溶与淀积是密切联系、不可分割的两种作用。土壤水沿自上向下方向，携带着溶解或悬浮的物质不断地移动，这种过程为物质的转移过程。这种作用包括两个方面：①物理性转移；②化学性转移。物理性转移是指矿物质与有机质胶粒及其他细微土粒从 A 层移动到 B 层沉积下来，使 B 层硬结、干燥时出现裂隙；化学性转移是指矿物中分离出的盐基或可溶性有机、无机化合物从 A 层随渗漏水下移，或淀积在 B 层，或到达地下水层而流失的作用。如草原区因盐基淀积常形成石灰质硬盘、石膏质硬盘和硅质硬盘。温带森林区含铁、铝的有机和无机胶体可浮悬在渗漏水和毛管水中，从 A 层移动到 B 层，形成铁质硬盘。而在地下水位高、排水不良的地方，可溶盐又经常沿毛管水上升到达地表和在地表形成盐分累积。由此可见，土壤形成过程就是化学元素迁移、再分配和富集的地球化学过程。

在物质淋溶和淀积过程中，微量金属元素也在进行着重新分配，可溶的金属元素和被黏土及胶体吸附或结合的元素很容易自 A 层移出，而与 Fe 和 Mn 的含水氧化物或黏土矿物一道聚集在 B 层。结合在耐风化的原生矿物晶格中的元素则易在 A 层中富集。由深根植物从深部吸取到植物体中的金属元素，在表层当植物残体分解以后，金属元素将根据它们所形成化合物的性质又进行重新分配。

如前所述，土壤是由固、液、气三态物质组成的，土壤固态物质包括矿物质和有机质两大部分；液态物质指土壤溶液（土壤水分）；气态物质指土壤空气。土壤的化学组成包括这三态物质的化学成分。但土壤矿物质和有机质两大部分是土壤中化学元素的主要来源，也是土壤的物质基础。

土壤矿物中的原生矿物如石英、云母等和次生矿物如次生黏土矿物（蒙脱石、高岭石等），在不同气候带的不同土壤类型中，其组成存在差异。

土壤有机质中的非腐殖物质和腐殖质两大类有机质，通常分为属于非腐殖物质的包含在动、植物体中的各类化合物，如蛋白质、烃类化合物、脂肪、木质素、单宁、蜡质以及许多低分子化合物；属于腐殖质的是一类暗色的、含氮的、具芳香结构的、酸性的高分子化合物。这两类物质在土壤微生物作用下处在不断的变化过程中。腐殖质作为微生物活动的产物一般不易被微生物分解，因此是土壤有机质的主体。在土壤中，非腐殖物质与腐殖质是混存的，并且与土壤矿质部分呈各种各样的结合形态。如土壤矿质部分能牢固地吸附烃类化合物，腐殖物质能牢固地与土壤矿物质结合等。

总之，在太阳辐射能的参与作用下，地壳表层与近地面大气层、地表水、地下水和生物之间不断进行着的物质和能量循环是土壤形成的基本条件。

1. 母岩和母质在土壤形成中的作用

岩石（成土母岩）及其风化松散堆积物（成土母质）是土壤形成的物质基础。土壤形成前的初始状态，除N外，其他养分的原始成分均承袭于母岩。不同母质性质上的差异也经常被土壤所继承下来。在土壤形成的初始阶段，母岩和母质对其影响更大，矿物组成、化学成分、物理化学性质以及质地都继承了母岩与母质的特性。在其他成土因素大体相近的条件下，不同土壤都显示出对其母质的明显依赖性。其中最重要的是影响成土过程的速率和方向，例如，同处亚热带地区，成土母质为富含$CaCO_3$的石灰岩，因其富含Ca离子，从而延缓了土壤中盐基淋失的速率，形成了钙质湿润淋溶土（或雏形土）；而盐基离子含量较少的酸性火成岩形成的土壤，盐基离子被淋溶的速率比石灰岩土壤要快速得多，盐基极易被淋失，甚至完全被淋失从而形成钙质湿润富铁土。由母岩和母质对土壤形成过程的巨大影响或主导作用形成的某些特殊土壤类型称为岩成土或岩成土系列，如在石灰岩母岩上形成和发育的钙质湿润淋溶土、雏形土（石灰土）系列，在紫色砂页岩上发育形成的紫色湿润雏形土和新成土（紫色土）系列等。

因此，地表复杂多样的岩石、母质及其岩层空间分布等有关地质条件是造成土壤类型多样化、土被结构复杂化的重要因素。

2. 气候在土壤形成中的作用

气候在土壤形成中的作用是十分巨大的。气候还与生物一起对土壤形成产生协同作用和影响。

（1）影响土壤的组成和性质　大气温度和湿度（水分），即所谓水热条件是全面影响土壤物理、化学和生物过程速率与强度的因素。土壤一般随着温度与湿度的增加，矿物风化程度及其产物的淋溶与淀积作用自赤道向南、北两极地区发生连续地、有规律地变化。与此相应的土壤黏土矿物组成、硅铁铝率、硅铝率、土壤pH值和盐基饱和度、淀积层的深度和性质也都随气候变化而发生规律性的变化。如寒带土壤中黏粒矿物少，主要为水云母和绿泥石；温带随着温度的增加而风化程度加深，土壤中矿物以水云母为主；湿润区则含有水云母、蒙脱石、蛭石；亚热带土壤中除含有水云母、蛭石外，还有高岭石；热带土壤风化程度最高，土壤中黏粒矿物主要为高岭石、赤铁矿和三水铝石。随着风化程度和淋溶作用增强，土壤的pH值和盐基饱和度一般也随之降低。此外，气候与植物协同影响土壤中有机质含量和腐殖质的组成。

（2）气候与土壤空间分布的相关性　自赤道向北极、南极方向，随着温度、大气降水以及植被的变化，土壤类型和土被也随之出现更替，这种土壤分布的地理规律性称为水平地带性规律；对于山区的土被、植被与垂直气候带的联系，相应地称之为垂直地带性规律。这些以气候为主要作用的土壤发生系列称为土壤发生的气候系列。

（3）气候变化和土壤演替　气候短周期地多年变化（1～10年），如气候持续地向湿润或干旱的方向发展，达到一定阶段后有可能引起植被和土壤类型的更替。而土壤形成作用滞后于气候和植被的变化，会导致在一定时段内，气候和植被与土壤类型及其分布界限发生不相吻合或相偏离的现象（李天杰，2004；Manahan，1984）。

气候长周期变化，如更新世发生的地球气候变冷引发的第四纪冰川现象，使环境及土壤、土被结构都发生了巨大变化。冰期不仅使大陆冰川覆盖地区的原有土壤和土被不复存在，并使温带、亚热带和热带等自然带（气候、植被和土被等）的水平地带的界限均向赤道方向推移，面积压缩；自然带的垂直地带界限向下移动。间冰期，随着气候变暖，冰川退缩，在冰川退出的地区开始了新的土壤形成与发育过程，形成了土壤绝对年龄和相对年龄最为年轻的土壤类型。自然地带和土被的界限随着气候的转暖随之向相反的方向发生移动。可见，冰期、间冰期的气候变化对现代自然带和土被的影响及改变是多么显著。因此，现代自然带和土被的“地带性”规律是相对稳定的而不是绝对的。有些地理发生土壤类型和土被与自然带有时是相对一致的。如热带或赤道带地区的自然环境与气候变化较小，土壤类型的变化也相对较小，是较为一致的。其他自然地带的土被带随着气候长周期的波动，程度不等地存在相适应的一面和不相适应的一面，不相适应是由于土壤变化相对于气候和植被变化的滞后性和土壤形成过程的延续性与继承性。新的成土过程在进行，原有的成土过程及其形成的特征仍然存在，这两种过程作用使得在过渡地带可能存在两种以上“地带性”土壤类型和古土壤、残遗土壤或残遗特征。因此，气候因素是使土壤和土被复杂化的更为活跃的因素。

3. 植被和土壤生物在土壤形成中的作用

由于生物的生命活动，土体中产生了物质营养元素和能量的生物循环，形成了土壤特有的有机质土层。这种循环不仅在一定程度上决定了土壤的各种物理特性（土壤结构、孔隙状况），而且对发展土壤所固有的特殊生物化学环境及其本质属性起着决定性作用。

（1）植被在土壤形成中的作用　植被最重要的功能是合成有机质，并把太阳能引入成土过程，将分散于岩石、母质、大气圈和水圈中的营养元素向土壤聚积，以有机残体和腐殖质的形式累积于土壤表层，形成土壤有机质层。据估计，陆地植被每年形成的生物量约为 5.29×10^{10} t。

不同植被类型累积有机质的形式与数量和其化学元素组成与含量都存在很大差异，从而影响着土壤形成过程的方向与强度。森林植被木本植物为多年生植物，每年形成的有机质以凋落物（粗有机质）的形式堆积于土壤表层，一般来说，有机残体数量：热带常绿阔叶林>温带夏绿阔叶林>寒带针叶林。阔叶林灰分元素和 N 含量较高，灰分中 Ca、K 等盐基较丰富，C 与（N+灰分）的比值较低；针叶林灰分和氮的含量均较低，且灰分中硅占优势。针叶林植被凋落物富含单宁、树脂、蜡质，多以被真菌分解为主，分解产物中的灰分元素不足以中和有机酸类和腐殖质酸（富啡酸），故土壤溶液呈强酸性反应，从而使土壤遭受强烈的酸性淋溶；阔叶林植被凋落物分解产物中，由于盐基含量较丰富，土壤溶液呈中性或微酸性反应，土壤遭受酸性淋溶的程度相对较弱。草本植物，无论是一年生还是多年生草本植物，每年进入土壤的有机残体均以死亡的根系为主，其灰分和 N 含量都大大超过木本植物，有机质分解以细菌为主，分解产物为酸性较弱的胡敏酸，同时由于灰分含量较高，土壤溶液呈中性或微碱性反应；土壤剖面中腐殖质分布也不似森林土壤由表土向下急剧降低，而是由表层向下逐渐降低。

（2）土壤生物（动物和微生物）在土壤形成中的作用　生活、栖息于土壤中的动物（蚯蚓、啮齿类、昆虫、蚁类和原生动物等）和微生物（真菌、细菌、放线菌、藻类）是土壤生态系统中的消费者和分解者。它们通过与土壤之间的物质与能量交换，参与土壤的物质与能量的转化以及物质的生物小循环，在土壤形成中起着十分重要的作用。如果说合成有机质和在土壤中积聚亲生物元素与能量是植物在成土过程中最重要的功能，那么消费和分解有机质，耗散能量储存量，将部分势能转化为热能、机械能和化学能则是土壤动物在成土过程中的主要功能。如土壤中数量巨大的蚯蚓通过消化系统把复杂有机质转化为简单的有效营养物质（排泄物），提高了养分的有效性并改善了土壤结构；啮齿类动物通过挖掘活动影响土层组成物质的机械混合，土壤的通气性、松紧度以及有机质转化。消极方面是有些土壤动物（如鼠、旱獭、蚁类）的过度繁殖和生命活动会造成对土壤生态系统的极大破坏或传播威胁人类健康的病毒和细菌。

微生物是地球上最古老的生命和生物机体，远在绿色植物出现以前，自养和异养微生物种群就已开始了地球上最早的有机质的形成和分解作用。微生物的功能是多方面的，它们能使生物圈和土壤圈中一些重要物质和能量的生物循环过程得以实现，包括固氮作用、氨和硫化氢的氧化、硫酸盐和硝酸盐的还原作用、溶液中铁和锰化合物的沉淀以及维生素、酶、氨基酸等生理活性化合物的微生物合成等。但是微生物最主要的特征在于它们能够充分分解植物和动物的有机残体，直到完全矿质化。微生物一方面将有机质分解，另一方面又合成土壤腐殖质。此外，研究方法和技术水平的不断发展预示着被发现和认识的土壤生物群体在成土过程中的作用和功能可能要较我们想象的大得多。

4. 地形（或地貌）在土壤形成中的作用

地形作为岩石圈地表形态是影响土壤形成过程进行的重要空间条件。它和母质、气候、生物因素的作用不同，它与土壤之间并没有物质与能量的交换，而只是引起地表物质与能量的再分配，从而影响土壤形成过程。

有学者根据地形及其水文状况与土壤发育的关系，把相同生物气候条件下的土壤分为自成土、半水成土、水成土和冲积土。即地形部位高处排水良好，地下水位在6m以上，土壤发育不受地下水影响的称自成土（或“地带性”土壤）；地形部位最低处排水不良，地下水位为0～1m的土壤，形成发育完全受地下水的影响而具有潜育或盐渍化特征，称水成土（有机土或盐渍土）；介于其间的过渡性土壤，地下水位为1～3m，土壤受地下水位季节性变动的影响，称为半水成土。由于地形、排水和地下水位的差异，使同一地貌单元不同地形部位形成一系列不同类型和性质的土壤发生系列，称为土链（catena）。因微地形的变化影响水与盐分运动而造成的土壤组合称为土壤复区。

因新构造运动而引起的地貌和地形变化所导致的地表地质体年龄和环境条件的变化，是造成土壤发育年龄和土壤演替的重要原因。由于地壳的上升或下降，或局部侵蚀基准面的下降，将不仅影响土壤的侵蚀与堆积过程，而且还会引起该地区水文状况、水文地质及植被等环境条件的一系列变化，使土壤形成过程的发育方向逐渐变化，土壤类型依次发生演替。例如，由于河谷地貌发育引起的水成土（河漫滩）、半水成土（低阶地）和“地带性”土壤（高阶地）的土壤地形系列的演迭。由此可见，地形或地貌因素是影响土壤分布、演变和土壤层结构特征的重要因素。

5. 时间因素在土壤形成中的作用

土壤形成作用随时间的增长而发生变化。如同任一历史形成的自然实体一样，土壤也有一定的年龄。从土壤形成开始直至现在的这段时间称为土壤的绝对年龄；而由于成土过程的速度或土壤发育阶段更替的速度不同，由土壤个体发育的程度判定的土壤发育时间称为相对年龄。相对年龄不仅取决于土壤发育的持续时间，而且取决于其他成土因素的组合及其性质的影响。

地球上土壤的年龄是多种多样的。最年轻的冲积土或发育于新鲜露头上的土壤，其绝对年龄是用几十年来计算的。一些最古老的土壤，如位于低纬度高原和剥蚀平原上的土壤，其绝对年龄可达千万年。绝大多数现代土壤的年龄为数千年或几百年。

土壤自身是不可移动的，在长时间持续发育过程中，其成土条件可能多次发生改变，土壤发育过程也必然随着景观的改变而变化。因此，土壤不仅反映现代的景观，也反映它以前的发育条件。在土壤中不仅具有与现代条件相应的特性，也可能有过去历史环境条件下形成的各种残遗特征以及反映成土环境最新发展趋势下尚处于萌芽状态的性质。只有从历史发生学、地理发生学和形态发生学相统一的角度来认识土壤，才是研究、认识土壤的科学和辩证的方法论。由此看来，即使是在全新世时期形成的土壤也经历了冰后期气候的波动以及新构造运动或其他因素变动的影响。因此，现代土壤大多是历史复杂的多元性土壤。由此可见，时间作为成土因素，它要说明的中心问题是地球土被的年龄，而且在此时期内，自然条件和土壤发育不止一次地发生过变化。土壤剖面特征与现代成土条件不完全相符，是由于它们保存了以往发育阶段具有的一些性质。

古土壤（埋藏土、残遗土）、土壤残遗特征在研究土壤及其形成过程和土被历史发展过程中具有重要作用。它可为判断古地理环境提供重要资料和信息，是复原古地理环境的一把钥匙。第四纪埋藏土研究最具有意义，这方面的研究实例已不胜枚举，最具代表性的是我国地球化学家刘东生通过对黄土高原典型大剖面中的埋藏古土壤类型及其残遗特征的研究（1965，1985），给恢复古地理环境特别是古气候的变化提供了重要依据。也有学者（陈焕伟，2000）通过研究北京西山西胡林黄土剖面中七层埋藏古土壤的形态特征，划分出了简育干润雏形土（碳酸盐褐土）、简育干润淋溶土（褐土）、简育湿润雏形土（淋溶褐土和棕壤）。通过古地磁测年和地层对比，配合孢粉分析确定了古土壤年龄，从而确认北京地区自前 50×10^4 年到前 10^4 年间，气候曾交替经历了湿冷和干冷的变化。

综上所述，可见土壤形成过程中的时间因素的作用和其他成土因素（母质、生物、气候和地形）的影响是不可分割的。由于环境历史的变化，在现代某一自然地带或土壤地带内，完全可能有两种或多种“地带性”土壤类型，或者具有埋藏的、地表裸露的其他类型的古土壤，或者在土壤剖面中具有残遗特性。土壤地带性规律是客观存在的，但它绝不是我们想象中的那样简单和均一的自然地带现象。

6. 人类活动在土壤形成中的作用

人类活动作为成土因素不同于其他自然成土因素，其主要作用体现在如下几个方面。

（1）人类活动特别是农业活动对土壤的影响是有意识、有目的和定向的　在农业生产实践活动中，人们在逐渐认识土壤发生、发展客观规律的基础上，为满足人类社会对农林牧产品的需求，培育、利用和改造土壤，使土壤产生和发展了在人类农业活动主导作用下的土壤熟化过程及其经济肥力，由被开垦利用前的自然土壤逐渐转变为耕种土壤，直至成为人为土壤。

（2）人类活动的影响并非仅是农业活动对土壤的直接影响　人类活动对土壤的影响更重要的还有对影响土壤形成和发展的生态环境（或成土条件）的改变，从而也改变了土壤和土被形成发育的方向。例如，对半湿润、半干旱或干旱地区地表水资源的过度利用影响了下游地区水量平衡，从而导致下游地区缺水，使生态环境恶化、河流断流、湖泊消失、土壤向荒漠化方向扩展（如塔里木盆地、甘肃走廊地区）。如华北平原由于地下水过度开采以及中、上游地表水不合理的利用或调配，使下游地区水量逐步减少，改变了地区的水文状况，湖泊水面在缩小，原沼泽湿地在消失，同样改变了水成土（沼泽化土壤）—半水成土—自成土的演变方向。这样的实例在我国北方地区已屡见不鲜。

（3）人工化学产品对土壤的影响　人类工业生产活动生产的人工化学产品或产生的“三废物质”的排放是现代人类社会发展对土壤质量产生的重要影响。

(4) 人类活动对土壤影响的两重性 人类对土壤资源利用合理，有助于土壤肥力和土壤质量的不断提高，土壤生态系统的改善；利用不当，事与愿违，引起土壤退化，如土壤侵蚀的加剧、次生盐渍化、肥力下降及土壤沙化、酸化以致引起土壤严重破坏，最终丧失了土壤的基本功能。

(5) 人类活动对土壤影响的社会性 人类活动具有社会性，人类活动对土壤的影响受社会生产力和社会制度的影响，随着社会经济和科学技术水平的发展，社会制度不同，影响的深度和广度也不同。

二、土壤形成的过程

土壤圈是地球陆地土壤的总和。因此，分析和认识土壤圈的组成、结构和功能必须建立在对其土壤类型构成、起源、形成演化过程及其空间分布规律研究的土壤发生学基础上。自然土壤是在成土因素如母质、气候、地形、生物、时间等综合作用下形成的，其形成过程也就是土壤肥力的发生、发展过程。

土壤是地球物质地质大循环（geochemical circle）与生物小循环（biological circle）过程的产物，地质大循环形成了成土母质，生物小循环从地质大循环中累积了生物所必需的营养元素。由于有机质的累积、分解和腐殖质的形成，发生、发展了土壤肥力，最终使岩石风化产物脱离了成土母质从而形成土壤。地质大循环与生物小循环是土壤形成的主导过程。

1. 物质的地质大循环与土壤形成过程

岩石的风化产物通过各种不同的物质运动形式最终流归海洋，形成海洋沉积物。经过漫长的地质演变，海洋又可能上升为陆地，这些海洋沉积物成为岩石又裸露在地表。这种过程称为物质的地质大循环。

在岩石风化过程中，原生矿物的分解和次生矿物的合成是土壤形成的重要环节。从土壤形成作用的观点来看，物质的地质循环使固结在岩石中的营养元素释放，成为生物可以利用的有效元素；固结状态的岩石成为地表松散堆积物，产生了一定的蓄水性能和通气性能。其中，次生黏土矿物的形成以及吸附、交换一定数量的阳离子，使土壤具有了保肥性能。这就为地球生命和陆地植物的生存、演化和发展创造了适宜的环境条件。

2. 物质的生物小循环与土壤形成过程

岩石风化释放出来的无机盐类，一部分被植物吸收成为活有机体，另一部分仍保存在风化产物中或遭受淋失。活有机体死亡后被微生物分解为植物能吸收利用的可溶性矿质养料，并可通过微生物的合成作用形成腐殖质在土壤中积累。有机质的这种不断分解和合成过程改善了土壤的理化性质，增强了土壤的透气性和保蓄性，形成了能满足植物对空气、水分、养料需要的良好环境。这一过程称为生物小循环。

从土壤发生学角度看，太阳辐射能、地质循环过程产生的营养元素被绿色植物吸收，并以有机化合物形式固定和保存这一潜在的能量和营养物质元素，随后被共生的土壤动物和微生物分解和利用，构成物质与能量的生物循环。据计算，通过陆地植物光合作用，每年蓄积约 9.044×10^{17}J 的巨大能量。据统计，全部陆地生物物质的总量为 $3\times10^{12}\sim1\times10^{13}$t。其中，森林生物物质居首位，达 $10^{10}\sim10^{12}$t；草本植物为 $10^{10}\sim10^{11}$t，居其次，但草本植物的更新速度较快，生物学循环强度较森林植被要大得多；动物物质约为 $n\times10^{9}$t，无脊椎动物占其中的99.8%。据前苏联地球化学家 B. N. 维尔纳斯基和 A. 维纳格拉多夫的研究，由生命物质平均元素组成可看出参与生命物质的主要是植物，其组成元素与地壳的平均元素相比，由于生物性选择吸收，其中C、H、N、O的含量大多增加了，而另一些元素则不同程度地相对减少，P、S、K减少为几分之一，Cl、Ca、Mg、I、Cu、Mo等减少为几十分之一，Na、Ba、Fe、Al、Si减少为数百分之一，Cs、Ti减少为数千分之一；与地壳元素组成相比，动物的化学组成中C、N、H增加了几十倍，P、S、O、Cl含量也不同程度地增加，含量减少的则为Ca、Na、K、Mg、Zn、As、Br、Cu、F、B、Mn、Si、Ti、Al，减少为几万分之一。可见，动、植物元素组成有着很大差异。另一些学者把这些元素组成分为生物必需元素（绝对的和专性的）和掺和物。有的学者则将其划分为生物学累积元素和生物摄取元素。总之，生物圈系统中的物质生物小循环对地球表层系统进行着物质与能量的累积和再分配，其结果就是在土壤表层形成土壤有机质残体和腐殖质，犹如巨大的能量和营养元素储存库，再通过生物小循环不断地得到更新，高效能地被生物利用，这就是土壤形成过程的实质。

土壤的形成过程实质上就是地质大循环与生物小循环的综合。气候和生物对这两个循环都起作用，只是大循环以气候作用为主，小循环以生物作用为主。母质虽是地质大循环的产物，但它本身对两个循环的方向和强度都有重大影响。地形影响着地表物质和能量的重新分配，使不同地形部位的土壤存在水、肥、气、热状况的差异，从而也影响到土壤形成过程的方向和强度。时间则决定着其他各个成土因素作用的进度与程度。

事实上，土壤的形成过程还有能量交换的问题，但土壤形成的力能学过程是土壤科学研究中最为薄弱而又不充分的环节。从热力学观点看，土壤是一个开放的、非均匀的、多相的、以不可逆热力学为特征的耗散结构系统。有人对土壤形成的力能学进行了较全面的研究和论述，柯夫达认为热力学第一定律最通常的表达方法是：系统得到的热量耗散于增加它的内能和完成克服外力而做的系统功。由于土壤形成过程不仅存在热量交换，同时也存在质量交换，因此，土壤形成过程的热力学系统不只局限于计算系统热量输入（或输出）有关的参数，还必须考虑到质量交换的因素。也即不仅考虑到太阳辐射能以热量形式输入或输出的过程，也要考虑生物地球化学和地球化学过程中质量交换过程中能量的输入（或输出），而这一点恰恰是土壤形成过程中有重要作用和特殊意义的方面。土壤形成的热力学系统不仅与太阳辐射有关，而且与地球化学和生物地球化学物质迁移有关。

土壤形成的热力学系统若只取决于以热量形式进入土壤的能量，则气候带可能就成为土壤地理的唯一规律。但事实并非如此，对于土壤的热力学系统来说，除热量交换外，还包括质量交换过程中进入土壤的能量。

三、土壤原始形成过程的种类

土壤形成过程的实质，就是在一定的时间、空间条件下，在大气、生物与岩石综合作用下进行的复杂的物质与能量作用过程。其中，物质的地质大循环和生物小循环过程的对立和统一是土壤形成过程中的普遍规律。

生物与成土母岩之间的物质与能量交换是这一过程总体的主导过程，土体内部的物质与能量交换循环作用过程是其具体内容。这一过程是随着时间和生物的协同进化从无到有、由简单到复杂、从低级到高级、从无序到有序的生物地球化学循环内容不断丰富、扩展和螺旋式上升的过程。这一过程是在一定的地理位置、地形和地球重力场条件下进行的，这些空间条件影响到该过程进行的方向（水平的和垂直的）、速度和强度。

土体的内部分异和外部形态特征实际上是土体中一系列相互关联的生物、物理和化学的基本成土过程作用结果的反映。由于受所处的地理位置与成土条件的影响，这些基本成土过程和过程的组合及其进行方向、强度与速度是不同的，从而形成了各种不同的土壤类别。土体中的基本成土过程分为原始成土过程、矿质化作用、盐化作用、脱盐化作用、碱化作用、脱碱化作用、钙积作用、石膏积聚作用、淋滤作用、灰化作用、黏化作用、铁铝化作用、腐殖化作用、潜育化作用、泥炭化作用、土壤熟化作用等过程。

这些成土过程或作用在不同的水热条件和不同气候带内发育情况不尽相同，因不同地域而异。在自然界的某一气候带，上述作用往往不是都出现的，常常是以某一种作用较占优势的情况并以其标志性形成物为特征在自然界体现，即土壤体系物质成分聚集、分异、组合过程及其效果的综合反映。随着物理化学条件的不同或变化，这些作用有的可以在同一地域、地段交叉出现，有的也可以缺失。相应地，人们也常对这些作用冠以具有鲜明成分特点的术语来描述它们。这些作用都包含在土壤形成过程的两类循环中，每一种作用以及形成物都与特定的水热气候或其他物理化学条件相应，从崩解开始，总体上包括盐化、碱化、钙化、淋溶、灰化、黏化、白浆化、硅铝化、铁铝化、有机质积累、潜育化、和熟化 13 个环节。

（1）崩解（separate）　指在高寒山区或干旱内陆地区；由于水热条件差，风化作用停留在崩解阶段，由于热胀冷缩等物理变化引起岩石破碎的过程。岩石崩解常形成粗骨土或石质土。温带中的花岗岩、页岩、千枚岩和石英岩地区，土体中崩解作用的痕迹也较明显，常含较多的石砾或粗沙。

（2）盐化（salinization）　发生在干旱、半干旱或滨海地区，指在地表水、地下水或母质中含有较多的易溶性盐分情况下，经强烈的蒸发作用，这些盐分随毛管水做垂直或水平移动，逐渐向地表或局部地段聚积的作用过程。

有些地区土壤早已脱离含盐地下水或地表水的影响，但土体中仍残留着过去某一时期已聚积的盐分，这也是盐化的一种形式。

盐分以氯化物或硫酸盐为主，少数地区有较多的碳酸钠。盐化的结果是剖面表现盐积特性或形成盐积层。

（3）碱化（solonization）　发生在干旱、半干旱或滨海地区，指交换性钠离子不断进入并被吸附在土壤胶体表面的过程。碱化的结果是形成交换性钠含量很高的钠质层。

（4）钙化（calcification）　指在干旱、半干旱条件下，土壤碳酸钙发生移动和积累的过程。其结果是使土壤胶体表面和土壤溶液被钙饱和，并可在土壤剖面中形成富含游离碳酸钙的钙积层。

（5）淋溶（eluviation）　指土壤物质以悬浊液或溶液状态从土壤的一个层次或几个层次向下迁移的过程。这个过程与下渗水流的作用有关，多发生在湿润条件下，结果是使易溶盐和碳酸钙淋失，盐基饱和程度降低，有时还有黏粒（或胶粒）的损失。

（6）灰化（podzoliation）　是在某些情况下发生的过程，指贫盐基的凋落物或苔藓分解产生的各种有机酸（富里酸及低分子脂肪酸等）随着下渗水流进入土体，对土壤矿物发生溶解、水解或螯合裂解作用，使铁、铝活化并与有机质结合，一起从上层向下淋溶，并在下层淀积，使上层土体中 SiO_2 相对富集。

这个过程在冷湿的气候、针叶林和苔藓层以及沙性母质条件下最易发生，结果是形成漂白层（黏粒或游离氧化铁淋失）和下伏的灰化淀积层（含与铁、铝结合并与土粒胶结的腐殖质，其有机质含量高于邻接的土层）。

（7）黏化（clayification） 指土壤剖面中黏粒形成和积累的过程。一般分为次生黏化和淀积黏化，前者指土体内化学风化所形成的黏粒就地积累，后者指黏粒以悬浮液形式自剖面上部向下淋洗并淀积于一定深度土层内。前者形成次生黏化层，具有较红的色调和较高的黏粒含量；后者形成淀积黏化层。

（8）白浆化（argillification） 指在季节性还原淋溶的条件下，土壤中黏粒与铁、锰离子自表层随水移动，在表层之下形成黏粒含量高而铁锰贫乏的漂白层，而该层之下形成淀积黏化层的过程。

（9）硅铝化（silicatization） 指在温带湿润或半湿润气候条件下，母岩中的原生矿物经缓慢的化学风化（特别是水解），形成以黏土矿物为主的风化层或沉积物的过程。

（10）铁铝化（ferrallitization） 指在高温多雨的气候条件下，矿物岩石发生剧烈化学风化，原生和次生铝硅酸盐类矿物都可以彻底分解为氧化铁、氧化铝和氧化硅等，其中的氧化硅易向下淋失，而氧化铁、氧化铝相对富集的作用过程。铁铝化作用的结果是使土壤中黏粒部分以黏土矿物或铁、铝氧化物占优势。此过程多见于热带和亚热带。

（11）有机质积累（humification） 指植被下有机质在土壤表层积累的过程。沙漠土或干旱草原土植被稀疏，土壤表层有机质含量多在1%以下，属于淡色表层。草原土常形成浅薄的暗腐殖质表层；草甸土由于植被茂盛，表层有机质含量较高，腐殖质组成以胡敏酸为主，形成深厚的暗腐殖质表层（黑土层）。

森林土壤在地表有凋落物层，有机质积累明显，表土大都为暗腐殖质表层；高寒区草甸土由于有机质转化作用弱，腐殖化程度低，为草毡状有机表层；沼泽土由于地面长期潮湿，湿生植被的残体在厌氧条件下分解极慢，在剖面上常形成泥炭状有机表层（厚度不定的黑色泥炭层）。

（12）潜育化（gleyization） 指在长期渍水和厌氧分解影响下，土壤中高价铁、锰还原为低价铁锰化合物，如铁化合物还原为亚铁离子及其化合物，形成如蓝铁矿（磷酸亚铁）、硫化亚铁或亚正铁氢氧化物［$Fe_3(OH)_8$］等的过程。潜育化使土壤剖面中出现青灰色的斑块或层次，发育成无结构或大块状结构的潜育层。

（13）熟化（anthropogenic mellowing of soil） 指在耕作条件下，通过耕种、培肥与改良，促进土壤水、肥、气、热诸因素不断调谐，使土壤向有利于作物高产方向转化的过程。其结果可形成堆垫表层、厚熟表层或灌淤表层。

以上各种成土过程在我国的地理分布状况，大体上是西部以崩解作用占优势，其中西北的盐化、钙化也很明显，西南高原上的高山区则还有高寒草甸土的有机质积累过程；东部地区淋溶作用明显，并且从北到南逐渐加强；灰化仅见于东北部的北缘以及其他地域的高山区；湿润地区北部以硅铝化占优势，南部则以铁铝化作用为主。有机质的积累在温带自东向西逐渐减弱。

思考讨论题

1. 风化作用在成土过程中的作用与意义体现在哪些方面？
2. 土壤与岩石圈表生自然体中其他成分间有什么关系？
3. 土壤形成中的主要物质循环过程是什么？每种循环对土壤的形成起哪些作用？
4. 简述土壤形成过程中的影响因素。

参考文献

陈焕伟，2000. 从古土壤看北京环境变迁. 土壤学报，37 (3)：306-315.

陈静生，1990. 环境地球化学. 北京：海洋科学出版社.

李天杰，等，2004. 环境地学原理. 北京：化学工业出版社.

李学垣，1997. 土壤化学及实验指导. 北京：中国农业出版社.

南京大学等合编，1981. 土壤学基础与土壤地理学. 北京：人民教育出版社.

于天仁，1981. 土壤化学原理. 北京：科学出版社.

于天仁，陈志诚，1990. 土壤发生中的化学过程. 北京：科学出版社.

Bowen H J W，1979. Environmental Chemistry of the Elements. Academic Press.

Faure Gunter，1998. Principles and Application of Geochemistry. 2nd. New Jersey：Prentice Hall，Upper Saddle River，461-504.

Bohn H L，et al，1985. Soil Chemistry. Second Edition. John Wiley & Sons.

Manahan S E，1984. Environmental Chemistry. Fourth Edition. Boston：Willard Press.

Stumm W，Morgan J J. 1981. Aquatic Chemistry. John Wiley &Sons，Inc.

Sparks D L，1989. Kinetics of Soil Chemical Processes. Academic Press.

第三章　土壤环境

土壤广泛分布于地球陆地表面，它在地表构成一个不连续圈——土壤圈（pedosphere）。土壤圈是构成自然环境的五大圈（大气圈、水圈、岩石圈、土壤圈和生物圈）层之一，是联系有机界与无机界的中心环节，也是与人类关系最为密切的环境要素之一（赵其国，1995）。

土壤圈面积约 1.3×10^{8} km^{2}，相当于陆地总面积减去高山、冰川、沙漠和地面水所占有的面积，平均厚度5.0m左右。由于土壤有着复杂的成因过程与影响因素，在不同的地理区域发育的土壤类型往往不尽相同，因而土壤的分布与类型在地球表面不同区域存在差异（Annold，1991）。

第一节　土壤的分类

一、土壤诊断层

土壤诊断层是指用于鉴别土壤类别，在性质上有一系列定量说明指标的土层，它本身也体现了土壤形态、土壤发生和土壤特性三者的结合。诊断层分为诊断表层（如暗腐殖质表层、弱腐殖质表层、有机表层等）和诊断表下层（漂白层、淀积黏化层、灰化淀积层、风化B层、黏磐层、潜育层、石膏层、钙积层等）。

诊断特性是指用于鉴别土壤类别的土壤性质，具有定量指标，它们是针对土壤整体或剖面一定深度范围而言的，并不局限于某一特定土层（例如，土壤水分状况、土温状况、粗骨性、石质性、岩性特征、硅铝特性、铁硅铝特性、铁铝特性、石灰性、盐基饱和度、火山灰特性、石质接触面等）。

自20世纪70年代以来，不少国家使用土壤诊断层和诊断特性的概念，按照属性分类原则来发展本国的土壤分类和命名体制（Sposito et al，1995；詹尼，1998）。

二、土壤分类原则

土壤分类就是按照一定的标准把土壤划分或组合为不同的类型。土壤分类有不同的学派，大体上有发生分类（根据土壤形成条件和过程分类）、属性分类（根据土壤诊断层和诊断特性分类）以及介于两者之间的分类方法。

地球陆地表层的土壤圈是连续分布的自然体，从一种土壤类型到另一种土壤类型，二者的性状是逐渐过渡的，有时并不易区分。由于地球陆地表面成土环境条件、成土过程和历史千差万别，相应产生了各种复杂的土壤类型。因而，研究与区分土壤类型是研究土壤和土壤圈在地球表层系统中的作用及改良和合理利用、管理土壤以防止土壤和土被退化等的重要基础（Berner，1971）。

现代土壤分类中影响较大的是美国的土壤系统分类。美国农业部从1951年开始，先后邀集1500多位国内外土壤学家，进行反复论证，于1960年公布了以定量化为特征的美国第七次土壤分类草案，并于1975年正式出版《土壤系统分类》一书。联合国的世界土壤图图例单元（1974）即是以美国土壤系统为基础的，1988年又出版了修订本，发展了热带、亚热带土壤和干旱土壤的分类。为了促进土壤分类的逐步统一，1980年国际土壤学会成立了有关机构，组织全世界土壤分类学家完成了一个统一的世界土壤分类系统，即联合国世界土壤图图例系统（FAO/UNESCO）和国际土壤分类参比基础（简称IRB），为土壤分类提供了一个 可参比基准，到1991年发展成为世界土壤资源参比基础（WRB）。

中国的土壤分类，在20世纪的50～90年代基本采用了前苏联的土壤地理发生分类制，从20世纪80年代中期起我国研究与制定了中国土壤系统分类制。现在正处于两种分类制并存的过渡阶段（中科院南京土壤研究所土壤系统分类课题组，2001）。我国从80年代中期正式开始研究土壤系统分类，以诊断层和诊断特性为基础，根据实际情况提出了《中国土壤系统分类》。

三、土壤分类级别

土壤的分类是个多级体系，一般分为六级，自上而下为土纲、土类、亚类、土属、土种和变种。前三级为高级类别，以土类为基本单元；后三级为基本类别，以土种为基本单元。

土纲是根据成土过程的共同特点及土壤性质上的某些共性归纳的，如铁铝土纲是以共同具有富铝化过程及富含游离铁、铝成分为共同特点，其中包含砖红壤、赤红壤、红壤、黄壤等土类，它们之间虽有差别，但都具有上述共性。

土类是在一定生物气候条件、水文条件、耕作制度等条件下形成的，具有独特的形成过程和剖面形态。土类与土类之间在性质上有质的差别。例如，红壤形成于亚热带条件下，具有富铝化过程和生物积累作用，黏土矿物以高岭石为主，由于土壤富含氧化铁而呈红色（Berner，1971；柯夫达，1973）。砖红壤形成于热带气候条件下，土壤中铁、铝高度富集，钾的含量极低，土壤呈强酸性反应，盐基高度不饱和，黏土矿物以高岭石、三水铝矿和赤铁矿为主。铁质砖红壤呈暗棕红色（黄成敏等，2000）。

亚类是土类范围内土类之间的过渡类型，根据主导土壤形成过程以外的另一个次要的或者新的形成过程来划分，它们的发生特征比土类更为一致。例如，红壤（类）中的红壤（亚类）和暗红壤（亚类），前者是该土类的典型亚类，主要分布在低丘，表土有机质含量低（1.0%～1.5%左右）；后者分布在山区，其上一般发育有森林，生物积累量大，表土有机质含量可高达4%～7%，使该层呈灰棕到暗棕色。

土属是承上启下的分类单元，主要根据母质、水文等地方性因素划分（于天仁，1987）。例如，暗红壤（亚类）根据母质类型划分为铁质暗红壤（玄武岩母质）、硅铁质暗红壤（千枚岩母质）和硅铝质暗红壤（花岗岩母质）等土属。

土种是土壤分类的基层单元，根据土壤发育程度划分。土种的特性虽有相对稳定性，但也可因一般改良措施而改变。例如，硅铝质暗红壤（土属）根据有机质积累的程度，即腐殖质层的厚度和有机质含量，划分为乌沙土、黄沙土等土种。

变种是土种范围内的变化，一般以土壤肥力的变异作为区分依据。这种肥力变异可因地形变异而发生，或因一般耕作、施肥等措施而由一个变种变为另一个变种。例如，黄沙土（土种）可分为肥沃黄沙土和普通黄沙土等变种。

根据1988年联合国粮农组织与教科文组织（FAO/UNESCO）世界土壤图图例和全球

土壤圈各土壤类型的数量统计，按主要成土因素和成土过程特征，可将世界土壤类型分为9个大组（括号中数字为该土壤类型的分布面积，单位为10^6 hm^2）：①以有机质强烈累积为特征的有机土（histosols，240）；②受母质特殊性质控制的变性土（vertisols，340）、火山灰土（aondosols，400）；③受地形和环境显著影响的冲积土（fluvisols，320）、潜育土（gleyosols，620）、薄层土（leptisols，2260）、松岩性土（regosols，900）；④土壤发生受成土年龄限制或重新发育的雏形土（cambisols，825）；⑤受湿润热带、亚热带气候显著影响的铁铝土（ferralosols，1000）、黏绨土（nitisols，250）、低活性强酸土（acrisols，800）、高活性强酸土（alisols，100）、低活性淋溶土（lixisols，200）、聚铁网纹土（plinthosols，50）；⑥受干旱、半干旱气候影响的盐土（solonchaks，260）、碱土（solonetz，100）、石膏土（gypsisols，150）、钙积土（calcisols，1000）；⑦在湿草原气候影响下，以饱含有机质表层积累为特征的黑钙土（chernozems，300）、栗钙土（kastamozems，400）、黑土（phaeozems，100）、灰黑土（greyzems，30）；⑧在冷湿温带气候下形成的高活性淋浴土（luvisols，600）、灰化淋溶土（podzoluvisols，250）、灰壤（podzols，480）、黏磐土（planosols，150）；⑨受人类活动影响的人为土（anthrosols，2）。

此外，地球陆地表面还有裸岩、冰雪约1090×10^6 hm^2（Arnold，1991）。

在我国，由中国科学院南京土壤研究所主持的中国土壤系统分类协作研究组经过多年的努力，于1991年提出了中国土壤系统分类首次方案和中国土壤系统分类修订方案（1994），这一方案总结了国内外土壤分类的经验，特别是美国土壤系统分类，以诊断层和诊断特性为基础，结合中国实际，采用了30个诊断层和23个诊断特性，建立了14个土纲、33个亚纲、77个土类和307个亚类以及土壤基层分类的中国土壤系统分类体系，并建立了一个完整的土壤分类检索系统——中国土壤系统分类检索（中科院南京土壤研究所土壤系统分类课题组，2001）。

（1）有机土纲　有下列情况之一的有机土壤物质［土壤有机碳含量＞180g/kg或≥120g/kg＋（黏土含量×0.1）］覆于火山物质之上和/或填充其间，且石质或准石质接触面直接位于火山物质之下；或土表至50cm内，其总厚度≥40cm（含火山物质）；或其厚度≥2/3的土表至石质或准石质按触面总厚度，且矿质土厚度≤10cm；或经常被水饱和，且上界在土表至40cm范围内，其厚度≥40cm范围内［高腐或半腐物质或苔藓纤维＜3/4或≥60cm（苔藓纤维≥3/4）］。

（2）人为土纲　其土壤中有水耕表层和水耕氧化还原层，或肥熟表层和磷质耕作淀积层，或灌淤表层，或堆垫表层。

（3）灰土纲　其土壤在土表下100cm范围内有灰化淀积层。

（4）火山灰土纲　其土壤一般在土表至60cm深度范围内到石质接触面以上的60%或更厚的土层中具有火山灰成分特性。

（5）铁铝土纲　其土壤中在土表至150cm范围内有铁铝层。

（6）变形土纲　其土壤中在土表至50cm范围内黏粒含量≥30%，且无石质或准石质接触面，土壤干燥时有宽度＞0.5cm的裂隙和土表至100cm范围内有滑擦面特征。

（7）干旱土纲　其土壤有干旱表层和上界在土表100cm范围内的下列任一诊断层：盐积层、超盐积层、盐磐、石膏层、超石膏层、钙积层、超钙积层、钙磐、黏化层或雏形层。

（8）盐成土纲　其土壤中土表至30cm范围内有盐积层或土表至70cm范围内有碱积层。

（9）潜育土纲　其土壤中土表至50cm深度范围内，一般发育有一厚度≥10cm的土层具有潜育特征。

(10) 均腐土纲　其土壤中有暗色表层和均腐殖质特性，且土表至 180cm 深度范围内，或更浅的石质或准石质面按触范围内盐基饱和度≥50%。

(11) 富铁土纲　其土壤中在土表至 125cm 范围内发育有低活性富铁层。

(12) 淋溶土纲　其土壤中在土表至 125cm 范围内发育有黏化层或黏磐。

(13) 雏形土纲　其土壤中有雏形层，或土表至 100cm 范围内有如下任一诊断层：漂白层、钙积层、超钙积层、钙磐石膏层、超石膏层；或土表下 20～50cm 范围内有一土层(≥10cm 厚)的 n 值<0.7(田间条件下土壤含水量与黏粒和有机质含量之间的关系，用于估测土壤支承负载和排水后的沉陷程度)，黏粒含量<80g/kg，并有有机表层，或暗色表层，或暗瘠表层，或在永冻和土表至 50cm 范围内有滞水土壤水分含量状况。

(14) 新成土纲　其他土壤。

四、土壤的命名

我国土壤命名沿用以土类为基础的连续命名法。土类命名大体上采用国际上习用的土壤名称的中译名，如黑钙土、棕壤、红壤、砖红壤等；也有部分名称引自我国农民习用的词汇，如黑炉土、潮土等。连续命名法举例如下：

土类——红壤

亚类——暗红壤

土属——硅铝质暗红壤

土种——厚层硅铝质暗红壤

变种——肥沃厚层硅铝质暗红壤

为简化起见，有时也采用分级命名，例如：亚类——暗红壤；土种——黄沙土等。目前对耕地土壤也采用这种办法，土种、变种都分别采用农民习用的土名，每一名词一般仅 2～3 个字，如红胶泥、马肝土等。

第二节　土壤的分布

一、土壤的地带性

土壤(指高级类别)的分布具有地带性规律，与气候、生物等因素的地带性规律基本一致。也就是说，土类(或亚类)在陆地表面大体上是呈带状分布的。对于一定的生物、气候带，就有相应的土壤带，带内土壤的形成过程和剖面主要性状、形态基本相同。土壤带可分为水平土壤带和垂直土壤带，前者存在于丘陵、平原地区，基本上平行于纬度；后者出现于山地，基本上平行于海拔高度(黄镇国等，2000)。

二、土壤的地域性

除了地带性之外，土壤的分布还有地域性特征，主要受非地带性因素如母质、水文、时间、耕作等条件制约，因而同一土类可镶嵌分布在不同土壤带之中。这种非地带性分布规律称为土壤的地域性分布。

例如，在南方的石灰岩山地分布着石灰土类，四川盆地内的紫红色沙、页岩地区便有紫色土类，黄土高原黄土母质上的幼年土壤称为黄绵土类，这些都属受岩性影响的情况，属于岩成土纲；沼泽土类、水稻土类的形成与长期渍湿有关，属于水成土纲；黑垆土类则是在黄土母质上经长期耕种熟化而形成的土类，其分布也仅局限于黄土高原地区；潮土是平原地区冲积物上发育的幼年土壤，其形成和分布主要是与母质、水文及时间因素有关。

三、土壤基层类别的分布规律

在一个生物气候带内的局部地区，例如一个山头或一个林场，土壤基层单元的分布规律主要是与地质、地形、水文、成土时间和人类活动等因素有关，主导因素因地而异。

四、我国土壤区划

在多数情况下，土壤圈中各种土壤类型都是依据具体成土因素的空间和时间条件在空间结构上呈不同组合系列存在的。在具体某一地域，各类土壤依据具体成土因素的条件，往往呈不同类型土壤的组合系列存在。我国土壤组合自东向西有如下系列。

1. 东南湿润土壤系列

该土壤系列位于大兴安岭—太行山—青藏高原东部边缘一线以东的广大地区。主要为季风区，其气候湿润，干燥度<1，但温度条件由南向北随纬度的增加而递减，植被为各类森林类型，土壤以森林植被下发育的森林土壤为主。自南向北依次出现的土壤组合是：湿润铁铝土-湿润富铁土；湿润富铁土-湿润铁铝土；湿润淋溶土-水耕人为土；湿润淋溶土-潮湿雏形土；冷凉雏形土-湿润均腐土：寒冻雏形土-正常灰土。该区既是我国的重要农业区（水田、旱地），又是我国的主要林区。

2. 西北干旱土壤系列

该土壤系列位于内蒙古西部—贺兰山—念青唐古拉山一线以西的西北广大地区。海洋性季风影响微弱，气候干旱，干燥度>11，并由东向西逐渐增加，在青藏高原则由东南向西北逐渐增加。随着干燥度的增加，植被呈荒漠草原—草原化荒漠—荒漠的水平变化。主要土壤组合大体由南向北变化，依次是：寒性干旱土-永冻寒冻雏形土、正常干旱土-干旱正常盐成土。由于水资源限制，该系列区内主要是依靠灌溉发展的绿洲农业，无灌溉条件的草地以发展畜牧业为主。

3. 中部干润土壤系列

该土壤系列为位于上述两个土壤系列之间的过渡地带，气候为半湿润、半干旱特征，干燥度1～11，主要为各类草原植被。过渡带呈东北—西南走向，纬度跨度大，20多度，自西南向东北土壤发育以干润雏形土和淋溶土为中心，依次出现下列土壤组合：干润淋溶土-干润雏形土；黄土-正常新成土-干润淋溶土；干润均腐土-冷凉淋溶土。该地带内，以旱地为基本农田类型，宜发展节水农业的管理制度。只在有灌溉条件的地方才能发展水稻，故水田呈块状分布。沿海岛屿、中国台湾及海南岛等较大岛屿，一般依湿润铁铝土—湿润富铁土—湿润或常湿淋溶土、雏形土的顺序分布。

以土壤系统分类高级单元为中心，对我国土被空间结构特征的分析研究表明，我国土壤分布与气候、地理等因素的关系不仅较好地反映了我国自然环境条件的区域特征分异，而且较好地反映了我国土壤的形成、演变和分布规律，较好地反映了农业改良利用的特征与方向，也较好地反映了农业耕作制度合理配置和管理的途径与措施。在三个土壤系列的土壤组合和类型特征里，同时还较好地反映出我国三大自然区域的环境特征以及现有的和潜在的重要环境问题。如东南湿润土壤系列地区范围内，既是对酸雨影响效应的敏感区，也是因全球增暖效应而导致的土壤侵蚀（水蚀作用）、严重干旱和洪涝灾害频发以及人类活动环境污染和生态环境变化中退化现象明显的地区；西北干旱土壤系列区，从土壤类型的特性便反映出本区气候干旱和干旱土壤的水分状况，水资源紧缺是本区的最大限制因素，干旱和与之相联系的荒漠化、沙化荒漠化是本区的重大生态环境问题；中部干润土壤系列地区，则突出了本区土壤形成发育的过渡性特征，突出了本区环境与土壤生态的脆弱特性，特别值得提出的是因本区的自然环境影响和土壤形成与特性而导致的土壤元素含量异常引起的诸多地方病，如20世纪70年代查明的克山病和大骨节病流行病区分布态势也恰是在我国中部以自东北向西南的不连续的带状区，正好与中部以干润雏形土和淋溶土为主体的土壤系列带相吻合。

第三节 我国的主要土壤类型

土壤高级类别的分布具有地带性和地域性，地带性又可能有交叉重叠，并且受大地单元和东南季风的影响。因此，土壤带谱并不完全平行于纬度或海拔高度，而且每一个土壤带内也可能出现若干不同的土类（沈善敏，1998；熊毅等，1987）。

在年降水量400mm以上的地区内，一般发育着能生长森林或可供林业使用的土壤。我国以秦岭、大别山、淮河为界，分为南方和北方两部分。北方的这类土壤主要有漂灰土类、暗棕壤类、灰黑土类、棕壤类和褐土类。南方的这类土壤主要有黄棕壤类、红壤类、黄壤类、赤红壤类和砖红壤类。此外，黑土类、钙土类、漠土类、石灰土类、紫色土类、潮土类等是可供农牧业使用的土壤。沼泽土类、盐碱土类、风沙土类、石质土类、粗骨土类、薄层土类等特殊地带性土壤在我国也有相当程度的发育。按气候条件，我国的土壤类型大致粗略地分为温带、暖温带土壤，热带、亚热带土壤以及特殊地带性土壤几个大类。

一、温带、暖温带土壤

温带、暖温带土壤主要有漂灰土类、暗棕壤类、灰黑土类、棕壤类和褐土类。棕壤类分布在暖温带，成土过程以表层有机质积累、淋溶和硅铝化为主，剖面具有棕色土层。褐土类也是暖温带土壤，与棕壤区近邻，性状近似于棕壤。暗棕壤类也近似于棕壤，但分布在温带，土壤剖面上部具有较厚的腐殖质层（饱和暗腐殖质表层）。漂灰土类分布在寒温带，成土特点是灰化，典型剖面的上部在腐殖质层下有带灰白色调的漂白层，其下为棕黑色的灰化淀积层，其中有明显的腐殖质淀积。我国北方的森林土壤黏土矿物均以层状铝硅酸盐占优势。我国还有草甸、草原、漠境和高山地带的许多土类。该类土壤发育地区主要是我国的农牧业区，其分别分布于高寒湿润或高寒干旱地域。

1. 漂灰土类

漂灰土类（tint soil）主要分布在我国东北大兴安岭北端的寒温带以及青藏高原边缘的高山和亚高山垂直地带中。

2. 棕壤类和褐土类

棕壤类（umber soil）集中分布在暖温带的湿润地区，纵跨辽东与山东半岛。另外，它还广泛出现于半湿润地区山地，例如燕山、太行山、嵩山、秦岭、吕梁山和中条山等地的垂直带谱中，位于海拔2000～3000m的高度。褐土类（brown soil）主要分布在暖温带半湿润地区的山地和丘陵地带，即燕山、太行山、吕梁山和秦岭等山地以及关中、晋南、豫西等盆地，在垂直带谱中位于棕壤带之下。

3. 暗棕壤类

暗棕壤类（fuscous soil）土壤是温带湿润地区发育的土壤，主要分布在东北地区的大兴安岭东坡、小兴安岭、张广才岭和长白山地区，其次是青藏高原边缘的高山带（海拔3000～4000m高度处），在亚热带一些山地的垂直带谱中（例如秦岭南坡和湖北神农架，海拔2000～3000m高度处）也有少量分布。

4. 灰黑土类

灰黑土（gray soil）曾称灰色森林土，是温带森林草原地区的森林土壤，几乎全部分布于山地，主要是在大兴安岭中部、南部，以及新疆阿尔泰山和准噶尔盆地以西的山地，其中除大兴安岭中部的灰黑土是处于水平带外，其余都处于垂直带中。

5. 黑土类和黑钙土类

黑土类（black soil）是温带、半温带地区草甸草原上的土壤，分布在东北平原，是我国主要农业基地之一；黑钙土（calcium soil）主要分布在大兴安岭中南段半湿润草原地区，也见于北方山地垂直带谱的下段。

6. 栗钙土类、棕钙土类和灰钙土类

栗钙土类（maroon calcium soil）分布在黑钙土以西地区，剖面由栗色的腐殖质层、灰白色的钙积层（在50cm深度以内）与母质层构成，质地较轻，黏土矿物以蒙脱石为主。棕钙土类（brown calcium soil）位于栗钙土与漠土之间，剖面由浅棕色的腐殖质层、灰白色的钙积层与母质层构成，还可能有碱化层、石膏层或盐积层。灰钙土类（gray calcium soil）分布于温带和暖温带荒漠草原，发育于黄土状母质或冲洪积物上。

7. 灰漠土类、灰棕漠土类和棕漠土类

这些都是我国西北干旱荒漠、半荒漠地区的土壤类别。灰棕漠土类（tint brown desert soil）在温带荒漠地区发育，灰漠土类（gray desert soil）在温带荒漠与半荒漠过渡地区发育，棕漠土类（brown desert soil）在暖温带荒漠地区发育。这些地区干旱少雨，年降水量在200mm（甚至100mm）以下，而蒸发量为降水量的几十倍至上百倍。

二、热带、亚热带土壤

热带、亚热带土壤主要有黄棕壤类、红壤类、黄壤类、赤红壤类和砖红壤类。

1. 黄棕壤类

黄棕壤处于北亚热带，是黄壤类与棕壤类之间的过渡性土类。

2. 红壤类和黄壤类

红壤类和黄壤类土壤处于亚热带，成土过程与砖红壤基本相似，但铁铝化过程较弱，铝硅酸盐类矿物大部分尚未彻底分解，红壤的黏土矿物仍以高岭石为主，全剖面呈红色到红棕或橘红色。黄壤的黏土矿物以蛭石或水云母、高岭石为主，由于氧化铁类矿物水化而使剖面呈黄色到黄棕色。

3. 赤红壤类

赤红壤类土壤处于南亚热带，是砖红壤类与红壤类之间的过渡性土类。

4. 砖红壤类

砖红壤类土壤处于热带，是在高度风化母质上形成的土壤，成土特点是表层有机质的积累、淋溶和铁铝化过程都很强烈，典型剖面具有暗色或淡色的腐殖质层及下接的铁铝层，全剖面以棕红到暗红色为主，也有部分剖面是呈黄棕到黄色的，黏土矿物以高岭石和铁、铝氧化物为主。

三、特殊地带性土壤

该类土壤主要包括石灰土类、紫色土类、沼泽土类、潮土类、盐土类、碱土类、风沙土类、石质土类、粗骨土类和薄层土类等一般仅在某些特殊地带或区域发育的土壤（specific soil），是特殊气候或成土母质条件下形成的土壤。

1. 石灰土类

石灰土类（carbonate soil）是我国南方石灰岩山地丘陵区的一类土壤，是在石灰岩风化过程中大部分碳酸盐被淋溶损失后由岩石中的杂质（水云母、蛭石等）与部分残留的碳酸盐构成的土壤。

2. 紫色土类

紫色土类（purple soil ）是由富含碳酸钙的紫红色砂、页岩风化形成的一类岩成土，散布于我国南方各地，以四川盆地内的分布面积最大，所处地形以低矮丘陵为主。土壤保留母质的紫红颜色和游离碳酸钙，质地因母岩的颗粒组成而异，以粉质壤土居多。

3. 沼泽土类

沼泽土类（marsh soil）分布在长期积水或过湿的地区，该类土壤在我国东北和川西北地区分布比较集中。地势低洼常年积水和森林火烧或采伐后，土壤失去原来的水分平衡，水分输入大于输出，土壤冻结滞水以及湖泊周围土壤长期滞水等，都会导致土表的泥炭化和中间部位的潜育化，在剖面上部形成黑褐色的泥炭层，下接青灰到灰蓝色潜育层。泥炭层的含水量可高达其容积的80％。

4. 潮土类

潮土类（tide soil）是由河流冲积物发育而成并受地下水影响的幼年土壤，主要分布在黄淮海平原、长江中下游及其以南的河谷平原地区，也散见于有些山前冲积锥上，是我国重要的农业土壤资源，常用作果园、林地和苗圃。土层深厚，缺乏明显的发生层次，但有时仍保留原有的沉积层次，而且在一定深度处有各种新生体如锈斑、铁锰结核、胶膜和石灰结核等。潮土类土壤表层大都已耕作熟化。土层颜色、质地、pH 值、养分状况等因地形、母质而异，一般变幅较大。地下水位一般为2.5～3.5m，有些地区雨季可上升到1.0～2.0m处。土壤水肥条件都较好，适于作物生长。

5. 盐土类和碱土类

盐土类（salt soil）是指含易溶盐类超过一定数量（足以妨碍植物生长）的土壤，按其所含盐分组成，有氯化物盐土、硫酸盐盐土、氯化物-硫酸盐以及硫酸盐-氯化物盐土等，其表层含盐下限分别为0.6％、2％和1％。盐土类主要分布在滨海地区或干旱、半湿润地区的平原上，是由滨海地区海水浸渍作用、干旱地区风化体中易溶盐残积作用、古洪积层中含盐地层以及干旱、半湿润地区含盐地下水的上升蒸发等作用形成的。碱土类（alkali soil）主要分布于草甸或草原地带，也零星散见于平原、河谷和山前洪积扇上，是指虽含易溶盐数量较少（表土层小于0.5％）但剖面中具有钠质层的土类。由于这个土类的土壤溶液中普遍含有一定数量的碳酸钠，pH 值可达9或更高。土壤物理性质不良，湿时膨胀泥泞，干时坚硬板结，通透性极差，过高的碱性还可毒害植物。

6. 风沙土类

风沙土类（sand soil）为风沙地区砂质母质上的土壤。主要分布在我国北部和西北部干旱或半湿润地区，也见于湿润地区的一些废河床或沙岸地带。剖面无明显的发生层次，仍保留原来的沉积层理，并常有一层或多层埋藏土层，有时会有薄层胶泥夹层。风沙土养分贫乏，保水保肥能力极差，昼夜温差大，肥力甚低。土壤生产力与当地降水量、表土层有机质含量、浅部（1m 深度内）胶泥夹层的有无以及地下水位等因素密切相关。

7. 石质土类、粗骨土类和薄层土类

在《中国土壤》的土壤分类方案中，并没有划分石质土类（rocky soil）、粗骨土类（coarse soil）和薄层土类（layer soil）等，而是作为地带性土类中的亚类或土属处理，例如，在棕壤类中划出一个棕壤土亚类，以概括棕壤带中的石质土、粗骨土和薄层土。这三个土类的共同特点是都不具备可划归其他土类的诊断层和诊断特性，在从地表到 50cm 范围内便出现石质接触面（即基岩面），或者在 50cm 范围内土体含砾石 35%（按容积计）以上，是处于初始或幼年发育阶段的土壤类别（中国农业百科全书土壤卷编辑委员会，1996）。

思考讨论题

1. 土壤诊断层在土壤分类中的作用与意义有哪些？
2. 土壤分类原则是什么？有哪些分类级别？其中主要的是什么？
3. 中国的土壤区划有哪几个系列？各自特征是什么？中国的土壤类型中主要的是哪些？
4. 简述土壤的分布规律。

参考文献

黄昌勇，2000. 土壤学. 北京：中国农业出版社.

黄成敏，龚子同，2000. 土壤发生和发育过程定量研究进展. 土壤，3：145-150.

黄镇国，张伟强，2000. 中国红土期气候期构造期的耦合. 地理学报，55（2）：200-208.

柯夫达 B A，1973. 土壤学原理. 陆宝树，等译. 北京：科学出版社.

沈善敏，1998. 中国土壤肥力. 北京：农业出版社.

熊毅，李庆逵，1987. 中国土壤. 第 2 版. 北京：科学出版社.

于天仁，1987. 土壤化学原理. 北京：科学出版社.

詹尼 H（Jenny H），1998. 土壤资源起源与性状. 李孝芒，等译. 北京：科学出版社.

赵其国，1995. 跨世纪的土壤科学，中国科学院院士谈 21 世纪科学技术. 上海：三联书店.

中国农业百科全书土壤卷编辑委员会，1996. 中国农业百科全书土壤卷. 北京：农业出版社.

中科院南京土壤研究所土壤系统分类课题组，中国土壤系统分类课题研究协作组，2001. 中国土壤系统分类检索. 第 3 版. 合肥：中国科学技术大学出版社.

Annold R W，1991. 全球土壤变化. 赵其国，编译，土壤学进展. 5：16-23

Berner R A，1971. Principles of Chemical Sedimentology. New York：Mcgraw-Hill，240.

Sposito G，Reginato R J，1995. 基础土壤科学研究的契机. 陈杰，骆国保，等译. 北京：中国农业科技出版社.

第四章　土壤的物理化学性质

第一节　土壤的机械组成和物理性质

一、土壤的机械组成

如第二章所述，土壤在形成过程中，由于物质在土壤中垂直迁移和累积，促使土壤中物质发生淋溶、聚集和垂直分化。天然土壤自上而下可分为覆盖层（O）、淋溶层（A）、淀积层（B）、风化层（C）和母质（基岩）层（R）。土壤的这种垂向分层特征亦称为土壤的发生剖面。

上述各个土层都是由许多大小不同的土壤颗粒（土粒）按不同的比例组合而成的，各种大小的颗粒在土壤中所占的比例或质量分数称为土壤的机械组成，也叫土壤的质地。不同土壤的机械组成各不相同，根据其机械组成可将土壤划分为若干类别，即土壤的质地分类，如砂土类（sand soil）、壤土类（loam soil）、黏壤土类（clay loam）和黏土类（clay）等。

1. 土壤粒级的划分

土壤由固相、液相和气相物质所组成。许许多多大小不等的矿物颗粒是固相部分的主体，约占土壤固体部分质量的95%以上，是土体的骨架，对土壤性质有很大影响。相对稳定的土壤矿物颗粒称为土壤单粒，由单粒团聚而成的颗粒称为复粒或团聚体，在大多数土壤中，单粒和复粒总是同时存在的。要了解土壤基本颗粒的本来面目，首先要用物理的和物理化学的方法拆散复粒，使它们分散为单粒。

习惯上，人们按颗粒粗细把土壤区分为沙和泥。事实上，沙与泥的区别不仅在于粗细不同，还在于性质的不同。泥的手感是细腻的，湿时黏滑，干时结块坚硬；沙则是松散粗糙的，几乎没有黏结性。由此可见，土粒粗细对土壤性质有明显的影响。土壤颗粒大小对土壤性质的影响经常体现在土壤体系中的一系列物理、化学过程方面，是影响土壤物理、化学作用的重要因素，是土壤体系的重要性质。

土壤中各个单粒直径的大小基本上是一个连续的变量，通常是人为地将土壤单粒按它们的直径大小排队，按一定的粒径范围归纳为若干组，这些单粒组（土粒的大小级别）称为土壤粒级。

土壤粒级是土壤研究中的重要内容，各国采用的粒级划分标准很不一致。目前，在国际土壤环境研究文献中常用的是美国制。我国自20世纪50年代起，一直沿用苏联卡庆斯基土壤粒级分类系统。1987年后，由中国科学院南京土壤研究所研究提出了一个与上述美国与苏联两种分级制协调过渡的划分方案。见表4-1（朱祖祥，1982）。

上述粒级的划分虽然是人为的，但都有充分的科学依据。各个粒级间的界限值正是大小单粒之间的成分或性质发生突变的地方。例如，粒径0.01mm是颗粒的物理性质从量变到质变的界限，直径大于0.01mm的颗粒具有沙粒的物理性质，小于0.01mm的颗粒具有黏粒的物理性质。所以卡庆斯基制把粒径0.01mm定为物理性沙粒和物理性黏粒的分界线。

表 4-1 土壤粒级划分

单位：mm

单粒直径(d)	$d \leq 0.002$	$0.002 < d \leq 0.05$	$0.05 < d \leq 1.0$	$1.0 < d$
《中国土壤》(第 2 版)	黏粒	粉粒	沙 粒	石 砾
美国农业部	黏粒	粉粒	沙粒($0.05 < d \leq 2.0$)	石砾($2.0 < d$)
卡庆斯基	物理性黏粒($d \leq 0.01$)	物理性沙粒($0.01 < d \leq 1.0$)		石砾($1.0 < d$)

在大小不同的颗粒所表现的不同特点中，影响其各自特点形成很重要的一个方面是这些颗粒各自具有的表面活性不同（黄瑞农，1987）。一定体积的土壤固体，它的分散程度愈高，即组成它的颗粒的直径愈小，则土体总表面积就愈大。每克或每立方厘米的分散相所具有的表面积称为土壤的比表面积。比表面积大的分散体系具有较高的表面能，因而黏结、吸附以及其他有关物理或物理化学性质方面都有明显的体现。土壤中的黏粒具有巨大的比表面积，所以其黏结性和吸附性都特别强。

从表 4-1 中可以发现粒级的基本级别有四级，即石砾、沙粒、粉粒和黏粒。《中国土壤》（第 2 版）与美国农业部对各粒级的划分标准基本相同，只是沙粒的上限略有差别。卡庆斯基则把它们归纳为 3 组，即石砾、物理性沙粒和物理性黏粒。物理性沙粒和物理性黏粒的粒径范围分别与人们通常所称的“沙”和“泥”的概念相近。不同粒级土壤各有其特性，对土壤性质有一定影响。

石砾指直径 1mm（美国制 2mm）以上的单粒，是岩石风化留下的残屑，其所含矿物成分与母岩基本一致，一般很少有速效矿质养料，吸持水分的能力也很差，但通透性很好。

沙粒指直径 0.05～1mm（美国制 0.05～2mm）的单粒，主要矿物成分是石英，还有少量白云母、钾长石等原生矿物碎屑，无可塑性和黏结力，结构较松散。因其粒级较大，与外界接触面较小，所以经受化学风化的机会较少，养分释放很慢。其有效成分贫乏，几乎没有吸附阳离子的能力。土粒的表面吸湿性和保肥力都很差，粒间的孔隙以大孔隙为主，透水容易，排水快，通气良好。

黏粒指直径小于 0.002mm 的颗粒，主要矿物成分是次生黏土矿物和硅、铁、铝的含水氧化物。因土粒细小，具有很大的比表面积，每克细沙粒的总表面积仅为 0.1m^2，而每克黏粒的总表面积可达 10～1000m^2，因而有很强的黏结力和吸附能力，成为土壤单粒中最活跃的粒级。黏粒在自然条件下极少以单粒状态存在，它们堆积在一起时，粒间孔隙很多，大多数是小孔隙，毛管孔隙少，故通气、透水性差，有明显的可塑性和膨缩性。

粉粒的颗粒大小介于沙粒与黏粒之间，主要由细小的原生矿物（石英、长石、云母）和次生的非晶质二氧化硅组成。每克粉粒的总表面积约为 1m^2，吸附能力小，它们聚集在一起时很容易形成紧实的板结层。

2. 土壤的颗粒组成和质地分类

土壤质地一词最初是指土壤颗粒的粗细状况或耕作时的难易程度，后来把它与土壤颗粒组成的概念联系起来。在自然界，土壤不是由大小相同的一种单粒组成，也没有两种土壤的颗粒组成是完全相同的。换言之，自然界里的土壤都是由很多种大小不同的土粒按各种比例关系组合而成的。颗粒组成基本相似的土壤，常常具有类似的一些理化或肥力特征。如前所述，为了区别土壤颗粒组成所表现出的性质差别，人们按土壤不同粒级的相对比例（即按颗粒组成的差别）对土壤进行分组，并给每一种组合一个相应的名称，并统称之为土壤质地。也就是根据土壤颗粒组成相近与否将土壤划分为若干类别。凡属同一类别者，有同一质地类别名称，其颗粒组成大体相似（但不完全相同，因其各粒级间的相对比例有一定的变化范围），具有类似的一些特性。土壤质地可概括地反映土壤内在的某些基本特性。

土壤的持水、通透等特性，土壤的各种耕作性能和生产性能，如发棵性、宜肥性、耐旱性、耐蚀性、适耕性等，在很大程度上都受土壤质地的影响。在农业生产中通常使用的土壤名称，很多情况下是着重反映土壤质地特点的，例如，生产中常常使用的沙土、沙泥土、二合土、小粉土、泥质土、黄泥土、黏土、顽泥土等土壤名称。

不同的土壤在性质上的差别不仅与单粒的直径有关，而且也受这些颗粒的形状、矿物组成和化学组成的影响，所以，对于不同类型的土壤来说，土壤颗粒组成分类的标准应该是不同的。

如前所述，土壤质地分类标准各国的情况不同，英、美等国文献中常用美国农业部制定的系统（简称美国制）；我国在20世纪50年代以来沿用苏联卡庆斯基的简明系统。后者的优点是简单易分，但不少地方发现它并不能完全适应我国生产实践对质地分类的要求。因此，我国学者在《中国土壤》（第2版）中提出了一套具有中国特色的质地分类制。

（1）美国制　美国制是美国农业部土壤保持局制定的土壤质地分类方案，它把土壤单粒分成沙粒、粉粒、黏粒3个粒级（表4-1），按3者的质量分数的不同组合划分土壤质地。质地名称一般都采用对该土壤质地性质影响最大的那个粒级来代表。然而需要注意，对土壤质地性质发生影响最大的粒级，未必一定在量上占绝对优势。这是因为颗粒愈细，其比表面积愈大，性质就愈活泼。比如，土壤中沙粒的含量要达到85%～90%时，才使土壤表现出沙粒聚集在一起时的典型性状，所以在美国制的质地分类系统中，只有当沙粒达到这样高比例的土壤才称为沙土；相反，黏粒含量只要超过40%，土壤便表现出黏粒堆积时的典型性状，即使沙粒含量尚占优势，其质地仍属于黏土类。

美国制土壤质地分类方案的要点可归纳为以下几点。

① 沙土及沙壤土以黏粒含量在20%以下为其主要标准；壤土的黏粒含量不超过27%，而沙粒含量少于52%；黏壤土以黏粒含量在27%～40%为其主要标准；黏土以含黏粒40%以上为其主要指标。

② 当土壤含粉粒达40%（对黏土）或50%（对壤土）以上时，在质地的名称前分别冠以“粉质”字样；粉粒含量大于或等于80%而黏粒小于12%者称粉土。

③ 当沙粒含量在45%～52%以上时，则冠以“沙质”字样。

（2）卡庆斯基简明分类方案　卡庆斯基提出的质地分类有简制和详制两种，其中简制应用较广泛。这个简明系统的特点是考虑到土壤类型的差别对土壤物理性质的影响，划分质地类别时，不同类型土壤同一质地的物理性黏粒和物理性沙粒含量水平不等，见表4-2（朱祖祥，1982）。此外，这个简明系统只划分物理性黏粒与物理性沙粒两个粒级，没有划出粉粒级，在质地名称中没有“粉质”字样，因而常不能正确反映富含粉粒的土壤的实际性状，对于一些细黏粒特别多的土壤，这个简明系统也无法反映出来。

（3）《中国土壤》的质地分类方案　我国土壤学者在1987年出版的《中国土壤》中，提出了我国土壤质地分类和我国土壤石砾含量分类的新方案，见表4-3和表4-4（黄昌勇，2000）。这个分类系统不完全是根据各粒级的相对比例划分的，而是考虑到我国气候特征和土壤母质特点，以及我国各类型土壤中沙粒、粗粉粒和细黏粒 3 个粒级分别对土壤物理性质所起的主导作用，相应地分为沙土、壤土和黏土 3 大组 12 种质地。另外，我国山地丘陵上砾质土壤分布较广，它们的物理性质影响耕作和作物生长，因此特别划分了我国砾质土壤的质地类型。石砾含量小于 1%时；其影响甚小；含量在 1%～10%时，对耕作制度影响不大，但对耕作工具磨损较大；超过 10%时，对土壤性质特别是对保水、保肥性均有明显影响，适于植树造林和种植牧草。

表 4-2　卡庆斯基土壤质地分类简明方案

质地分类		物理性黏粒(d≤0.01mm)含量/%		物理性沙粒(0.01mm<d≤1.0mm)含量/%	
类别	质地名称	灰化土类	草原土及红黄壤类	灰化土类	草原土及红黄壤类
沙土	松沙土	0～5	0～5	95～100	95～100
	紧沙土	5～10	5～10	90～95	90～95
壤土	沙壤土	10～20	10～20	80～90	80～90
	轻壤土	20～30	20～30	70～80	70～80
	中壤土	30～40	30～45	60～70	55～70
	重壤土	40～50	45～60	50～60	40～55
黏土	轻黏土	50～65	60～75	35～50	25～40
	中黏土	65～80	75～85	20～35	15～25
	重黏土	>80	>85	<20	<15

表 4-3　中国土壤质地分类

<table>
<tr><th colspan="2" rowspan="2">质地名称</th><th colspan="3">颗粒组成/%</th></tr>
<tr><th>沙粒(0.05～1.0mm)</th><th>粉粒、粗黏粒(0.001～0.05mm)</th><th>细黏粒(<0.001mm)</th></tr>
<tr><td rowspan="3">沙土</td><td>粗沙土</td><td>>70</td><td>—</td><td rowspan="7"><30</td></tr>
<tr><td>细沙土</td><td>60～70</td><td>—</td></tr>
<tr><td>面沙土</td><td>50～60</td><td>—</td></tr>
<tr><td rowspan="5">壤土</td><td>沙粉土</td><td>≥20</td><td rowspan="2">≥40</td></tr>
<tr><td>粉土</td><td><20</td></tr>
<tr><td>沙壤土</td><td>≥20</td><td rowspan="2"><40</td></tr>
<tr><td>壤土</td><td><20</td></tr>
<tr><td>沙黏土</td><td>≥50</td><td>—</td><td>≥30</td></tr>
<tr><td rowspan="4">黏土</td><td>粉黏土</td><td colspan="2">—</td><td>30～35</td></tr>
<tr><td>壤黏土</td><td colspan="2">—</td><td>35～40</td></tr>
<tr><td>黏土</td><td colspan="2">—</td><td>40～60</td></tr>
<tr><td>重黏土</td><td colspan="2">—</td><td>>60</td></tr>
</table>

表 4-4　中国土壤石砾含量分类

分类	无砾质(质地名称前不冠)	砾质	多砾质
石砾(1～10mm)含量/%	<1	1～10	>10

3. 土壤的结构

自然界土壤中的固体颗粒完全呈单粒状态存在的很少，通常有三种存在状态，即单粒、微团聚粒（复粒）和团聚体。直径较大的沙粒和部分粉粒常呈单粒存在，直径较小的单粒很易相互黏合成复粒。直径小于0.05mm的复粒称为微团聚体，它们可以单独存在，也可以进一步与黏粒或微团聚体胶合成较大的团聚体。土壤各级土粒或其一部分相互团聚成大小、形状和性质不同的土团，称为土壤结构体。这些结构体的存在及其排列情况必然改变土壤的孔隙性和影响土壤的水、气、热与养分状况。

土壤结构就是指土壤中单粒、复粒和结构体的数量、大小、形状、性质、相互排列情况和相应的孔隙状况等的综合特征。结构的好坏往往反映在土壤孔隙性（孔隙的数量和质量）方面，它是一项重要的土壤物理性质指标，在很大程度上反映土壤的肥力水平和物质交换能力。

通常所说的“土壤结构”实际上包含两方面的含义，一方面是指作为土壤物理性质之一的“结构”，另一方面是指“土壤结构体”。土壤结构体按其大小和形状来划分其类型，常见的有以下几种。

（1）块状结构体和核状结构体　属立方体型，边面不甚明显，内部较紧实，多出现在有机质缺乏而耕作性不良的黏质土壤中。块状结构体又可细分为大块状（直径＞100mm）、块状（50～100mm）和碎块状（5～50mm）。直径大于5mm、有核和形似球粒的称为核状结构体，如在红色石灰土的表下层，就常有由氢氧化铁和钙胶结而成的核状结构体，坚硬而泡水不散。具有这种结构体的土壤，调节热、水、气与活动组分的能力较差，耕作性也不好。

（2）柱状和棱柱状结构体　纵轴远大于横轴、呈柱状、内部比较紧实和棱角不明显的结构体叫柱状结构体，棱角明显的叫棱柱状结构体。柱状结构体常出现于半干旱地带的心土和底土中，以碱土和碱化层中最为典型；棱柱状结构体常见于黏重而又干湿交替频繁的心土和底土中（如水稻土的潴育层或黄土性母质的土壤中）。这类结构体较多的土壤，可使底土开裂，漏水漏肥。

（3）片状结构体　横轴远大于纵轴，呈扁平状，常出现于森林土壤的灰化层、粉土耕层、碱土表层和老耕地的犁底层中，都较紧实，不利于通气透水。

（4）团粒结构体　球形或近似球形，粒径约为0.25～10mm（粒径小于0.25mm的称微团粒）。在水中不分散的称水稳性团粒结构。团粒结构疏松多孔，多出现于表土层中，是对水、热、气及土壤活动组分调节最好的一类结构。改良土壤结构就是指促进团粒或类似结构的形成。

土壤结构体的形成大体上可分为两个阶段，先由原生土粒形成初级的次生土壤（复粒）或微团聚体，然后由次生土粒进一步黏结，或由土体机械破裂，从而形成各种大小和形状的结构体。

块状、柱状和片状结构体等通常是由单粒直接黏结而成，或是经过初级复粒（微结构体）黏结成的土体沿一定方向破裂形成。它们没有经过多次复合和团聚作用，所以孔隙率较小，孔隙大小也比较一致。团粒结构则是经过多次复合和团聚而形成的，中间经过许多步的复合和团聚作用，所以，不但孔隙率大，而且具有大小不同的多级孔隙。

团粒结构的形成大体要经过单粒经黏聚形成复粒，再经进一步逐级胶结、团聚形成微团聚体、团聚体和较大的结构体等过程。可使土粒黏聚的作用有如下几种。

① 黏粒的黏结作用。黏粒具有很大的比表面积，黏粒之间借分子引力互相黏结起来。土粒愈细，其黏结力愈大，愈有利于形成复粒，所以土壤结构形成需要有足够的黏粒。在有机质缺乏时，黏粒的黏结作用更显得重要。

② 水膜的黏结作用。在潮湿的土壤中，黏粒相互靠近时可通过它们表面吸引着的水膜而联结起来，或者通过土粒与土粒接触点上的毛管黏结力（在土粒与土粒接触点上产生弯月面水环，由于弯月面内侧具有负压而产生的黏结力称毛管黏结力）而把相邻的土粒牵引在一起。土粒愈细，水环数目就愈多，总毛管黏结力愈大。当土壤含水量进一步增加时，水膜厚度增大，土粒间距离加大，则毛管黏结力逐渐减弱。

③ 胶体的凝聚作用。带负电荷的黏粒因外围有扩散层而悬浮分散，若介质中的阳离子能使黏粒的扩散层压缩，黏粒就相互靠近，因分子间引力等力的作用而凝聚在一起。这样，分散的单粒就合并为次生颗粒。若交换性阳离子为三价、二价的阳离子或 H^+，其凝聚力较强；如为 Na^+、NH_4^+ 等一价阳离子，则凝聚力较弱。农业实践中常用 Ca^{2+}（湿石灰或石膏）促使土粒凝聚，促进土壤结构改善。

④ 有机质的胶结作用。大量实验和生产实践都证明，有机质能促成具有水稳性和多孔性的团粒结构形成。具有胶结作用的有机质很多，如胡敏酸、多糖类、蛋白质和沥青物质等，许多微生物分泌物和菌丝也有团聚作用，其中最重要的是胡敏酸和多糖类。有足够数量的新鲜腐殖质作为胶结剂，是形成良好的团粒结构的物质基础。

⑤ 简单的无机胶体的胶结作用。属于这类胶结物质的有：$Fe_2O_3 \cdot nH_2O$、$Al_2O_3 \cdot nH_2O$、$SiO_2 \cdot nH_2O$ 和氧化锰的水合物。它们往往呈胶膜包被在土粒表面，凝结时把土粒胶结起来，通过干燥脱水而形成水稳性的结构。如红壤中的结构体主要由含水铁、铝氧化物胶结而成，胶结紧密，内部孔隙率低，孔径也小。

土壤结构的成型是在土粒相互黏聚的基础上，有一定的外力作用而促成的。主要的因素有如下几种。

① 干湿交替与冻融交替。湿土干燥时体积收缩，而土体各部分干缩程度不一致，土壤就会沿黏结力薄弱的方向裂开。当干土湿润时，因胶体湿胀而产生挤压力，土体各部分所受的挤压力不均匀，会促使土壤碎裂。此外，当水分迅速进入小孔时，闭蓄在孔隙内的空气便受到压缩，达到一定程度便会发生爆裂，使土壤崩裂成小土团。土块愈干，雨后或灌水后的碎裂效果愈明显。

水冻结后体积增大约 9%，土壤水冻结后会使冰晶周围产生压力，由于在小孔隙中水的冰点并不一致，结冰有先有后，在土壤内产生的不均匀压力导致土壤产生裂痕。一旦冰融化后，土壤就会沿裂痕松散，显得疏松。显然，干燥的土壤中是不会发生这种作用的。因干湿交替和冻融作用形成的结构体不一定是水稳性的，其仅仅是使土壤崩裂成小土团。

② 生物的作用。植物根系对土壤的穿插分割和挤压作用是促使土粒团聚和土块碎裂的重要外力之一，多年生草本植物在这方面的作用最为明显。同时，根系的分泌物及其死亡残体被微生物分解后所形成的多糖和胡敏酸又能团聚土粒；放线菌、真菌菌丝体对土壤的缠绕也能促成土粒团聚。这种作用在森林土壤的表土层中是常见的。此外，蚯蚓、昆虫、蚁类等小动物对土壤结构改善也有一定作用。特别是蚯蚓，每天通过肠道加工后排出的团聚体相当于蚯蚓本身质量的 2～3 倍。有些阔叶林下疏松表土的形成就与蚯蚓的活动有很大关系。

③ 耕作的作用。适时进行耕、锄、耙、压等土壤耕作活动，能破碎大土块或结皮，可以创造大量非水稳性的团粒结构，但过度耕耙时，由于机械力以及所造成的好氧条件能破坏

已有的粒状结构。

二、土壤的物理性质

1. 土壤的温度

土壤温度（soil temperature）是土壤热量的量度，随太阳辐射的周期性变化而变化。土壤的温度在土壤中的分布与变化是土壤热量状况的反映。土壤温度状况也是土壤系统分类中的重要诊断特性，依据土表下50cm深度处或浅于50cm的石质或准石质接触面处土壤的温度，将土壤温度状况划分为以下7类。

① 永冻土壤温度：土温常年≤0℃，包括湿冻与干冻。

② 寒冷土壤温度：年平均温度≤0℃，冻结时有湿冻与干冻。

③ 寒性土壤温度：年平均温度>0℃，但<8℃，根据土壤水分的饱和状况及有无覆盖层发育等情况，温度范围有一些差异。

④ 冷性土壤温度：年平均土温<8℃，但夏季平均土温高于寒性土壤的温度。

⑤ 温性土壤温度：年平均土温≥8℃，但<15℃。

⑥ 热性土壤温度：年平均土温≥15℃，但<22℃。

⑦ 高热土壤温度：年平均土温≥22℃。

2. 土壤的孔隙

土壤是极为复杂的多孔体，由固体土粒和粒间孔隙组成。孔隙是水分和空气的容纳空间及通道，土壤中的孔隙容积愈大，水分和空气的容量就愈多。土壤孔隙对土壤性质有多方面的影响。土壤的孔隙有大有小，大的可通气，小的可蓄水，为了满足植物对水分和空气的需要，有利于养分的调节以及根系的伸展和活动，总是需要土壤既能保蓄足够的水分，又有适当的通气性。因此，理化性状好的土壤第一要求是孔隙的容积较大，第二要求是大小孔隙的搭配和分布较为适当。土壤孔隙性是土壤孔隙率、大小孔隙的比例及其在土体中的分布情况的总称。

(1) 土壤孔隙率　土壤孔隙（porosity）的多少以孔隙率表示。在自然状态下，单位容积土壤中孔隙容积所占的百分率叫作孔隙率。这里所说的孔隙容积包括所有大小和形状不同的孔隙在内，所以也叫土壤的总孔隙率。例如在$1cm^3$的土壤中，孔隙的容积是$0.45cm^3$，则孔隙率为45%，固体土粒占容积的55%。土壤的孔隙状况取决于土壤的质地和土壤的结构，土壤的孔隙率在不同类型土壤和同一类型土壤不同发生层中都是不相同的。

土壤孔隙率通常不直接测定，而是通过土壤密度和容重的数据来计算获取的。

$$\text{土壤孔隙率}=\left(1-\frac{\text{土壤容重}}{\text{土壤密度}}\right)\times 100\%$$

由此可见，土壤的孔隙率与容重呈负相关，容重愈小则孔隙率愈大，反之亦然。

土壤孔隙的数量也可用土壤孔隙比来表示，它是土壤中孔隙容积与土粒容积的比值。如前例中，孔隙率为45%，土粒占55%，则孔隙比为45/55 =0.818。

土壤孔隙是土壤中土粒（或土团）之间由于点面的接触所形成的大小不等、形状不同的空隙，所以土壤中的孔隙复杂多样，从极微细的小孔到粗大的裂隙都有，构成树枝状、网状、念珠状、管状以及各种不规则形状的孔隙系统。因此，要直接观察并测量土壤孔隙率是困难的，上述孔隙率通过密度和容重来计算就是这个道理。由于土壤中孔隙的大小、形状和连通情况极其复杂，变化多端，因此，在研究水分运动时无法按其真实孔径来计算，土壤学中所说的孔隙直径，是指与土壤对水吸力相当的孔径，叫作当量孔径或有效孔径。当量孔径与土壤吸水力呈反比，孔隙愈小则土壤吸水力愈大，每一当量孔径与一定的土壤吸水力相应，其数量关系为：

$$d=3/h \tag{4-1}$$

式中，d 为当量孔径，mm；h 为土壤吸水力，10^2Pa。例如，当土壤对水的吸力为1000Pa时，当量孔径为0.003mm，此时的土壤水分保持在孔径为0.003mm以下的孔隙中。

土壤孔隙根据其大小和性能大体上可分为以下两种。

① 毛管孔隙。土壤中那些具有毛管作用、能吸持水分的孔隙称为毛管孔隙。它决定着土壤的蓄水性，在毛管水通连时这种孔隙中的水能输导到根区，易于被植物吸收利用。毛管孔隙是细小土粒紧密排列而成的孔隙，团聚体内部和黏土中的孔隙都以毛管孔隙为主，吸持水分多却不易通气透水。毛管孔隙的容积占土壤容积的百分率叫作毛管孔隙率。

② 非毛管孔隙。由较大土粒或土团疏松排列而形成，孔隙较粗大，不能吸持水分却易通气透水，常为空气所占据，故又称通气孔隙。它决定着土壤的通气性和排水状况。沙土中的孔隙和团聚体之间的孔隙以这种孔隙为主。非毛管孔隙容积占土壤容积的百分率叫非毛管孔隙率（或通气孔隙率）。

还应说明，土壤的保水性、通透性以及对根系伸展的影响，也与孔隙在主体中的垂直分布（即孔隙的层次性）有密切类系。譬如，紧实黏闭状态的土壤，无效孔隙较多而通气孔隙甚少，这种土壤影响通气透水，妨碍根系的深扎。而厚沙层容易造成漏水、漏肥。从农业生产角度来看，比较理想的是上层土壤质地稍轻，具有适当数量的通气孔隙；下层质地较黏，毛管孔隙占优势，非毛管孔隙仍保持一定数量，整个剖面形成上虚下实的孔隙状况。

上述两种孔隙之间实际上很难定出一个确切的界限。大体上在当量孔径0.002～0.062mm之间的孔隙中毛管现象明显，为毛管孔隙；在当量孔径大于0.06（或作0.02）mm的孔隙中的水分可在重力作用下排出，为通气孔隙。毛管孔隙还可细分为毛管孔隙和无效孔隙（非活性孔隙）。当孔径小于0.001（或作0.002）mm时，孔隙中几乎总是充满着“束缚水”，这些水分受吸力很大，移动速度极慢，甚至不能移动，作物难以利用，根毛插入也困难，故称为无效孔隙。

据此，土壤总孔隙率（%）等于无效孔隙率（%）、毛管孔隙率（%）与通气孔隙率（%）之和，在土壤湿度达到最大持水量时，后三种孔隙率分别代表土壤中的无效水、有效水（毛管水）和空气容量。

（2）影响土壤孔隙率的因素　由于土壤的大、小孔隙对土壤水分和空气状况有不同的影响，因此，对于土壤孔隙的作用，单看总孔隙率是不够的，还需考虑土壤中大小孔隙的比例。一般来说，以总孔隙率在50%左右或稍高，而其中非毛管孔隙占1/5～2/5为好，无效孔隙要求尽量少，这种状况使得土壤的通气性、透水性和持水能力比较协调。据研究，如果非毛管孔隙率小于10%时，将会限制根系增殖，影响作物生长。然而，并不是孔隙愈多愈好，有研究证明，土壤总孔隙率为64%，非毛管孔隙率达32%时，有的作物（马尾松）播种后就不能立苗。

土壤孔隙率、孔径大小和大小孔隙的比例，取决于土粒的粗细以及土粒排列和团聚的形式。影响土壤孔隙状况的因素主要有以下几个。

① 土壤质地。沙质土的总孔隙率小，一般为30%～40%，以大孔隙居多，给人以“多孔”的印象。黏土的总孔隙率大，一般为45%～60%，孔径比较均一，以小孔隙为主，反

而给人以“密闭”的感觉。壤土总孔隙率居中，一般为40%～50%，孔隙分配较为适当，既有一定的通气孔隙，也有较多的毛管孔隙，水和气的比例比较协调。

② 土粒排列松紧与土壤结构。一定容积土壤中由于土粒排列的松紧不同，孔隙率有很大差异。土粒排列紧密的，孔隙率低；排列疏松的，孔隙率高。通常黏土和壤土总是有一定的团聚性，土粒团聚成团聚体（团粒）后，出现两部分孔隙：团粒内的和团粒间的孔隙。团粒内以毛管孔隙居多，团粒间以非毛管孔隙为主。例如我国东北的黑土，具有良好的团粒结构，总孔隙率在60%左右，其中非毛管孔隙占16%～20%，由于大小孔隙同时存在而且比例适当，土壤中水分、空气、养分协调。

③ 有机物质。土壤有机质本身疏松多孔，又是团聚体的胶合剂，能促进土壤结构的形成，所以富含有机质的土壤，其孔隙性良好。森林凋落物层和泥炭层的总孔隙率可达80%以上，林地的腐殖质土层总孔隙率也可以达到50%～60%，而心土因有机质含量低，孔隙率可降到40%～45%左右。

3. 土壤的相对密度和容重

（1）土壤的相对密度　单位容积的固体土粒（不包括粒间孔隙）的质量叫作土粒相对密度或土壤相对密度，单位是g/cm^3。土粒相对密度与水的相对密度（4℃时）之比叫作土粒相对密度或土壤相对密度，无量纲。由于在4℃时水的密度为1g/cm^3，所以土壤密度与土壤相对密度的数值相等，只是密度有量纲，而相对密度无量纲（在实际使用中这两者习惯上常常混用）。

土壤相对密度数值的大小主要取决于土粒的矿物组成，而有机质含量对其也有一些影响，大多数构成土粒的矿物的相对密度在2.6～2.7左右，所以土壤相对密度常取其平均值2.65。土壤有机质的相对密度为1.25～1.40，所以富含腐殖质的土壤其相对密度可降至2.4左右，泥炭和森林凋落物层则更低，约为1.4～1.8。土壤相对密度可用比重瓶来实测，但一般情况下是以平均值2.65来代替的。

（2）土壤的容重　单位容积土壤（包括土粒间孔隙）的质量叫作土壤的容重，单位为g/cm^{3}或t/m^3。这里土壤的质量是指在105～110℃温度下烘干后的土壤的质量，即不包括水分质量。所以，为测量容重而取土样时，不能破坏它的自然状态，并在量度容积之后和称量质量之前将土样烘干。

土壤容重的大小取决于土壤质地、结构、松紧度和有机质含量等因素。若土壤单粒排列紧密，孔隙率小，其容重就较大。

沙土中的孔隙粗大，但数目较少，总孔隙率较小，容重较大。沙质土容重多在1.4～1.7g/cm^{3}之间。反之，黏土的孔隙总容积较大，容重就较小，其容重在1.1～1.6g/cm^{3}左右。壤土的情况介于上述两者之间。

壤土和黏土的团聚性良好，形成具有多级孔隙的团粒，孔隙率显著增大，容重就相应地减小。结构良好的耕地耕作层，其容重仅在1.0～1.2g/cm^{3}之间；而块状结构的心土，其容重可达1.5～1.8g/cm^3；在结构很差的潜育土层，容重高达1.7～1.9g/cm^3。

同等质地的土壤，疏松则孔隙率大而容重小；反之，土壤愈紧实其容重愈大。土壤有机质对土壤容重也有明显影响，富含腐殖质的土层一般都结构良好，比较疏松，所以它的容重都比较小，约为0.8～1.2g/cm^3。在几乎是单纯有机物质组成的土壤层次中，如森林凋落物层和泥炭层，其容重可低到0.2～0.4g/cm^3。许多研究者认为，在黏质土壤中，对作物的生长发育最适宜的容重是1.0～1.2g/cm^{3}左右。

土壤容重有着许多方面的实用意义，根据土壤容重的大小可以粗略判断土壤结构性及松紧度等状况。它又是一个十分重要的基本数据，不但用于计算土壤孔隙率，还可用于计算任何容积土壤的质量以及环境容量等。对于它的应用，现举如下几个例子。

① 土壤孔隙率的计算。土壤孔隙率通常是根据密度和容重的数据推算的，如前所述。

② 土壤质量的计算。单位容积土壤质量（t）= 土壤体积（m^3）× 容重（t/m^3），例如，计算1亩土地深为0.165m耕作层的土重。若测知该耕层土壤容重为1.36t/m^3，而1亩耕地面积为666.7m^2，则它的总质量为：

$$666.7 \times 0.165 \times 1.36 = 150(t)$$

所以，我们通常按每亩耕层土重为150t计算。

这样，根据土壤容重的数据，可以计算单位面积土地（一定深度土层内）的土壤水分、养分、有机质和盐分等的总储量，当土壤发生污染时，也可在知道污染物浓度的情况下据之计算污染物的量。这就可把从土壤分析中得到的某一成分的数据（占土壤质量的比例）换算成在一定面积土壤中的总量。在生产与科研的施肥设计、水利工程设计、灌排计划、环境效应和污染治理中也需要用到它。

③ 容重与土壤的松紧度。在土壤质地相似的条件下，容重的大小可以反映土壤的松紧度。容重小，表明土壤疏松多孔，结构良好；反之，容重大则表明土壤紧实、板结而缺乏团粒结构。各种作物对土壤松紧度有一定要求，过松、过紧均不适宜作物生长。土壤过紧，妨碍植物根系伸展；过松则漏肥和流失养分，作物根扎不稳，不利于作物的生长发育。土壤的容重又与土壤成分有关，土壤的密度（density）与容重因土壤类型以及腐殖质（humic matter）含量的不同而异，一般各种矿物的相对密度在2.6左右，含铁矿物可达3.0以上，腐殖质的相对密度在1.04～1.25之间，因此，腐殖质含量越多，土壤容重、密度越小。

质地坚实以至妨碍根系生长的土壤，具有容重的最大值，称极限容重；当土壤的结构性与孔隙状况适宜于植物生长扎根时所表现出的容重数值称适宜容重。它们与土壤质地、结构有关，也与植物根系本身直径及穿插力有关。

第二节　土壤的化学组成

如前所述，土壤的组成包括固、液、气三相物质。固相指土壤矿物质（原生矿物和次生矿物）和土壤有机质；液相指土壤水分及其溶解物质（两者合称土壤溶液）；气相指土壤空气。此外，土壤中还含有数量众多的细菌等微生物，一般作为土壤有机物而被视作土壤固相物质。

一、土壤矿物质

矿物是指地壳及地球内部的化学元素通过各种物理、化学作用所形成的天然单质或化合物，它们具有相对固定的化学组成和物理、化学性质，并在一定物理、化学条件范围内稳定存在。矿物绝大多数是固态的无机物，其内部结构质点（原子或离子）呈规则排列，具有一定的晶格构造，即所说的晶质矿物。晶质矿物在其生长过程中，如果不受空间条件限制，都能自发地长成具有规则几何外形的结晶多面体，这就是通常所说的矿物晶体。矿物不是固定不变的。相对于形成时的条件而言，当所处的环境条件改变到一定程度时，已形成的矿物便将发生相应的变化，改组成能在新的物理、化学条件下稳定的矿物。所以，矿物是地球演化过程中化学元素运动和存在的一种形式。

矿物中的结构质点是按一定规则结合和排列的。我们把矿物中相互结合的原子或离子近似地想象成大小不等的球体，原子或离子周围所邻接的同种原子或异号离子的个数称为原子配位数或离子配位数。半径等大的球体在三维空间排列中形成的空隙最小，是质点堆积的最紧密形式，称为最紧密堆积。在等大球体的堆积中，每个球的周围与 12 个球体相邻接，则其配位数为 12，是所有晶体的一切结构中配位数的上限，实际上是许多金属晶格中的情况。

在不等大球体堆积中（如由阳离子与阴离子所构成的结构）情况就有所不同，每个球体（如阳离子或阴离子）的配位数一般就不是 12 了。如石盐（NaCl）晶体中 Na^+ 的配位数为 6，Cl^- 的配位数也是 6，即阴、阳离子分别与 6 个异号离子相邻接。自然界矿物晶体中多见的是不等大离子结合的情况，特别是土壤中的矿物（黏土矿物等），主要是半径不同的粒子结合的情况。

晶体化学中，在描述配位数及配位形状时，常用配位多面体的概念。晶体结构中，与某一个阳离子成配位关系而邻接的各个阴离子的中心连线所构成的多面体，晶体化学上叫配位多面体。阳离子位于配位多面体的中心，与之配位的各个阴离子的中心则位于配位多面体的角顶上。图 4-1 是几种常见的配位多面体的图形。

离子配位数主要取决于相互结合的阳离子和阴离子的相对大小，即取决于阳离子半径（r_A）与阴离子半径（r_B）的比值。r_A/r_B 的比值愈近于 1，则配位数愈大，亦即愈近于 12，反之，如阴离子半径一定，阳离子半径愈小，比值也愈小，配位数也愈小。

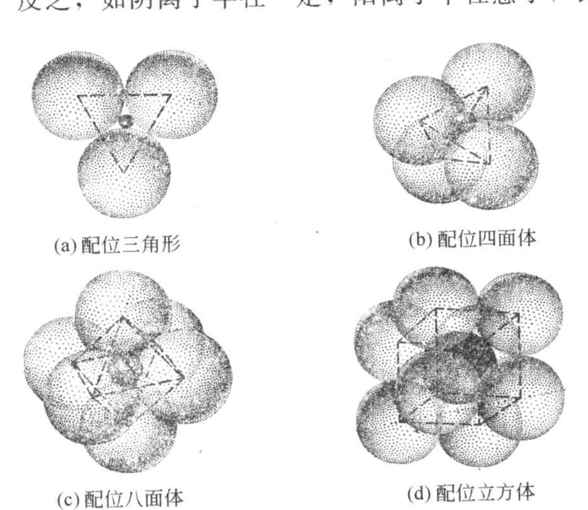

图 4-1　常见的配位多面体

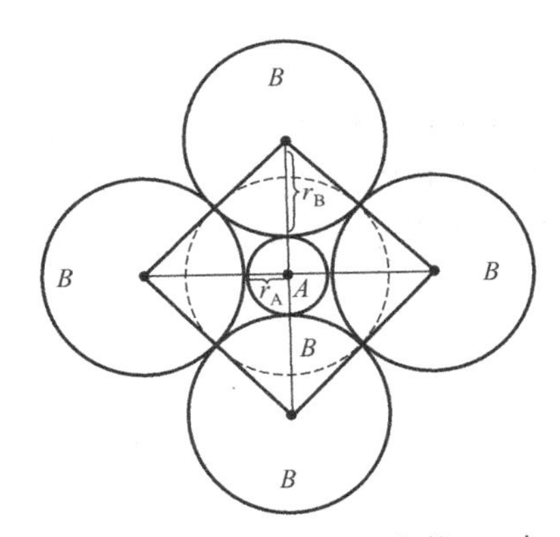

图 4-2　八面体配位（配位数 6）中通过 4 个阴离子中心的切面

以阳离子配位数为 6 的情况来说明以上内容［图 4-1（c）］。如图 4-2 所示，阳离子配位数为 6，意味着围绕阳离子（A）有 6 个阴离子（B）分布，通过 4 个阴离子 B 的中心将晶体切一剖面，设阳离子半径为 r_A，阴离子半径为 r_B。从图中可以看出：

$$(2r_A+2r_B)^2=2(2r_B)^2$$

$$2r_A+2r_B=2^{1/2}\times 2r_B$$

即

$$r_A/r_B=2^{1/2}-1=0.414$$

也就是说，阳离子形成配位数为 6 时，则 r_A/r_B 的值应≥0.414，如阳离子再小，则晶体构造就不稳定了。如比值近于 0.414，则 4 与 6 两种配位数都有可能。

根据理论计算，阳离子半径与阴离子半径比值（r_A/r_B）和阳离子配位数有一定的关系，见表 4-5 、图 4-3。

表 4-5　r_A/r_B 值与阳离子配位数的关系

r_A/r_B	阳离子配位数	配位多面体形状[对应于图 4-3 (a)、(b)、(c)、(d)、(e)、(f)]	实例
0～0.155	2	哑铃形(a)	CO_2(干冰)
0.155～0.225	3	三角形(b)	$[NO_3]^-$、$[CO_3]^{2-}$、$[BO_3]^{3-}$(络阴离子)
0.225～0.414	4	四面体(c)	$[SiO_4]^{4-}$、$[WO_4]^{2-}$(络阴离子)
0.414～0.732	6	八面体(d)	NaCl (石盐)
0.732～1	8	立方体(e)	CaF_2(萤石)
1	12	立方-八面体(f)	Au、Cu (自然金、铜)

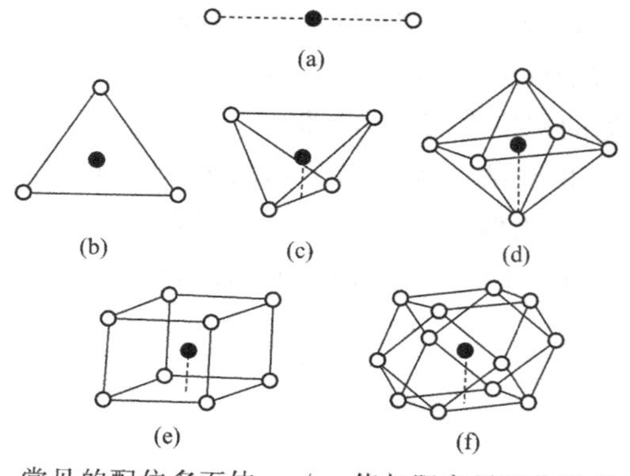

图 4-3　常见的配位多面体 r_A/r_B 值与阳离子配位数关系示意

在矿物晶体结构中，这些配位多面体常常按照特定的规则形成多种复杂的络阴离子。如硅酸盐矿物中由硅氧配位四面体 $[SiO_4]^{4-}$ 以不同的连接方式分别形成岛状、环状、链状、层状及架状等结构形态，见图 4-4。

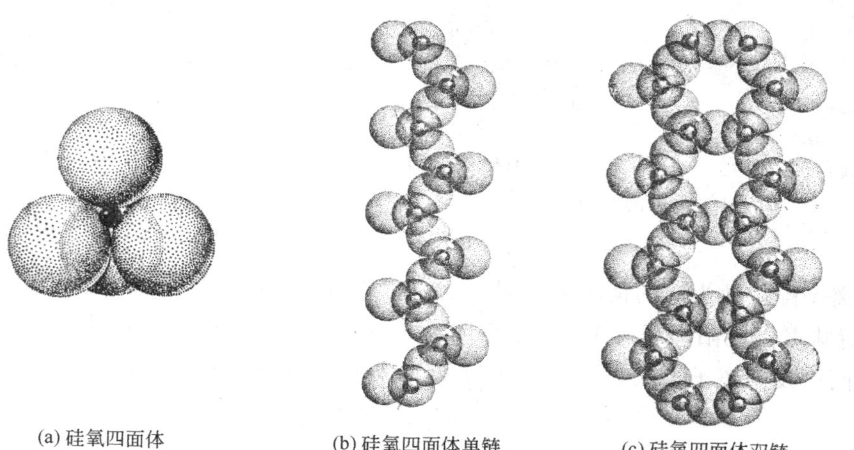

图 4-4　链状络阴离子的硅氧四面体结构
（结构中的小球为硅离子，大球为氧离子）

表 4-5 中所列结果，是假定离子都具有固定的半径，然后从纯粹几何学的角度来进行分析而做出的。实际上，离子半径的值必然要受到包括配位数在内的环境因素的影响，它可以在一定的范围内变动。因此，在某些情况下，例如当阴、阳离子半径的比值处于配位数可高可低的临界值附近时，与其说是离子半径的比值决定了配位数，倒不如说是配位数决定了离子半径的值。此外，强烈的离子极化的存在将使阴、阳离子中心的间距缩短，从而可能导致配位数的降低。因此，配位数与表中 r_A/r_B 值不一致的情况也是有的，其原因是配位数不仅受阴、阳离子半径比值的制约，还会受到电价平衡、化学键键性、离子极化以及外界温度、压力等多种因素的影响。因此，晶体中离子的配位数是多种因素影响的共同结果。

矿物是组成岩石、矿石和土壤的基本物质单元。土壤中的矿物质来源于成土母质（岩石），按成因可分为原生矿物（host minerals）和次生矿物（secondary minerals）两大类。原生矿物是直接来源于岩石物理风化后碎屑中的未改变原有化学组成与结晶构造的矿物。次生矿物是在岩石风化和成土过程中新形成的矿物。土壤中最主要的是原生矿物，包括长石类、云母类、辉石类、角闪石类、石英、赤铁矿、金红石、黄铁矿和磷灰石等。土壤中的次生矿物颗粒都很小，粒径一般在 0.25μm 以下，并具有胶体性质，对土壤的物理、化学性质有重要影响。

次生矿物种类较多，其成分、结构等特征亦较复杂。土壤中最主要的次生矿物有方解石（$CaCO_3$）、白云石［$CaMg(CO_3)_2$］、石膏（$CaSO_4 \cdot 2H_2O$）、芒硝（$Na_2SO_4 \cdot 10H_2O$）、石盐（NaCl）、石英（氧化硅）(SiO_2)、针铁矿（$Fe_2O_3 \cdot H_2O$）、赤铁矿（Fe_2O_3）、三水铝石［$Al(OH)_3$］、软锰矿（MnO_2）、水钠锰矿［$(Na_{0.7}, Ca_{0.3})Mn_7O_{14} \cdot 2.8H_2O$］、伊利石［$K_{1\sim1.5}Al_4(Si_{7\sim6.5}Al_{1\sim1.5}O_{20})(OH)_4 \cdot nH_2O$］、蒙脱石［$(Ca, Na)_{0.33}(Al, Mg)_2(Si_4O_{10})(OH)_2 \cdot nH_2O$］、高岭石［$Al_2(Si_2O_5)(OH)_4$］和绿泥石［$(Mg, Fe)_5Al(AlSi_3O_{10})(OH)_8$］（叶绿泥石）等。

土壤的次生矿物影响着土壤许多重要的物理、化学性质，如吸水性、膨缩性、黏着性、吸附性等等，是土壤颗粒中环境活性最强的部分。按照其组成成分可分为如下碳酸盐矿物、硫酸盐矿物、卤化物矿物、氧化物与氢氧化物矿物和铝硅酸盐矿物几类，其中以硅酸盐矿物为主（于天仁等，1990）。

1. 碳酸盐矿物

土壤中的碳酸盐矿物主要为方解石（$CaCO_3$）和白云石［$CaMg(CO_3)_2$］，分布较广。在其矿物晶格中存在着平面三角形的［CO_3］$^{2-}$络阴离子，它与具有较大离子半径的 Ca^{2+}、Mg^{2+} 形成稳定的无水化合物。一般为无色或白色，有玻璃光泽，透明或半透明。

方解石的组成含量中，Ca^{2+} 有时被 Mg^{2+}、Fe^{2+}、Mn^{2+} 所置换，此外还可含有少量的 Pb^{2+}、Zn^{2+}、Ba^{2+} 等。石灰岩等含钙母岩在风化作用中经水溶解形成重碳酸钙［$Ca(HCO_3)_2$］进入溶液，当进入地表压力减小或发生蒸发作用时，CO_2 便大量逸出，导致 $CaCO_3$ 沉淀下来。其反应式如下：

$$Ca(HCO_3)_2 = CaCO_3 \downarrow + H_2O + CO_2 \uparrow$$

方解石在土壤中一般呈粒状、块状、结核状或土状存在。

白云石的化学组成中，经常含类质同象混入物 Fe^{2+} 和 Mn^{2+}，偶尔含 Zn^{2+}、Ni^{2+} 和 Co^{2+}。石灰岩母岩风化中受含镁溶液作用，会在其土壤中有大量白云石形成。白云石在土壤中常呈粗粒或细粒的块状存在。

2. 硫酸盐矿物

土壤中的硫酸盐矿物主要有石膏（$CaSO_4 \cdot 2H_2O$）和芒硝（$Na_2SO_4 \cdot 10H_2O$）。在硫酸盐矿物中，硫是以最高的价次（S^{6+}）存在的，并与氧组成［SO_4^{2-}］络阴离子，六价的硫离子处于氧离子四面体的中心。由于［SO_4^{2-}］的半径（0.295 nm）较大，只有半径较大的二价阳离子（Ba^{2+}、Sr^{2+}、Pb^{2+}）才能与它形成稳定的无水化合物，如重晶石（$BaSO_4$）。半径较小的二价阳离子（Cu^{2+}、Mg^{2+}、Fe^{2+}等）则需要有H_2O配合，形成水壳（在阳离子外围包上一层水分子）增大其体积，才能与［SO_4^{2-}］形成稳定的含水化合物。这就是许多硫酸盐矿物含有结晶水的原因。而半径中等的Ca^{2+}，既可与［SO_4^{2-}］形成无水硫酸盐（如硬石膏$CaSO_4$），又可形成含水硫酸盐$CaSO_4 \cdot 24H_2O$（石膏）。但是，硬石膏的结晶构造没有石膏的结晶构造稳定，其一旦露出地表并遇水时即转变为石膏。

石膏与芒硝颜色都较浅，一般为无色或白色，有玻璃光泽，少数呈金刚光泽，透明至半透明。在土壤中，石膏常呈白色致密块状或疏松土状存在，芒硝常呈粒状或纤维状集合体存在，有时也呈细小晶体的皮壳状和被膜状出现。由于硫酸盐矿物中的S是正六价的，地表一般在氧浓度较大的条件下才能形成。

3. 卤化物矿物

卤化物矿物为金属元素阳离子与卤族元素阳离子化合形成的化合物，在土壤中以氯化物为主，其他较少见。由于离子半径近似程度较好，氯离子常与Na^+、K^+等形成化合物，并易溶于水。

卤化物矿物为典型的离子型晶体，因而在物理性质上表现为无色透明、密度小、玻璃光泽、折射率低和导电性差等特征。

土壤中的石盐（NaCl）矿物常含泥质和有机质包裹物，有时也包裹石膏。一般为无色透明或呈白色，有时因含杂质而呈灰色或其他如黄、红、蓝和褐等颜色。石盐在土壤中常呈散粒状、板状或致密块状出现，有玻璃光泽或油脂光泽，易溶于水。

4. 氧化物与氢氧化物矿物

土壤中的氧化物与氢氧化物矿物为金属或非金属元素与氧离子（O^{2-}）或氢氧根离子（OH^-）化合形成的化合物。主要的有氧化硅/石英（SiO_2）、针铁矿（$Fe_2O_3 \cdot H_2O$）、赤铁矿（Fe_2O_3）、三水铝石（$Al_2O_3 \cdot 3H_2O$）、软锰矿（MnO_2）、水钠锰矿［$(Na_{0.7}, Ca_{0.3})Mn_7O_{14} \cdot 2.8H_2O$］等。

（1）氧化硅/石英　氧化硅晶体通常为无色或呈乳白色和灰色，有玻璃光泽或油脂光泽。按结晶程度分显晶质和隐晶质两种。显晶质集合体有晶簇状、粒状、致密块状；隐晶质集合体有肾状、钟乳状和结核状。土壤中的氧化硅，除风化残留在沙粒、粉沙粒中的原生石英外，还有在土壤黏粒中的晶质的石英和非晶质的蛋白石及氧化硅凝胶。晶质的石英主要分布在火山灰成因的土壤中，此外在土壤灰化过程中也可以形成。非晶形氧化硅广泛分布于温带土壤中，如我国东北的白浆土、白浆化暗棕壤、灰化土、草原土、黑钙土和火山灰土等中都有非晶形氧化硅发育。在土壤环境条件下，土壤溶液中的硅以$Si(OH)_4$单体存在，由于其活性较强，易与土壤中的其他组分作用，进而引起土壤中的一些重要物理、化学现象，如pH、Eh值等的变化，对土壤养分及污染物在土壤中的转化和富集有重要意义。

土壤中非晶质氧化硅的形成有以下两种途径。

① 生物积聚。植物从土壤中吸收二氧化硅累积在植物体中，植物死亡、分解形成蛋白石并累积在表土层中。水生生物从水体中吸收二氧化硅构成硅藻残骸或海绵骨骼等沉积。

② 非生物积累。干旱地区土壤溶液中的 $Si(OH)_4$ 可随水移动，水分蒸发、脱水后，$Si(OH)_4$ 从单体→水凝胶→干凝胶→蛋白石，形成的非晶形氧化硅可积累在土壤的B、C层中。

氧化硅凝胶具有羟基化表面，活性强，在pH值为3.5以上时带负电荷，可吸附阳离子与极性分子，与带正电荷的铁、铝氢氧化物之间有极强的亲和力，两者相互作用形成混合凝胶，对成土过程和黏土矿物的形成有十分重要的作用。

(2) 针铁矿　针铁矿是土壤中最常见的晶质氧化铁，其结构中普遍存在铝铁同晶替代。土壤发育程度越好，针铁矿中的同晶替代铝离子的摩尔分数越高，其置换量最高可达33%。由于 Al^{3+} 的半径（0.051nm）比 Fe^{3+} 的半径（0.064nm）小，铝置换铁后针铁矿的晶胞变小，结晶程度变差，针体变短，颗粒变小。相应地，比表面积、吸附能力均增大和增强。针铁矿晶体呈黄色、黄棕色、暗褐色，有半金属光泽，是含铁矿物经氧化分解形成的次生矿物，广泛分布在各类土壤中。在黄棕壤和我国南方的山地土壤中，针铁矿是主要的氧化铁矿物；在红壤与砖红壤中，针铁矿与赤铁矿常常共生。

(3) 赤铁矿　赤铁矿是高度风化土壤中常见的晶质氧化铁，晶体中铝铁同晶置换的比例比针铁矿要小，通常为与其共生的针铁矿的铝铁同晶置换比例的一半。随着铝铁同晶置换比例的增大，赤铁矿的板状结构变薄。赤铁矿一般呈亮红色或铁黑、钢灰色，有金属至半金属光泽，土壤中一般呈粉末状，多见于热带和亚热带高度风化、有机质含量较高的土壤表层或铁锰结核中。

(4) 三水铝石　三水铝石也称为水铝氧石，化学组成为 $Al(OH)_3$。土壤中的含铝矿物以三水铝石最为常见，主要是含铝硅酸盐分解和水解的产物。土壤中的含铝矿物在风化成土过程中，在水合 H^+ 的作用下酸解，形成的含 Al^{3+} 化合物进入土壤溶液后不断进行水解反应、聚合反应，促使 Al^{3+} 按如下过程发生形态转变：

离子形态铝(Al^{3+})→ 非结晶态铝化合物(羟基铝及其聚合物)
→晶质铝化合物[$Al(OH)_3$]

羟基铝聚合物可吸附在层状硅酸盐的内表层和外表面形成薄膜，这类非晶质铝在土壤中的分布实际上远比三水铝石广泛。这类含铝化合物水解后产生的性质活泼的羟基铝对土壤的物理、化学和生物学性质以及土壤环境中的元素或化合物的行为乃至化学性质的转化都产生极其重要的影响。

(5) 软锰矿　晶体呈细柱状或针状，是低价锰矿物的氧化产物。一般呈黑色，晶体呈半金属光泽，隐晶质块体及粉末状者光泽暗淡，极易污手。土壤中的软锰矿主要富集在铁锰结核、裂隙表面锰胶膜、锰块及结皮中，通常呈块状、粉末状集合体。细粒和隐晶质块体中常含 Fe_2O_3、SiO_2、H_2O 等机械混入物。氧化锰在土壤中含量较少，一般小于1%，但它是动植物锰素的重要来源，而且能吸附痕量金属，还是某些特定金属如 As^{3+}、Cr^{6+} 等的天然氧化剂。因此，软锰矿是影响土壤中某些营养元素及有害元素有效性和毒性的重要因素，也是某些有机物质形成、转化、土壤溶液中痕量金属离子浓度变化的制约条件之一。土壤中的氧化锰矿物按其结构可区分为很多类型，最常见的有水钠锰矿和软锰矿。

(6) 水钠锰矿　是极为细小的弱晶质粒状集合体，变体为水羟锰矿（目前其晶胞和层状结构特点尚不清楚），它们二者是土壤中常见的锰矿物形态，特别是经常出现在酸性或碱性表土以及土壤结核中。

5. 铝硅酸盐矿物

土壤中的黏土矿物是土壤中铝硅酸盐矿物的主体。绝大多数黏土矿物都是结晶质的，结晶的黏土矿物是由呈六方形网孔状排布的硅-氧四面体层（tetrahedral sheet）或称四面体片和紧密堆积的铝（或镁）-氢氧八面体层（octahedral sheet）结合而成的层状或链状晶格的含水铝硅酸盐。其中，最主要的黏土矿物如伊利石族、蒙脱石族、高岭石族、绿泥石族等都呈层状结构，只有少数罕见的黏土矿物如坡缕缟石（山软石）、海泡石等呈链状结构。

因为绝大多数黏土矿物都属于层状结构硅酸盐，所以它们的晶体结构特点也都与其他所有的层状结构硅酸盐矿物相同。层状结构硅酸盐晶体结构中的基本结构层是硅-氧四面体层以及铝-氢氧（氧）或镁-氢氧（氧）八面体层，然后再由这些基本结构层以一定的方式结合而形成结构单元层。根据结构单元层中各基本结构层相互结合的比例及叠置方式的不同，将层状结构硅酸盐划分为以下 3 种主要结构类型。

(1) 1∶1 或两层型结构　由一层四面体层和一层八面体层结合而成［图 4-5 (a)］。高岭石、埃洛石（多水高岭石）等属于此种结构类型。

(2) 2∶1 或三层型结构　由相对的两层四面体层中间夹一层八面体层结合而成［图 4-5 (b)］。蒙脱石、蛭石、伊利石等属于此种结构类型。

(3) 2∶1∶1 或四层型结构　由一个 2∶1 的三层型结构层与另一镁-氢氧八面体层组合而成，在整个晶体结构中这两种层有规则地相间交替叠置［图 4-5 (c)］。绿泥石属此种结构类型。

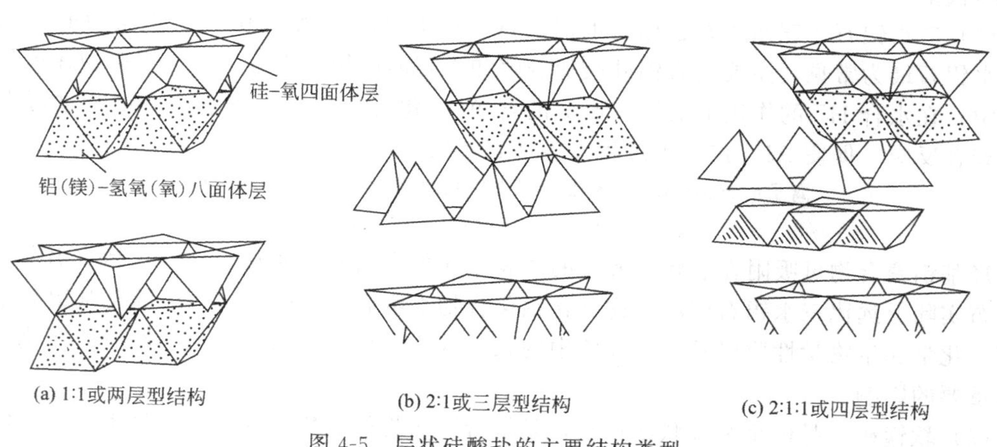

图 4-5　层状硅酸盐的主要结构类型

除了以上 3 种主要结构类型以外，由于结构单元层之间存在着一定的共性，因而还可由不同类型的结构单元层在一起混合叠置形成所谓的混层结构。例如伊利石-蒙脱石、绿泥石-蒙脱石的混层结构等。

在一个层状结构硅酸盐的晶格中，如果结构单元层本身内部的电荷已达平衡，则其层电荷为 0，层间就不可能有其他阳离子存在（例如高岭石），但有时可能有中性的水分子层存在（例如埃洛石）。如果结构单元层本身由于阳离子的异价类质同象替代（离子半径相近的不同价离子相互替代）而使内部的电荷未达平衡时，此时就有一定数量的层电荷出现。为了平衡此部分层电荷，层间就必然会有无水或水化的阳离子存在（前者如云母，后者如蒙脱石、蛭石等）。一些黏土矿物之所以具有吸附性、膨胀性和阳离子交换能力，就是由上述原因造成的。

土壤中的铝硅酸盐矿物主要有伊利石 [$K_{1\sim1.5}Al_4(Si_{7\sim6.5}Al_{1\sim1.5}O_{20})(OH)_4 \cdot nH_2O$]、蒙脱石 [$(Ca, Na)_{0.33}(Al, Mg)_2(Si_4O_{10})(OH)_2 \cdot nH_2O$]、高岭石 [$Al_2(Si_2O_5)(OH)_4$] 和绿泥石 [$(Mg, Fe)_5Al(AlSi_3O_{10})(OH)_8$]。

(1) 伊利石　伊利石呈显微或超显微的鳞片状，常呈不规则状，个别鳞片呈六方形，大小在1～3μm间。纯者呈洁白色，因杂质而呈黄、绿、褐色。块状体呈油脂光泽。

伊利石是云母与蒙脱石之间的过渡产物。与云母的主要区别是四面体层中的Si/Al值大于3∶1，但当四面体中的Al全部或几乎全部被Si所取代时，则转化为蒙脱石。伊利石不含或仅含极少量的层间水。由于层间以阳离子为主，层间的联结力虽然不及云母强，但胜过蒙脱石，所以阳离子交换力很弱，虽大于高岭石，但远小于蒙脱石等。既然伊利石不存在层间水，也同样表明层间难以有有机分子，所以，伊利石对有机物的吸附能力也不强。伊利石的吸附性主要是由其表层电荷未达到平衡而引起的。由于层间的 K^+ 可以因淋失或被生物所吸收，土壤中的伊利石能吸收钾肥中的钾，使之储藏于层间。

伊利石主要由原生矿物钾长石分解而成，在潮湿的环境中可进一步向蒙脱石转化。

(2) 蒙脱石　蒙脱石颗粒极细，属胶体微粒，其单晶体尚未发现。在电子显微镜下呈绒毛状或毛毡状。通常呈土状、块状集合体。为白色或灰白色，因含杂质而染有黄、浅玫瑰红、蓝或绿等色。土状者光泽暗淡。其相对密度为2～3。

蒙脱石的结构单元层由3个基本结构单元层组成，层内的电荷并没有达到中和状态，在其结构单元层的层间会有一定数量的阳离子加入，同时会有较多的水分子存在，这使得三层型结构单元层的蒙脱石族矿物在组成成分、结构以及物理性质等方面较为特殊，而不同于其他矿物。蒙脱石组成成分上的另一个特点是富含大量的层间水，而且层间水的量是可变的，环境湿度大时含水多，湿度小时含水少。层间不仅可以吸附水分子，而且可以吸附有机质。

蒙脱石的阳离子交换能力很强，这是因为层间的阳离子结合不强，且没有固定的晶格位置。通常，价态高的阳离子具有较高的交换能力，显然与其吸附力强有关。

蒙脱石的膨胀性和吸附性也很特殊，膨胀性和吸附性都与其结构有关。一个饱含了水的样品，体积可比不含水的样品大数倍。因为样品中含水多少不一，其密度、光性等有关物理性质也相应地有所改变。蒙脱石的层间往往可以吸附一些极性有机分子，如甘油、乙二醇、胺、氯苯等，这些分子也呈层状排列，与层间水一样，也可有一层、二层等。蒙脱石的这一特性使之具有过滤、漂白、净化能力。

蒙脱石是铁镁质铝硅酸盐经风化作用而成的。还应指出，蒙脱石并不是地表条件下最稳定的矿物，当受地表水的长期淋滤时会向高岭石转化。

(3) 高岭石　高岭石个体极小，单晶体呈片状，很罕见。电子显微镜下可以看到片状晶体呈六方形、三角形或切角的三角形。集合体呈疏松鳞片状、土状或致密块状。纯者呈白色，因含杂质而染成浅黄、浅灰、浅红、浅绿、浅褐等色。致密块体无光泽或呈蜡状光泽，但细鳞片可以呈珍珠光泽。其相对密度为2.61～2.68。

高岭石的阳离子的交换能力在黏土矿物中是比较低的，这是由于结构单元层内部已经达到完全的电性中和状态，能够吸附阳离子的地方仅限于颗粒的周边或裂隙中，因此吸附量小，交换能力差，粒径细者交换能力稍高。虽然阳离子交换能力差，但阴离子交换能力则较高，这是因为结构单元层的外表有 OH^-。土壤中的高岭石就是利用这一性质来获取 $[PO_4]^{3-}$ 以增强肥效的。高岭石也能吸附有机分子，但多限于颗粒界面上而不是在层间。由于有这种性质，高岭石容易被染色。

高岭石是黏土矿物中最常见的一种，也是黏土质沉积物的主要矿物成分。许多硅酸盐矿物如长石、霞石等都能风化形成高岭石，有的在原地堆积，有的则经过搬运再沉积。

(4) 绿泥石　绿泥石单晶体呈假六方片状或板状，也有呈柱状者。集合体呈鳞片状及隐晶质土状。多呈各种不同深浅的绿色，视其含 Fe 量的多少而不同，含铁量高者色深。破裂面上呈珍珠光泽。其相对密度为 2.6～3.3，视成分不同而有所不同。如含铁量低的绿泥石和斜绿泥石，其相对密度为 2.7 左右，而同亚族的蠕绿泥石为 2.8 左右。含铁量更高的鲕绿泥石和鳞绿泥石则均大于 3.0。

绿泥石的晶体结构是由相当于云母的三层型结构层与一个孤立的单层氢氧镁石 $[Mg(OH)_2]$ 结构层相间排列而成的，层间借氢键相维系。

绿泥石受热后先失去氢氧镁石夹层中的结构水，然后再失去云母型结构层中的结构水。绿泥石的阳离子交换能力不大，而且是由表层吸附作用所引起的，不同于蒙脱石。

绿泥石是一种分布很广的矿物，并且是泥质沉积物的主要组成成分之一。

二、土壤有机质

土壤有机质（soil organic matter）是指以各种形态存在于土壤中的有机化合物，包括腐殖质（即进入土壤的植物、动物及微生物等死亡残体经分解转化形成的物质）和植物残体。它与土壤矿物质一起构成土壤的固相部分。土壤有机质含量一般仅占百分之几，最高也不过10%左右，分为普通有机质和腐殖质两大类。普通有机质包括糖类、蛋白质、木质素、有机酸以及氮、磷、硫的有机物等；腐殖质是土壤特有的有机物质，主要成分为胡敏酸、富里酸和胡敏素。腐殖质是一种特殊的有机物，不属于有机化学中现有的任何一类，约占土壤有机质总量的 85%～90%。腐殖质通常带有电荷并具有较强的吸收、缓冲性能，对土壤的理化性质和生物学性质有重要影响。腐殖质中多种能离解的官能团可与痕量金属离子等形成络合物或螯合物，增强其水溶性，在土壤自净能力（soil self-cleaning capacity）、土壤中物质迁移等环境效应方面有重要意义。

1. 土壤有机质的定义以及土壤有机质来源

土壤有机质是使土壤具有生物学性质和结构的基本物质，既是生命活动的条件，也是生命活动的产物。

土壤有机物质包括异源有机物质（进入土壤的有机污染物、有机废弃物、农用工业有机物及相关副产物等）和土壤中起源的有机物质。后者包括：①生命体形式有机物质，如微生物、小的动植物及土壤内活的植物根系等；②非生命体形式有机物质，如未腐烂的和部分腐烂的破碎动植物残体。土壤有机质是土壤中有机物质的主体，通常占 90%以上，主要是微生物、小的动植物的生命活动产物及由生物残体分解和合成的各种有机物质，包括非腐殖物质（是已知有机化学结构的化合物）和腐殖物质（是土壤有机质的主体，是经腐殖化作用形成的具有特异性的、多相分布的类高分子化合物）。

广义的土壤有机质（soil organic substances）指的是存在于土壤中的一切含碳有机物。

它包括土壤中破碎的动、植物残体，微小生命体和其分解、合成的各种有机物质，以及微小的异源有机物质。

土壤中任何一维大于2cm的大块有机物如树干和完整的、大的动物尸体、植物残体，都属于土壤异物，测定时可将其拣出。土壤有机质数据，有的文献中指的是非生命体形式有机物质，但测定时无法将其与生命体形式的微生物分开，所以有机质含量实际上已包括生命体形式的有机物质在内。

非生命体形式有机物质，一部分是未分解的动、植物残体（多与土壤机械混合）；另一部分是已经分解了的动、植物残体及其转化合成产物（多与土壤呈物理包裹或化学结合形式存在），占非生命体形式有机物质的90%以上。因此，有的学者认为（Stevenson F J，1994）土壤有机质就是腐殖质（humus）。土壤有机质和腐殖质在概念上一般是分开的，但在测定上常常没有分开。鉴于目前人们所提供的数据、研究目的、方法，本书使用的土壤有机质定义还是指土壤中包含腐殖物质与非腐殖物质的有机质，即狭义的土壤有机质。动植物、微生物的残体和有机肥料是土壤有机质的基本来源。其中，绿色植物特别是高等植物的残体是土壤有机质来源中数量最多的一种，达80%以上。这些植物残体含水量很大，干物质只占25%左右。

因此，可以建立以下几种方法上的定义：①广义的土壤有机质指一定含水量的原状土，未经风干磨碎，在一定压力下通过一定筛孔后（2cm）测定的土壤有机物质总量。②狭义的土壤有机质或称为腐殖质指土壤经人为或机械挑出异源有机物质、生命体形式和非生命体形式中未腐烂或半腐烂的动、植物残体后，风干磨碎，通过一定的筛孔后（2mm）测定的土壤有机物质总量。③用$d=1.6$的多聚钨酸钠（SPT）将狭义的有机质区分为非腐殖物质和腐殖物质，用传统方法将腐殖物质区分为胡敏酸（HA）、富里酸（FA）和胡敏素（Hu）。

2. 土壤有机质的组成

狭义的土壤有机质是一种来源、组成、结构和性质相当复杂的混合物。这里从土壤化学的角度，重点讨论非腐殖物质（non-humic substances）和腐殖物质（humic substances）方面的内容（文启孝等，1984；夏荣基等，1982）。

（1）非腐殖物质　在理论上，非腐殖物质是腐殖质中除去腐殖物质后剩余的部分，即腐殖质中不具备腐殖物质特点的化合物，如糖类、氨基酸、氨基糖、叶绿素、肌醇磷酸脂、磷脂、有机酸、烷烯烃与多环烃、醇、甾醇、萜烯类、木质素等。它们的化学结构已知，绝大部分主要来源于动、植物生命体和残体。尽管非腐殖物质种类很多，但在腐殖质中一般不超过30%，且多以聚合态和与黏粒相结合而存在，并互相转化。游离的非腐殖物质含量一般不超过腐殖质的5%。因此，把非腐殖物质与腐殖物质完全分开在实际操作中极难，所以划分为腐殖物质和非腐殖物质主要是理论上和研究上的需要。

① 土壤中的糖类

a. 土壤中糖类的数量、来源和存在状态。糖类构成了土壤有机质的5%～25%。Shorey和Lathrop首次报告了土壤中有糖存在后，分离土壤中各种糖类的报告相继出现。土壤中的糖类主要来源于植物残体，少量来源于微生物和动物遗骸。糖类由碳、氢、氧所构成，约占植物残体干重的60%，其中包括水溶性糖类和淀粉、纤维素和半纤维素。

单糖和储存多糖为光合作用的直接产物，在绿色植物能量代谢中占有重要地位。游离糖从植物嫩芽转送到异养区，以提供生物合成所需要的物质单元；而储存多糖是保存能量的一种手段，可通过水解释放单糖供细胞呼吸时利用。植物直接提供给土壤的糖类有单糖、半纤维素、纤维素等，但它们在土壤中或多或少地被细菌、真菌、放线菌等微生物分解，而合成带有它们各自特点的多糖和其他糖类。这些多糖是土壤大部分多糖的主体，它们或存在于微生物体内，或存在于体外呈聚合态，或与黏粒、腐殖物质强烈结合不易被提取和分离纯化。土壤中含有的游离单糖是微量的。

土壤中较少的一部分糖类由动物提供，存在的形态是糖元、半乳聚糖、核酸、几丁质和含有氮和硫的多糖类。微生物间接地给土壤提供糖类，细菌、放线菌、真菌主要是分解动、植物残体，在自己的细胞中依次合成各种多糖和其他一些糖类作为主要的代谢产物。这些糖类也成为土壤有机质的一部分。

b. 土壤中糖类的种类。土壤中糖类的种类几乎包含了自然界所有的糖类，其结构、性质与一般化学或生物化学教科书中介绍的基本相同。土壤中已被分离和鉴定的糖类或化合物类别如下。

单糖：包括普通醛式单糖和酮式单糖。普通醛式单糖有葡萄糖、半乳糖、甘露糖、阿戊糖、木糖、核糖、岩藻糖、鼠李糖；酮式单糖有果糖。

二糖：蔗糖、纤维二糖。

低聚糖：纤维三糖。

多糖：纤维素、半纤维素、果胶物质、淀粉、菊粉。

氨基糖：氨基葡萄糖、氨基半乳糖、乙酰氨基葡萄糖。

糖醇：甘露糖醇、环己六醇（肌醇）。

糖酸：葡萄糖醛酸、半乳糖醛酸。

甲基化糖：甲基木糖、甲基阿戊糖、甲基鼠李糖、甲基半乳糖。

下面讨论单糖和多糖，氨基糖将在含氮物质中讨论。

(a) 单糖。植物中最重要的非结合态的糖是单糖（葡萄糖和果糖）和二糖（蔗糖），其他糖类如木糖、鼠李糖等数量较少。

单糖为高级多羟基醛或酮的衍生物，主要是环状结构，开链结构很少。普通六碳糖和五碳糖的一些环状结构类型中也包括几种天然的糖醛酸。环内含有 6 个 C 的环糖称为吡喃糖；含有 5 个 C 的则称为呋喃糖。吡喃（六碳环）和呋喃（五碳环）的环化是通过 C5 或 C4 上的羟基分别与 C1 上的半缩醛功能基连接完成的。环的形成产生一个新的不对称碳原子 C1，C1 上的—OH 位置不同使单糖区分为 D 型和 L 型两种异构体。

(b) 多糖。多糖是单糖通过配糖键脱水后连接起来的聚合物，通常含有 10 个以上的糖残基。聚合中总有异头碳 C1 的羟基（半缩醛的羟基）参与。这个羟基可与邻近糖残基的除异头羟基以外的任何羟基缩合。

多糖的结构较复杂，在此主要描述其单糖的序列、糖的环型（六环糖或五环糖）、参与键合的碳原子及该键是 α 型还是 β 型。许多情况下，多糖结合到蛋白质和脂肪组分上，含糖醛酸通常显酸性。

纤维素属结构性多糖（structural polysaccharide），为 β-(1→4)-D-吡喃葡萄糖单元的线形多聚体（可达 1000～10000 个葡萄糖单元），是细胞壁的构成成分，其含量随植物成熟度的增加而增加，幼嫩植物中不足 15%，木头、秸秆和老叶子中达 50%以上。

半纤维素一般是分支的，由一种以上的糖或糖醛酸（半乳糖醛酸）单元组成，占植物残体干重的 30%。最常见的半纤维素含有 50～200 个糖单元。

果胶物质（pectic substance）即多聚半乳糖醛酸，是由 α-(1→4)-D-半乳糖醛酸吡喃单元组成的聚合物，其中半乳糖醛酸的—COOH 部分或全部被甲基化，也是重要的细胞壁构成成分。

淀粉是植物的储存性多糖，其中线性的淀粉以 α-1,4-键相连，叫直链淀粉（amylose）；分支的淀粉是 α-1,4-键或 α-1,6-键相连的葡萄糖聚合物，叫支链淀粉（amylopetin）。

菊粉（inulin）是线形的果糖聚合物，也是一类常见的储存性多糖。

c. 土壤中糖类的生物学稳定性及影响因素。糖类可为土壤微生物利用，凡影响微生物活动的条件如温度、湿度、酸度、氧分压和养分含量等，也影响土壤中糖类的含量和稳定性。单糖为水溶性，易为发酵菌（xymogenous）利用，65%可进入微生物体内，是微生物的速效碳源，易在土壤中分解、转化，平均存留时间短，游离单糖含量低。

多糖结构复杂，抗酶类的侵袭，与多价阳离子形成不溶性盐或螯合物，常吸附在黏土矿物或氧化物表面，或被腐殖物质吸附和糅合。

多糖是否抗酶类的降解取决于多糖的结构。不同多糖的分解速率为淀粉＞半纤维素＞纤维素。土壤真菌和细菌可分泌胞外酶降解纤维素，纤维素一旦成为小的单元（2～3 个葡萄糖），就可进入细胞内。“棕色腐烂”真菌分解纤维素和半纤维素，留下木质素和芳香物料而产生棕色；“白色腐烂”真菌分解木质素，积累大量的纤维素而产生白色。许多细菌和真菌可产生胞外酶（淀粉酶），把直链淀粉和支链淀粉水解为二糖（麦芽糖），然后被麦芽糖酶水解为单糖，进入糖酵解途径（glycolytic pathway）。菊粉可被菊粉酶（胞外酶）降解。

金属离子影响多糖的生物合成，如受 Mg^{2+} 和 Mn^{2+} 影响的链霉菌（streptococcus）产生的透明质酸、受 K^{+} 和其他阳离子影响产生的淀粉等，并影响土壤中多糖的降解速率。金属离子与多糖形成不溶性盐类或螯合物，也影响多糖的稳定性。

在多糖成为胡敏酸的因素中，若施入新鲜有机物料，有利于多糖的形成；未分解的有机物料中糖类含量高，并随腐殖化程度的增大而逐渐降低。

d. 土壤中糖类的作用。土壤中糖类为微生物提供碳源和能源，影响土壤的生物学和生物化学性质；尤其是多糖，影响团聚体特别是大团聚体的形成与稳定；与金属离子形成的配合物，可作为腐殖物质合成的建造单元。含 N、P 的糖类（氨基糖、肌醇六磷酸钙镁和核酸等）的矿化可释放出养分。有些糖类能刺激种子发芽和根的延伸。

② 含氮物质。有机物中的含氮物质主要是蛋白质，它是构成原生质和细胞核的主要成分，占植物残体质量的1%～15%，平均为10%。此外，也有一些非蛋白质类型的含氮化合物，如几丁质、叶绿素、尿素等。这类物质在微生物作用下，容易分解为无机态氮，其中包括铵态氮和硝态氮。土壤表层中＞90%的氮素为有机态。1m 深土层中的平均有机氮为 $100～3000g/m^2$。土壤有机氮包括结合态氨基酸、游离氨基酸、氨基糖和未知态有机氮。未知态有机氮主要存在于腐殖物质中，可能包括铵和木质素反应的产物、醌和氮化合物的聚合产物、糖与胺的缩合产物。未知态有机氮以酰胺态为主。土壤中可识别的含氮化合物是氨基酸、氨基糖和核苷类物质。

a. 氨基酸。土壤中含游离氨基酸在 2～14mg/kg 之间，多数氨基酸能被黏土吸附，色氨酸则不能。土壤中既含蛋白质氨基酸，亦含非蛋白质氨基酸。

自 20 世纪 Suzuki 报道胡敏酸的酸水解液中含有天冬氨酸、丙氨酸、氨基戊酸和脯氨酸以来，人们便知道土壤中有氨基酸存在。1917 年已分离出的氨基酸就有谷氨酸、缬氨酸、亮氨酸、异亮氨酸、酪氨酸、组氨酸和精氨酸。

土壤中氨基酸的组成多变，不同气候带土壤中酸性、中性和碱性氨基酸N的相对分布情况如表4-6所列。

土壤中氨基酸的存在状态为：游离氨基酸，存在于土壤溶液中或土壤微孔隙中（一般<2 mg/kg）；结合在黏土矿物外表面或内表面的氨基酸肽或蛋白质；以氢键、范德华力或共价键结合在腐殖物质胶体上的氨基酸肽或蛋白质；黏蛋白（氨基酸与*N*-乙酰己糖胺、糖醛酸或其他糖类结合）；含有黏肽的胞壁酸，从细菌细胞壁演化而来；磷壁酸（多元醇、核糖醇或含酯键丙氨酸的线形高聚物）。

表4-6 不同气候带土壤中酸性、中性和碱性氨基酸N的分布 单位：%

气候带	酸性化合物	中性化合物	碱性化合物
温带(7)	2.5～12.6	66.6～76.2	8.4～9.8
亚热带(5)	0.8～10.9	61.2～70.8	10.3～35.5
热带(5)	1.2～6.4	65.0～85.6	8.0～29.1

注：括号中的数字表示用于测试的样品数。

b.氨基糖。氨基糖是一大类物质的结构成分，例如与黏肽、黏蛋白结合或小分子抗生素结合的糖胺聚糖。土壤中有些氨基糖物质可以碱不溶的多糖类即以几丁质的形式存在，它是*N*-乙酰氨基糖的多聚物，构成了细胞壁、结构膜和霉类菌丝的骨架成分，起到类似于高等植物纤维的结构作用。通常认为氨基糖来自微生物和昆虫等低等动物。

含N的糖类或氨基糖占土壤表层氮素的5%～10%，钙饱和土壤、亚热带和热带土壤中的氨基糖百分数较高，见表4-7。土壤氮素中氨基糖的比例随土壤层次深度增加而增加，在B层达到最高值。

表4-7 不同气候带土壤中氨基糖的分布（占土壤氮素的百分数） 单位：%

气候带	氨基糖	葡糖胺	半乳糖胺	葡糖胺/半乳糖胺
北极(6)	4.5±1.7	2.8±0.4	1.7±0.5	1.7
凉温带(82)	5.3±2.1	3.4±0.9	1.9±0.7	1 8
亚热带(6)	7.4±2.1	5.0±1.5	2.4±0.7	2.1
热带(10)	6.7±2.1	3.9±0.8	2.8±0.5	1.4

注：括号中的数字为测试土壤样品的数目。

c.其他含N化合物。土壤中氨基酸和氨基糖以外的含N化合物含量很低，主要是核酸及其衍生物、叶绿素及其降解产物、磷脂类、胺类和维生素。

(a) 核酸及其衍生物。色谱法验证了土壤有机质水解液中有核糖核酸（RNA）和脱氧核糖核酸（DNA）存在，主要从微生物DNA衍化而来。有的土壤还有来自植物DNA的5-甲基胞嘧啶。

RNA和DNA含腺嘌呤、鸟嘌呤及胞嘧啶，RNA还含胸腺嘧啶，含量为每千克几十毫摩尔，以胞嘧啶和鸟嘌呤较多。

通常认为嘌呤和嘧啶框架N占土壤总N量的1%以下，也有的占土壤N的7.4%和富里酸N的18.6%，见表4-8。

表 4-8 嘌呤和嘧啶框架 N 分别在土壤、胡敏酸、富里酸和胡敏素 N 中所占的比例

单位:%

土　壤	占土壤 N	占胡敏酸 N	占富里酸 N	占胡敏素 N
黑钙土(5)	0.9～2.3	1.7～2.6	1.2～6.9	0.4～10.4
灰化土(5)	2.0～7.4	1.3～10.3	1.33～2.9	1.6～6.2
有机质土(3)	0.2～3.1	0.7～2.6	0.8～18.6	0.2～2.8
岩成土(1)	4.4	2.1	2.2	7.7
潜育土(1)	0.7	0.4	0.8	0.8

注：括号中的数字表示测试土壤样品的数目。

(b) 叶绿素及其降解产物。每年都有大量叶绿素或其衍生物以植物残体及动物排泄物的方式进入土壤，其留存量一般较少，酸性土壤和牧草地土壤中含叶绿素多些。土壤中叶绿素及其衍生物的含量用 90%含水丙酮萃取物在 665 nm 处的吸收峰强度来估计。

土壤中的磷脂类物质以磷脂酰胆碱（卵磷脂）为最多，其次是磷脂酰乙酸醇。土壤中的胺类、维生素类和其他除上述者外的含氮化合物含量少，已测出的少量的胺类和其他有机 N 化合物有乙醇胺、三甲基胺、尿素、组胺等；维生素类中包括直接关系微生物活性的硫胺素、尼克酸、泛酸和钴胺酰辅酶等。

(2) 腐殖物质　腐殖物质是土壤腐殖质的主体，约占土壤腐殖质总量的 70%～80%，土壤胡敏酸（HA)、富里酸（FA）是土壤腐殖物质的最重要组分，胡敏素（Hu）是被黏粒固定、一般条件下不能被碱液提取的 HA 或 FA。

自 1786 年 Achard 从泥炭中提取出腐殖物质以来，许多科学家对其形成、特性、作用等进行了研究，发表了大量的研究资料和论著。但由于腐殖物质本身的复杂性及测试技术难度的限制，研究困难较大，因此，土壤腐殖物质现在仍是土壤有机质研究中存在问题最多的领域之一。下面从腐殖物质的定义、分组、特性、形成与转化以及作用与调节等几个方面做简要的叙述。

① 腐殖物质的定义。1786 年，Achard 用碱提取泥炭时得到了暗色的有机物质。1804 年，Saussare 将土壤中的暗色有机物质命名为“腐殖质”（相当于拉丁语的土壤）。1822 年，Dobereiner 将土壤暗色有机物质中能为酸沉淀的部分称为“腐殖质酸”。1839 年，瑞典研究者 Berzelius 将从矿质水和富含氧化铁的黏性淤泥中分离出的两种浅黄色物质分别命名为“克连酸”和“阿波克连酸”。1862 年，Mulder 以溶解度和颜色将腐殖物质分为不溶于碱的乌敏和胡敏、溶于碱的乌敏酸（棕色）和胡敏酸（黑色）、溶于水的克连酸和阿波克连酸。19 世纪下半叶，又增添了一些分类方案，但只有 Hoppe-Seyler（1889）提出的吉马多美郎酸（有时也译为希马多美郎酸）沿用了下来，为胡敏酸中可溶于乙醇的部分。Oden（1914，1919）将腐殖物质划分为腐殖碳、胡敏酸、吉马多美郎酸和富里酸。其中腐殖碳相当于 Mulder 的乌敏和胡敏，胡敏酸相当于 Dobereiner 的腐殖质酸，吉马多美郎酸沿用了 Hoppe-Seyler 的概念，而富里酸则类似于 Berzelius 的克连酸和阿波克连酸。将富里酸溶液调节 pH 值至 4.8，产生另一种沉淀，Hobson 等（1932）将其称为腐殖物质中的 β 组分或中和组分，通常被认为是一种 Al-胡敏酸盐。1938 年，Sprenger 又以光学性质和对电解质的反应为基础，将胡敏酸细分为棕色胡敏酸和灰色胡敏酸。

腐殖物质组分的命名都是以溶解度特征为基础的。现在，通常将腐殖物质划分为胡敏

酸、富里酸和胡敏素3个组分，有时也从胡敏酸中再分出吉马多美郎酸。

现代的概念认为，腐殖物质是腐殖质的一部分（另一部分为非腐殖物质），它是一系列由次生反应形成的分子量较高、棕至黑色的物质。胡敏酸定义为“深色有机质，可从土壤中用不同试剂提取，不溶于稀酸的部分”；富里酸定义为“带色物质，酸化除去胡敏酸后留存在溶液中的部分”；胡敏素的定义为“土壤有机质或腐殖质中的碱不溶部分”。

② 腐殖物质的分组。为了对土壤腐殖物质各组分复杂的特性进行深入了解，研究中常常需要对腐殖物质进行分组。提取土壤腐殖物质的方法很多，目前通常用 NaOH 或 $NaOH+Na_4P_2O_7$ 作为提取剂。

非腐殖物质会对腐殖物质结构和特性的研究带来困难，必须首先将它们从腐殖物质中除去。但非腐殖物质是通过共价键与腐殖物质相连的，在实际分离工作中难度很大。有人认为，大多数的腐殖物质和非腐殖物质是浑然一体存在的，不可能从根本上区分开来。即使腐殖物质中含有一些共价键相连的非腐殖物质片段，一般仍将其称为腐殖物质。经典的腐殖物质分组方法是利用其在酸、碱中的溶解特性或通过加入电解质（如氯化钾或硫酸铵）、有机溶剂（如乙醇）或金属离子来进行分组，方法相当粗略，但较迅速和容易操作。

通常使用的分组方法有以下3种。

a. 按照分子大小分组。主要包括凝胶色谱和超滤法。离心法应用较少，但也是较有用的分组技术。

b. 按照电荷特性分组。主要是应用电泳技术，如聚丙烯酰胺凝胶电泳、等电聚焦和等速电泳，应用离子交换介质也有较好的效果。

c. 按吸附特性分组。主要应用于 FA 组分，先将 FA 组分吸附于活性炭、氧化铝、凝胶或不带电荷的大孔网状树脂（如 XAD-8）上，再用不同的溶剂洗脱，例如，将吸附在 XAD-8 上的腐殖物质用不同 pH 值的通用缓冲液、水或乙醇洗脱分组。此外，按腐殖物质的光学特性，可将 HA 分为 A、B、R_P 和 P 四种类型后，还可再细分。

必须将按通常方法提取出的腐殖物质中的无机及有机杂质（统称为灰分）尽可能地除去。除去黏土矿物杂质的方法有：加入硫酸钠或氯化钾使无机胶体絮凝，然后抽滤；采用 HCl-HF 混合液（0.5mL 浓 HCl+0.5mL48%HF+99mLH_2O）处理；将 HA 的稀碱液 pH 值调节至7.0，再高速离心；用无机酸重复沉淀。除去无机盐类通常用透析或电渗析方法。

HA 中的有机杂质主要是在酸性条件下与 HA 共沉淀或共同吸附的非腐殖物质，例如蛋白质和糖类等，将其完全除去十分困难。目前采用的主要方法有：乙醚或苯-醇等除去 HA 中的脂类（脂肪、蜡和树脂等）；普通用酸-碱溶液反复溶解-沉淀以除去 HA 中的糖类和某些有机混杂物；还有人用酸水解、酶水解、水解、凝胶过滤和酚浸提等方法。

FA 中最主要的有机杂质是糖类（单糖和多糖），其次为一些含氮化合物和低分子量的有机酸等。除去它们的方法有以下3种。

a. 活性炭吸附法。将 FA 的酸性溶液通过活性炭柱或层，大部分糖和含氮化合物等不被吸附而被除去。活性炭对 FA 的吸附率很高，但解吸率较低，有一些 FA 被不可逆地吸附在活性炭上。

b. XAD-8 能克服活性炭解吸率低的缺点，并能最大限度地除去 FA 中的糖类，被广泛应用。一般认为，只有经过 XAD-8 处理的 FA 才能称作真正意义上的 FA，否则只能叫作 FA 组分（FA fraction）。

c. 采用聚乙烯吡咯烷酮（简称 PVP）或聚酰胺，也可以除去 FA 中大量的糖类和含氮化合物。

③ 腐殖物质的物理特性

a. 颜色。不同腐殖物质的颜色因其组分分子量大小或发色基团（如共轭双键、芳香环、酚基等）组成比例的不同而不同。其颜色与分子量大小或分子芳构化程度呈正相关，与脂族链烃含量呈负相关。

从整体上看，腐殖物质的颜色一般呈黑色，但水体中腐殖物质的脂族链烃含量较高，其颜色比土壤的要浅；HA 的颜色较 FA 深，通常呈棕黑至黑色，泥炭 HA 比猪粪 HA 的颜色深一些；吉马多美郎酸的颜色比 HA 浅，一般为巧克力棕色；FA 的颜色则常呈黄色至棕红色。此外，冷冻干燥的样品比真空干燥的样品颜色要浅。

b. 吸水性。腐殖物质是亲水性物质，有强大的吸水能力，有报道称其最大吸水量可以超过本身质量的 500%。

c. 相对密度。土壤 HA 的相对密度在 1.4～1.6 之间；黏粒-腐殖物质复合体的相对密度大于 2.0。

d. 腐殖物质溶液的物理性质

(a) 分子大小和形状。分子大小和形状是腐殖物质的重要物理特性之一。土壤 HA 的直径为 1～1000nm，FA 更小。灰化土 FA 在 pH＝2.5 时，有小球体（直径 1.5～2nm）、球聚集体（直径 20～30nm）和低收缩、多孔、不规则球状聚集体；在 pH＝3.5 时，厚度为 10～30nm，上面有许多直径 20～100nm 孔的海绵状结构；在 pH≥4、5 时，为很少收缩、多孔的薄片状结构，孔直径 20～200nm（主要用超速离心、黏度、冰点下降、蒸气压渗透、凝胶过滤、X 射线衍射和电子显微镜等方法测定。电子显微镜法要特别注意样品制备，即先使样品迅速冷冻，再用冷冻干燥机干燥）。

决定分子大小和形状的溶液参数有 pH 值、离子强度、金属配合物、腐殖物质浓度和溶剂的介电常数。当样品浓度较高、pH 值很低，或有一定量中性电解质时，腐殖物质类似于球形。在低浓度和中性到碱性 pH 时，颗粒伸展，呈轻微卷曲的纤维状结构。当离子强度较低、pH 值较高时，若腐殖物质浓度较低，卷曲状结构进一步伸展，发生断裂；如腐殖物质的浓度较高，则会形成类片状结构。

腐殖物质的黏度特性也能提供溶液中腐殖物质分子大小、形状和分子量的信息。由于提取、分组和纯化方法不同，所得结果往往不尽一致。

有的 HA 是球形的，而有的 HA 却是伸长的椭圆形。其影响因素有 pH 值、溶质浓度、离子强度、溶剂种类和温度等。黏度还可为腐殖物质的形成过程提供信息，随着腐殖化过程的进行，泥炭或植物残体所形成的腐殖物质的黏度逐渐降低，表明腐殖化过程中分子变小。

(b) 表面张力。HA 和 FA 主要是亲水性的，但也有一定数量的芳香环、脂肪酸酯类、脂族烃及其他疏水性物质。亲水和疏水基团的共同作用使 HA 和 FA 具表面活性。腐殖物质，尤其是 FA 中的亲水含氧功能团（—COOH、—OH、—C—O），在降低水的表面张力中起重要作用。

(c) 絮凝。腐殖物质表面主要带负电荷，加入带相反电荷的电解质离子时，HA 和 FA 就会沉淀，抑制酸性功能团的解离，使分子体积变小、水膜变薄而凝聚；并可使扩散层压缩，体系动电电位降低以及形成不溶性的 HA 或 FA 盐类等。絮凝程度取决于溶液的 pH 值、浓度、电解质特性和温度的影响。阳离子絮凝力一般为三价阳离子＞二价阳离子＞一价阳离子。腐殖物质对电解质絮凝作用的稳定性既反映了腐殖物质的活动性和与土壤矿质部分相互作用的特征，又反映了腐殖物质分子的芳构化程度，可作为表征腐殖物质特征的一种指标。

④ 腐殖物质的化学性质

a. 分子量及其分布与分子模型

(a) 分子量及其分布。腐殖物质的分子量是研究其形成、化学结构和理化性质及判断其在土壤形成和肥力中作用的重要依据之一。例如，分子量较大的腐殖物质含氮量一般较高，且含氮化合物较易酶解；分子量较小的腐殖物质有较高的生理活性、活动性及溶解、破坏矿物的能力。

用不同方法测得的腐殖物质的分子量相差很大，一般为400～200000，有的可高达几百万。要获得腐殖物质的精确分子量值和分子量分布，就要先对其进行分组并减少其不均一性。按测定方法的不同，腐殖物质的分子量可分为数均分子量（M_n）、重均分子量（M_w）、Z均分子量（M_z）和粘均分子量（$M_{粘}$）。均相体系中，$M_n = M_w = M_z$；而多相分散体系的腐殖物质，$M_n < M_w < M_z$。

测定数均分子量常用冰点下降法和蒸气压渗透法（VPO）。VPO法测定的东北几种主要耕作土壤表层、泥炭和猪粪HA的数均分子量，土壤HA的M_n为黑土＞水稻土＞棕壤＞草甸土，土壤HA的M_n平均值为3453。分子量大的HA与黏粒结合得较紧。

(b) 分子模型。腐殖物质是由大小不同的分子组成的混合物，很少有精确和相同的结构形状或活性功能团序列。目前所提出的HA或FA分子模型主要有Flaig（1960）的HA模型Stevenson（1982）的HA模型以及Schnitzer和Khan（1972）的FA模型。Flaig模型的主要特点是HA含有许多酚羟基和醌基，羧基不多。Stevenson模型中，典型的HA有自由和结合的酚羟基、醌结构，N和O是桥接单元，羧基互不相同地连接在芳香环上[图4-6]。Schnitzer和Khan的模型中，FA的结构单元由氢键连接，结构可以弯曲，可聚合或分散；结构中有许多大小不一的孔隙，可以捕获或固定低分子量的有机和无机化合物，见图4-7。

近年来，Schulten（1998）综合运用地球化学、生物化学、波谱学（固态^{13}C-NMR波谱）、热解等技术和计算机处理，提出了水体和土壤中HA的低聚物（三聚物、十聚物、十五聚物）的三维（3D）结构模型，强调氢键在腐殖物质结构形成中的重要性，表明腐殖物质结构中有固定低分子有机和无机化合物的孔洞。

b. 元素组成和功能团。腐殖物质主要由C、H、O、N、P、S等元素组成，并有少量的Ca、Mg、Fe、Si等元素。

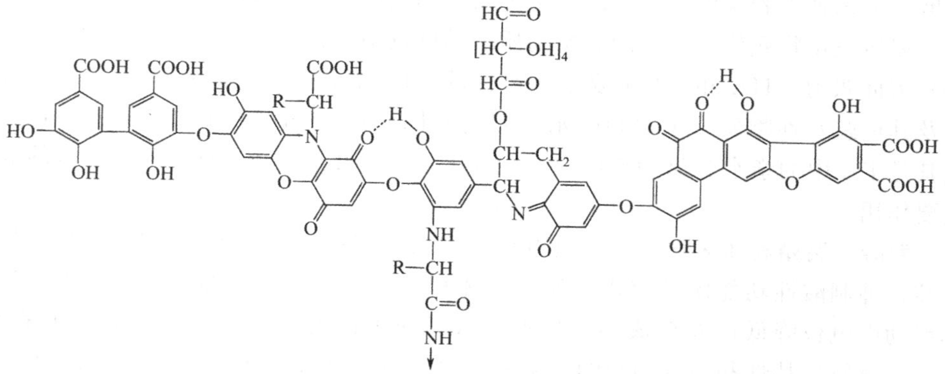

图4-6 胡敏酸（HA）的分子结构模型（Stevenson）

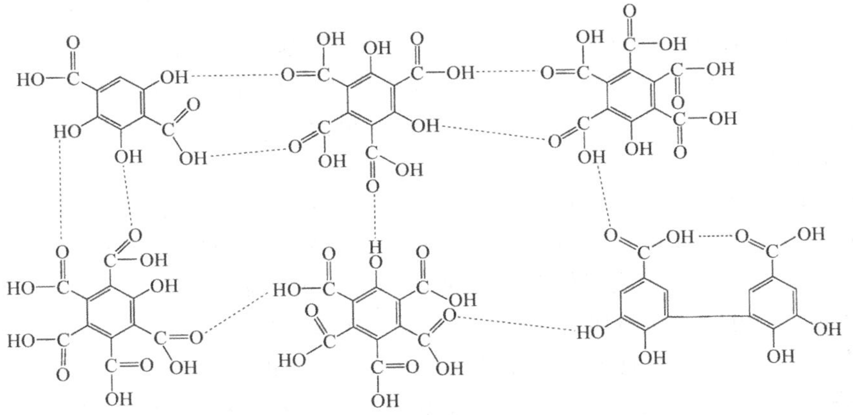

图 4-7　富里酸（FA）的分子结构模型（Schnizer，Khan）

从土壤腐殖物质的元素组成（表 4-9）中可以看出，HA 和 Hu 的元素含量范围大致相同，FA 的 C、N 含量低于 HA，O 或 O+S 的含量高于 HA，HA 的 C/H 值高于 FA，而 O/C 值低于 FA。C/H 和 O/C 的值是表征腐殖物质缩合度和氧化程度的指标，因此 HA 的缩合度较高，氧化程度低于 FA 分子结构较 FA 复杂。

表 4-9　土壤腐殖物质的元素组成范围（元素含量单位为 g/kg，比值为摩尔数之比）

研究者	腐殖物质	C	H	O	N	S	C/H	O/C
Steelink	HA	538～587	32～62	328～383	8～43	1～15	0.72～1.53	0.42～0.53
	FA	407～506	38～70	397～498	9～33	1～36	0.48～1.11	0.59～0.92
Stevenson	HA	500～600	40～60	300～350	20～60	<10～20	0.69～1.25	0.38～0.53
	FA	400～500	40～60	440～500	<10～20	<10～20	0.56～1.04	0.66～0.94
Schnitzer	HA	538～604	37～58	319～368	16～41	4～11	0.77～1.36	0.40～0.51
	FA	425～509	33～59	448～473	7～28	1～17	0.60～1.29	0.66～0.84
	Hu	554～563	55～60	38～318	46～51	7～8	0.77～0.85	0.42～0.46
中科院南京土壤所	HA	500～600	31～53	310～410①	30～55	—	0.79～1.61	0.39～0.61
	FA	450～530	40～48	400～480①	25～43	—	0.78～1.10	0.57～0.80
窦森	HA	539～608	47～57	298～370①	37～65	—	0.80～1.08	0.37～0.48
	FA	385～459	44～51	461～528①	30～39	—	0.67～0.80	0.75～1.03

① 数据为 O + S 的含量。

腐殖物质的含氧功能团如羧基、酚羟基、醇羟基、甲氧基、羰基和醌基等使腐殖物质表现出离子交换性、配合性、氧化还原性以及生理活性等。含氧功能团的含量反映了腐殖物质组分的氧化程度。但是，由于测定功能团时反应不易达到完全，对试剂又有一定的吸附作用，因此功能团的测定不如元素组成测定可靠。

HA 的总酸度、羧基和醇羟基含量低于 FA，醌基含量高于 FA；FA 的大部分 O 分布在羧基、羟基和羰基中，而大多数 HA 的这些功能团的 O 含量小于 75%；HA 和 FA 的酚羟基和甲氧基含量差异不明显。功能团的羧基/酚羟基的值反映了腐殖物质氧化度和芳香度的高低。HA 的羧基与酚羟基比值一般低于 FA，说明 HA 的氧化度低、芳香度高。

c. 溶解性、酸性和电化学性。HA 不溶于水，但其钾、钠、铵盐类可溶于水，其钙、镁、铁、铝等的多价金属离子盐类的溶解度显著降低，所以 HA 的纯度影响其溶解性。也有一部分 FA 不溶于水，但 FA 的水溶性比 HA 的大得多，主要是其一价和二价金属离子盐类能溶于水。冷冻干燥的HA、FA样品比较疏松，比真空干燥的样品更易溶解。腐殖物质的弱酸性是由其羧基和酚羟基解离引起的。羧基和酚羟基解离产生的负电荷约占土壤腐殖物质电荷总量的90%～95%，烯醇基和亚氨基仅提供少量负电荷。腐殖物质的弱酸性使其在一个宽的pH值范围内有缓冲性，可用电位滴定（包括在水溶液和非水溶剂中的电位滴定）、电导滴定、高频滴定等方法测定。

腐殖物质的负电荷属于可变电荷。其CEC（阳离子交换量）值（200～500cmol/kg）比无机胶体大，CEC随pH值升高的增加也较无机胶体显著。pH=2.5时，几种草地和森林土壤的CEC只有4%是有机质提供的，但在pH=8.0时，此值上升至45%。HA和FA借助于它们表面的负电荷，在施加电场的影响下移向正极，这种运动相对于悬着介质来说称为电泳。电泳曾被用来作为对腐殖物质分组以获得均一组分的一种方法。

Flaig指出，HA具有还原性。有人测得热带苔藓泥炭沉积物的HA的氧化还原电位为+0.32～+0.38V。

d. 配合反应、化学降解。腐殖物质的含氧功能团如羧基、酚羟基和羰基等能与金属氧化物、金属氢氧化物及矿物的金属离子形成化学和生物学稳定性不同的金属——有机配合物。配合能力的大小取决于含氧功能团的含量。配合作用的强弱用配合稳定常数（K）表征。K值的大小主要取决于溶液的pH值和离子强度，一般随体系pH值的增加而增大，随离子强度的增加而下降。

金属-有机配合物的形成，在提高植物营养元素的生物有效性、降低痕量金属离子的毒害和促进岩石、矿物化学风化中起着十分重要的作用。

通过化学方法使腐殖物质降解为各个单体，可为推测其结构提供信息。降解方法应以温和而又能形成大量中等大小分子的降解产物且副产物或人工生成物的量最小为原则。因此，选择降解反应的条件十分重要，条件太温和不会产生足够的降解产物，反应太剧烈又会使降解产物除CO_2、H_2O外仅有草酸和乙酸。

腐殖物质的降解方法有氧化降解、还原降解、水解（水水解、酸水解和碱水解）和酚降解等。化学降解的主要产物如表4-10所列。较适宜的方法是碱性高锰酸钾氧化法、碱性氧化铜氧化法、氢氧化钾法、钠汞齐还原法、硫化钠水解和酚降解等。

表4-10　腐殖物质化学降解的主要产物

降解方法		主要降解产物
氧化降解	碱性高锰酸钾	苯羧酸类，酚酸类，脂肪族羧酸类
	碱性氧化铜	酚酸类（木质素衍生物）
	碱性硝基苯	同碱性氧化铜法（但产出率极低，约1%）
	次氯酸钠	苯羧酸类，脂肪族羧酸类
	过乙酸	苯羧酸类，酚酸类、少量脂肪酸类，脂肪族羧酸类
	硝酸	脂肪族脱羧基酸类，苯羧酸类，羟基苯酸类，硝基化合物（包括*o*-、*m*-）CO_2，H_2O
	过氧化氢	
还原降解	锌粉蒸馏	多代萘，取代菲，取代和非取代蒽、芘
	钠汞齐还原	酚，类黄酮，*p*-羟基苯甲醇，3-甲氧基-4-羟基酚丙醇
水解	酸水解	烃类化合物，蛋白质，原儿茶酚，*p*-羟基苯羧酸，香草酸，香草醛酚类（*p*-香豆酸，阿魏酸，芥子酸，3,5-二羟基苯甲酸）
	碱水解	
	KOH(70℃)	烷、烯烃类，醇类，萜烯类，醛酮类，极性化合物
	水水解	多糖，多肽，少量比较简单的酚酸和醛

化学降解对认识腐殖物质的分子结构和组成有很大帮助，今后的发展趋势是一些化学降解方法的配合使用及选择最佳反应条件。例如，先用最温和试剂（钠汞齐）降解，残余物再用硫化钠、碱性氧化铜或酚降解，最后用碱性高锰酸钾氧化。

⑤ 腐殖质的形成、转化及作用

a. 腐殖物质形成的几种假说。关于腐殖物质的形成过程有多种观点，概括起来有糖-胺缩合学说、多酚学说和起源于木质素的多酚学说、木质素学说等。

糖-胺缩合学说认为微生物代谢所产生的还原糖和氨基酸进行非酶聚合作用，形成棕色含氮聚合物。

Kononova（1966）的多酚学说和起源于木质素的多酚学说分别认为，植物性材料由微生物降解成酚类和氨基酸类，经化学氧化和聚合形成腐殖物质；植物组织的性质并不影响最后生成的腐殖物质种类，低分子量的 FA 代表腐殖质化的第一阶段，FA 进一步缩合形成 HA 和 Hu。木质素的多酚学说与多酚学说的区别是，强调木质素在腐殖质形成的过程中起重要作用，要先转变为多酚；多酚学说的腐殖质形成过程中，多酚是以非木质素基质（如纤维素）为碳源由微生物合成的。

木质素学说由 Waksman 提出（1936），这种观点认为抵抗微生物侵袭的植物组织尤其是木质化组织，在土壤中或多或少发生外表上的变化从而形成腐殖物质；植物成分的性质在很大程度上影响最后腐殖物质的性质，大分子量的 Hu 或 HA 代表腐殖质化的第一阶段，以后在微生物作用下分裂成 FA，最后矿化成 CO_2 和 H_2O。但是根据原来植物分子的性质和大小，在矿化作用初期也能形成低分子量的腐殖物质。

此外，还有细胞自溶学说、微生物合成学说。细胞自溶学说认为腐殖物质是植物和微生物细胞死亡后的自溶产物，经游离基随机缩合或聚合而成。微生物合成学说认为微生物在细胞内合成各种高分子量的腐殖物质，并在微生物死亡和细胞解体时释放到土壤中，分子量较高的 HA 代表着腐殖质化的第一阶段，然后通过细胞外的微生物降解成为 FA，直至最终矿化。

上述这些腐殖质形成途径可能在所有土壤中运转着，只是它们的重要程度因环境条件不同而异。

b. 腐殖物质各组分的形成顺序和相互转化。腐殖物质形成的各种学说都表明了腐殖物质组分形成的方向和顺序。木质素学说和微生物合成学说认为 HA 在植物残体分解中比 FA 先形成；多酚学说认为在腐殖物质的形成中最先出现 FA，FA 缩合形成 HA。

另一种观点认为腐殖物质组分之间并不遵循特定的形成顺序，理由有如下 3 点。

首先，聚合程度大的 HA，其相应 FA 的聚合程度小；聚合程度小的 HA，其相应 FA 的聚合程度较大。据此，认为 HA 和 FA 的不同只是表现在它们的分子量和聚合程度上，FA 既能成为 HA 的起始物质，也能成为其降解产物。其次，将从碎屑火山灰母质黑土层（Mollic Vitrandept）土壤中提取出的 HA、FA 和 Hu 分别与土壤水浸液混合后，在 30℃条件下培养 1 年，每种腐殖物质组分的分解都会导致其他两种腐殖物质组分的形成。最后，腐殖物质的形成与土壤所处的环境条件有密切的关系。土壤环境条件决定着形成的腐殖物质是以 HA 为主，还是以 FA 为主。

在排水不良的土壤和潮湿沉积物中，木质素成因可能占主要地位；在某些森林土壤中，枯枝落叶层淋出液中的多酚对强腐殖物质的合成可能相当重要；在严酷的大陆性气候下，大陆表层土壤的温度、湿度和光照的经常、剧烈变化可能有利于糖-胺缩合途径的进行。蒙脱石的存在有利于 HA 的形成。环境因素中对腐殖物质形成最有意义、也最矛盾的是水分（通气性）的影响。一种观点认为，少水有利于 HA 形成，而多水有利于 FA 形成；另一种观点则认为，多水有利于HA形成，而少水有利于FA形成。

土壤中的腐殖物质处于不断的形成与矿化之中，稳定性腐殖物质的分解速率比新形成的腐殖物质的分解速率要慢得多。有资料表明，从来源于稻草的新形成腐殖物质和黑钙土状黑土中稳定性腐殖物质的分解速率可以得出，黑土稳定性腐殖物质不同组分的分解速率次序为：腐殖物质的酸提取部分＞FA＞Hu＞HA，HA和Hu的酸解部分＞酸解残渣。

HA、FA一旦形成，就相互转化或单向转化。FA与HA有着成因联系，但联系的实质和转化的机理并不清楚。黑钙土添加草木樨后，随培养时间的延长，松结合态腐殖物质的PQ(HA占提取液的百分数）以40天为转折点先下降后升高，总的PQ和稳结合态腐殖物质的PQ在160天之前一直下降，说明在160天以前FA的形成或相对积累速度大于HA。在棕壤添加玉米秸秆的第一周，FA的形成速度大于HA；第二周后，HA的形成速度大于FA，PQ上升到最高点；以后随培养时间的延长，HA可分解为FA或FA的形成多于HA，使PQ逐渐下降；6个月后不再下降，即腐殖物质的组成已达到平衡态。

⑥ 腐殖物质的作用

a. 在土壤碳库和环境中的作用。腐殖物质是陆地和海洋中最主要的有机碳库。腐殖物质在降低农药含量和吸附痕量金属离子方面起着重要的作用。

腐殖物质中的活性功能团对农药有很高的吸附活性。现已发现，土壤对农药吸附的74%取决于HA和FA，其中FA的作用更为突出。农药的“非萃取残留物”（指借助于常规溶剂不能浸提的残留农药及其代谢物）主要与腐殖物质中最不稳定的组分即分子量为700左右的FA结合。

农药被腐殖物质吸附后药效降低，降解延缓。同时，腐殖物质中大量有催化分解作用的功能团也可加速其分解。

腐殖物质能与某些痕量金属离子形成水溶性配合物，进而使之随水排出土体，减少危害和污染；在某些环境条件下，它也可与某些痕量金属离子形成不溶性配合物，例如，有毒的Cr^{6+}被HA还原成Cr^{3+}后，能与HA的羧基形成稳定的复合体，限制了植物对它的吸收。

b. 对土壤肥力和植物生长的作用。腐殖物质能提高土壤肥力，主要表现在：第一，能增强土壤的保肥和供肥能力，即腐殖物质的表面负电荷能吸附阳离子养料和与多价金属离子配合，在黏粒矿物表面形成胶膜，或参与竞争吸附，减少某些阴离子养分的固定，同时它作为弱酸，能溶解土壤矿物质，提高土壤养分的有效性；第二，腐殖物质在土壤中以胶膜形式包被在土粒外表，能促进团粒结构的形成，改善土壤的透水性、蓄水性及通气性，腐殖物质还是亲水胶体，可作为土壤的保水剂；第三，腐殖物质的深色使土壤吸热升温快，有利于春播作物的早发、速长。另外，腐殖物质的功能团能增强土壤的缓冲性。

腐殖物质还在一定浓度范围内对植物生长有促进作用，它被植物吸收后，能影响细胞膜透性，改善养分运输，促进蛋白质合成，提高植物激素活性，促进光合作用和影响酶活性；还能促进种子发芽、根和茎尖的生长发育，提高叶绿素含量、酶活性和养分吸收能力，增强作物的防病、抗旱和抗寒能力等。

FA的分子量较小，易被生物吸收，其功能团含量高、生理活性大、配合能力强，又能直接溶于水成为酸性溶液，这些特征使得FA在提高土壤肥力和促进植物生长方面较HA对植物的物质吸收作用更大。

c. 其他作用。HA和FA在林业上可作为叶活化剂；在饲养业中可作为家禽和鱼饲料；在化学工业上可用来进行三废处理；在采掘工业中可作为泥浆调整剂、封井材料和铁矿浮选剂等；在有机合成工业中可用来制取有机酸和含羧基物质等；在医药工业中可用于生产治疗肠胃病、风湿症、皮肤病、大骨节病和宫颈糜烂等多种疾病的药物；在木材加工工业中可作为黏合剂和媒染剂等。此外，腐殖物质也广泛用于电池、电镀、原子能、煤炭、冶炼、机械、染料与颜料、橡胶、造纸、食品、洗涤、石油、航空燃料、皮革和牙膏等工业领域。随着对腐殖物质研究的深入，腐殖物质的应用前景将会更加广阔，并对人们的日常生活也将产生很大的影响。

⑦ 腐殖物质的调节

a. 有机肥施用与土壤培肥。土壤培肥是指通过人工措施对土壤肥力进行调控，使其得以保持和提高的过程。调节土壤肥力的基础物质及其功能，即调节有机、无机复合体及其形成的不同粒级微团聚体的组成和性质，是土壤培肥的主攻方向。在复合体和微团聚体中，一般矿物质占95%以上，有机质的含量不足5%，但有机质对复合体和微团聚体及肥力的形成的贡献不容忽视，更重要的是它较矿物质易被人工措施所改变和调控。因此，土壤培肥的着眼点是复合体和微团聚体中的有机质。

补充土壤有机质的途径，一是作物根茬和根系分泌物及地上部残落物，主要是通过作物本身的轮作和栽培进行；另一对土壤培肥最有意义的途径是施用有机物料来给土壤培肥，可称之为土壤有机培肥（improving soil fertility by organic material，ISFOM）。

要进行ISFOM，就要科学地施用有机物料。以供应养分为主要目的时，应选用绿肥、人粪尿等短期内易分解、C/N值小的有机物料，对不易分解和C/N值大的有机物料应堆腐或配施氮肥；以提高基础肥力为主要目的时，应选用秸秆、厩肥等C/N值大、复合系数和腐殖化系数高的有机物料，且不宜堆腐。

b. 土壤有机质的生态平衡。土壤有机质和无机黏粒结合成为有机、无机复合体后才能较长时间地保存。如果加入有机物料的数量超过黏粒所能保持的有机质数量时（黏粒被饱和），有机物料的分解速率主要受水热条件和微生物活动等因素支配，水热条件好则矿化迅速，反之会泥炭化。当有机物料用量小于黏粒所能保持的有机质数量时，它会与黏粒结合形成有机、无机复合体。黏粒保持的有机质数量主要取决于黏粒矿物的种类和性质，2∶1型矿物比1∶1型矿物能保持更多的有机质，有机质以3%左右的矿化率分解。

土壤有机质含量在一定的生态条件下是一个有限量的平衡值，即土壤有机质生态平衡理论。即使有机物料用量很大，土壤有机质含量也不一定大幅度提高，所以土壤有机培肥应在维持一定有机质数量平衡基础上，每年向土壤中加入适量未腐解的有机物料，以保证土壤有一定数量新形成的腐殖质，来改善土壤有机质的成分和含量。

c. ISFOM对腐殖物质结构特征的影响。施用有机物料后土壤中HA的数均分子量减少，芳香度、缩合度、氧化度及分子复杂程度下降，脂肪族结构特别是烷基C和烷氧C的含量明显增加，HA向着脂族化、年轻化和简单化的方向发展，且随有机物料用量的增加而加强。猪粪比玉米秸秆和稻草更有利于HA的脂族化，玉米秸秆和稻草对加强HA的木质素特征作用突出。施用有机物料后，棕壤FA的数均分子量增大，缩合度和分子复杂程度提高，但黑土施用有机物料后，FA与HA的变化一致，即分子结构变简单了。ISFOM后FA结构特征的变化还有待研究。

三、土壤微生物

土壤微生物（edaphon）是整个微生物界的重要成员。土壤具备微生物生存的基本条件，因而土壤是自然界微生物活动的主要场所。土壤的孔隙和土块的表面带有一定的水分，土壤含有丰富的有机质，它们来自动、植物的遗体；土壤也含有多种矿物质，含有微生物需要的金属元素；在土壤团粒结构的孔隙中含有空气；土壤的 pH 接近中性，其温度一年四季变化相对不大；在表层几毫米之下，微生物可免于阳光直射。土壤的这些特征使其成为微生物活动最适宜的场所，所以土壤素有微生物的“天然培养基”之称。土壤中的微生物较水体和大气中的数量要大，种类要多，因而，土壤常被称为“微生物的大本营”（陈文新，1996；贺延龄等，2001）。

土壤是微生物生活的良好环境，在土壤中生活着的微生物主要包括细菌、放线菌、真菌、藻类和原生动物。微生物以细菌为主，一般可占土壤微生物总数的 70%～90%，放线菌、真菌次之，藻类和原生动物较少。据估计，土壤中细菌的生物物质的量若以每 17cm 深的耕作层土壤每亩[1]重 1.5×10^5kg 计，则每亩土壤的这一深度内活细菌量为 90～230kg；以土壤有机质含量为 3%计，则所含细菌的干重约为土壤有机质的 1%左右。

土壤中微生物的数量和种类与土壤深度和性质等因素有关，土壤中表层土几厘米至十几厘米内微生物的数量最多。肥沃土壤每克可有数亿至数十亿个微生物，贫瘠的土壤中也有数以千万计的微生物。土壤深层因为养分的减少和缺乏空气等原因，微生物数量减少。

（一）土壤微生物的类型

1. 土壤细菌

土壤细菌（soil bacteria）是单细胞微生物类群，是土壤中分布最广的生物体。主要特点是：菌体很小，细菌的直径（球菌）或宽度（杆菌、螺旋菌）为 0.5～2.0μm。细菌的生长繁殖速度非常快，在 20～30min 内就能重复分裂 1 次。

土壤中的细菌多为异养菌，它们多是嗜温菌、好氧或兼性厌氧菌。土壤中也有自养菌，但是数量不及异养菌多。

根据土壤中细菌的活动能力，可把它们划分为各种类型，如氨化细菌、硝化细菌、反硝化细菌、固氮细菌、纤维素分解菌等。在多种类型的细菌中，异养、好氧的嗜温菌无论在何种土壤中都是最多的。但在不同的土壤内，具体微生物的类型有较大差异。在沼泽土内，厌氧菌数量较大。土壤偏酸性，真菌数量比例上升。真菌中的霉菌能分解植物组织的主要成分——纤维素和木质素。霉菌菌丝体在土壤中的累积可使土壤物理结构得到改良。

土壤细菌按其营养方式可分为以下 2 大类。

（1）自养型细菌　这种细菌不依靠分解氧化有机质取得碳和能量，而是直接摄取空气中的二氧化碳作为碳源，吸收无机含氮化合物和各种矿物质作为养分，利用光能或通过氧化无机物质获得能量，合成自身生物体，进行生长和繁殖。属于这一类土壤细菌的有：亚硝化细菌、硝化细菌（图 4-8）、硫化细菌、铁细菌、甲烷细菌等。

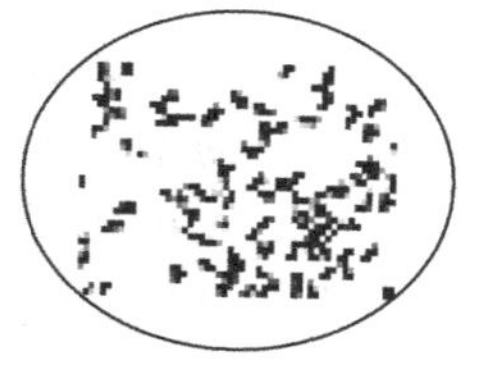
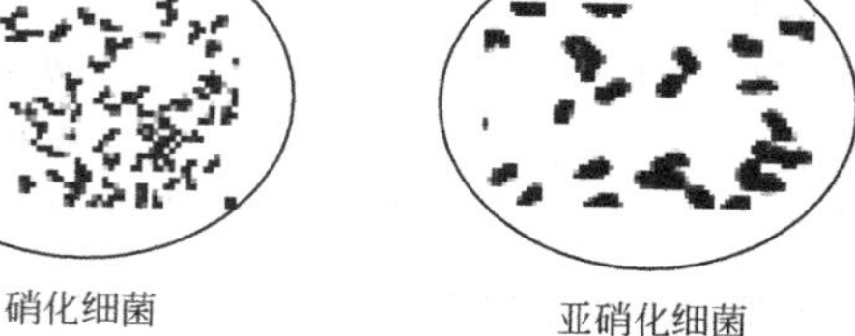

硝化细菌　　亚硝化细菌

图 4-8　硝化细菌和亚硝化细菌

这种类型的细菌通过氧化作用可以生成硝酸、硫酸等氧化物，不仅参与土壤中养分的转化，而且能提高养分的有效性。

[1] 1 亩＝666.67 平方米。

(2) 异养型细菌 只能利用有机质作为碳源、能源的细菌。异养型细菌又可分为以下2种。

① 腐生型细菌。通过分解死亡的动、植物残体获得营养、能量从而进行生长和繁殖的细菌。

② 寄生型细菌。必须寄居在活的动、植物体内才能生活，以蛋白质和糖类等可溶性物质为营养，是使动植物产生病害的病原菌。这种类型细菌的存在不利于动、植物的正常生长。

土壤细菌中绝大多数是异养型细菌，靠分解有机质取得能源和养分，其种类一般与土壤有机质的类型和含量有一定的相关性。

各类异养型细菌根据其对氧气的需要程度不同，分为好氧性、厌氧性和兼性厌氧3种类型。

好氧性细菌能够充分利用空气中的氧气进行有氧呼吸，如果缺乏氧气，它们就不能正常生活，甚至迅速死亡。如土壤中分布最广的芽孢杆菌（图4-9）和无芽孢杆菌，均属好氧性异养型细菌类群。

厌氧性细菌能够在缺氧状态下完成呼吸过程，通过呼吸基质脱氢氧化取得能量，而另一种物质接受电子而被还原，如土壤中常见的厌氧性固氮菌、反硝化细菌、硫酸盐还原菌。

兼性厌氧细菌在有氧条件下进行有氧呼吸，在缺氧环境中进行无氧呼吸，适应外界环境的能力很强，如土壤中的果胶分解菌、纤维分解菌（图4-9）和蛋白质分解菌等均属于兼性厌氧细菌。

(3) 土壤放线菌 放线菌是一类单细胞微生物，菌体呈分枝状或辐射纤细的菌丝体（图4-10）。

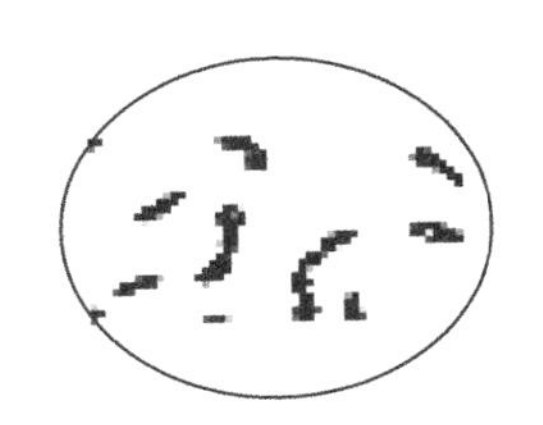
氨化细菌(芽孢杆菌)

纤维素分解细菌

图4-9 氨化细菌和纤维素分解细菌

图4-10 土壤放线菌
1—链霉菌气生菌丝；2—链霉菌孢子丝

放线菌常以菌丝体存在于土壤中，都属于异养型，对营养物质要求不甚严格。放线菌是好氧性微生物，个别种类的放线菌虽能在缺氧条件下生活，但其活动能力明显减弱。

土壤放线菌（soil actinomyceto）除极少种类是寄生型的以外，绝大多数是腐生型的，分解土壤有机质的能力很强。多数放线菌能够分解各种复杂的含氮有机物质、纤维素、单宁、蜡质，甚至木质素等，形成简单的无机化合物和多种中间产物。同时，放线菌在代谢过程中产生一些特殊的有机物质，如生长刺激素、维生素、抗生素以及挥发性物质等。

(4) 土壤真菌 真菌是不含叶绿素的菌类，菌体为单细胞或由多细胞分枝的菌丝组成，菌丝的形体比放线菌大（图4-11）。

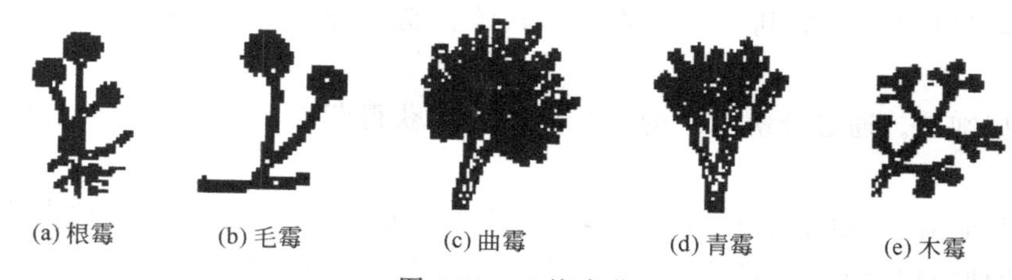

图 4-11 土壤真菌

真菌在土壤中分布很广，适应酸度范围较宽，在土壤 pH 值低于 4 的条件下，细菌和放线菌已不能生长，而真菌却能很好地生长发育。

真菌要求在通气条件好的土壤环境中生活，往往存在于森林凋落物层及表土层中，所以在森林土壤中，浓密的白色菌丝缠绕着土壤团粒，可作为鉴定林地土壤性状的标志。

土壤真菌（soil epiphyte）属于异养型微生物，通过分解土壤有机质获得能量和碳源。它们大多数是腐生型的，是土壤中分解各种复杂有机物质的主要微生物。也有少数真菌是寄生型的，成为各种作物病害的病原菌。

土壤中常见的真菌有酵母菌、各种霉菌和蕈类等。有些真菌只能利用简单的糖类，另一些能分解纤维素或木质素，有的还会合成类似于腐殖质成分的物质或者分泌抗生素。

2. 土壤藻类

土壤藻类（soil alga）是含有叶绿素的低等植物。藻类能够进行光合作用，合成自身的有机物质。

土壤藻类主要分布在土壤表面及其以下几厘米的表层土壤中。土壤中的藻类主要是绿藻和硅藻，其次是黄藻（图 4-12）。

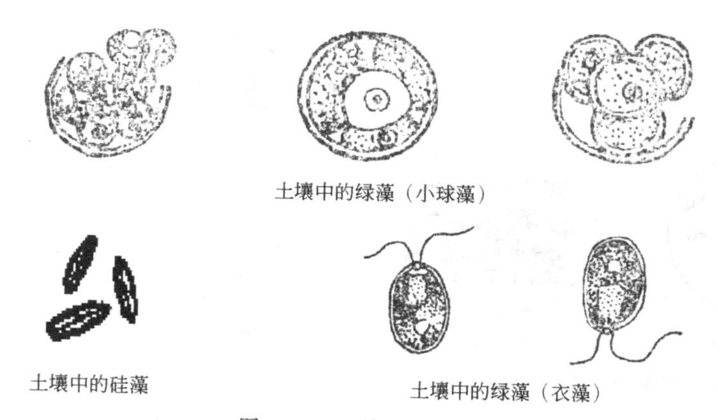

图 4-12 土壤中的藻类

有些土壤藻类可以溶解某些岩石和矿物，向环境释放出其中的营养元素。由藻类形成的有机质较容易分解，是各种土壤微生物的有效营养物质。土壤中的固氮菌在有藻类存在的条件下可以提高它们的固氮能力，比如蓝藻就有很强的促进固氮的能力。

3. 土壤原生动物

原生动物是动物中最低级的类型，是单细胞生物，但比细菌大，结构也较复杂。土壤中的原生动物（soil protozoan）主要是鞭毛虫类，其次是变形虫类和纤毛虫类（图 4-13）。

土壤中的原生动物大多数分布在表土层中，每平方米表土（深 15cm）可有 10 亿～100 亿个。它们以土壤细菌和少数其他微生物为食料，可以促进有效养分的顺利转化。

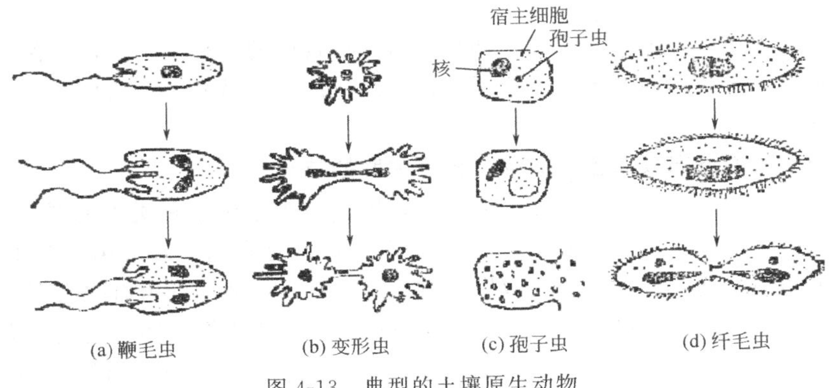

图 4-13　典型的土壤原生动物

（二）土壤微生物分布的特点

微生物的生长和繁殖需要一定的营养物质、能量和适宜的水分、空气、温度、酸碱度、光照等条件，这些环境条件不但影响着微生物的活性，而且影响着微生物的分布状况。土壤中微生物的分布主要有如下 5 个方面的特点。

1. 绝大多数微生物分布在土壤矿物质和有机质颗粒的表面

大多数细菌和几乎全部真菌和放线菌都附着在土壤固体表面上。各类细菌由于个体小、具有胶体性能而和土壤有机质、无机胶体物质互相吸附，形成无机-有机-生物复合体。丝状的真菌和放线菌则以菌丝体附着在固体物上，而且由于丝状体特性，可将各种大小颗粒缠绕在一起，形成无机-有机-生物团聚体。图 4-14 为土壤细菌在土壤微环境中的分布情况示意。

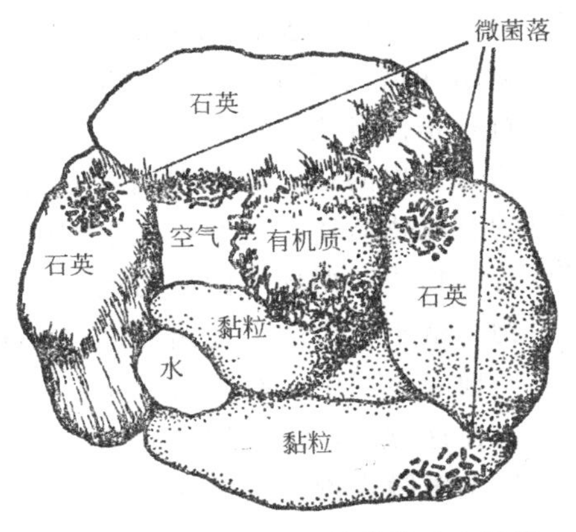

图 4-14　土壤中微环境菌落分布示意

2. 高等植物根系周围存在着种类繁多的微生物类群

由于植物根系在新陈代谢过程中不断地分泌出有机和无机物质，其可供应微生物需要的各种养分。由于根系的发展，在根系周围形成了一个特殊的生态环境——根际，生活在根际中的微生物称为根际微生物，其数量要比根际外土壤中的微生物多得多。在植物根际中存在着各类土壤微生物，尤其以细菌的数量为最多，其中又以无芽孢杆菌和分枝杆菌为主。

3. 微生物在土体中具有垂直分布的特点

不同层次的土壤，由于深度不同，微生物的生活条件也不相同，相应的微生物种类和数量也不一样，表现出一定的垂直分布规律。一般来说，各种微生物多集中在 20cm 以上的土壤表层，超过表层 30cm 以下，微生物数量不断减少，特别是放线菌和真菌数量明显下降。同时，不同深度的土层微生物类群也有显著的区别。

4. 微生物具有与土壤分布相适应的地带性分布的特点

在一定的地理区域内，由于一定的成土条件形成了特定的土壤类型，从而存在着与之相适应的土壤微生物地带性分布特征。如在温暖湿润的气候条件下，土壤结构较好，土体内温度、湿度彼此协调，有机质含量丰富，土壤肥力较高，所含的微生物不但数量多，种类也较齐全，反之则较少。

如在有机质含量丰富的东北黑钙土和枯枝落叶层较厚的森林土壤中，均含数量较多的各种微生物。相反，在我国西北干旱和半干旱地区的风沙土、沿海地区的盐碱土、华北和华南地区无林地的红壤、砖红壤中，微生物数量则较少。

5. 土壤微生物的分布具有多种共存、相互关联的特点

土壤能为多种微生物的活动提供生活条件，因此，土壤中多种类群的微生物能够同时、同地共同存在。同一层次的土壤中，既有各类细菌，又有真菌、放线菌和其他微生物的存在。只是在不同的土壤条件下，各类微生物数量有多有少，活动能力有强有弱而已。这种状况有益于土壤中不同类型有机物质的分解转化。如团粒结构土壤，团粒之间的大孔隙充满着空气，有利于好氧性细菌活动；团粒内部主要是处于厌氧条件，则有利于厌氧性微生物的繁殖。

（三）土壤微生物在土壤中的作用

土壤微生物是土壤非常重要的组成部分，对土壤性质和土壤肥力的形成和发展乃至土壤的环境效应都有重要的影响。所以说，“土壤的概念和微生物的概念是分不开的”。微生物在土壤中的作用主要表现在以下 6 个方面。

1. 土壤微生物在土壤形成过程中的作用

土壤有机质的合成和分解是土壤形成的特有现象，而有机质的合成和分解都有微生物参与。最先在母质上发育的生物即是微生物，如各类细菌、藻类和地衣等。由于它们不断生长、繁殖和世代交替，逐渐积累了有机质。微生物对有机质进行分解转化，释放出各种养料，特别是使母质中出现了氮，为土壤的形成创造了重要条件。

值得提出的是，植物在土壤形成过程中的主要作用是积累有机物质，聚集各种养料。而积累的有机物质还必须经过微生物的分解转化作用才能把养分释放出来，再供给植物利用，形成营养物质的循环。微生物是土壤肥力发生和发展的重要因素，如果只有高等植物而没有微生物，就不会形成上述循环过程，土壤的形成也就不能完成。因此，通过营养物质循环过程，使地壳表层中的有限营养元素能够周而复始地保证对植物生长发育和世代相传的养分的供应，在这方面，微生物的活动起了极其重要的作用。

2. 土壤微生物在土壤物质循环过程中的作用

（1）土壤微生物在碳素循环中的作用　微生物在碳素循环中具有非常重要的作用，它们既参与固定 CO_2 的光合作用，又参与再生 CO_2 的分解作用（牟树森等，1993）。

① 光合作用。参与光合作用的微生物有藻类、蓝细菌和光合细菌，它们通过光合作用将大气中和水体中的二氧化碳合成为有机碳化合物。特别是在大多数水环境中，主要的光合生物是微生物，在有氧区域以蓝细菌和藻类占优势，在无氧区域则以光合细菌占优势。

② 分解作用。自然界有机碳化合物的分解主要是靠微生物的作用。在有氧条件下，通过好氧微生物分解，有机碳化合物被彻底氧化为二氧化碳；在无氧条件下，通过厌氧微生物发酵，有机碳化合物被不完全氧化成有机酸、甲烷、氢和二氧化碳。各种各样的含碳有机物能被不同的微生物分解，它们主要属于细菌和真菌。

（2）土壤微生物在氮素循环中的作用　氮素是核酸及蛋白质的主要成分，是构成生物体的必需元素。虽然大气中约 79%（体积）是分子态氮，但所有植物、动物和大多数微生物都不能直接利用。初级生产者（植物体）需要的铵盐、硝酸盐等无机氮化合物在自然界较少，只有将分子态氮进行转化和循环，才能满足植物体对氮素营养的需要。微生物参与氮素循环的所有过程，并在每个过程中都起着主要作用。

① 固氮作用。分子态氮转化为氨进而合成为有机氮化合物的过程称为固氮作用。自然界氮的固定只有两种方式：一是非生物固氮，即通过闪电、高温放电等固氮，这种方式形成的氮化合物很少；二是微生物固氮，即通过微生物的作用固氮，自然界有90%以上的固氮作用是由微生物完成的。

现已发现具有固氮作用的微生物将近50个属，主要是细菌类。与固氮微生物共生的具有固氮作用的豆科植物约600个属，非豆科植物约13个属。按照固氮微生物与高等植物和其他生物的关系，可将它们的固氮作用进一步分为自生固氮和共生固氮2大类。

a. 自生固氮作用。自生固氮微生物能自由地生活在土壤或水域中，能独立地进行固氮，它们在固氮酶的参与下将分子态氮固定成氨，但并不将氨释放到环境中，而是合成氨基酸，组成自身蛋白质。只有当固氮微生物死亡以后，它们的细胞被分解变成氨时，才能成为植物的氮素营养。

b. 共生固氮作用。只有在与其他生物紧密地生活在一起的情况下才能固氮，并将固氮产物——氨通过根瘤细胞酶系统的作用及时运送给植物体各部分，直接为共生体提供氮源的作用。

此外，微生物尚有联合固氮作用，即固氮微生物仅存在于相应植物的根际，不形成根瘤，但有较强的专一性的固氮作用，是固氮微生物与植物之间存在的一种简单共生现象，其固氮效率比在自生条件下高。

② 氨化作用。微生物分解有机氮化合物产生氨的过程称为氨化作用。大多数土壤细菌（包括放线菌）和真菌都能分解有机氮生成NH_3，既有好氧菌也有厌氧菌，其中氨化能力强的称为氨化微生物，如芽孢杆菌、梭状芽孢杆菌、变形杆菌、假单胞菌、链球菌、葡萄球菌等属的许多种细菌和多种霉菌。氨化作用产生的氨，一部分供微生物、植物同化，一部分被转变成硝酸盐。

③ 硝化作用。微生物将氨氧化为硝酸盐的过程称为硝化作用。整个过程由两类细菌分2个阶段进行。第一阶段是氨被氧化为亚硝酸盐，靠亚硝化细菌完成，主要有亚硝化杆菌（*Nitrosomonas*）、亚硝化球菌（*Nitrosocccus*）、亚硝化螺菌（*Nitrosospira*）和亚硝化裂瓣菌（*Nitrosolobus*）等属。第二阶段是亚硝酸盐被氧化为硝酸盐，靠硝化细菌完成，主要是硝化杆菌（*Nitrobacter*）、硝化球菌（*Nitrococcus*）和硝化刺菌（*Nitrospina*）等属。

硝化作用形成的硝酸盐，在有氧环境中被植物、微生物同化，但在缺氧环境中则被还原成分子态氮。

④ 反硝化作用。微生物还原硝酸盐释放出分子态氮和一氧化二氮的过程称为反硝化作用，或称为脱氮作用。参与反硝化作用的微生物主要是反硝化细菌，其中以脱氮假单胞菌（*Pseudomonas denitrificans*）和脱氮硫杆菌（*Thiobacillus denitrificans*）的作用能力最强。

（3）土壤微生物在硫素循环中的作用　硫是生物体的重要营养元素，它是一些必需氨基酸和某些维生素、辅酶等的成分。在自然界，硫素主要以元素硫、硫化氢、硫酸盐和有机态硫的形式存在，其中硫酸盐占总硫量的10%～25%，有机态硫占50%～75%，而植物一般只能以无机盐类作为养料。因此，硫素各种形态的循环转化对不断供给植物硫素营养非常重要。自然界中的硫和硫化氢经微生物氧化形成SO_4^{2-}；SO_4^{2-}被植物和微生物同化还原成有机硫化合物，构成其自身；动物食用植物和微生物，将其转变成动物有机硫化合物；动、植物和微生物死亡后，尸体中的有机硫化合物（主要是含硫蛋白质）被微生物分解，再以

H_2S 和 S 的形态返回自然界，该过程即完成了整个硫素循环。另外，SO_4^{2-} 在缺氧环境中也可被微生物还原成 H_2S。

① 分解作用。动植物和微生物残骸中的有机硫化合物可被微生物分解。多数情况下，动植物残骸堆积处的腐败作用形成缺氧或厌氧条件，有机硫化合物被分解，产生 H_2S 或硫醇等还原态的硫。在氧气充足的情况下，分解作用最终可产生 SO_4^{2-}。可以分解含硫有机物的微生物很多，通常可分解含氮有机物的微生物都可以分解含硫有机物。

② 同化作用。微生物也可以利用外来的硫元素合成本身增殖所需要的含硫物质。细菌、真菌都能以硫酸盐为硫源，少数微生物还可利用 H_2S，合成作用的结果是无机硫转化为有机硫。

③ 无机硫的氧化作用。无机硫的氧化作用是微生物氧化元素硫、硫化氢等还原态硫而生成硫酸盐的过程或其中的部分过程。如微生物可将 S^{2-} 氧化为单质疏，或将 SO_3^{2-} 氧化为 SO_4^{2-} 等，氧化作用的最终产物是 SO_4^{2-}。

④ 无机硫化合物的还原作用。无机硫化合物的还原是指厌氧条件下，硫酸盐和其他氧化态的硫化合物被微生物还原成硫化氢的过程，这类微生物即被称为硫酸盐还原菌。硫酸盐还原菌主要有以下代表属：脱硫杆菌（*Desulfobocter*）、脱硫弧菌（*Desulfovibrio*）、脱硫球菌（*Desulfococcus*）、脱硫八叠球菌（*Desulfosuwrcina*）等。

3. 促进土壤中营养物质的转化

养分是绿色植物生活所必要的物质基础，要使这些矿质营养元素源源不断地供给植物，主要靠土壤微生物对这些元素的有效转化作用。如绿色植物光合作用需要的二氧化碳要依靠大气中的二氧化碳含量来补给，而大气中的二氧化碳要通过微生物分解动植物残体释放出的二氧化碳补充。

同时，土壤中的二氧化碳与水作用会降低土壤溶液的 pH 值，增加其氢离子浓度，促进土壤中难溶性矿物的溶解。如将磷酸盐和硅酸盐转化为可溶性盐类，有利于植物吸收利用。大气中含有大量不能被植物直接吸收利用的氮气，但是通过具有固氮能力的微生物的作用，可将空气中游离的氮气固定为有机氮化合物。

土壤中氮元素的存在形态主要是含氮有机化合物，植物不能直接吸收利用，也要靠微生物将有机态氮转化为无机态氮。同样，磷、钾、硫等元素往往在土壤里也以植物不能直接吸收利用的状态存在，为了促进难溶物质更快地转化为能够被植物吸收利用的状态，同样要依靠微生物的分解转化作用。

4. 增加生物热能，调节土壤温度

在微生物的生命活动及其对有机质的分解过程中，常常释放出一定的热量。例如，在好氧条件下，分解 1mol 葡萄糖可产生 2872kJ 的热量。虽说这些热量的总和与太阳辐射热相比是极其微小的，但对调节土壤温度、促进土壤中其他生命的活动和物质转化的进行都有重要作用。

5. 产生代谢产物，刺激植物的生长

很多微生物在其生命活动过程中产生一些新陈代谢产物，如维生素、生长素、氨基酸等物质，这些物质能够被植物直接吸收利用，另一些代谢产物（如赤霉素等）还能促进或刺激植物生长发育。此外，某些微生物分泌的抗生素物质可以抑制植物病原菌的发育，对植物生长有利（但也有一些微生物分泌出有毒物质，会抑制植物的生长，严重时会使植物中毒，有时会引起农作物大幅度地减产）。

6. 产生酶促作用，促进土壤肥力的提高

酶是有机体细胞及组织产生的特殊蛋白质，是有机体代谢的动力，它具有生物催化作用。土壤微生物产生的各种酶，有些存在于细胞内，有一些则释放进入土壤，催化各种生物化学反应。土壤中的酶对土壤有机质的转化起非常重要的作用。

（四）土壤内的微生物生态

土壤内的食物链是极为复杂的，因为微生物和微小后生动物的种类极多。虽然相互依赖的微生物群体波动相当大，但总体来说，其数量很大，尤以细菌为多，作用也最大，其次为丝状细菌，再次为真菌和黏菌。真菌在物种类型和数目上虽然较少，但其生物物质的量及作用与细菌相当。藻类和原生动物在土壤中的作用相对较弱。细菌通常喜欢中性和弱碱性的土壤，真菌则喜欢酸性土壤。

因为土壤内的微生物种类极多，自然界的天然有机物一旦进入土壤，最终都将被分解，但其分解的速度可能会有很大差别。微生物的适应性使其在长期进化中形成形形色色的种类，能产生不同的酶，降解任何自然界中存在的有机物。但是，由于近代合成工业的发展，产生了不少新的有机物，这些有机物通常由人工合成，它们在自然界不存在或极少存在，这类有机物被称为“生物异型化合物”（xenobiotic compounds）。这些化合物通常不能被生物降解，除非它们在结构上与某种天然有机物十分类似。生物异型化合物通常对微生物有抑制作用。不能降解或极难降解的化合物如果进入土壤，日积月累，将形成危害。例如农用塑料地膜因其不可降解而残留于土壤中，破坏了土壤的结构和通透性，使植物根系吸收水分、营养和呼吸作用受到限制。又如曾用于农田的杀虫剂 DDT，已被证明能长期残留于土壤并进入食物链，从而威胁人类健康。类似的杀虫剂、除草剂、抗生素、激素、石油化学品、洗涤剂等都是残留性有毒有机物。

通常情况下，土壤内的有机物大多来自植物的残体，如根、叶、果实、残枝等，这些植物残体主要是纤维素、半纤维素和木质素。因此，研究土壤中物质的迁移、转化要特别注重能分解这些物质的微生物。在通气的土壤中，真菌被认为是分解植物残体最有效的微生物，通常它们首先分解植物残余物，随后细菌的数量增加，细菌分解某些植物成分，也分解真菌死亡的菌丝。随后出现原生动物、线虫、螨和其他微小的后生动物，它们以细菌为食。土壤内简单的食物链可描述为：植物残体（枯枝败叶、根等）→真菌→细菌→原生动物和微小后生动物。但土壤内微生物的活动不总是如此简单，在含水较多的条件下，细菌一开始就会繁殖，因为它们也能分解植物中的半纤维素甚至纤维素。在有机质与水分含量更高的土壤中，厌氧细菌成为主要角色，这种情况下真菌生长受到抑制，后生动物也较少存在。

空气和水是决定土壤内微生物活动最重要的非生物因素。水可被吸附在土壤颗粒表面，水分增加时，可作为游离水填充在土壤团粒结构的空隙中，使土壤空隙中没有可自由流动的空气，仅在水中存在少量溶解氧。这些氧会因微生物和植物根系的呼吸作用很快耗尽，因此形成不利于好氧微生物活动的厌氧环境。因此，为促进和保证土壤微生物的活动，必须使土壤中所含水量和空气量能保持适当的比例，这就要求土壤排水良好。

土壤中有机质的分解有难易之分。溶解性有机质是极易分解的，例如果实中的糖分和有机酸。植物果实、块根中的淀粉也易于分解。但对于最为主要的植物成分而言，半纤维素易于分解，而纤维素的分解较为困难，其原因之一是只有少量微生物能产生纤维素酶，其次是纤维素致密的线状分子的平行排列，形成的结晶体以及其外层包裹的木质素使酶难以渗入。木质素是最难被生物降解的物质，它们在土壤中能留存很长的时间。然而，纤维素乃至木质素也都会最终被微生物分解。

分解半纤维素的微生物很多，而分解纤维素的微生物较少，其中以真菌较多，例如木霉、青霉、根霉、镰刀霉等属的一些种。其中绿色木霉（*Trichoderma reesei*）所产纤维素酶活性较高。厌氧细菌中芽孢杆菌属的热纤梭菌（*Clastridium thermocellum*）是较为著名的水解纤维素的嗜热细菌。

土壤中植物残体经分解后，留在土壤中的氮元素比例较低，向土壤中补加氮元素可以促进微生物的生长及有机物的分解。固氮细菌可以从空气中获得氮，从而增加土壤的含氮量，著名的是与植物根系共生的根瘤菌（*Rhizobium*），它在豆科植物根系诱发根瘤，起共生固氮作用。也有非共生的固氮细菌，例如固氮菌（*Azotobacter*）是好氧条件下的典型固氮菌。在厌氧条件下，梭状芽孢杆菌是最重要的固氮菌。植物生长需要的无机元素，如P、S和K，除了来自土壤自身，也可通过微生物分解动植物残体获得。

四、土壤中的水分

土壤水的来源是大气降水、凝结水、地下水和人工灌溉水。这些水以向下渗漏、土内侧向径流和地表径流的方式流动，一部分被植物吸收并通过蒸腾散失，另一部分直接从裸露的地面蒸发散失。因此，土壤的水分状况是经常变化的。

土壤中的水分（soil moisture）主要来自大气降水，因常常溶解有许多物质被称为土壤溶液。土壤中的水是把基本营养从土壤输送到植物根部及最远叶子中去的基础介质。由土壤水输送的植物营养与土壤溶液中的溶质（solute）有关，而土壤溶液能否被植物利用受驱使土壤溶液运动的能量——水势（water potential）制约。

土壤中的许多过程与溶液的组成、特性密切相关。土壤溶液的溶质与土壤形成、质量演化、物质循环、矿物稳定性、植物营养、食物链的污染、植物生长等有密切关系。例如，水沉积物中的污染物→水生植物→鱼→人，土壤中的污染物→植物根→植物体→粮食或动物→人，污染物的这两种移动方式都与溶液的特性及溶质迁移有关。

（一）土壤水的类型

土壤保持水分的方式有两类：一类是干的土粒（或有机颗粒）从空气中吸附气态水分子，或者从相接触的水中吸附液态水，这些水分子可能是通过氢键等的作用而被吸着在黏粒表面，或者与交换性离子作用而形成水化离子；另一类是存在于土壤固体粒子群之间的接触点、孔隙或毛细管系统中的液态水，由于土壤颗粒吸附能与水分子本身引力的作用而得以保存。这些液态水是土壤水分的主体，按其吸持方式，土壤水大致可分为以下3种类型。

1. 悬着水

在地下水远离地面的情况下，降雨或灌溉后保持在土壤上层中的水称为悬着水。它存在于土壤固体颗粒所构成的复杂毛管孔隙系统中，湿润的深度因加入的水量而异，与下层干土之间有较明显的干湿分界线。这些水主要是在毛管孔隙中，但也有一些是在下端堵塞的非毛管孔隙内。总之，它好像是悬着在剖面上部的水网。这种类型的水主要见于毛管系统发达的壤土和黏土。

2. 支持水

支持水指在土壤中受到地下水源支持并上升到一定高度的土壤水，亦即地下水沿着土壤毛管系统上升，并保持在地下水层以上土壤中的那一部分水。这种水的含量是在毛管水上升高度范围内自下而上逐渐减少到一定限度为止。如果土壤在上升高度以上的部分本来干燥，则其间也有较明显的干湿分界线。造成这种水分含量逐渐减少现象的原因是土壤颗粒有大有小，形成的上升管道有粗有细。理论上，土壤毛管半径愈小，水上升高度愈大。所以，接近地下水饱和层（孔隙中全部充满水）的支持水几乎充满了所有大小孔隙。随着距离地面愈近，较大孔隙中因水上升高度小而不再充水，所以离饱和区愈远，能上升到此高度的水就愈少。

3. 触点水

沙土及砾质土的毛管系统不发达，且大孔隙多，这时悬着水主要是围绕在与土粒或石砾相互接触的部位，这种形式的水统称为触点水。具有团粒结构的土壤，团粒内部的毛管系统可保持悬着水，而团粒之间的接触点可以保持触点水。

（二）土壤水的溶液特征

土壤水分中溶有多种物质，这种溶有多种物质的土壤-水体系称作土壤溶液。其中溶质的种类和含量影响土壤的性质。

土壤溶液是土壤水及其所含气体、溶质和悬浮物质的总称。其溶质包括各种可溶性盐、营养物质及可溶性污染物质。这些物质有无机胶体（abio-colloid）（如铁铝氧化物等）、无机盐类（abio-salts）（如碳酸盐、重碳酸盐、硫酸盐、氯化物、硝酸盐、磷酸盐等）和有机化合物类（腐殖酸、有机酸、糖类、蛋白质等）。由于土壤溶液参与水的循环，所以其组成是经常变动的。

土壤溶液中的溶质，按其与植物生长和生态环境的关系又可分为养分、盐分、农药、痕量金属污染元素等。不同组成的溶质可呈多种形态如离子态、水合态、配合态等存在，另外尚有一些以悬浮的有机、无机胶体和溶解的气体形式存在。

1. 土壤溶液中溶质的浓度、活度与离子强度

土壤溶液中溶质的浓度、活度、离子强度和土壤溶液的导电性、酸碱性、氧化还原性及其时空变异为土壤溶液性质的主要方面。

土壤溶液最常用的浓度表示方式为物质的质量浓度（该物质的质量除以混合物的体积，单位为 kg/m^3、g/cm^3、g/L、mg/L 等）和物质的量浓度（亦称摩尔浓度，即该物质的物质的量除以混合物的体积，单位为 moL/m^3、mol/L、mmol/L 等）。

土壤溶液的浓度有总浓度和单一溶质浓度之别，可根据需要选用各种溶质的总浓度或某种溶质的浓度定量表示。

土壤溶液的总浓度和各种溶质组成的浓度受自然环境条件和人为作用等的影响而处于不断的变动中，因此，土壤溶液浓度具有动态特征，并遵循一定的规律。就总浓度而言，进入土壤的雨水其溶质浓度约为 10^{-4}mol/L，水质较好的灌溉水浓度约为 10^{-3}mol/L。而一般正常土壤中，土壤溶液溶质浓度范围在 10^{-2}mol/L 左右。盐渍化地区土壤溶液溶质浓度可高达 4×10^{-1}mol/L 左右，约相当于 25g/L 甚至更高。

土壤溶液中单一溶质组成的浓度变化很大。主要元素在土壤溶液中的浓度约在 10^{-4}～10^{-2}mol/L 之间，而微量元素的浓度则在 10^{-6}mol/L 以下。

土壤溶液总浓度及大部分离子浓度均有不同程度的日变化。以北京京郊大屯乡土壤为例（李秀斌等，1989），栽培小麦的土壤以 SO_4^{2-}、Na^+ 和 NO_3^- 的日变化最为明显，K^+、NH_4^+ 变化不太明显，且表层 0～20cm 的溶液浓度变化幅度大于 20～30cm 深度土层的浓度，午后 2 时浓度达最高。这可能与其水热条件的变化有关。

溶液浓度并不能确切反映溶液的化学行为，土壤溶液溶解的溶质分子、离子的大小和性质不同，又都被水分子所环绕，离子之间的相互作用可形成离子对或配合物离子。由于离子与水分子和其他离子之间的作用，溶质的浓度并不代表其“有效浓度”（于天仁等，1991）。因此，土壤溶液是非理想溶液，其化学势或化学行为与理想溶液有所偏差。溶液的浓度越大，产生的偏差越大。为了使非理想溶液的行为也可用有关理想溶液的公式描述，引人活度 α（activity）概念。离子活度可理解为实际溶液中该离子的有效浓度或热力学浓度。活度与浓度的关系为：

$$\alpha = \gamma_x x \qquad 或 \qquad \alpha = \gamma_c c \tag{4-2}$$

式中，x 与 c 为浓度的不同表示方法，分别为其物质的量分数与物质的量浓度；α 为活度；γ_x、γ_c 为活度系数。溶液中电解质的活度可由其组成离子的活度表示。

为了确切反映离子间的相互作用，在土壤溶液特性描述中引入了离子强度的概念。离子间的相互作用随其浓度和离子电荷的平方而增加。离子强度 I 可表达为：

$$I = \frac{1}{2}\sum c_i Z_i^2 \tag{4-3}$$

式中，c 为物质的量浓度；Z 为离子价数；i 为离子种类。一种溶液只有一个离子强度。

离子强度与离子活度、活度系数有一定的关系。岩石中水的平均离子强度约等于 0.100mol/L，河水与湖水的离子强度约为 0.010mol/L，海水的离子强度接近于 1.0mol/L。

可根据离子强度计算出活度系数。Debye-Huckel 曾提出了单个离子活度系数的计算式，Davies（1962）又简化提出：

$$\lg\gamma_i = AZ_i^2\left[I^{1/2}/(1+I^{1/2}) - 0.3I\right] \tag{4-4}$$

式中，Z 为离子价数；I 为离子强度；γ_i 为单个离子的活度系数；A 为常数，随压力和温度而变化。该式适用于土壤溶液和淡水中单个离子经常遇到的浓度范围，使用较为简便，适用的离子强度可达 0.5mol/L。

2. 土壤溶液中养分的组成

土壤溶液中的氮素养分有 NO_3^-、NH_4^+、NO_2^-、$(NH_4)_2CO_3$ 等有效态氮，磷素养分有 $H_2PO_4^-$、HPO_4^{2-} 等有效态磷，还有 K^+、Ca^{2+}、Mg^{2+} 和微量元素如 Fe^{2+}、Fe^{3+}、MoO_4^{2-}、Mn^{4+}、Mn^{2+}、Cu^{2+}、Cu^+、Zn^{2+}、BO_3^- 等，这些养分元素以离子态、有机或无机配合物存在于土壤溶液中。它们在土壤溶液中的含量和形态随土壤的组成、性质、酸碱度和氧化还原状况而变化。

3. 土壤溶液中盐分的组成

就主要溶质而言，土壤溶液中的盐分主要有 CO_3^{2-}、HCO_3^-、Cl^-、SO_4^{2-}、Ca^{2+}、Mg^{2+}、K^+、Na^+ 等。它们的组成和含量在不同区域或同一土壤的上、下土层中会有差别。在盐渍土中，这些不同和变化可说明土壤盐渍化的发展趋势，也可作为盐渍土改良措施的依据和评价改良效果的指标。

4. 土壤溶液中污染物的组成

土壤溶液中的污染物有有机污染物和无机污染物。有机污染物主要有农药中的有机氯杀虫剂、六六六、滴滴涕、各种有机磷杀虫剂、杀螨剂、杀菌剂、除草剂等；无机污染物以痕量金属元素为主，如 Cd、Hg、Pb、As、Cr 等。这些物质的含量超过一定限度时即影响植物生长、动物健康和人体健康（赵睿新，2004）。

自然环境条件对土壤溶液组成有很大影响。不同地域的气候、母质、地形、生物等条件不同，土壤溶液的组成不同；同一剖面不同土层中，土壤溶液的组成亦有差异。降水量较少的地区，土壤溶液 pH 呈中性至微碱性，其溶质的主要组成离子为 Ca^{2+}、Mg^{2+}、Na^{+}、SO_4^{2-} 和 Cl^{-}，浓度均在 1mmol/L 以上，离子强度大多在 10mmol/L 以上。而在降水量丰富地区的酸性土壤中，Ca^{2+}、Mg^{2+}、Na^{+}、SO_4^{2-} 和 Cl^{-} 等的浓度一般小于 1mmol/L，离子强度小于 10mmol/L（Bowen，1979；Faure，1998）。

湿润气候条件的平均年降水量大于 1500mm，土壤剖面中的硅和易溶盐类均遭淋失，铁、铝氧化物明显积聚，形成砖红壤、赤红壤、红壤、黄壤等。湿润与半湿润地区的年降水量为 500～1300mm，土壤中的易溶盐易于淋失。其中黄棕壤和棕壤区雨量较多，土壤中的碳酸钙亦被淋失；褐土区雨量较少，剖面中有碳酸钙的积聚。干旱与半干旱地区的年降水量为 200～450mm，形成栗钙土、灰钙土，土壤中盐分淋失较少，剖面中硅、铁、铝基本上未移动，易溶盐大部分淋洗至剖面下部土层，剖面中有明显的钙积层，土壤溶液被钙离子所饱和。干旱地区的年降水量小于 200mm，甚或小于 100mm，蒸发量极大，石膏与易溶盐在剖面中部土层积聚，有时形成盐盘。同时，在不同地区不同生物群落的作用下，由于不同生物对土壤上部土层中元素的利用、累积或富集作用不一样，造成溶质在土壤剖面不同土层中分布的差异。

人们对土壤的利用和管理对土壤溶液的组成亦有重大影响。例如，种植水稻过程中盐渍土盐分组成随含盐量的减少而变化。河北、山东、辽宁滨海盐渍土地区，当土壤含盐量超过 0.4%时，阴离子一般以 Cl^{-} 为主，阳离子以 Na^{+} 为主，Cl^{-} 及 Na^{+} 随土壤含盐量的降低而快速减少，SO_4^{2-} 及 Mg^{2+} 亦显著减少，而 HCO_3^{-} 与 Ca^{2+} 变化较小；当含盐量小于 0.2%时，HCO_3^{-} 含量超过 Cl^{-} 及 SO_4^{2-} 的含量。如新疆阿克苏地区的盐土，种稻前土壤所含盐分以 Cl^{-} 为主，经过连续 4～7 年水稻种植，变为以 SO_4^{2-} 为主，SO_4^{2-} 占阴离子总量的 60%～90%；阳离子原以 Na^{+} 为主变为以 Ca^{2+} 为主，Ca^{2+} 占阳离子总量的 50%～80%。再如，不合理灌溉会引起盐分随地下水上升而在土壤表层积聚，导致土壤盐渍化；灌溉洗盐是使盐分下移的脱盐过程，可使土壤盐分含量降低和上层土壤脱盐而得以改良；淹水种稻形成水稻土，可使一些还原态离子增加；不合理施用化肥和农药会使某些污染元素在土壤中积累。

土壤溶液溶质的组成和浓度的分布极其复杂。在不同的气候、生物、母质、地形地貌与人为利用条件下存在着空间变异和时间变异，这种时空变异处于动态变化之中，土壤溶液中溶质的类型、数量、形态、活性及其时空变异决定着土壤溶液的性质与效应。

5. 土壤溶液溶质迁移的影响因素

土壤中溶质迁移受溶质的地球化学习性、土壤组成、环境条件和溶质转化迁移特点等因素及其时空变异的影响。因此，土壤中的溶质迁移过程是一个复杂多变的过程，分析这些因素影响的方面、速度、程度及其相关内容，可深入了解这些因素对土壤溶质迁移的影响规律，揭示土壤中溶质迁移的机理，为土壤中溶质迁移调控与土壤污染防治提供科学依据和方法思路。

（1）溶质的迁移习性　土壤中不同溶质迁移的条件、方式、难易及稳定性等都不相同。溶质的迁移与该元素的性质有关。土壤主要组成物质的地球化学活动性可分为 5 类，如表

4-11 所列。

表 4-11 土壤主要组成物质的地球化学活动性（柯夫达 B A，1981）

流动性类型	化合物	相对流动性
流动性极高(Ⅰ)	碱金属和部分碱土金属的硝酸盐、氯化物、碘化物、溴化物、硫酸盐、碳酸盐、硼化物、磷酸盐、硅酸盐	100
流动性高(Ⅱ)	石膏、碳酸镁和钙、碱金属的腐殖酸盐、铝酸盐、铁矾、铝矾	10～50
流动性中等(Ⅲ)	锰和铁的重碳酸盐、富里酸盐、磷酸盐、二氧化硅水溶胶、腐殖质水溶胶	0.5～10
流动性低(Ⅳ)	铝、铁、锰的氢氧化物，痕量金属的腐殖酸盐	0.001～0.1
流动性极小(Ⅴ)	石英(SiO_2)、金红石(TiO_2)、锆石($ZrSiO_4$)、石榴子石(铁、铝、钙的正硅酸盐)、黏土矿物、硫化物	<0.0001

构成溶质的元素在自然界的迁移能力取决于原子结构本身固有的性质及外界的物理化学条件。与原子结构及其化合物的性质有关的内在因素中，如化学键的类型、电负性、原子和离子的半径及电价等都对元素的迁移能力影响很大。元素的主要化合物愈稳定，其迁移能力愈弱；反之，则迁移能力愈强。

土壤溶质迁移中，溶质与溶质、溶质与固相间，有沉淀与溶解、吸附与解吸、交换等作用发生。此外，在生物的作用下还会发生生物化学反应。这些都会影响溶质在土壤中迁移时组成成分和量的变化，且种类与特性不同的溶质的变化也常常不同。

（2）土壤组成状况对土壤溶液溶质迁移的影响　土壤的化学成分、矿物成分、孔隙组成、固气液三相组成、颗粒结构和土壤质地特征等都是影响土壤溶液中溶质迁移的因素。

① 土壤溶液化学组成对土壤溶液中溶质迁移的影响。土壤溶液的化学组成如各种元素和化合物的数量、形态、配合状况等都会影响土壤中溶质的转化与迁移，与其相伴生的离子可通过改变溶液的离子强度和离子的活度系数改变离子间以及离子与土壤胶体颗粒间的静电作用，从而影响扩散系数。因溶质组成不同所产生的吸附与解吸、溶解与沉淀、氧化与还原、配合与螯合等化学反应均对土壤溶质迁移有重大影响。

② 土壤固相组成对土壤溶液溶质迁移的影响。土壤质地、结构、松紧程度等因素明显影响土壤孔隙的数量、大小、形状、弯曲度及其均匀性等，进而影响土壤溶液中溶质的迁移。

矿物组成不同的土壤，其离子吸附与交换、絮凝与分散等情况各异。土壤中各类黏土矿物的结构和性质不同，对元素迁移、转化的影响也不同。次生铝硅酸盐矿物及含水氧化物的表面性质和电化学性质对元素及化合物在土壤中的聚集和迁移有重要作用。例如，阳离子在电荷量较多的蒙脱石类黏土矿物中的扩散比在电荷量较少的高岭石中的扩散慢。腐殖质影响土壤结构的形成和物质的转化，它本身的胶体性质、表面有较多的功能团和电荷、在不同介质中的溶解和絮凝不同等也对元素的迁移有重要影响。

结构良好或质地黏重的土壤，孔隙状况复杂，既有大孔、裂隙，又有微孔或死孔。水和溶质在不同类型孔隙中的迁移状况不同。许多学者对此进行了大量工作，在对与孔隙状况相对应的溶质迁移过程进行总结时，对充气孔隙、充水孔隙中的可动水孔隙与非可动水孔隙中的溶质迁移做了分解（李学垣，2003）。一般可把结构良好的土壤的溶质迁移或流动状态划分成 3 个区域，即优先流（大孔隙流、通管流等）或纯对流区、对流-弥散区、弥散或水静止区。有些研究者认为大孔隙和裂隙中水的流动不符合土壤水分饱和后主要在重力作用下的渗透或渗漏规律（达西定律——水分饱和时土壤水流的速率与水压梯度成正比），其溶质迁移状况和机理都与这时的情况不相同。在毛管孔隙中，土壤孔隙状况亦明显影响溶质在土壤孔隙中迁移的方向、速度和距离。

③ 土壤三相组成对土壤溶液溶质迁移的影响。土壤中固、液、气三相的比例，通过影响充水孔隙状况，水分和溶质迁移途径的大小、数量和弯曲度及水分迁动状况而影响土壤溶质的迁移。水土体系中固、液相的比例也影响溶质的扩散。Wheeting(1925) 等人在研究土壤盐分扩散时指出，土壤含水量低于吸湿水时，盐分不发生移动，在一定范围内，增加土壤含水量会加快盐分的移动。离子扩散系数与土壤含水量呈正相关。中等含水量时，铷的自我扩散系数随水分增加而迅速增加，高含水量时增加缓慢。中等含水量时，水分被吸持在团聚体内部，而高含水量时的多余水分保持在团聚体之间。在实验室对有机农药在黏土中的溶液体系模拟研究表明，土壤水分含量对吸附作用有很大影响，许多非离子型有机农药，如氯代苯化合物、有机磷类、酰胺类等，在土壤溶液中不解离，以分子吸附为主；黏土矿物表面水分含最低时，它们可以被大量吸附；随水分含量逐渐增大，其吸附量又急剧减少；水分饱和时，由于极性水分子占据了黏土矿物的表面，对它们的吸附量几乎接近于零。

④ 土壤结构、质地对土壤溶液溶质迁移的影响。土壤结构、质地影响土壤水分和溶质迁移。研究表明，毛管水在有黏土夹层的土壤中的上升速度（任意厚度或层位）比沙质土和黏壤质土中的上升速度要小，毛管水在有黏土夹层的土壤剖面中的上升速度随黏土夹层厚度的增加而减慢；相同厚度时，毛管水上升速度随黏土层位的升高而减慢。

（3）土壤环境条件对土壤溶液溶质迁移的影响　土壤中的溶质迁移是内因与外因相互作用的结果。土壤溶液的溶质迁移除受土壤内在因素影响外，还受外在因素如气候条件、地形地貌、土壤水热条件、介质的 pH 和 Eh 值等的影响。

气候是影响土壤水分和溶质迁移的重要环境因素，在不同的气候条件下水分和溶质迁移规律不同。如黄淮海地区属暖温带半湿润季风气候，降水分布不均，年际间和年内季节间的降雨量差异大，且其水均衡类型属降水-蒸散型，蒸发是水的主要支出形式，约占全区水量支出的 70%，降水多时地下水位上升，干旱时土壤盐分随水分蒸发而上升至上面土层中并发生累积，长期这样导致土壤盐渍化。

地形地貌影响土壤盐分随水分迁移及其土壤空间区域内的再分配，并随时间推移而发生动态变化。如黄淮海平原地区地貌类型可分为山麓冲洪积平原区、滨海平原区和冲积平原区三类，其低矮的泛滥平原所处的地形地貌单元正是土壤盐渍化发生的地形地貌区域。

温度对水分与溶质的迁移有明显影响。温度上升时，水的黏度系数降低，减小了离子移动时所受水分子的阻力，加快了离子的扩散，同时，离子热迁动平均动能随温度升高而增加，使其克服土壤静电阻力的能力也增大，从而影响土壤溶液中溶质离子的迁移。温度的变化又影响土壤中溶质成分的溶解度，例如，降低温度可急剧提高碳酸钙的溶解度，而氯化钠的溶解度不受温度影响，碳酸钠和硫酸钠的溶解度与温度的关系恰恰和碳酸钙的相反等，这些变化都影响溶质的迁移能力。

地下水位影响土壤水分和溶质的迁移，且与盐渍土的形成、利用、改良都有密切关系，是水盐均衡的重要指标和人工调控水盐迁动的重要内容。土壤相同，地下水位越高，潜水补给蒸发量越大，盐分在土壤中积累越多。土壤盐分的变化与地下水位的动态变化密切相关，降雨或灌溉时，地下水位抬升，上层盐分被淋溶，此后随着排水和蒸发，地下水位开始回降，土壤因蒸发而开始积盐，直至水位降至临界深度以下。地下水位回降愈慢，土壤中积盐愈多。

土壤中水热的耦合迁移直接影响土壤溶质迁移的方向、数量、速度与距离。溶质的运动在很大程度上依赖于水分迁动，水分是溶质在土壤剖面中移动的主要媒介，并且也是将其迁送到根表面后通往茎秆的重要载体。

pH 值的变化可以改变土壤的电荷性质和土壤胶体的物理状况——凝聚和分散，影响离子扩散的环境条件及溶质元素在土壤中的化学行为和存在形态，进而影响溶质的迁移。例如，在强酸性土壤中有利于镉的溶解，而在石灰性土壤中镉易形成 $Cd(OH)_2$ 或 $CdCO_3$ 沉淀。

Eh 值也是影响溶质元素迁移能力的因素。土壤中原来不易移动的元素在还原过程中变得易于移动，尤以铁、锰最为明显。长时间或季节性渍水还原条件下，包裹在土粒和结构体表面铁锰胶膜中的铁、锰被还原，发生还原淋溶，致使铁、锰元素沿土壤剖面向下移动，淋溶到一定深度后随土层氧化势的提高而氧化淀积，形成铁锰淀积层。在铁、锰还原淋溶过程中，伴随有 Ca、Mg、K、Na，P，SiO_2 等的淋洗。极端情况下，土壤胶体遭到破坏，Pb 也可被释放。在土壤一般 pH 值范围内，Eh 值降低，会形成难溶性 CdS，使溶液中 Cd^{2+} 浓度降低；反之，Eh 值上升，溶液中 Cd^{2+} 浓度逐渐增大。

（4）土壤溶液中溶质迁移转化的特点　土壤中的溶质迁移是一个复杂的过程，既受溶质本身地球化学习性、土壤组成与环境条件的影响，又与土壤中溶质的水热迁移过程、其中发生的各种化学反应和变化及根系吸收养分的特点等有关。

① 土壤中的水热迁移过程。土壤中水分的迁动及其引起的含水量分布变化对土壤中溶质迁动有很大影响。不仅土壤水分迁动通量直接影响溶质对流，而且，由于土壤的孔隙流速为：

$$v = q/\theta \tag{4-5}$$

使土壤水分迁动通量 q 及其含水率 θ 对水动力弥散有显著影响。此外，土壤溶液中溶质的源汇及动态储存也与土壤含水率有关。因此，土壤中水分迁动是土壤溶质迁移的基础。

土壤中水分运动、含水量分布与热流、温度分布是相互联系的。土壤水分状况影响土壤热特性参数的数值、热量平衡及其变化。土壤中的热流和温度分布反过来也对水流运动有影响。温度变化引起水的物理、化学性质变化，导致土壤水分运动参数及其水势（基质势）的变化。此外，温度差形成的温度梯度也会造成水分的流动。

② 土壤溶液中溶质的其他转化迁移过程。土壤溶液溶质迁移过程中，溶质的各种化学过程和生物学过程与溶质的物理迁移不可分割，有些过程交叉进行，这些化学过程和生物学过程成为溶质迁移中的源汇因子和动态储存因子。例如，土壤中的吸附和离子交换过程强烈地影响土壤溶液中溶质的数量、配合比例和动态变化，进而影响土壤中溶质的迁移。

水解与配合过程、溶解与沉淀过程、氧化与还原过程都影响土壤溶液中溶质的存在状态、数量和迁移特性，通常分别视情况而以不同的反应式、速率方程、动力学方程等描述土壤中溶质的迁移过程。

溶质的生物化学过程，尤其是土壤中有机质的分解和氮素转化过程，影响土壤溶液中溶质的数量、配合比例、存在状态和动态变化，对土壤中溶质迁移具有很大的影响。

植物根系吸收土壤养分，引起土壤中各类养分的数量和迁移性能的变化，从而影响土壤中溶质的迁移。可根据植物吸收养分的机理和参数情况，用根系吸收养分的各种模型加以定量描述。

(三) 土壤溶液的水势

1. 基本概念

土壤具有吸持水分的能力，即土壤中的水分在土壤中有一种特殊的能量体现。土壤水势(the potential of soil moisture) 就是土壤水分能量的量度，其定义为：在一个土-水(或植物-水) 平衡系统中，恒温下单位数量的水移动到参比的纯水池所做的功。但是，一旦土壤力场的引力被饱和之后(即土壤毛管系统全部充水)，流经土壤非毛管孔隙的水就等同于自由水，其能量水平取决于其位势。

通常以自由纯水的自由能作为参比零位，在水分不饱和状态下的土壤水势为负值，即要对它做功才能把土壤水移往纯水池中。当土壤大小孔隙都充满水时，与水池水面同一水平处的土壤水势便为零。

自 20 世纪初 Buckingham (1907) 首次将“毛管势”应用于土壤水以来，随着人们对土壤水研究工作的深入，对土壤水能量曾有多种解释，所依据的原理各不相同，名称也不统一。目前，仍用力学观点来解释，并且统一称为“土水势”，这是土壤水能态分析的基础，也是土壤水分动力学分析的最重要概念之一。正是基于这一概念，对土壤水能态的研究以及在此基础上用数理方法去定量研究土壤中水分的运动规律才得以不断深入和发展。

土壤水势即土壤水所具有的能量。土壤水势由各个分势构成，主要分势有：基质势，渗透势，重力势和压力势。

土壤水势的单位为能量量纲，具体可分为：单位质量土壤水的水势，单位是 J/g，也常用 erg/g 表示；单位容积土壤水的水势，单位是压强单位 Pa、atm(1atm＝101325Pa)、bar (1bar＝10^5Pa)，也常用 cmH_2O($1cmH_2O$＝98.0665Pa)、mmHg(1mmHg＝133.322Pa)等；单位质量土壤水的水势，单位是长度单位 cm(或 m)，此即通常所说的水头，数值上与以水柱高度表示的压强值相等。

土壤水的水势单位过去一般常用大气压 (atm)、巴 (bar) 或厘米水柱，现在用帕斯卡(Pa)、焦/千克 (J/kg) 或焦/摩尔 (J/mol) 的情况较多。(1 bar＝0.9869atm＝1020 厘米水柱＝10^5Pa＝100J/kg)

(1) 基质势　基质势是由于土壤中的电场力、范德华力、表面张力、吸附离子的水化力等诸种作用力所形成的势，是吸附力和毛管力概念的总和。

在这种力场中的水，其自由活动能力相对降低。若温度、浓度、空间位置 (高度)、外压力都相同，土壤水的这种能量低于自由水。若将自由纯水的自由能规定为零，上述土壤基质势就为负值。土壤孔隙都充满水时，其基质势为零。

基质势的测定一般用负压计法或压力膜法。

(2) 渗透势　渗透势亦称溶质势，是由土壤溶液中所含溶质引起水自由能的变化所致。处在溶液中的水分子，因受溶质牵制，自由活动能力降低，所以水的渗透势的大小相当于溶液的渗透压，但符号相反，也就是说，它的能量水平低于自由纯水，所以取负号。它在一般土壤中的绝对数值都很小，即渗透势高，接近于零位 (自由纯水)。例如，土壤溶液中的溶质含量约为 0.05%，所形成的渗透势在 ($-1.0\sim-0.2$)$\times10^5$Pa 之间，但在盐土或施肥过量的土壤中绝对数值较大，即渗透势低。例如，土壤含易溶盐量大于 0.4%时，渗透势便可小于-2.0×10^5Pa，成为抑制植物根吸水的主要因素。

(3) 重力势　重力势是指由重力作用所产生的水势，一般以地下水“水面”(即潜水面)

作为参比零位。重力势与土壤性质无关，仅取决于参比零位（即地下水位）与测定点之间的垂直距离。计算重力势的公式如下：

$$\psi_g = CMg\,h \tag{4-6}$$

式中，ψ_g 为重力势，Pa；C 为单位换算常数；M 为水的密度；g 为重力常数；h 为距潜水面的高度。按该式计算，在潜水面以上 1m 处的重力势仅为 0.098×10^5Pa。可见，重力势在土壤剖面上下的差异不大，常可略而不计。由于自由水总是从上向下流动的，因此，潜水面以上的土壤水重力势均为正值。

（4）压力势　压力势是指当土壤水处于饱和时所承受的压力，这种压力一般高于大气压。总之，任何一个体系总有降低其自由能水平的倾向，土壤水也不例外。因此，土壤水总是从水势高处往水势低处运动。压力势还受土壤空气压力变化的影响，特别是空气被水封闭时产生的瞬时压力可以很大。

土壤水势为各种分势值的总和：

$$\psi_t = \psi_m + \psi_q + \psi_g + \psi_p \tag{4-7}$$

式中，ψ_m 为基质势；ψ_q 为渗透势；ψ_g 为重力势；ψ_p 为压力势。

各分势总和为零时，土壤水处于平衡状态，非零时会有水分运动。土壤水在各向同性的介质中，是沿着等水势面的法线方向，从高水势状态向低水势状态移动的。用土壤水势的概念可以方便地表示和解释土壤的持水能力和土壤水的迁移机制。

2. 水势的测定

土壤水势在现场一般采用负压计（张力计）法测定，室内可采用砂性漏斗法和压力仪法测定。负压计有不同的种类，从压力传送方式上可分为水传和气传两种。在压力测定上有多种测定方法，如水银压力计、真空表压力计及其他多种压力传感器。

直管式负压计具有结构简单、成本低、测定方便等特点，较适合于大范围试验的要求。直管式负压计主要由多孔陶土管、负压表、蓄水瓶及连接管等组成。埋在要测定层次土壤中的多孔陶土管通过连接管与负压表连接，充满水的多孔陶土管管壁与土壤紧密接触，形成水力联系。当土壤水的吸力与管内的压力达到平衡时，由负压表即可读出土壤水的吸力。该种负压计的测定范围介于 $98\sim7.8\times10^4$Pa 之间。土壤基质势（即土壤吸力）只是土壤水势的一个分势，其变化过程不足以反映土壤水分运动的方向。重力势对于某一具体层次来说，其值不变，而其他土壤水分势因数值较小，大多可忽略。利用直管式负压计测定大型蒸渗仪内不同层次土壤吸力的日变化过程，实测结果表明，在没有降雨或灌溉条件下土壤水势的日变化主要发生在 90cm 土层以上，变化剧烈程度从表层往下由强渐弱，90cm 及以下土层基本没有变化。相应地，土壤水分的日变化主要发生在 90cm 以上土层，90cm 及以下土层变化不明显。

3. 土壤水分特征曲线

土壤水势（这里主要是指基质势）与含水量的关系是较为复杂的非线性函数，并因土壤而异。依据这种关系在平面坐标上绘制的曲线称为土壤水分特征曲线。含水量相同的各种土壤可有不同的水势，而水势相同的各种土壤可有不同的含水量。土壤含水量高，全部孔隙充满水时，水势接近于零；随着含水量降低，水势也相应降低。一般地说，在基质势高的区间（例如基质势在 -0.5×10^6 Pa 左右），含水量的少量变化仅引起基质势的少量变化；但在基质势低的区间（例如 -10×10^5 Pa 以下），含水量的少量变化却导致基质势的大幅度急剧变化（Whornton，1983）。

土壤水分特征曲线对阐明水分运动规律及植物从土壤中吸水等问题有重要意义。在不同质地土层之间，水分未必是从含水量高的层次向含水量低的层次移动。例如，有数据表明黏土层含水量20%时水势可降到-10×10^5Pa，而沙壤土层含水量10%时水势仍可为-2.0×10^5 Pa，此两种土层若相接触，水分并非从含水量20%的黏土层流向10%含水量的沙壤土层，而是从水势-2.0×10^5 Pa的沙壤土层流向水势-10×10^5Pa的黏土层。又如，在含水量20%的情况下，沙壤土已过湿，水势接近于零；黏壤土的毛管孔隙也大部分充水，水势高于-1.0×10^5Pa；黏土却仍呈较干燥状态，水势接近于-1.0×10^5Pa。对一般植物而言，此时沙壤土已水分过多，有碍通气；黏壤土可供植物利用的水较充足，而大孔隙无水，通气良好；黏土上的植物已感到缺水，长势减弱，产量受到影响。

由土壤水势的基本概念可知，土壤水势一般存在4种分势，基质势和重力势为两种最基本的分势，其他两种分势大多可忽略不计。基质势和重力势均可用cmH_2O高表示。若设定地表的重力势为0，向下为负，则距离地表某一深度z（cm）处的重力势为$-z$(cm)。这样，在一维条件下，某一土壤层次的土壤水势ψ_t即为重力势ψ_g和基质势ψ_m之和。利用土壤剖面各深度（z）上的土壤水势可得整个剖面上的土壤水势曲线，显然土壤水势梯度为$d\psi_t/d\psi_z$。由土壤水势曲线可以确定剖面上土壤水分运动的方向，水分由水势高处向低处运动。

4. 土壤水势与蒸发过程

蒸发是液态水或固态冰转化为气态的相变过程。土壤蒸发包括包气带土层蒸发和饱水带潜水蒸发。土面蒸发的形成及蒸发强度的大小主要取决于气象因子和土壤性状、土壤含水量及分布等因素。显然，前者是蒸发的外界条件，为土壤蒸发的驱动力，它决定了水分蒸发及向大气扩散的能量供给；后者主要影响水分的通道及供水能力。当土壤供水充分时，土壤蒸发大小主要受气象因素的制约，此时存在的最大可能蒸发强度为潜在蒸发强度，可以用实测的水面蒸发量近似表示，也可利用有关经验或半经验公式计算。当考虑一定植被覆盖条件时，潜在蒸发强度需用叶面积指数、消光系数等因子进行修正。不管怎样，此时的土面蒸发与土壤水势无关。当土壤供水由充分向非充分过渡时，土面蒸发过程可分为如下3个阶段（雷志栋，1988）。

（1）土面蒸发强度保持稳定阶段　当地表含水率高于某一临界值θ_k时，由于受地表处的水汽压及土壤吸力梯度变化的影响，地表含水率的降低并不减少水汽的扩散通量，表土的蒸发强度不随土壤含水率降低而变化，此为稳定蒸发阶段。临界含水率θ_k的大小与土壤性质及大气蒸发能力有关，一般认为该值相当于毛管断裂点的含水率。

（2）土面蒸发强度随含水率变化阶段　当表土含水率低于临界含水率θ_k时，土壤导水率随土壤含水率的降低或土壤水吸力的增大而不断减小，而且导致土壤水分向上迁移的吸力梯度随时间变化而减弱。另一方面，随着表土含水率的降低，地表处的水汽压也降低，蒸发强度随之减弱。

（3）水汽扩散阶段　当表土含水率很低时，如低于凋萎系数（或称凋萎含水率，指植物发生永久萎蔫时的土壤含水质量分数）时，土壤输水能力极弱，不能补充表土蒸发损失的水分，土壤表面形成干土层，干土层以下的土壤水分向上迁移，在干土层的底部蒸发，然后以水汽扩散的形式穿过干土层而进入大气。此阶段的蒸发趋近于零。

据实验观测，一般可认为土壤表层5cm深度处的基质势小于4.9×10^3Pa时，土壤表层处于稳定蒸发阶段；当土壤表层5cm深度处的基质势大于4.9×10^3Pa时，蒸发处于第二、三阶段。

5. 土壤水势与蒸腾过程

蒸腾是植物体内的水分通过叶表层的气孔转变为水汽进入大气的过程。气孔蒸腾一般分3个阶段：第一阶段是水分在气孔腔和细胞间隙的叶肉表面蒸发；第二阶段是水汽由气孔腔经气孔向叶面大气扩散；第三阶段是水汽从叶面向大气扩散。

水分由土壤进入植物体，由植物体向大气扩散，影响此过程的因素除了能量供给和水汽输送这两个外部条件外，驱动蒸腾过程的内在动力就是水势梯度，含土壤-根表面水势梯度、根表面-根导管水势梯度、根导管-叶面水势梯度、叶-气水势梯度等。所有这些水势梯度的综合作用构成蒸腾的水势驱动力。

有资料表明，水分从土壤到植物根的传输过程中，水势近似有一个数量级的降低，而从叶到大气的传输过程中有两个数量级的降低。相应的水流阻力在各个环节有明显的差异，从土壤到根和从根到叶的阻力分别处于同一数量级（约为 1.5×10^9 单位和 6×10^9 单位），从叶扩散到大气的阻力平均在 5×10^{11} 单位左右，表明从叶到大气既有强大的水势驱动力，又需要克服很大的阻力。

（四）土壤水的运动

土壤中的水分是不断运动的，运动的方式与含水量有关。在自然条件下，土壤含水量和水势是不断变化的，因此水分运动的方式也因土壤湿度不同而相应变化。

1. 水分饱和状态下土壤水的流动

在降雨或灌溉过程中，当土壤达到水分饱和后，全部大小孔隙都已充水，当地面还有多余的具自由表面的水时土壤水势就等于零或大于零。这时，多余的水（包括地面水层及土内大孔隙中的水）就由于重力的作用通过大孔隙向下流动，这种现象称为渗透或渗漏作用。这时土壤水的流动规律可用达西（Darcy）定律概括：

$$V = KJ \tag{4-8}$$

$$J = h/s \tag{4-9}$$

式中，V 为渗透速率，指每秒通过 1cm^2 土壤截面的水流量（cm^3）；J 为水压梯度，指水在土层中流过单位距离时压力水头的减小量；h 为渗透途径起点与终点的水位差（即压力水头），cm；s 为水流所经过的距离，cm；K 为导水率，即水流速率与推动力的比率。当 $h/s=1$ 时，$V=K$，这时的 K 值就称为渗透系数。

从达西公式中可见，水分饱和时土壤水流的速率与水压梯度呈正比，而水压梯度的大小与降雨或灌溉水量大小有关。对于每种土壤来说，公式中的 K 值是一个常数，但不同土壤的渗透系数是不同的，可作为土壤通透性的一个指标，渗透系数大的土壤，通气排水性能良好。一般来说，通透性强的土壤，渗透系数可达每分钟十几到几十毫米；通透性弱的土壤，渗透系数仅为每分钟1～2mm或更低。由于降水或灌溉水大都由地表进入土壤，所以，维持表层土壤的良好渗透性是土壤管理的重要问题。若不能维持土壤的良好渗透性能，水就难以向下渗透，从而导致表面积水、下层缺水和土壤通气不良等问题，使植物生长不良，同时由于地表径流和土壤侵蚀而使水土流失。

凡是影响土壤孔隙大小、多少及其排列状况的因素都影响到土壤渗透系数，其中主要有以下几个方面。

① 土壤质地：沙土大孔隙多，透水速度快，黏土则相反。

② 土壤结构：土壤水在具有水稳性团粒结构的土壤中渗透较快，而在土粒容易分散的土壤中则相反。

③ 土壤中的黏土矿物和交换性阳离子：富含蒙脱石的土壤易于吸水膨胀，禁闭空气和堵塞孔道，不利于渗透；土壤交换性阳离子组成中 Na^+ 较多时，也有类似情况。

④ 有机质：有机质含量高的土壤通常较为疏松，含有较多的大孔隙，有利于渗透。

⑤ 土壤裂隙、根孔和动物穴道：这些存在于土壤中的孔道都有利于渗透。

2. 水分不饱和状态下土壤水的移动

除非是在洼地，否则，降雨或灌溉后土壤的水分饱和状态是不能持久的。充填在大孔隙中的水因重力作用而排走，空气就占领大孔隙（非毛管孔隙），土壤开始处于水分不饱和状态。在地下水远离地面的情况下，这时土壤中吸持的是悬着水，可以向任何方向移动，但移动的速度要比饱和状态时缓慢得多。在恒温条件下，不饱和土壤水流的规律可以用修正的达西定律来说明：

$$V=K\frac{-\Delta\psi}{\Delta s}=K\frac{\Delta\psi}{\Delta s} \tag{4-10}$$

式中，V 为水流的通量密度，cm/s，亦即单位时间内通过单位截面积的水量 $cm^3/(cm^2 \cdot s)$；$\Delta\psi$ 为两点间的水势差（以厘米水柱计算，负值）；Δs 为两点间的距离，cm；K 为导水率，cm/s；$-\Delta\psi/\Delta s$ 为水势梯度。

在非饱和状态下，土壤水移动的速率取决于导水率和水势梯度。公式中的导水率 K 不是常数，它除与土壤性状有关外，还随含水量（或水势）的变化而变化，当土壤含水量较高（或水势较高）时，导水率随含水量（或水势）的降低而按比例降低，但当含水量（或水势）降到一定限度后，随着含水量（或水势）的微小降低，会发生导水率的急剧下降。在有些土壤中，当水势为（$-0.3\sim-0.1$）$\times10^5$ Pa 时，导水率在 10^{-1} cm/d 范围内；水势为 -2×10^5 Pa 时，导水率已降为 $10^{-4}\sim10^{-3}$ cm/d；水势为 -10×10^5 Pa 时，导水率已降到 10^{-5} cm/d 以下；水势降到 -15×10^5 Pa 时，导水率已接近于零，这时土壤水的液态运动停止，只能以气态运动为主要的传递水分方式。这种情况，就相当于在土壤与根表面之间形成了对水流的很大阻抗，使水不能及时输往根际吸水区。另一方面，导水率当然也与孔隙状况有关，若土壤过于疏松或者质地很粗、大孔隙所占比例过大，不易构成连续的毛管水系统，这样的土壤导水率就低。例如，粗沙土水分不饱和时以触点水为主，就不易传输。土壤过紧或质地太黏，则因孔隙过小，对水流有很大的阻力，甚至由于受土粒强力吸持的水膜堵塞孔道，使可移动的毛管水无法通过，例如膨胀性强的一些重黏土就是这样，导水率也就很低。在大、小孔隙搭配适宜的条件下，如疏松壤土那样，既能形成连续的毛管水网，而水又易于在孔隙中移动，这样的土壤导水率就较大。

必须注意，土壤水运动主要取决于基质势和重力势的梯度以及导水率，而与渗透势无关。这是因为土壤与植物根不同，不存在真实的半透性膜，所以当土壤两点之间的渗透势不等时，是溶质的分子或离子发生扩散，而不是水分子移动。

土壤温度对水势也有显著影响。在同一土壤中，在相同含水量条件下，水势因土壤温度升高而增高。所以，土壤温度梯度也可能成为水分运动的重要原因，即使在均一剖面各点含水量相等，水分也从温度高处向温度低处移动。冬季心土温度高而表土温度低，于是形成向上的不饱和水流，到达表土的水被冻结，使土壤隆起，从而常导致越冬作物的冻拔。

3. 地下水的上升运动

如果土壤深处有一个不透水层，在这层之上便可能存在一个水分饱和的层次，称为地下水层。水分会从这个地下水饱和区上升到一定高度，形成一个水分不饱和的支持水湿润区。

如果地下水位上升，湿润区的上缘也相应地向上推进。从理论上来说，土粒愈细，毛管半径愈小，则支持水上升的高度就愈大。但是实际情况并非如此，因为水分通过那些太细的毛管时会遇到很大的阻力，移动速度极为缓慢，有些极细的毛管还会被水膜堵塞，使水流无法通过。换句话说，毛管半径太小，导水率就很低，甚至完全不能导水，水在这种太细的毛管中运动速度极慢，甚至完全静止，因而支持水不可能上升到理论值。一般来说，沙土中的支持水上升高度小，但因导水率大，上升速度快；黏土中的支持水上升高度大于沙土，但由于孔径小，阻力大，导水率小，上升速度慢，并且最终因黏粒吸水膨胀，孔隙被堵塞而使支持水停止上升，实际上升高度远远小于理论值；壤土具有适中的毛管系统和导水率，上升速度较黏土快，实际上升高度也比黏土大。实测数据为：壤土 1.45～1.70m，而黏土仅为 0.6m 左右。如果支持水上升到根群分布层下部，就有利于植物吸水；若上升高度到达地面，即地下水面深度较浅时，就会使土壤过湿。若地下水含盐量较高，则盐分可随水上升从而聚集在土壤表层和表面，导致土壤盐化，妨碍植物生长。轻质土壤在地下水位较高的条件下，由于导水率大，在昼夜温差所造成的土壤温度梯度影响下，夜间土壤水分迅速自下向上移动，使白天本已晒干的表土返潮，这样的土壤就称为夜潮土。

4. 气态水的扩散运动

当土壤大小孔隙中的水被排除后，便充满空气，其中含有气态水，这些气态水也在不断地运动。若土壤水势降到很低，以致导水率接近于零，这时液态水运动就基本停止，而气态水的运动成为土壤水运动的主要形式。

在土块内部，水汽会从一个地方扩散到另一个地方，扩散的推动力是气压梯度，即单位距离上水汽压的差值。差值愈大扩散愈快，单位时间内移动的水汽愈多。因此，当水汽压力高的湿润土壤与水汽压力低的风干土层相邻接时，水汽呈现往更干燥地区扩散的倾向。同样，如果均匀的湿土体中有一部分的温度降低，孔隙中的水汽压随之降低，这时另一部分土体中的水汽便会朝这个方向运动。加热则有相反的效应。

在正常的温度梯度范围和有效水存在的情况下，气态水的通量很小，远远不及毛管水流的通量密度。因此，在湿润土壤中气态水扩散所引起的水量变化不显著，只有在干旱荒漠地区，由于土壤水势低，液态水量少，而昼夜温差大，气态水的运动才可能成为耐旱漠境植物所需水分的重要补给途径。

土壤表面的水分蒸发时，大量的水分以气态扩散到大气中，在土壤与大气之间形成可观的气态水流。但是，一旦土壤表层干燥后，蒸发速率便急剧下降。这是因为此时的水汽要以扩散方式通过土壤孔隙系统才能到达地表蒸发面，而土壤内部可供自由扩散的截面积当然要比土表的自由蒸发面小得多，而且土壤孔隙系统内的水势梯度也远比土表与大气间的水势梯度要小。所以，夏季松土未必能减少土壤水分蒸发。

（五）土壤水对植物的有效性

1. 土壤的田间持水量和凋萎系数

田间持水量是在地下水远离地表的情况下土壤的最大保水能力。具体定义为：降雨或人工灌溉大量水后，土壤非毛管孔隙系统中的水由于重力作用而基本被排除时，在无蒸发条件下土层中所能吸持的水量，称为田间持水量（用质量分数或体积分数表示）。此时土壤中所保持的水主要是悬着水，土壤水势为（-0.1～0.3）$\times 10^5$ Pa，因不同土壤而异。对于能够迅速排水的土壤而言，田间持水量是常数，但是对于持续而缓慢排水的土壤（例如细沙土和粉质土等），田间持水量就不是常数，而是水饱和土壤在规定排水时间后的含水数值。田间持水量的大小与土壤孔隙状况及有机质含量有关，黏质土、团粒结构的土壤或富含有机质的土壤，田间持水量相应较大。田间持水量是旱生植物有效水的上限，因为多于田间持水量的那部分水是不能保存的，并且还妨碍通气。田间持水量的数据可在田间灌水后，在防止蒸发的条件下，经48h取土样实测；也可以用环刀取原状土样，在室内吸水饱和后沥干余水，再测定其含水量。最近发展的技术是用压力膜法，向土样施加高于大气压 0.1×10^5 Pa的气压，以排除水势高于该值的土壤水，达平衡后，测定土样含水量。

凋萎系数（或称凋萎含水率）是指植物发生永久萎蔫时的土壤含水量（质量分数）。由于土壤水势降到 -15×10^5 Pa时，导水率已接近于零，此时土壤中残留的水分已不能供植物吸收，致使植物发生永久萎蔫。所以，规定水势为 -15×10^5 Pa时的土壤含水量为凋萎系数，它是土壤有效水的下限。常规的方法是以盆栽向日葵苗刚刚发生永久萎蔫时的土壤含水量为凋萎系数。测定方法是用压力膜法向土样施加高于大气压 1.5×10^6 Pa的气压，以排除水势高于 -15×10^5 Pa的土壤水，达平衡后测定土样的含水量。对于每一种土壤而言，凋萎系数是常数，其数值大小与土壤质地及有机质含量有关，质地细或者有机质含量高的土壤，凋萎系数的数值大。

实际上，植物发生永久凋萎时的土壤水势因植物种类不同而有差别。对于一般根系较浅的一年生草本植物，-15×10^5 Pa是导致永久萎蔫的临界值，但对于耐旱植物而言，-15×10^5 Pa可能只是一个由于缺水而抑制生长的界限，而不至于发生永久萎蔫。树木由于有深广的根系，能从深层和离树干较远处吸取水分，所以虽然树干周围土壤上层的水势降到 -15×10^5 Pa，仍不枯萎，只是有些耐旱性差的树木当时会有非时落叶现象。

2. 土壤有效含水范围

土壤有效含水范围是指田间持水量与凋萎系数的差值（质量分数或容积分数）：

$$A = F - W \tag{4-11}$$

式中，A 为有效含水范围，%；F 为田间持水量，%；W 为凋萎系数，%。若容重为已知，那么根据有效含水范围（%）可以算出单位面积一定厚度土层内有效水的总储量。

有效含水范围与下列因素有关。

(1) 土壤质地　质地的影响主要是由比表面和孔隙系统的性质引起的，沙质土壤有效含水范围小，而壤土有效含水范围最大。黏土的田间持水量略大于壤土，但凋萎系数也高，因而有效含水范围反而小于壤土，见表4-12。

表4-12　不同质地土壤的有效含水范围

质地	田间持水量/%	凋萎系数(质量分数)/%	有效含水范围(质量分数)/%
松沙土	4.5	1.8	2.7
沙壤土	12.0	6.6	5.4
中壤土	20.7	7.8	12.9
轻黏土	23.8	17.4	6.4

(2) 土壤结构　具有团粒结构的土壤，田间持水量大，所以有效含水范围也较大。例如，东北黑土耕作层大于0.25mm的团粒占37%～47%时，田间持水量达到41%，按凋萎系数为17.4%计算，有数含水范围扩大到23.6%（与表4-12中的轻黏土比较）。

(3) 土壤有机质　有机质本身的持水量高，但凋萎系数也相应增大，故只能在较小程度上增加有效含水范围。例如，一种黏壤土的持水量本为20.2%，凋萎系数为7.1%，有效含水范围为13.1%，若该种土壤掺入等量的泥炭，持水量上升到31%，但凋萎系数也提高到14.5%，结果有效含水范围为16.5%，仅略高于原来的黏壤土。但是有机质可增强土壤渗透性，有利于土壤接收降水，从而增加土壤的实际含水量。

(4) 土壤层位　表土层有可供土粒吸水膨胀的空间，并且通常都有较好的粒状结构，所以田间持水量较大，有效含水范围也较大。例如，一种黑土的表层（0～10cm）有效含水范围为33.8%，但在亚表层（40～50cm）则降为17.2%。

由此可见，疏松土壤和改善结构既是提高土壤持水能力和扩大有效含水范围的方法，又可直接加强土壤对大气降水或灌溉水的吸入。

需要注意，尽管水势高于-15×10^5Pa的水都是有效的，但在不同含水量条件下水的有效性未必均等。例如，黏土上生长的梨、柠檬等果树，当土壤有效水只消耗了1/3时，就可能由于干旱而有减产的危险；茶树在土壤有效水减少了2/5时，蒸腾率降到正常水平以下。选种情况可以用含水量下降至一定程度时导水率开始急剧降低的规律来解释。所以，农业灌溉上通常把-0.8×10^5Pa或更高的水势值作为灌溉的临界湿度指标，此时，壤土中大约仍保存一半的有效水，沙土中已耗去有效水的3/4，而黏土仅耗去1/4。也就是说，黏土中的有效水储量仍有3/4的时候，就需要灌溉保产。对于林木来说，这个临界温度指标可以降低一些。例如，黄杉林在上层土壤水势降到-2×10^5Pa之前，主要是从上层吸水；随后因为导水率太低，上层残余水分不能及时输到根区，林木所吸收的水主要来自水势尚高于-2×10^5Pa的下层土壤。

五、土壤中的空气

土壤气相只有不足于10%的充气毛细管中的部分是与大气隔绝的，其余的均与大气相连通。土壤空气的组成接近于大气的正常组成，但也存在一些明显的差异。土壤是一个多孔体系，在水分不饱和情况下，孔隙里总是有空气的，这些气体主要来自大气，其次为土壤中的生物化学过程所产生的气体。

土壤空气的数量取决于土壤的孔隙率和含水量。空气和水是同时存在于土壤孔隙中的，但在土壤孔隙状况不变的情况下，二者中任一方的容积增加就意味着另一方的容积相应减少。土壤质地、结构、耕作状况都可以影响其孔隙状况和含水量，也就必然会影响到土壤中空气的量。土壤质地与水分、空气的关系见表4-13。轻质土壤的大孔隙相对较多，在水分达到土壤通常持水量（田间持水量）时的容气能力和通气性能都是较好的；黏质土壤的大孔隙少，相应的容气能力和通气性能较差。

表4-13　土壤质地与水分、空气的关系

土壤质地	总孔隙度(容积分数)/%	田间持水量(占总孔隙率的百分比)/%	容气孔隙率(占总孔隙率的百分比)/%
黏土	50～60	85～90	10～15
重壤土	45～50	70～80	20～30
中壤土	45～50	60～70	30～40
轻壤土	40～45	50～60	40～50
沙壤土	40～45	40～50	50～60
沙土	30～35	25～35	65～75

土壤空气所含气体成分与大气基本上一致，但各种成分所占比例与大气组成有所不同

(表 4-14)。土壤空气中的氧较少，而二氧化碳则增加了好多倍，这是因为各种土壤生物的呼吸作用以及有机质分解过程消耗和产生了某些气体。在施厩肥的土壤以及草地土壤中，氧气比正常土壤中的含量要少，而二氧化碳的含量可达 2%，甚至更高。土壤温度和水分状况有利于微生物活动时，也会提高土壤空气中二氧化碳的含量。此外，水汽饱和也是土壤空气的一个特点。

表 4-14　土壤中的气体组成与近地面大气组成比较（以干燥气体体积分数表示）单位：%

气体	近地面大气组成	土壤空气组成
O_2	20.34	10.35～20.03
CO_2	0.03	0.14～0.24
其他	78.8	78.8～80.24

土壤中的气体主要成分为 O_2、CO_2、水汽及 N_2。一般是随深度的增加 CO_2 浓度增大，O_2 浓度减小。此外，还含有一些 CH_4、H_2S、H_2、H_3P、CS_2、C_2H_6、C_3H_8、C_2H_4、C_3H_6、C_2H_2、Ar、Ne、Rn 和各种氮氧化物等 20 余种气体。具有高蒸气压的农药偶尔在土壤气相中也有很高的含量。土壤中的 CO_2 含量最高可超过空气中含量的 10～100 倍，N_2 的含量与空气中接近。

土壤空气的组成和含量是经常变化的。土壤孔隙状况的变化，例如团粒结构的形成或破坏等，特别是含水量的变化是引起土壤空气含量变化的主要原因。土壤空气组成的变化受同时进行的两种过程制约：第一种过程是土壤中的各种化学和生物化学反应，它们往往导致土壤中氧气和 CO_2 的含量发生变化；第二种过程是土壤空气与大气相互交换。土壤中 CO_2、O_2 等的形成或消耗和大气中气体的不断交换常常处于一定的动态平衡状态。

促使土壤空气与大气进行交换的关键过程是扩散，而表土的大孔隙是扩散的通道。在扩散过程中，各种气体成分按照它们各自的分压梯度而流动。由于土壤生物的活动，使得土壤中的氧和二氧化碳分压总是与大气有差别，因此，这两种气体的扩散过程总是持续进行的，但二者的扩散方向相反。

土壤孔隙的大小、多少、连续性以及充水程度等也影响到气体扩散。土壤大孔隙多、互相连通而又未被充水，就有利于气体的交换；如果土壤被水饱和或接近饱和，气体交换就难以进行。例如沼泽土，土体中氧气含量低而二氧化碳大量累积，因此沼泽土不利于一般植物生长。

土壤空气与大气间气体的整体流动也是一种交换方式，它是由二者之间的总气压差引起的。这种总气压差通常不大，所以这种交换方式在土壤空气交换变化中并不重要，只是在土壤表层几厘米到十几厘米深度范围内，土壤温度的昼夜变化或地面的较大风力才会引起较为明显的整体流动。此外，降水或灌溉也能引起土壤空气的整体流动和交换。

与大气交界的土壤表面层的性质对气体交换有重大影响。土壤表面结壳对气体交换有很大妨碍，所以，农业上中耕松土有利于加强土壤的通气透水性能。

土壤通气性是指土壤空气被大气取代的程度。土壤通气性愈好，土壤空气的组成愈接近大气。通气性主要取决于土壤孔隙的容积及其连续程度，以及土壤水分状况。

通常把水分达到田间持水量时的土壤容气量（体积分数）作为土壤通气性的一种量度，一般认为土壤的非毛管孔隙率（孔隙占土壤总容积的百分数）超过 10%时，土壤就有良好的通气性，这时即使土壤湿度达到田间持水量也不会妨碍土壤通气。但是，在非毛管孔隙数量少或连通程度差的土壤中，土壤变湿会使本来已经很差的通气性进一步恶化。此外，地表的板结层也可使整个土体中空气流动速度降到很低。土层通气性也随其所处深度的增大而迅速变差。在质地较黏的土壤中，这种变化就更为显著，仅在2～5cm的层次，气流速度便可大大降低。

不同植物对土壤通气性的要求不同。但容气量也不是愈高愈好，因为容气量过高就意味着持水量相应降低，不利于供水和保持土壤空气湿度饱和状态。

六、土壤中元素的背景含量

由于土壤是矿物、岩石经由风化作用和成土作用形成的物质，自然土壤的化学组成与岩石圈的化学组成有着天然的密切联系（Bowen，1979；Faure，1998；Bohn et al，1985）。因此，几乎每种元素在土壤中都存在背景含量，亦即土壤的元素背景值（soil geochemical setting）。土壤和岩石圈均以O、Si、Al、Fe、Ca、Na、K和Mg等为主要组成成分，其中多数元素的丰度趋势基本一致，少数元素存在较明显差异，见图4-15。其中一个显著的特点是C、H、N三种元素在土壤中的含量远大于在岩石圈中的含量，这主要是由风化作用与成土作用引起元素分异而造成的（陈静生，1990）。

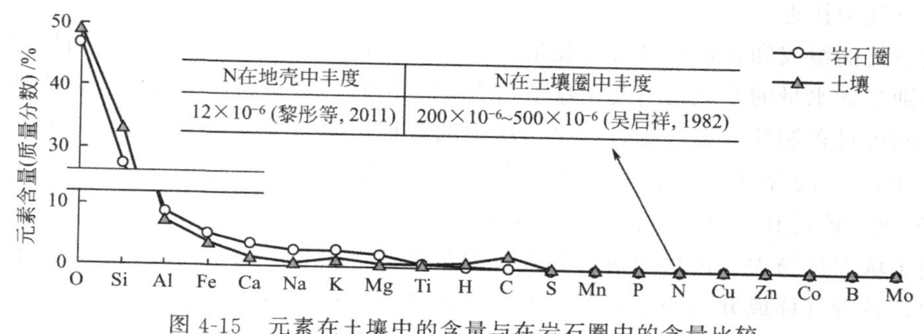

图4-15 元素在土壤中的含量与在岩石圈中的含量比较

通常所说的土壤环境背景值，是指在未受污染的条件下，土壤中各元素和化合物特别是有毒物质的含量。它是在土壤形成的漫长地质时代中，各种成土因素综合作用的结果。目前绝对未受污染的土壤已经很难找到，常常选择离污染源很远、污染物难以达到、生态条件正常地区的土壤作为调查和确定土壤环境背景值的基本对象和依据。显然土壤环境背景值是一个相对的概念，其数值因时间和空间因素而异（Bohn et al，1985）。

土壤环境背景值是评价土壤环境质量，特别是评价土壤污染状况、研究土壤环境容量、制定土壤环境标准和确定土壤污染防治措施所必需的基本依据。研究污染物在土壤中的化学变化、形态分布及其生物有效性等，要以土壤环境背景值作参比。在制订土壤利用规划、提高生产水平、提高人民生活质量等方面，土壤环境背景值也是重要的参考数据。

影响土壤环境背景值的因素很多，主要有以下几个。

（1）成土母岩、母质的影响　各种岩石的元素组成和含量不同是造成土壤背景值差异的根本原因之一。母岩在成土过程中的各种元素重新分配是发育在其上的土壤的背景值有差异的重要原因。

（2）地理、气候条件的影响　地形条件对成土物质、水分、热能等的重新分配有重要影响，关系到土壤中元素的聚集和流失，进而影响元素的背景含量。气候条件影响风化、淋溶作用的程度和其中化学、生物化学作用的种类与强度，导致土壤环境背景值产生差异。

（3）人为活动的影响　人类的各种活动，如矿业、修路、砍伐森林、植树造林、开发草地、养殖业，特别是农业生产中的耕作方式和习惯、种植作物的品种、施入土壤的肥料等农业措施，都对土壤中某些元素或组分的含量和形态产生影响。例如，施用磷肥常常导致土壤中被输入额外的氟、镉等元素；公路会造成其附近土壤中 Pb 等元素的叠加，等等。

在 20 世纪 70 年代，美国、英国、加拿大、日本等工业国家开始着手环境背景值的研究工作。我国在 1973～1980 年把土壤环境背景值研究作为重点科技攻关项目，在全国范围内组织许多单位协作研究，并于 1990 年出版《中国土壤元素背景值》，这是目前国内此领域中最权威的著作，此后陆续制定了相应的土壤环境标准，表 4-15 列出的是部分元素和化合物的数据。

表 4-15　土壤环境质量标准值（GB 15618—1995）　　单位：mg/kg

项目		级别	一级	二级			三级
		pH 值	自然背景	<6.5	6.5～7.5	>7.5	>6.5
镉		≤	0.20	0.30	0.30	0.60	1.0
汞		≤	0.15	0.30	0.50	1.0	1.5
砷	水田	≤	15	30	25	20	30
	旱地	≤	15	40	30	25	40
铜	农田	≤	35	50	100	100	400
	果园	≤		150	200	200	400
铅		≤	35	250	300	350	500
铬	水田	≤	90	250	300	350	400
	旱地	≤	90	150	200	250	300
锌		≤	100	200	250	300	500
镍		≤	40	40	50	60	200
六六六		≤	0.05		0.50		1.0
滴滴涕		≤	0.05		0.50		1.0

注：1. 痕量金属（铬主要是三价）和砷均按元素量计，适用于阳离子交换量>5cmol/kg 的土壤，若≤5cmol/kg，其标准值为表内数值的半数。

2. 六六六为四种异构体总量，滴滴涕为四种衍生物总量。

3. 水旱轮作地的土壤环境质量标准，砷采用水田值，铬采用旱地值。

需要指出，土壤环境背景值研究无论在理论上还是实践中都是一项难度较大的工作。但是，由于其是土壤环境保护与污染治理中不可或缺的基础性资料，历来备受重视，一直是环境科学界有重要意义的研究课题。

第三节　土壤的表面性质

一、土壤的胶体性质

直径在 1～100nm 之间的微粒（分散相）分散在另一种物质（分散媒）中从而形成的分

散体系一般被称为胶体。胶体分散相表面常常吸附有离子（陈静生，1990）。

土壤胶体是土壤形成过程中的产物，其分散媒主要是水，因此，土壤胶体一般都为水溶胶。从分散相物质或胶粒成分角度看，土壤中的胶体有无机胶体和有机胶体以及有机、无机复合胶体。无机胶体包括分散相为土壤矿物和各种水合氧化物的胶体，有机胶体的分散相主要是腐殖质。土壤胶体体系具有很多性质，如表面性质、电学性质、光学性质及动力学性质等，其中表面性质和电学性质对土壤的性能影响较大。

1. 胶体有巨大的比表面积

无机胶体的分散相中以蒙脱石类表面积最大（600～800m^2/g），伊利石次之，高岭石最小（7～30m^2/g）。有机胶体分散相具有巨大的表面积，最高可达700m^2/g，与蒙脱石相当。

2. 胶体具有巨大的表面能

物体表面分子与该物体内部的分子所处的环境条件不同，内部分子在各方面都和与它相邻的分子接触，受到的吸引力相等，但表面分子受到的是内部与外部两种不同的吸引力，从而具有多余的自由能。这种自由能就是胶粒与周围介质接触界面上的表面能产生的原因，物质的比表面积愈大，表面能也愈大，吸附性质表现也愈强。

3. 土壤胶体带有电荷

土壤胶体的胶粒表面电荷有永久负电荷、可变电荷和净电荷之分，它们通过电荷数和电荷密度两种方式对土壤性质产生影响。例如，土壤吸附离子的多少取决于其所带电荷的数量，而离子被吸附的牢固程度则与颗粒上的电荷密度有关。

（1）永久负电荷　永久负电荷由晶质黏土矿物晶格中的同晶置换所产生。如低价离子置换了四面体中或八面体中的高价离子，则矿物结构中的电荷就不平衡，产生剩余的负电荷。剩余负电荷数量的多少取决于晶格中离子同晶置换数量的多少。同晶置换作用一般发生在结晶过程中，一旦晶体形成，它所具有的电荷就不受环境（如pH值、电解质浓度等）的影响。因此，把它称之为土壤颗粒的永久负电荷。

如蒙脱石的负电荷主要是由铝氧八面体中的铝离子被镁、铁等二价离子所置换而产生的。由三价铝离子置换硅氧四面体中的硅离子所产生的负电荷，一般不超过电荷总量的15%。蒙脱石因同晶置换所产生的负电荷，除部分由其内部补偿外，每单位晶胞大约还有0.66个剩余负电荷。这种负电荷吸附阳离子是靠静电引力实现的，并且是可交换的。

（2）可变电荷　测定土壤电荷时，常发现有部分电荷的电性因环境pH值的变化而变化，这种电荷称为可变电荷。常常是在低pH值时为正电荷，在高pH值时变为负电荷。可变电荷的产生是由于土壤颗粒表面上的羟基或土壤有机质的一些基团如—OH、—COOH等获得或失去质子。

（3）净电荷　土壤的正电荷和负电荷的代数和就是土壤的净电荷。由于土壤颗粒的负电荷一般多于正电荷，所以除了少数土壤在较强酸性条件下或者带永久电荷的土壤颗粒可能出现正电荷外，大多数情况下土壤带有净负电荷。

4. 土壤胶体胶粒带电表面的特征

土壤胶体胶粒所带的表面电荷是土壤具有一系列化学、物理化学性质的根本原因。土壤中的化学反应主要发生于土壤胶体胶粒表面与土壤溶液之间的界面或与之相邻的溶液中。这是由于表面结构不同的土壤胶体胶粒所产生的电荷能与溶液中的离子、质子、电子发生相互作用。土壤胶粒表面电荷的数量决定着土壤所能吸附的离子数量，而由土壤胶粒表面电荷数量与土壤胶粒表面积所确定的表面电荷密度则影响着对这些离子的吸附强度。因此，土壤胶粒表面电荷和表面积是表征土壤胶粒活性的两个最主要性质指标，它们影响着养分元素、污染元素、有机制剂等在土壤固相表面或溶液中的积聚、滞留、迁移和转化，是土壤具有肥力、对污染物有一定自净作用和环境容量的根本原因。

土壤中显示表面活性的主要固相部分是黏粒。黏粒的无机组分由层状硅酸盐矿物和铝、铁、锰、硅等的氧化物、含氧氢氧化物与氢氧化物矿物组成。土壤黏粒无机组分构成的表面可分为：①硅氧四面体片连接组成的表面；②铝氧八面体片连接组成的表面；③层状硅酸盐矿物边面断键形成的，或铁（铝）氧化物、铁（铝）氢氧化物以及非晶形铁、铝、硅等化合物的—Si—OH 或—Al—OH 组成的表面。在含有机质的土壤黏粒中，还有含多种有机功能团、区别于无机黏粒表面的有机物表面。这些表面带有不同的电荷，共同组成了电荷种类、数量、分布不同的土壤胶体的胶粒表面。

（1）带永久电荷的胶粒表面　层状硅酸盐矿物中硅氧四面体的硅被三价铝同晶置换，或铝氧八面体的铝被镁或二价铁同晶置换，都会产生剩余的永久负电荷。土壤黏土矿物中常见的同晶置换金属元素见表 4-16。

表 4-16　土壤黏土矿物中常见的同晶置换金属元素

矿　物	置换的金属元素
铁氧化物	Al、V、Mn、Ni、Cu、Zn、Mo、Ti
锰氧化物	Fe、Cu、Ni、Zn、Pb
钙的碳酸盐化合物	V、Mn、Fe、Co、Cd、Pb
伊利石类矿物	Mg、Al、V、Ni、Co、Cr、Zn、Cu、Pb
蛭石类矿物	Mg、Al、Ti、Mn、Fe
蒙脱石类矿物	Mg、Al、Tl、V、Cr、Mn、Fe、Co、Ni、Cu、Zn、Pb

氧化铁矿物中的三价铁被四价钛置换而带永久正电荷。Espinoza 等（1976）从火山灰土壤中有大量永久负电荷的事实中，曾得出非晶形氧化物和水合氧化物中的离子置换晶格空穴也能产生永久负电荷的结论。如前所述，在结晶过程中，由不同价离子在矿物晶格内相互同晶置换所产生的电荷不受介质 pH 值和电解质浓度的影响，具有这种电荷的表面叫带永久电荷的表面。

① 1∶1 型层状矿物。1∶1 型层状硅酸盐矿物统称高岭石族矿物，包括高岭石、地开石、珍珠石、无序高岭石、埃洛石等。高岭石、地开石、珍珠石几乎不发生同晶置换，无序高岭石可能有同晶置换现象，但数量极少，所以都不是带永久电荷的胶体。埃洛石有少量四面体中的硅被铝置换，八面体中有铝被二价铁和镁置换，产生了多余晶层电荷，其表面带永久负电荷。

② 2∶1 型层状矿物。2∶1 型层状硅酸盐矿物的硅氧四面体、铝氧八面体都可发生同晶置换，由于它们各自距 2∶1 型矿物板面距离不同，由硅氧四面体或铝氧八面体的同晶置换所产生的电荷其电场强度不一样。硅氧四面体中离子同晶置换产生的电荷其电场强度比铝氧八面体离子同晶置换产生的电荷的电场强度强些，对反号离子吸持的牢固程度也强些。在四面体或八面体中，如果是低价离子同晶置换高价离子，产生的是永久负电荷，其就是带永久负电荷的胶体；如果是高价离子同晶置换低价离子，则产生永久正电荷，其颗粒表面就带永久正电荷。

各种 2∶1 型层状硅酸盐矿物的永久电荷来源不同，有的主要来自硅氧四面体，有的主要来自铝氧八面体。

蒙脱石的永久负电荷主要来自八面体中的铝被二价铁、镁、锌等离子所置换而产生的剩余电荷，置换一个铝离子产生一个负电荷。也有小部分负电荷由四面体中的硅被铝置换所产生，但这种置换一般小于总电荷量的15%。蒙脱石同晶置换产生的负电荷，部分被内部补偿后，每单位晶胞约有0.66个剩余负电荷。

水云母的永久负电荷主要来自四面体中的硅铝置换作用。四面体中约1/6的硅被铝置换，单位晶胞约有13个剩余负电荷。另外，八面体中的铝有少量被二价阳离子置换，产生剩余负电荷。这些负电荷大部分被层间非交换性钾离子和小部分被钙、镁等离子抵消，只有少部分表现为表观负电荷。

蛭石的永久负电荷主要来源于四面体中的硅被铝置换，除部分被内部补偿外，单位晶胞仍有1～1.4个剩余负电荷，被层间可交换的钙、镁等离子所平衡。

③ 晶形氧化铁矿物。晶形氧化铁矿物中的三价铁离子可被四价钛和锰离子（主要是四价钛离子）所置换，从而产生永久正电荷。

（2）带可变电荷的胶粒表面　土壤中的有机质、金属氧化物、水合氧化物和氢氧化物的表面以及层状硅酸盐矿物的断键边面，从介质中吸附离子或向介质中释放质子，会产生随介质pH值和电解质浓度变化而变化的电荷（可变电荷），这些物质表面常常带有可变电荷。

① 带可变电荷的水合氧化物表面。土壤黏粒组分中常见的铁、铝、锰、钛等金属的氧化物、水合氧化物，例如针铁矿、三水铝石等，都由与—O、—OH、—OH_2配位的金属离子八面体片组成，其表面的—O、—OH、—OH_2从介质中吸附或向介质中释放质子，从而产生可变正电荷或可变负电荷，简示为：

$$[M—OH_2]^+ \underset{+H^+}{\overset{-H^+}{\rightleftharpoons}} [M—OH] \underset{+H^+}{\overset{-H^+}{\rightleftharpoons}} [M—O]^-$$

成为带可变电荷的胶体表面。赤铁矿（α-Fe_2O_3）、磁赤铁矿（γ-Fe_2O_3）等在湿润条件下都易于水化，从而具有与针铁矿、三水铝石等类似的表面。但各种金属离子水合氧化物的结晶结构不同，不同晶面上的羟基连接的金属离子数目不一样，有的与一个金属离子连接，有的与两个或三个金属离子连接，致使不同晶面上的羟基数及其活性和电荷都不一样。

伊毛缟石的化学组成与水铝英石的很相似，电荷以表面Si—OH、Al—OH吸附或解吸质子产生的可变电荷为主。

② 带可变电荷的层状硅酸盐矿物边面。层状硅酸盐矿物的边面因断键而产生可变电荷。高岭石的边面就是一个很典型的带可变电荷表面，在不同的酸、碱性条件下，其表面电荷特性的变化如下。在接近中性的条件下，铝氧八面体的两个氧各与一个氢连接，同时各自又以半个氢键与铝连接。由于其中的一个氧除以半个键与铝连接外，还以一个键与硅连接，所以这个氧带1/2个正电荷；而另一个只与铝连接的氧则带1/2个负电荷。于是，这种条件下的高岭石，其边面的净电荷为零。在酸性条件下时，上述与铝连接且带有1/2个负电荷的氧又接受了一个质子，变成带有1/2个正电荷，使其边面净电荷为一个正电荷。在碱性条件下，铝氧八面体中的两个氧各自以半个键与铝结合，又各自以一个键与硅和质子结合，各带1/2个负电荷，使单位边面共带有一个负电荷。在强碱性条件下，由于Si—OH中质子的解离增加了一个负电荷，使高岭石单位边面上共带有两个负电荷。高岭石类层状硅酸盐黏土矿物的边面面积占其总表面面积的10%～20%，而2∶1型层状硅酸盐黏土矿物如蒙脱石的边面面积小于其总表面面积的5%，所以2∶1型层状硅酸盐黏土矿物的边面断键所产生的可变电荷的数量相对于它因同晶置换产生的永久电荷量而言是相当少的。

③ 带可变电荷的有机物质表面。土壤中的有机物质特别是腐殖质的分子结构中，含有多种多样的结构基和功能团，如氨基、亚氨基、硫氨基、醇基、醛基、羧基、烯醇基、酮酸基、醌基等，这些结构基和功能团是有机物质表面产生可变电荷的重要物质因素。有机物质的这些功能团在不同酸碱条件下对质子的吸附或解离的情况不同，所带可变电荷的符号与数量也很不一样。土壤黏粒中常见的有机质表面功能团与质子配合物的相对稳定性不一样（表4-17），在不同 pH 值条件下能吸附或解离质子的程度与强度不同，所带可变电荷的符号和数量的差别也很大。

表 4-17　土壤有机质颗粒表面功能团与质子配合物的相对稳定性

功能团	羧基	羰基	氨基	环状亚氨基	酚羟基	巯基	磺酸基
结构式	—COOH	>C=O	—NH$_2$	环状—NH—	C_6H_5—OH	—SH	O=S=O
质子配合物的相对稳定性	弱-中	很弱	强	强	很强	很强	很弱

有机胶体的酸性程度取决于它的活性基和与之有关的分子结构。羧酸的—OH 一般比芳香醇或脂肪醇的—OH 更容易解离，因而更容易产生可变电荷。芳香族化合物的酸性和产生可变电荷的能力比多数羧酸的弱，但比水和醇的强。虽然其他的结构与活性基也起作用，但无论从量上还是从起作用的程度上看，一般都把腐殖物质的酸性和可变电荷的产生主要归因于羧酸和酚羟基对质子的解离。尽管通过酸碱滴定可对土壤中矿物与有机物质的酸度进行中和，但目前据此尚难以合理地估计土壤有机物质的酸度及其对可变电荷量的贡献。

（3）自然土壤中带电的固体表面　自然界土壤的固相物质是非均质的集合体，其中的层状硅酸盐黏土矿物、黏粒氧化物、有机物质往往不是单独存在的，而是相互交错、混杂、包被或结合在一起。同时，自然界的土壤又是一个多相开放的体系，在大气、水文、地质和生物等多种因素的作用和影响下，土壤中的矿物不断地经历着风化作用与再形成作用，有机物质也处于不断地分解与合成的动态变化之中。这些作用与变化都可导致土壤颗粒表面功能团的组成和活性的改变。加之各种层状硅酸盐黏土矿物、结晶与非结晶氧化物、有机物以及它们的转化产物等相互之间也不断地在发生作用，影响着它们表面功能团的形态、组成和数量。因此，自然界的土壤颗粒表面实际上是一个连续变化的异质表面。例如，有些有机物质或铁、铝、硅、锰等的氧化物、水合氧化物或氢氧化物，可以聚集或淀积在层状黏土矿物的表面，或以胶膜的形式将黏土矿物的一部分表面掩被，有的有机物质或铁、铝、硅、锰等的水合氧化物以羟基聚合物的形式进入膨胀性层状黏土矿物层间，或与其形成有机、无机聚合物，使带电荷的土壤颗粒表面出现多种非均一化的形式，从而改变着土壤颗粒表面的性质。因而，自然土壤中带电的固体表面实际上远非简单的矿物表面或边面，情况常常要比理论概括的复杂得多。有许多问题尚需要进一步深入研究。

5. 土壤颗粒界面的电荷性质

自然界的土壤是一个固、液、气三相并存的多相体系，土壤中各种各样的化学反应主要发生于土壤颗粒表面与土壤溶液的界面或与之相邻的其他溶液中。土壤中的胶体粒子带有电荷，土壤溶液中的离子、质子、电子也带有电荷。带有电荷的土壤胶体粒子之间，带有电荷的土壤溶液中的离子、质子、电子之间，以及土壤胶体带电粒子与土壤溶液带电粒子之间的相互作用（图 4-16），既受土壤固、液相界面电荷性质的影响，也影响土壤中界面的电荷性质。

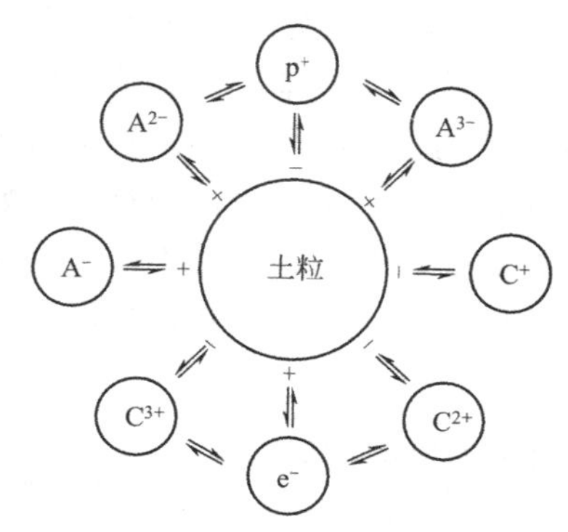

图 4-16 土壤中带电粒子间的相互作用示意
（A—阴离子；C—阳离子；p—质子；e—电子）

了解与掌握土壤中界面的电荷性质，是理解与认识土壤中物质的吸附与解吸、离子交换反应、氧化还原反应、酸碱反应及配位与配合作用的重要基础和前提（于天仁等，1996）。

（1）表面电荷的平衡

① 土壤中的带电固-液界面。在固相、液相、气相共存的土壤体系中，胶体颗粒与溶液之间的界面范围内分子所处的环境是不均匀的。界面内固相结构中的阳离子（或阴离子）与界面内液相中的相同阳离子（或阴离子），它们各自所受的作用力完全不同，行为也很不一样。例如，带负电荷的蒙脱石表面附近土壤溶液中的阳离子与距表面较远处土壤本体溶液中的相同阳离子的行为就很不相同。因此，固相附近的液体水分子与本体溶液中水分子的结构也有区别，导致电荷在靠近界面的固相或液相中的分布与电荷在远离界面的固相或液相本体溶液中的分布不一样。另外，界面内圈表面配合物的阳离子部分或全部溶解后，可从它们平衡的带负电荷点位迁移到很远的地方，使界面水分子的结构与固相上电荷的分布发生改变。同样，土壤溶液中的离子在液相中多数元素不呈电中性构型的前提下，也不同程度地改变着水的结构和界面固相上电荷的分布。土壤固、液相中分子所处环境的这些变化引起它们所带电荷的不断变异，诱发出土壤中呈现的带电界面。

② 带电界面的电荷密度。带电界面最重要的自然特征是它的表面电荷密度。由于土壤活性固相表面的物质组成、来源不同造成的不均质性，表面电荷密度形成的机理也有多种。

a. 固有（内在）表面电荷密度。土壤黏土矿物的同晶置换或质子的缔合-解离所引起的固相表面功能团每平方米产生的电荷量（单位为库仑）称为土壤固有表面电荷密度（σ_{in}）(intrinsic surface charge density)。永久结构电荷、土壤无机或有机颗粒表面上质子的选择性功能团产生的净电荷都归属于固有表面电荷密度范畴。它在数量上等于法拉第（Faraday）常数与单位质量颗粒吸附的阳离子和阴离子所带电荷数之差的乘积除以颗粒的比表面面积，简示如下：

$$\sigma_{in}=\frac{F(q^{+}-q^{-})}{S} \tag{4-12}$$

式中，q^{+}、q^{-}分别为阳离子和阴离子的电荷数，mol；S 为颗粒比表面面积。σ_{in} 值可以是正值，也可以是负值。在一定 pH 值下，对同一土壤黏粒测定得出的 σ_{in} 值可以不同，它代表的只是不同吸附特性的阳离子和阴离子能带入土壤黏粒表面的正电荷和负电荷数量的差异，反映的是所选择离子与表面功能团在指定条件下的活性，而不一定是它的固有表面电荷密度。当然，如果所选择的离子实验条件与自然土壤颗粒的相近，那么，得到的 σ_{in} 值即使不完全符合它的固有表面电荷密度，也可以在实际中应用（Pugh et al，1984）。

b. 结构表面永久电荷密度。土壤中因矿物的同晶置换而带永久电荷的表面功能团在每平方米上的电荷量（单位为库仑，即 C）称为结构表面电荷密度（structural surface charge density）(σ_0)。风化程度中等土壤的 σ_0 值几乎总是负的，而且往往都与 2∶1 型铝硅酸盐矿物同晶置换点位附近的硅氧四面体复方三角形孔穴上的电荷相联系。层状硅酸盐矿物的 σ_0 一般可从其化学成分和 X 射线物相图的数据计算中得出：

$$\sigma_o=\frac{\sigma_q F}{2N_A ab} \tag{4-13}$$

式中，σ_q 为每摩尔晶胞亏缺的电荷数，mol/mol；F 为法拉第常数（9.64853×10^4 C/mol）；N_A 为阿伏伽德罗（Avogadro）常量（6.022×10^{23} mol^{-1}）；a、b 为晶胞的有关参数。以 Na 蒙脱石为例，每摩尔晶胞中一个 Mg^{2+} 取代八面体片中一个 Al^{3+}，产生 0.66mol 负电荷，其基面的 $a=0.517$nm，$b=0.895$nm，故它的结构表面电荷密度为：

$$\sigma_o=\frac{\sigma_q F}{2N_A ab}=\frac{-0.66\text{mol/mol}\times9.64853\times10^4\text{C/mol}\times10^{18}\text{nm}^2/\text{m}^2}{2\times6.02\times10^{23}\text{mol}^{-1}\times0.517\text{nm}\times0.895\text{nm}}$$
$$=-0.114\text{C/m}^2$$

c. 净质子表面电荷密度。净质子表面电荷密度（net proton surface charge density）σ_H 可定义为：

$$\sigma_H=\frac{F(q_H-q_{OH})}{S} \tag{4-14}$$

式中，F 为法拉第常数；q_H 与 q_{OH} 分别为单位质量土壤颗粒质子的选择性表面功能团上配位质子的电荷数与配位羟基的电荷数，mol，q_{OH} 的量等于单位质量土壤颗粒解离的质子的选择性功能团上的电荷数，mol；S 为颗粒比表面面积。此式中的分子只能用于带功能团的表面，而且这种功能团的电荷又是随 pH 值变化的，如无机羟基功能团和大多数有机功能团。

③ 几种表面电荷密度之间的关系。土壤胶体颗粒的固有表面电荷密度、结构表面永久电荷密度、净质子表面电荷密度三者之间的关系可以表示为以下方程：

$$\sigma_{in}=\sigma_o+\sigma_H \tag{4-15}$$

土壤胶体颗粒表面电荷密度除上述三种外，有些情况下还有内圈配合物（土壤胶粒表面的离子通过共价键结合形成的功能团与离子之间没有水分子存在的配合物）表面电荷密度（σ_{is}）或外圈配合物（土壤胶粒表面的阴离子通过库仑静电引力对阳离子吸附形成的功能团与离子之间存在至少一个水分子的配合物）表面电荷密度（σ_{os}）。内圈配合物表面电荷密度等于已与土壤表面功能团形成内圈配合物的离子（H^+ 或 OH^- 除外）净总表面电荷。例如，蛭石与 K^+ 在表面形成的内圈配合物，因为蛭石硅氧四面体中的硅离子被铝离子同晶置换产生的剩余负电荷主要分布在四面体的三个氧原子表面，与阳离子、偶极分子有较强的配合作用能力。蛭石层间的 K^+ 需要蛭石相邻晶层边面上两个反向的双三角形洞穴的 12 个氧原子与其配位形成表面内圈配合物。又如，针铁矿与 HPO_4^{2-} 在针铁矿表面形成内圈配合物。

外圈配合物表面电荷密度（σ_{os}）等于已与土壤表面功能团形成外圈配合物的离子的净总表面电荷。例如，蒙脱石与钙离子形成的外圈表面配合物和高岭石与 $Na(H_2O)_6^+$ 形成的外圈表面配合物。

综合上述，我们可将土壤胶体颗粒的净总表面电荷密度用以下数学式表示：

$$\sigma_T=\sigma_{in}+\sigma_{is}+\sigma_{os}=\sigma_o+\sigma_H+\sigma_{is}+\sigma_{os} \tag{4-16}$$

其中，每一项既可以是正，也可以是负，但一般情况下，它们的总和并不等于零。

④ 表面电荷平衡。上面讨论的土壤颗粒表面电荷密度中尚未提到的是表面解离电荷密度（σ_D）。σ_D 的量等于中和了颗粒净总电荷中的那些未与表面功能团形成配合物的土壤溶液中的离子量。这些离子，无论是正离子还是负离子，都从土壤固体颗粒中全部解离，并在界

面范围以外的土壤溶液中自由移动。这样，土壤胶体表面电荷平衡就可以表述为：

$$\sigma_T+\sigma_D=0 \tag{4-17}$$

$$\sigma_o+\sigma_H+\sigma_{is}+\sigma_{os}+\sigma_D=0 \tag{4-18}$$

这是任何土壤颗粒带电界面必须满足的基本守恒定律。式中有的项目目前尚无常规的方法进行测定，但以下几种技术在特定情况下是有用的。

a. 如果土壤颗粒的 σ_{in} 已经测出，根据 $\sigma_o+\sigma_H+\sigma_{is}+\sigma_{os}+\sigma_D=0$，可以计算出 $\sigma_{is}+\sigma_{os}+\sigma_D$ 之和。

b. 假定土壤颗粒的阳离子交换量（CEC）和阴离子交换量（AEC）指的仅仅是界面范围内那些很容易被淋洗液交换的离子，那么 CEC－AEC 的值与 $\sigma_{os}+\sigma_D$ 之和便成正比，则

$$\sigma_{os}+\sigma_D=F(\text{CEC}-\text{AEC})/S \tag{4-19}$$

式中，F 为法拉第常数；S 为土壤颗粒比表面面积。上式表明，在校正内圈配合物电荷后，(CEC－AEC) 与固有表面电荷密度呈正比。这也反映出配位吸附的离子具有很低的解吸能力。

c. 如果 σ_{in} 为已知，$\sigma_{os}+\sigma_D$ 已测出，可得：

$$\sigma_{is}=-\sigma_{in}+F(\text{CEC}-\text{AEC})/S \tag{4-20}$$

σ_{in} 的测定是在没有配位吸附的情况下进行的，否则在与 CEC 和 AEC 测定同样的土壤条件下，也有配位吸附发生。

总之，在以下关系条件下存在土壤表面电荷平衡：

$$\sigma_{in}=\sigma_o+\sigma_H \tag{4-21}$$

$$\sigma_T=\sigma_{in}+\sigma_{is}+\sigma_{os} \tag{4-22}$$

$$\sigma_T+\sigma_D=0 \tag{4-23}$$

$$\sigma_o+\sigma_H+\sigma_{is}+\sigma_{os}+\sigma_D=0 \tag{4-24}$$

（2）电荷零点

① 几种常用的电荷零点。电荷零点也称等电点，是指土壤颗粒表面所带净电荷为零时土壤溶液的 pH 值。经常使用的几种电荷零点见表 4-18。

表 4-18 几种电荷零点的定义

电荷零点种类	符 号	定义方程
电荷零点	PZC	$\sigma_D=0$
净质子电荷零点	PZNPC	$\sigma_H=0$
盐效应零点	PZSE	$(\partial\sigma_H/\partial I)_T=0$
净电荷零点	PZNC	$\sigma_o+\sigma_H+\sigma_{is}+\sigma_{os}+\sigma_D=0$

a. 土壤颗粒电荷零点（point of zero charge，PZC）。是指土壤颗粒可变电荷表面所带电荷为零时体系的 pH 值。土壤 PZC 多用电位滴定法测定，其值受配位吸附的影响较大。配位吸附离子为阴离子时，PZC 值降低；配位吸附离子为阳离子时，PZC 值增大。

b. 土壤颗粒净质子电荷零点（point of zero net proton charge，PZNPC）。是指土壤颗粒净质子电荷为零时体系的 pH 值，是用电位滴定测定的体系的曲线 $\sigma_H=f\ (q_H^+-q_{OH}^-)$ 与 $\sigma_H=0$ 线的交点处的 pH 值。

c. 土壤盐效应零点（point of zero salt effect，PZSE）。是指离子强度不同的电解质溶液

在 $q_{H}^{+}-q_{OH}^{-}$ 与 pH 值对应的坐标图上相交处的 pH 值。即在一定温度下，净质子表面电荷密度不随离子强度（I）的变化而变化，即 $(\partial\sigma_H/\partial I)_T=0$ 时的 pH 值称为盐效应零点。在该点盐分浓度对等电点无影响。PZSE 可在不同盐分浓度下，用电位法测定。

d. 土壤颗粒净电荷零点（point of zero net charge,PZNC）。是指土壤颗粒表面吸附的阳离子与吸附的阴离子总量相等时体系的 pH 值，即土壤颗粒表面的阳离子交换量与阴离子交换量相等时体系的 pH 值，或 $\sigma_{os}+\sigma_D=0$ 时体系的 pH 值，一般用离子交换法测定 PZNC。如高岭石的表面负电荷随着 pH 值增大而增加，CEC 增大，而 AEC 则随着正电荷的减少而减小。pH=4.8 时，高岭石的表面净电荷为零，即高岭石吸附的 Na^+ 量与吸附的 Cl^- 量相等，这时的 pH 值即土壤颗粒的 PZNC 值。

② 关于土壤电荷零点的测定。表面电荷的测定方法可分为离子吸附法和电位滴定法。用两种方法测得的表面正、负电荷量和电荷零点都不相同，差异的大小因土壤的组成而异。当前还没有通用的定量测定土壤表面电荷的方法。同时，目前在测定土壤电荷零点的方法中，还有以下两点值得注意。①当土壤颗粒 σ_o 的负电荷量相当大时，它在 PZC 时的 σ_H 值也会大到一定的程度，在这种情况下，土壤溶液的 pH 值要低到一定值时才能进行测定。这样的低 pH 值介质会使土壤矿物发生溶解。因此，以 2∶1 型层状硅酸盐矿物为主的恒电荷土壤，由于它所带电荷以同晶置换为主，其 σ_o 的绝对值相当大，用现行的方法测定土壤的 PZC 值是难以测出的。②通过实验测定的土壤 PZC 值，与实验测出的土壤各个矿物组成的 PZC 值之间的关系并不是线性的。

③ 我国主要土壤与常见黏粒矿物的 PZC 值。颗粒的 PZC 值与支持电解质离子的正负电荷和性质有关，有机质多时也会使 PZC 值下降；氧化硅与氧化铝或氧化硅与氧化铁共沉淀的 PZC 值均比它们各自机械混合的 PZC 值低（可能是由于有永久电荷出现或氧化物表面被包蔽）。同一氧化物人工合成的与自然的其 PZC 值大小可以不一样（表 4-19）。

表 4-19　某些氧化物的 PZC 值（李学垣，2003）

名称	来源	平均值±标准差	名称	来源	平均值±标准差
非晶形氧化铁	人工	8.4±0.2	非晶形氧化铝	人工	8.0～9.4
纤铁矿	自然	7.4±0.2	三水铝石	自然	5.0±0.3
	人工	6.5±1.3		人工	85±0.9
针铁矿	自然	3.2	一水软铝石	人工	7.7,7.2
	人工	8.2±0.6	刚玉	人工	9.3±0.2
磁铁矿	自然	6.5±0.2	石英	自然	2.2
	人工	6.7		人工	2.0±0.2
赤铁矿	自然	6.3±0.2	氧化硅凝集	人工	1.8,3.0,3.5
	人工	8.9±0.6	二氧化锰	人工	2.0±0.5

土壤的电荷零点 pH_0 的大小与土壤组成成分及其各自所占的比重有关。氧化铁、氧化铝含量高的土壤 pH_0 偏大，2∶1 型层状硅酸盐矿物含量高或有机质含量高的土壤 pH_0 偏小。我国低纬度带土壤的 pH_0 比中纬度带土壤的 pH_0 小（表 4-20）。有研究表明，同为中纬度带土壤，低海拔土壤的 pH_0 比高海拔土壤的 pH_0 大，不同海拔土壤的 pH_0 与铁、铝氧化物含量与土壤游离氧化铁含量的相关性不显著，而与非晶形铁、铝的含量呈显著相关。

表 4-20 我国几种地带性土壤的 PZC 值（李学垣，2003）

土 壤	母岩与地点	主要黏土矿物	游离铁含量/%	pH_0
铁质砖红壤	玄武岩，昆明	高岭石，三水铝石	21.16	6.05
铁质红壤	石灰岩，昆明	高岭石，蛭石	15.44	3.6
赤红壤	砂页岩，云南景洪	高岭石，水云母	6.58	2.95
砖红壤	安山岩，海南兴隆	高岭石，三水铝石	—	3.80
赤红壤	花岗岩，广东惠阳	高岭石，三水铝石，水云母	—	3.90
红壤	更新世沉积物，郴县（湘）	高岭石，水云母	3.50	5.68
红壤	更新世沉积物，进贤（赣）	高岭石，水云母	4.52	3.20
红壤	砂页岩，武汉	高岭石，水云母，蛭石	11.07	3.57
黄棕壤	更新世沉积物，武汉	水云母，蛭石，高岭石	3.89	3.06

二、土壤中的离子吸附与交换

土壤是具有永久电荷表面的颗粒与具有可变电荷表面的颗粒共存的体系。土壤颗粒表面能通过由静电吸附的离子与溶液中的离子进行交换反应，也能通过共价键与溶液中的离子发生配位吸附。土壤的离子吸附与交换是土壤最重要的化学性质之一，是土壤具有供应、保蓄养分元素，对污染元素、污染物具有一定自净能力和环境容量的本质原因，具有非常重要的环境意义。土壤的吸附与交换性质取决于土壤固相物质的组成、含量、形态，溶液中离子的种类、含量、形态以及酸碱性、温度、水分状况等条件及其变化，这些因素影响着土壤中物质的形态、转化、迁移和生物有效性（Stumm et al，1981；黄盘铭，1991；李学垣，1997）。

在通常情况下，土壤有机颗粒或无机颗粒大都带负电荷，因而在其表面会吸附很多阳离子，如 H^+、Al^{3+}、Ca^{2+}、Mg^{2+} 等，这些被吸附的阳离子可以与另一些阳离子进行相互交换。这种能相互交换的阳离子称为交换性阳离子，把这种作用称作阳离子交换作用。

离子从溶液中转移到颗粒上的过程称为离子的吸附过程，而原来吸附在颗粒上的离子转移到溶液中去的过程称为离子的解吸过程。阳离子交换作用是一种可逆过程，离子与离子之间交换是以等量关系进行的，并受质量作用定律支配。

通常把每百克干土所含的全部交换性阳离子的物质的量数称为土壤的阳离子交换量。把土壤胶体吸着的 H^+ 和 Al^{3+} 称为致酸离子，吸着的 Ca^{2+}、Mg^{2+}、K^+、Na^+ 等离子称为盐基离子。当土壤胶体吸着的阳离子都属于盐基离子时，这种土壤称为盐基饱和土壤。当土壤胶体吸着的阳离子仅部分为盐基离子，而其余一部分为氢离子和铝离子时，这种土壤称为盐基不饱和土壤（李天杰等，1995；李学垣，2003）。

各种土壤的盐基饱和程度可用盐基饱和度来表示，即交换性盐基离子占阳离子交换量的百分数。

$$\text{盐基饱和度}(\%)=\frac{\text{交换性盐基总量}}{\text{阳离子交换量}}$$

一些土壤颗粒如水合氧化铁、水合氧化铝等矿物带正电荷，它们可以吸附阴离子，而被吸附的阴离子与土壤溶液中的阴离子也可以相互交换，这就是阴离子的交换作用。常见的阴离子吸附可分为以下两类。一类是易被土壤吸附的阴离子，在这类阴离子中，最重要的是磷酸根离子（$H_2PO_4^-$、HPO_4^{2-}、PO_4^{3-}），常与阳离子发生化学反应，形成难溶性化合物。土壤吸附能力的大小取决于所形成物质的溶解度的大小。另一类是吸附作用很弱的离子，如 Cl^-、NO_3^- 和 NO_2^- 等这类离子，只有在极酸性的反应中才被吸附。而 SO_4^{2-}、CO_3^{2-} 所表现的吸附作用强弱介于以上两者之间。因此，各种阴离子被土壤吸附的顺序为：F^-＞草酸根＞柠檬酸根＞磷酸根（$H_2PO_4^-$）＞HCO_3^-＞$H_2BO_3^-$＞CH_3COO^-＞CN^-＞SO_4^{2-}＞Cl^-＞NO_3^-。

由于在阴离子吸附过程中常常伴随着化学沉淀而使问题复杂化，因此许多问题还有待进一步研究。

具体地讲，离子吸附是指土壤颗粒表面与离子之间的相互作用，在能量关系上表现为离子的吸附能（或离子的结合能）；离子交换是指土壤颗粒表面吸附的离子与溶液中离子之间的相互作用，在能量关系上表现为离子的交换能。

1. 静电吸附

（1）土壤对阳离子的静电吸附　土壤对阳离子的静电吸附由土壤胶体颗粒表面与离子间的库仑力引起，吸附自由能为两者间的库仑作用能。根据电中性原理，被吸附的阳离子作为平衡颗粒表面反号电荷的离子分布在颗粒表面双电层中，基本上不影响颗粒的表面化学性质。影响其离子吸附性能的是离子所带的电荷及其与质子、颗粒表面电子中心的相对亲和力（王晓蓉，1993）。

Li^+、Na^+、K^+ 等的水合离子是极弱的酸，其水合壳在一般 pH 值条件下有两个质子，在 pH 值极高时解离出的质子很难与颗粒表面电子中心相配位。在大多数情况下，它们表现为惰性离子，不参与颗粒表面的固相反应，仅参与离子交换反应。可变电荷土壤颗粒表面的羟基解离产生的负电荷对阳离子的吸引力比恒电荷土壤颗粒表面的负电荷强。

土壤胶体对不同价阳离子的亲和力一般为 M^{3+}＞M^{2+}＞M^+，红壤、砖红壤、膨润土对阳离子的吸附能为：Al^{3+}＞Mn^{2+}＞Ca^{2+}＞K^+。土壤颗粒从浓度相同的一、二、三价阳离子溶液中主要吸附三价阳离子，对一价阳离子吸附强度为：Cs^+＞Rb^+＞K^+＞Na^+＞Li^+，因为它们的半径分别为 0.0167nm、0.0152nm、0.0138nm、0.0102nm 和 0.0076nm。但土壤中也有 Cs^+＜Rb^+＜K^+＜Na^+＜Li^+ 的选择性次序，表明影响离子吸附强度的因素除离子半径外，还有其他因素（赵睿新，2004）。

① 土壤对阳离子的静电吸附的影响因素

a. 土壤的电荷性质。以永久负电荷为主的土壤和以可变电荷为主的土壤对阳离子的吸附能力不同。前者吸附的 K^+ 比后者吸附的多，而吸附的 Cl^- 比后者少。

b. 溶液的 pH 值。溶液的 pH 值可以改变离子存在的形态、离子对交换点位的竞争和土壤颗粒的可变电荷数量及符号，影响土壤对离子的电性吸附（牟树森等，1993；南京大学等合编，1981）。

$MgCl_2$ 溶液中的 Mg^{2+} 在偏酸性条件下与 OH^- 形成 $Mg(OH)^+$，从而被土壤吸附；Ca^{2+} 在低 pH 值时，可以 $(CaCl)^+$ 形态通过电性吸附附着于黏土矿物表面。在 H^+ 和 K^+ 浓度相近、pH＝3 的 0.001mol/L 溶液与土壤平衡过程中所形成的 Al^{3+}，会与溶液中的 H^+、K^+ 竞争土壤颗粒表面的吸附点位，从而使 K^+ 的吸附量降低。

铁质砖红壤、赤红壤和红壤颗粒表面的负电荷量和对 K^+ 的吸附量都随 pH 值的降低而减小。K^+ 吸附量在较高 pH 值范围内，随 pH 值降低急剧减小，在较低 pH 值范围内变化不太明显。有实验证明，红壤胶体颗粒表面电荷量随 pH 值的变化比铁质砖红壤和赤红壤的大，所以红壤对 K^+ 的吸附量比后两种土壤的大得多。

c. 离子浓度。研究表明，在 Zn^{2+} 的浓度为 0～5mmol/L 范围内，黄棕壤与红壤对 Zn^{2+} 的吸附量随平衡溶液中 Zn^{2+} 浓度的增大而增加，低浓度时增加较快，随着 Zn^{2+} 浓度的增大增加减缓；当 Zn^{2+} 浓度大于 2mmol/L 时，浓度再提高，土壤对 Zn^{2+} 的吸附量增加很微弱或不变，接近或达到其吸附最大值。

d. 相伴阴离子。相伴阴离子对阳离子吸附的影响主要为：不同阴离子对溶液离子强度的影响不同；不同阴离子对同种阳离子形成离子对的平衡常数 K 值不一样，导致土壤对阳离子的吸附能力不同；阴离子（如 SO_4^{2-}）的配位吸附（离子通过共价键或配位键与土壤颗粒表面的阴、阳离子结合吸附在土壤固相表面的结合形式）释放 OH^-，改变土壤胶体的表面性质。

② 不同阳离子的竞争吸附。在两种或两种以上阳离子共存的情况下，土壤对它们进行吸附时，在不同阳离子之间发生竞争。

研究表明，在 K^+、Na^+ 的浓度相同、离子总浓度不同的系列 KCl 和 NaCl 混合液中，土壤对 K^+、Na^+ 吸附达到平衡后，土壤对 K^+ 的吸附量大于对 Na^+ 的吸附量。混合体系中土壤对 K^+ 的吸附量与单离子体系中对 K^+ 的吸附量几乎相等，而混合体系中土壤对 Na^+ 的吸附量却比单离子体系中对 Na^+ 的吸附量急剧减少，在 pH 值低至一定值时甚至变为负吸附。混合液中土壤对 Na^+ 的吸附量与土壤对 K^+ 的吸附量呈负相关。实验结果曲线上，红壤、砖红壤、赤红壤的相关直线斜率分别为－0.56、－0.65 和－0.76，说明这些土壤对 K^+ 的亲和力比对 Na^+ 的亲和力大，红壤对 K^+ 和 Na^+ 亲和力的差异比其他两种土壤的大。从中可以看出，在竞争吸附中，Na^+ 的吸附量随 K^+ 吸附量的增加而渐减；K^+ 吸附量增加至一定值时，Na^+ 开始出现负吸附。

土壤对 K^+ 和 Na^+ 的吸附主要取决于静电引力，带负电荷多的土壤对 K^+、Na^+ 的吸附量大，对 K^+ 的选择性吸附比对 Na^+ 的大。影响离子对同一土壤静电作用力大小的因素有 pH 值、相伴阴离子、介质的介电常数、离子半径等，这些因素都会影响离子吸附。

③ 阳离子交换

a. 阳离子交换的一般特点。如前所述，不同的阳离子取代土壤颗粒表面吸附的阳离子，从而使原来吸附的阳离子被解吸的现象，称为阳离子交换。这种交换是可逆或近似于可逆的，按原子数量、电荷数量相等的关系，分以下五步进行。

（a）溶液中的离子扩散到固相外表面。

（b）再扩散到固相颗粒内表面。

（c）与固相交换点位上的离子进行交换。

（d）被交换的离子从固相交换点位扩散到固相表面。

（e）再从固相表面扩散到溶液中。

交换反应进行得很快，盐浓度低时，（a）与（e）步扩散是反应速率的控制步；盐浓度高时，（b）与（d）步扩散成为控制步。通过改变反应物和生成物的量，可以控制反应进行的方向。对不同价阳离子的交换反应，稀释平衡液中离子的浓度，有利于土壤胶粒对高价阳离子的吸附；有吸持力更强的伴生阳离子存在时，可以使一种阳离子更加容易代换另一种阳离子；吸附性交换阳离子的伴生阴离子也可通过交换反应朝着反应进一步完全的方向进行，影响阳离子的交换反应。

b. 阳离子交换量。不同土类的 CEC 值或同一土类但不同土壤的 CEC 值有一定的差异，这取决于测定CEC的方法、土壤胶体的类型和土壤胶体的含量。带永久电荷较多的硅酸盐黏土矿物，其阳离子交换性质在很大程度上取决于其八面体、四面体永久电荷点位上离子结合的特征。边面断键产生的可变电荷对永久电荷量较大的黏土矿物阳离子交换的重要性不大，但对永久电荷量小或不带永久电荷的高岭石、水铝英石等矿物则较为重要。由于不同土纲的土壤固相组成、介质的pH值不同，它们的阳离子交换量大小的差异很大。

c. 阳离子交换的选择性。如果土壤对阳离子的静电吸附与交换性仅仅取决于土壤颗粒表面电荷产生的电场和阳离子的价数，那么几何构型相似、具有相同电价的阳离子在同样的土壤颗粒表面就应该受到同样的吸引和吸持。实际上，土壤溶液中同样的土壤颗粒表面对同价离子的吸持，优先选择水合离子半径小的离子。例如，土壤黏粒对一价、二价阳离子吸附选择性大小的顺序分别为：$Li^+ < Na^+ < NH_4{}^+ \approx K^+ < Rb^+ < Cs^+$，$Mg^{2+} < Ca^{2+} < Sr^{2+} < Ba^{2+} < La^{2+} < Th^{2+}$。这是因为离子半径小、水合作用强的元素大多处于扩散层，而离子半径大、水合作用弱的元素大多被紧紧地吸附在Stern层（固定层）中。

土壤中的黏土矿物、黏粒氧化物对离子的吸附与交换也有选择性，其主要原因有以下几个方面。

(a) 黏土矿物的构造孔穴、层与层伸缩空间的大小与阳离子的大小是否相配，决定了2：1型黏土矿物对铵离子比对钠、锂或钾离子具有更强的选择性。因为铵离子可在硅氧片六角形网孔中形成—NH·O—键结合，在层间形成—O·H—N—H·O—键结合；水合半径大的阳离子很难自由地进出于膨胀性矿物的层间。

(b) 四面体片上同晶置换产生的电荷比八面体片上同晶置换产生的电荷对阳离子的吸附力要强。

(c) 矿物（如云母）风化中发生在不同晶形晶面上的同晶置换释放离子有区别。

(d) 矿物晶面上的缺陷、解离、裂缝或阶梯形边缘的形状和大小不同，对阳离子的选择性不同。

(e) 水铝英石构造中有与钾离子大小相当的管道，能有选择地吸附钾、铵、铯、铷等离子。

研究表明，碱金属阳离子的选择性顺序在Fe_2O_3上是$Li^+ > K^+ \sim Cs^+$或$Li^+ > Na^+ > K^+ \sim Cs^+$，在$Fe_3O_4$上为$Cs^+ \sim K^+ > Na^+ > Li^+$，在$TiO_2$上为$Li^+ > Na^+ > Cs^+$，在$Zr(OH)_4$上为$Li^+ > Na^+ > K^+$。

土壤有机质对阳离子吸附的选择性主要与其酸性功能团的配置位置有关。酸性功能团的空间配置支配着电子密度分布，影响酸性基对质子的吸持及其解离常数。例如，羧基的解离常数随其—CH_2分离的减少而增大，假若酸性基被同样的—CH_2分离，不同的有机酸功能团对阳离子吸附选择性降低的顺序为：羧基>带羧基的酚羟基>酚羟基。带两个或三个羧基的有机物优先选择多价阳离子；在对过渡族金属阳离子与碱金属、碱土族金属阳离子的吸附中，有机酸性功能团优先选择吸附过渡族金属阳离子。有机物对阳离子吸附的选择性还随该阳离子交换量的增加而增强。

(2) 土壤对阴离子的静电吸附与负吸附

① 阴离子的静电吸附特征。土壤对阴离子的静电吸附由土壤颗粒表面的正电荷引起，完全由带电颗粒表面与离子间的库仑力控制，吸附自由能为两者间的库仑作用能。平衡颗粒表面正电荷吸附的阴离子分布在带正电荷的颗粒表面。土壤胶粒表面的物质组成、带电状

况、离子价数、水合半径以及介质条件等都影响土壤对阴离子的静电吸附。

② 阴离子静电吸附的影响因素

a. 离子的习性和数量。高价阴离子受带正电荷颗粒表面的引力较低价阴离子的大；同价离子中，半径愈小的离子，水合壳愈厚，受颗粒表面引力愈小，反之亦然。有资料表明，等浓度的 Cl^- 和 NO_3^- 混合液分别与红壤、赤红壤、砖红壤达到吸附平衡后，在实验 pH 值条件下溶液中的离子活度比 $a_{Cl^-}/a_{NO_3^-}$ 都小于 1，说明土壤吸附 Cl^- 的量比吸附 NO_3^- 的量多。由于 Cl^- 与 NO_3^- 的水合半径十分接近，所以两者被吸附量的差异与它们的结构、电子分布不同有关。

土壤对阴离子的吸附量还与阴离子的浓度有关。实验证实，各种土壤对 F^- 的吸附量在实验 F^- 浓度范围（20～80μg/g）内，随 F^- 浓度的增加而增加。其数量关系与朗格缪尔(Langmuir) 方程相符。

b. 土壤物质组成与表面性质。土壤对阴离子的电性吸附与土壤颗粒表面正电荷的数量和密度有密切关系。土壤中带正电荷的游离氧化铁、氧化铝以及高岭石边面或结晶表面铝羟基等的含量和类型都影响其对阴离子的吸附量。

土壤吸附阴离子还受土壤负电荷的影响，负电荷量大的土壤不会吸附 NO_3^-，而带少量净负电荷的土壤仍能吸附 NO_3^-。土壤有机质是土壤中重要的负电荷载体，它可降低土壤对阴离子的吸附，pH 值高时尤为明显。

c. pH 值。溶液的 pH 值可改变土壤颗粒表面电荷性质或溶液中离子的形态，进而影响土壤对阴离子的吸附。土壤颗粒对 Cl^-、NO_3^-、SO_4^{2-} 的吸附量，随 pH 值降低而增加。有实验证明，不同 pH 值条件下不同土壤的增幅不一样。砖红壤、赤红壤在 pH＝6.5 时仍可吸附少量阴离子，特别是 Cl^-。pH＞7 时，有些土壤还能吸附 NO_3^-，说明即使在偏碱性的情况下，有的土壤颗粒表面仍有吸附阴离子的点位。

d. 溶液的介电常数。有研究表明，土壤溶液的介电常数降低，土壤吸附 Cl^-、NO_3^-、ClO_4^- 的量增大，但并不改变土壤对不同阴离子的亲和力次序。

e. 伴生阳离子。各种阳离子的化学性质不一样，阴离子伴生的阳离子不同时，即使溶液中的电解质浓度相同，溶液的 pH 值也可能不一样。同时，同一阴离子与不同阳离子形成离子对的能力也不同。于是不同相伴生阳离子可通过干预 pH 值或离子对的形成来影响土壤对阴离子的吸附，不同土壤的这种影响程度不一样。例如，相伴生阳离子为 Ca^{2+} 比相伴生阳离子为 K^+ 时，赤红壤、砖红壤比红壤能吸附更多的阴离子，且两种情况下，不同阴、阳离子吸附量的比例一致（表 4-21）。

表 4-21 相伴生阳离子对土壤吸附阴离子的影响

土壤	阳离子①	pH 值	吸附量/(cmol/kg)			吸附比
			阳离子	Cl^-	NO_3^-	NO_3^-/Cl^-
红壤	K^+	4.2	0.656	0.193	0.146	0.756
	Ca^{2+}	4.2	0.653	0.189	0.132	0.698
赤红壤	K^+	4.3	0.664	0.284	0.206	0.725
	Ca^{2+}	4.3	0.743	0.320	0.233	0.728
砖红壤	K^+	4.4	0.689	0.256	0.202	0.789
	Ca^{2+}	4.4	0.809	0.302	0.245	0.811

① K^+ 浓度为 2×10^{-3}mol/L，Ca^{2+} 浓度为 1×10^{-3}mol/L。

在同等条件下，相伴生离子为 K^+、Na^+、Ca^{2+}、Mg^{2+}、Fe^{3+} 时，对棕壤、黑土等带恒电荷的土壤颗粒吸附 Cl^- 或 NO_3^- 的影响不大，平衡液 Cl^-/NO_3^- 的值为 0.978～1.012，平均为 1；而对红壤、砖红壤等带可变电荷的土壤颗粒吸附 Cl^- 或 NO_3^- 的影响较大，平衡液 Cl^-/NO_3^- 的浓度比小于 1，大小顺序为 $Na^+>K^+>Ca^{2+}>Mg^{2+}>Fe^{3+}$。

f. 共存阴离子。有研究表明，溶液中共存阴离子对不同土壤吸附阴离子的影响不同。红壤、砖红壤等所带电荷以可变电荷为主的土壤，对 Cl^- 的亲和力比对 NO_3^- 的强，相同条件下对 Cl^- 的吸附量比 NO_3^- 的大。而黑土、棕壤等所带电荷以恒电荷为主的土壤，对 Cl^-、NO_3^- 的吸附量很小，且对两者的亲和力几乎一样，相同条件下对两者的吸附量也相近。

在 Cl^-、NO_3^-、SO_4^{2-} 共存的体系中，不管 Cl^- 或 NO_3^- 浓度比 SO_4^{2-} 浓度大还是小，都因土壤对 SO_4^{2-} 的亲和力强而有较强的配位吸附；吸附 SO_4^{2-} 后，胶体表面负电荷显著增加，引起土壤对 Cl^- 和 NO_3^- 的吸附量显著减少或为负吸附（表 4-22）。

表 4-22　SO_4^{2-} 对土壤吸附 Cl^-、NO_3^- 的影响

初始浓度/(mmol/L)	Cl^- 吸附量/(mmol/L)		NO_3^- 吸附量/(mmol/L)		平衡液 Cl^- 与 NO_3^- 浓度比	
	砖红壤	暗棕壤	砖红壤	暗棕壤	砖红壤	暗棕壤
0.1	−0.09	−0.02	−0.08	−0.01	1.003	1.012
0.2	−0.10	−0.06	−0.09	−0.03	0.990	1.015
0.5	−0.18	−0.21	−0.22	−0.24	0.992	1.006
0.8	−0.40	−0.28	−0.48	−0.10	0.993	1.020
1.0	−0.40	−0.50	−0.30	−0.20	1.008	1.021

③ 土壤对阴离子的负吸附。向带负电荷的土壤加电解质，由于土壤胶体颗粒表面负电荷对阴离子的排斥，使自由溶液中阴离子浓度相对增大，这种现象称为土壤对阴离子的负吸附。土壤颗粒的种类、数量、负电荷量不同，阴离子的负吸附不一样。介质 pH 值超过一定范围后，以可变电荷为主的颗粒表面的负电荷密度会超过正电荷密度，便对阴离子进行负吸附。在这种转换中，土壤颗粒表面可以出现对阴离子既不吸附也不负吸附的情况，这时的 pH 值称为土壤对阴离子的零吸附点。砖红壤、赤红壤、红壤对 Cl^- 和 NO_3^- 的零吸附点分别为 7.2、7.1、6.3 和 7.0、6.9、6.0，其大小因土壤类型和离子种类不同而异。对同一土壤和离子，因电解质种类、浓度、实验条件不同而不同。

综上所述，可以认为土壤对 Cl^-、NO_3^-、ClO_4^- 的吸附主要取决于静电引力，它们的亲和力为 $Cl^->NO_3^->ClO_4^-$，不因溶液 pH 值、离子浓度等的改变而改变。除离子结构和电子分布外，它们在水溶液中的化学性质十分相似。

如果完全是静电吸附，那么在等浓度的 Cl^-、NO_3^-、ClO_4^- 混合液中，吸附的三种离子应是等量的。另外，这三种离子的水合半径相近，用 HCl、HNO_3、$HClO_4$ 处理的土壤胶体的电动电位应该相同，实际测定的电动电位是 $Cl^-<NO_3^-<ClO_4^-$，Cl^- 与其他两种阴离子间的差异特别明显，说明至少吸附的 Cl^- 有可能进入其胶粒的内 Helmholtz 层。ZnO、Fe_2O_3、TiO_2 对一价阴离子的配位吸附为 $ClO_4^- \leqslant NO_3^- < I^- < Br^- < Cl^-$（Blok 等，1970），也有人认为，其中 Cl^- 有配位吸附作用。可见，土壤对 Cl^- 的吸附除静电引力外，还涉及某种共价力作用。

2. 配位吸附

土壤对离子的吸附除静电吸附外，还可通过共价键或配位键结合形式将阴、阳离子结合吸附在土壤固相表面，即土壤对离子的配位吸附。配位吸附与土壤的表面性质、离子习性及介质条件有关。

能被土壤配位吸附的阳离子主要是痕量金属，绝大多数是周期表中的过渡元素，能对阳离子发生配位吸附的土壤表面是带可变电荷的颗粒表面。阴离子的配位吸附则表现为阴离子与在土粒表面以配位结合的基团进行配位交换。

(1) 配位吸附的机理　关于过渡金属离子在金属氧化物表面的配位吸附机理，有人认为：土壤氧化物颗粒表面的羟基或水合基中的质子与金属离子进行配位交换，形成氧原子与金属离子呈化学键结合的单配体、双配体、三配体的表面配合物，并导致颗粒表面电荷零点和电位的变化；金属离子与胶体颗粒表面羟基作用时，形成单基配合物或双基配合体螯合物，释放出 1 个质子，使 H^+/M^{2+} 的交换比不是 2，而是介于 1～2 之间；其次，金属离子在土壤颗粒表面的吸附是一种离子交换反应，M^{2+} 被吸附到紧贴于表面层的位置，或 Stern 层，使颗粒表面扩散层的电荷符号变正；另外，当金属离子被配位吸附时，其自由能变化主要是由库仑作用项、溶剂作用项和化学作用项为主组成的；与离子的电荷的平衡成正比的溶剂化自由能愈大，离子愈难靠近吸附剂的表面；由于过渡金属离子的电荷数较多，二级水合能较大而难以进入内 Helmholtz 层；但 pH 值高到一定程度，因离子水解而形成羟基化离子，使离子的平均电荷减少，二级水合能力下降，使其向胶体表面靠近所需克服的能障降低；实际上，每种颗粒表面与水溶液的界面都会有一个通常小于 1 的特征性的 pH 值波动范围，离子的吸附量可由低 pH 值时的零增至高 pH 值时的 100%，这种临界 pH 值与金属离子的水解常数有关。该机理既可解释吸附量随 pH 值的变化而变化，又可解释 H^+/M^{2+} 交换比不是 2 而是介于 1～2 之间的实验结果，还能较合理地解释各种离子的吸附选择性秩序。氧化物表面可以优先吸附羟基金属离子的看法是目前较被普遍接受的。

(2) 配位吸附与电性吸附的区别　电性吸附通过土壤与离子间的静电引力和热运动的平衡作用，将离子保持在双电层的外层，吸附作用是可逆的，被吸附的离子与溶液中的离子可以等量相互置换并遵循质量作用定律。吸附过程中离子与固相表面的吸附点位之间没有电子转移或共享的电子对。

配位吸附不仅受静电引力的影响，还可在带净正电荷的表面、净负电荷的表面或零电荷的表面发生吸附。配位吸附的离子能进入固相表面金属离子的配位壳中，与配位壳中的羟基或水合基重新配位，并直接通过共价键或配位键结合在固相表面。配位吸附发生在双电层的内层或 Stern 层。配位吸附的离子是非交换性的，在固定的 pH 值和离子强度下它不被电性吸附的离子所置换。由于配位吸附反应是以质子为媒介，因而配位吸附的离子可以改变土壤胶粒表面的电荷和体系的 pH 值，从而对土壤表面性质产生影响。该反应具有与阳离子交换反应不同的几个特征：每吸附一个 M^{n+}，可释放出 n 个 H^+；一定的矿物对一定的痕量金属离子表现出高度的专一性；解吸速率比吸附速率要慢得多，趋向于不可逆；表面电荷向正值改变，意味着被吸附的金属离子及其所带电荷成为矿物表面的一部分，而使矿物表面电荷零点降低。

(3) 土壤对阳离子的配位吸附　土壤对阳离子的吸附除静电吸附外，还可通过土壤表面与阳离子间共价键和配位键结合在土壤固相表面，即土壤对阳离子的配位吸附。配位吸附与土壤的表面性质、离子习性及介质条件有关。

① 土壤中阳离子配位吸附的原因

a. 配位吸附阳离子的土壤组分与反应的特点。如前所述，能被土壤配位吸附的阳离子主要是痕量金属，绝大多数是周期表中的过渡元素。能对阳离子发生配位吸附的土壤表面是带可变电荷的胶体颗粒表面。土壤中铁、铝、锰等的氧化物及其水合物是对阳离子进行配位吸附的主要土壤组分，层状硅酸盐矿物断键的边面也可对阳离子发生配位吸附。这些土壤固相表面都具有类似的吸附点位，有与金属离子（通常是 Fe^{3+}、Al^{3+} 或 Mn^{3+}、Mn^{4+}）键合的不饱和键 OH^- 或 H_2O 配位体（于天仁，1987）。

b. 过渡金属离子的性质。与碱金属和碱土金属离子不同，元素周期表中的ⅠB族、ⅡB族和许多其他过渡金属元素，它们的离子外层电子数较多，离子半径又较小，因而极化和变形能力较强，使得过渡金属离子有较多的水合热，在水溶液中以水合离子形态存在，较易形成羟基阳离子。由于水解作用减少了离子平均电荷，使离子向颗粒表面靠近时需克服的能量降低，有利于其与表面的相互作用；其次，过渡金属离子能与配位体形成单基配位或双基配位，有利于配位吸附。例如，在与颗粒表面以 M 为中心阳离子的化合物配合中：

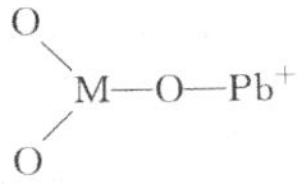

O
M—O—Pb^+
O

单基配位

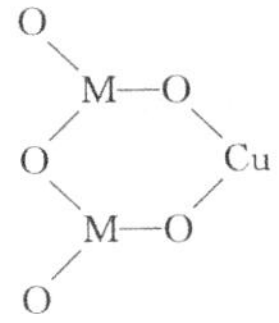

O
M—O
O　　Cu
M—O
O

双基配位

② 土壤表面性质与阳离子配位吸附的关系。质量相同的不同矿物其配位吸附活性不一样，这是因为它们表面不饱和价键基团（终端）的数量和类型不同。例如，大多数晶形三水铝石晶面上的每一个 OH^- 都与两个饱和价的 Al^{3+} 配位，它只能吸附很少量的金属离子（如 Cu^{2+}），这种键合可能发生在与单个 Al^{3+} 配位、有羟基和水合基的边面。与之相反，具有大量不饱和价基团的非晶形氧化物或三水铝石，由于它们构造的变形，从而能配位吸附更多的金属阳离子（于天仁，1996）。

③ 金属元素的电负性与配位吸附的关系。金属元素的电负性是决定痕量金属元素对配位吸附是否能最优先选择的重要因素。电负性愈大的金属元素能与矿物表面氧离子形成最强的共价键。对一般的二价金属，它们被优先选择的顺序是：$Cu^{2+}>Ni^{2+}>Co^{2+}>Pb^{2+}>Cd^{2+}>Zn^{2+}>Mg^{2+}>Sr^{2+}$。如果按照静电学原理，则电荷/半径的值愈大的金属，形成的键愈强；对同价的金属，由于半径不同，产生优先选择吸附的顺序是：$Ni^{2+}>Mg^{2+}>Cu^{2+}>Co^{2+}>Zn^{2+}>Cd^{2+}>Sr^{2+}>Pb^{2+}$，而三价的痕量金属如 Cr^{3+}、Fe^{3+}，比二价的痕量金属要优先配位吸附。锰氧化物对 Cu^{2+}、Ni^{2+}、Co^{2+}、Pb^{2+} 表现出特别高的选择性吸附，这或许标志着共价键合对吸附有重要贡献。另一方面，铁、铝、硅氧化物胶粒对二价金属离子 Pb^{2+} 和 Cu^{2+} 的吸附最强，这意味着二价金属离子在表面的键合既不是单一的静电模式，也不是单一的共价模式。在上面列出的二价金属离子中，Pb^{2+} 和 Cu^{2+} 是最容易水解的，所以可以设想吸附与水解在某些方面有相关关系。

④ 痕量金属吸附的选择性、pH 值与解吸。痕量金属离子与土壤溶液中的优势阳离子（往往是 Ca^{2+}）相比，吸附表面对金属离子的优先吸附随其吸附程度的提高而减少。例如，向土壤加 pH=6 或 pH 值再高一些的强水解性金属离子，会出现较强的选择性。

随着体系 pH 值的变化，各种痕量金属离子有其独特的吸附曲线，这与它们的水解难易程度有关。

吸附作用可需要或不需要特别的活化能，而解吸作用往往至少需要活化能去克服吸附能。一般情况下许多配位吸附反应的逆反应比正反应具有更高的活化能。吸附反应是快反应，而解吸反应是相当慢的反应。金属离子在低 pH 值情况下的吸附几乎都比高 pH 值情况下的吸附更不可逆，这可能是高 pH 值条件下单基配位反应转变为双基配位反应的原因。

⑤ 金属离子与土壤有机质的配合作用。有机质对某些金属离子的吸附有较强的选择性。有些金属离子与有机质的功能团可直接配位形成强离子键和配位键的内圈配合物。pH＝5 时，土壤有机质与二价离子电负性有关的亲和性的顺序见表 4-23。亲和性大的离子倾向于与有机质形成内圈配合物，亲和性小的离子倾向于保留其水化壳而维持其自由交换能力。金属离子的这种选择性除取决于本身的性质外，还取决于许多因素，例如：有机配体（功能团类型）的化学习性、有机质吸附的程度、溶液的 pH 值、溶液的离子强度等。土壤有机质中，羟基、酚基、氨基、羰基、巯基等在与金属键合反应中起路易斯（Lewis）碱的作用。Ca^{2+} 是与含氧基优先配合的“硬酸”，而与 Ca^{2+} 的半径和电荷数相同的 Cd^{2+} 却是与含 S^{2-} 基优先配合的“软酸”。土壤有机质对某一金属元素的亲和性比对另一金属元素大的程度随对其吸附量的增加而减小。氨基、羧基这些特殊的 Lewis 碱与半径较小的金属元素能形成更强的配合物，于是对二价金属离子配合强度来说，有如下的配合次序：$Ba^{2+} < Se^{2+} < Ca^{2+} < Mg^{2+} < Mn^{2+} < Fe^{2+} < Co^{2+} < Ni^{2+} < Cu^{2+}$。$Cu^{2+}$、$Ni^{2+}$ 这些金属离子是比 Mg^{2+}、Ca^{2+}、Mn^{2+} 电负性更高的“软酸”，与腐殖质中的胺或其他“硬”度较小的配位体形成配合物的倾向更大。

表 4-23　土壤有机质与二价阳离子电负性有关的离子亲和性顺序

亲和性顺序	Cu^{2+} >	Ni^{2+} >	Pb^{2+} >	Co^{2+} >	Ca^{2+} >	Zn^{2+} >	Mn^{2+} >	Mg^{2+}
电负性(pauling)	2.0	1.91	1.87	1.88	1.00	1.65	1.55	1.31

此外，在金属-有机质配合物中，对稳定性有更多贡献的还有“螯合效应”，螯合作用可导致体系中离子数量增加，使体系熵增大。

（4）土壤对阴离子的配位吸附　土壤颗粒表面可与阴离子配位交换的羟基、水合基是其对阴离子进行配位吸附的重要点位。另外，颗粒表面破损导致的阴离子渗入，或表面桥接羟基，或在其与水分子配位后，也可与阴离子进行配位交换。带正电荷的颗粒表面、带负电荷的颗粒表面或带零电荷的颗粒表面，都可对能配位吸附或配位交换的阴离子进行配位吸附。但在固定的 pH 值和离子强度下，配位吸附或交换的阴离子不被电性吸附的阴离子所置换，只有配位吸附能力更强的阴离子才能对其进行置换或部分地置换。

① 土壤胶体表面的配位吸附特点。土壤中与营养、环境毒性有关的含氧阴离子团中的元素如硫、磷、铬、砷、硒等，被土壤氧化物或可变电荷矿物吸附的强弱不同。根据对含氧阴离子团的中心原子与氧原子每个键共享正电荷的测定，将一些阴离子的情况列于表 4-24。这种“共享电荷”取决于中心原子的价数除以其与氧原子的键合数（图 4-17），“共享电荷”数愈小，每个氧原子的有效负电荷愈大，金属-含氧阴离子间的离子键愈强。

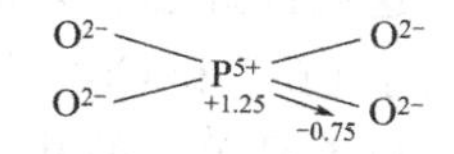

图 4-17　磷酸根中磷原子与氧原子“共享电荷”的图示

目前，关于阴离子对特定矿物表面有选择性的原因尚不完全清楚。一般认为，与溶液中某金属离子有很强键合倾向的阴离子，对含有同样金属表面的 M—OH 表现出较强的亲和性。例如磷酸根、硫酸根、硝酸根等阴离子，各自与 Fe^{3+} 的配合作用不一样。磷酸根很容易与 Fe^{3+} 结合形成难溶的 $FePO_4$，其次是硫酸根易与 Fe^{3+} 形成易溶解的硫酸铁，硝酸根不与溶液中的 Fe^{3+} 结合是因为硝酸铁是很易溶解的盐。磷酸根、硫酸根、硝酸根与氧化铁配

表 4-24 土壤中主要阴离子配位吸附的化学特征

阴离子	化学式	共享电荷	电负性	阴离子	化学式	共享电荷	电负性
硼酸根	$B(OH)_4^-$	3/4=0.75	2.04	硫酸根	SO_4^{2-}	6/4=1.5	2.58
硅酸根	SiO_4^{4-}	4/4=1.0	1.90	硒酸根	SeO_4^{2-}	6/4=1.5	
羟 基	OH^-	1/1=1.0	2.20	硝酸根	NO_3^-	5/3=1.67	3.04
磷酸根	PO_4^{3-}	5/4=1.25	2.19	高氯酸根	ClO_4^-	7/4=1.75	3.16
砷酸根	AsO_4^{3-}	5/4=1.25	—	氟离子	F^-	—	3.98
亚硒酸根	SeO_3^{2-}	4/3=1.33	—	氯离子	Cl^-	—	3.16
碳酸根	CO_3^{2-}	4/3=1.33	2.55	溴离子	Br^-	—	2.96
钼酸根	MO_4^{2-}	6/4=1.5	2.55	碘离子	I^-	—	2.66
铬酸根	CrO_4^{2-}	6/4=1.5	—				

位吸附的强弱顺序与它们在溶液中的顺序一样，磷酸根最强。

表面具有羟基或水合基的非晶形铝硅酸盐以及铁、铝、锰氧化物和水合氧化物、层状硅酸盐边面等土壤胶粒，与阴离子之间的配位交换反应过程中向溶液释放 OH^-，低 pH 值条件下表面接受质子从而有利于配位交换反应，水合基是比羟基更容易从金属键点位上被置换的配位体。与阴离子交换相比，配位体交换有以下特征：向溶液释放 OH^-、对特定的阴离子有高度的专一性、呈不可逆的趋势或至少解吸比吸附慢得多、表面电荷变为较负的值。

② 几种土壤组分对阴离子的配位吸附

a. 针（赤）铁矿对阴离子的配位吸附。研究表明，针铁矿表面三种羟基的 A 型羟基（与一个金属阳离子键合的羟基）可参与配位交换，能全部与磷酸根、硫酸根、氟离子进行配位交换，而与草酸根、其他卤族元素的酸根只能部分地交换。硫酸根与针铁矿表面 A 型羟基吸附点位通常以单基或双基形式配合。

体系的磷浓度一定，表面磷酸根随 pH 值变化引起的质子解离和缔合改变着磷酸根的类型。pH 值低，$H_2PO_4^-$ 多，有利于磷的单基配位；pH 值高，HPO_4^{2-} 多，有利于磷的双基配位。针铁矿表面单基配位的磷随 pH 值的升高而较快地向双基配位磷转化。

含磷溶液的 pH 值随磷浓度的升高而降低，溶液的 pH 值在 4.41～4.82 间，绝大部分磷为 $H_2PO_4^-$。当其被针铁矿吸附时，取代针铁矿表面的活性羟基或水合基，形成单基配合物。同时释放出羟基使溶液 pH 值升高。$H_2PO_4^-$ 浓度降低，HPO_4^{2-} 浓度升高，平衡体系的 pH 值上升到 6.2～6.5，针铁矿表面出现了 HPO_4^{2-} 双基配位。磷浓度不同，体系 pH 值升高的程度也不一样，导致吸附于表面的磷的配位形式不同。

磷单基配位与双基配位的区别在于单基配位的一个键为 P—O—H，双基配位的一个键为 P—O—Fe，两者的磷原子核外电子云密度与 P_{2p} 电子结合能不一样，前者的为 133.5 eV，后者的为 132.3 eV。P 与 H 的电负性都是 2.1，Fe 的电负性是 1.7，所以 P—O—Fe 键的电子云会向 P—O 键偏移，而 P—O—H 键的电子云则不会，使 P—O—Fe 键中磷原子核外的电子云密度比 P—O—H 键中磷的高。这就是为什么双基配位磷的稳定性比单基配位磷的高，双基配位磷难于解吸，单基配位磷较易解吸的原因。

研究表明，H_2SeO_4、H_2SO_4 可像磷酸那样与针铁矿的 A 型羟基形成双基配位。但它们的氧与针铁矿的羟基形成的氢键，比磷酸根的氧与针铁矿的羟基形成的氢键强。草酸被针铁矿吸附时，只有约 1/3 与针铁矿 A 型羟基形成双基配合物，1/3 与之形成单基配合物，1/3 不与 A 型羟基起反应。苯甲酸、硝酸不与针铁矿的 A 型羟基配位。F^- 与针铁矿的羟基置换时，仅限于 A 型羟基；HCl、HBr、HI 主要是与针铁矿的 B 型羟基（与三个金属阳离子键合的羟基）和 C 型羟基（与两个金属阳离子键合的羟基）键合，而 HCl 在针铁矿表面被吸持的强度比 HBr、HI 的大一些。

组成赤铁矿晶体表面的羟基，有的与一个 Fe 配位，有的与两个 Fe 配位。当磷酸根吸附在赤铁矿表面时可形成单基配合物，也可形成双基配合物。被赤铁矿配位吸附的硫酸根，在低 pH 值条件下主要形成单基配合物，随着体系 pH 值的升高，形成的双基配合物增加。

b. 氢氧化铝等对阴离子的配位吸附。高度风化的热带、亚热带土壤与淋溶强烈的山地土壤中含有三水铝石。典型的三水铝石结构中每个裸露边面的 Al^{3+} 与一个水合基和一个羟基配位，晶面上的每个羟基与另一层的两个 Al^{3+} 配位。

磷酸根以单基配位或双基配位被三水铝石吸附，吸附机理与体系中磷酸根的浓度有关。磷酸根浓度低时，磷酸根与三水铝石表面的水合基进行配位交换，导致三水铝石表面正电荷减少，随着磷酸根浓度的升高，磷酸根与三水铝石表面羟基进行的配位交换量增多，使得 OH^- 的释放增多，体系的 pH 值上升；磷酸根的浓度再进一步升高，三水铝石中与铝桥接的羟基键（Al—OH—Al）可能发生断裂，使磷酸根和与铝桥接的羟基进行配位交换。

三水铝石吸附磷酸根反应中所释放的 OH^- 量，与磷酸根吸附量的比例关系因磷的吸附量的不同而不同。

三水铝石对硫酸根的吸附也因硫酸根浓度的不同而不同。硫酸根离子浓度低时，它被优先吸附在三水铝石表面的正电荷点位上，与水合基进行置换。随着硫酸根浓度或其在三水铝石表面吸附饱和度的增加，它与三水铝石表面零电荷点位上 OH^- 进行置换的比例增加，导致三水铝石表面负电荷增多。三水铝石吸附的 SO_4^{2-} 可再与相邻的另一个电荷零点表面铝氧基团的羟基或表面带正电荷的铝氧基团的水合基进行交换，形成六元环而使三水铝石表面的负电荷减少或不变。

非晶形硅酸盐矿物中的伊毛缟石管壁的外表面可与磷酸根、草酸根进行较弱的配位吸附。水铝英石对磷酸根吸附的主要机理也是配位吸附。

c. 层状硅酸盐矿物、磷酸钙对阴离子的配位吸附。层状硅酸盐矿物主要是边面断键处吸附阴离子。高岭石吸附磷酸根的方式与三水铝石等氧化物在本质上是一样的，所不同的是吸附点位数不同。高岭石吸附磷酸根主要是单基配位，也有双基配位。1∶1 型矿物的正电荷点位几乎能吸附所有的阴离子，包括硫酸根离子；多水高岭石比高岭石更能吸附钼酸根。层状硅酸盐矿物对阴离子的配位吸附不像氧化物吸附得那样紧，抗淋洗的能力较弱，较容易解吸。不同黏土矿物对 $H_4BO_4^-$ 的吸附力大小顺序是：伊利石＞高岭石＞蒙脱石。

石灰性土壤溶液中的阳离子以 Ca^{2+} 为主，Ca^{2+} 能与弱酸性阴离子形成溶解度低的配合物。由于碳酸钙是微溶性的，其中的 Ca^{2+} 或 CO_3^{2-} 留在碳酸钙的表面使表面带有电荷，或者在表面溶解后从外面吸附 H^+ 或 OH^- 从而带电荷。因此，它可从碱性或 pH 值高的水中吸附 OH^-，并且吸附得很紧，不易解吸。SO_4^{2-} 可以进入碳酸钙的晶格，并在外表形成共沉淀。磷酸根可以在碳酸钙晶体表面与其进行强烈的结合，不可逆地吸附在其表面。

d. 土壤有机质对阴离子的配位吸附。尽管多数阴离子很少被有机物质吸附，然而有些阴离子如 $B(OH)_4^-$ 却可与某些脂肪族或芳香族有机化合物进行配合反应，从而被有机化合物吸附。有些阴离子还可通过金属离子（如 Al^{3+} 或 Fe^{3+}）的桥接作用间接地键合于有机基团。有研究表明，相同质量有机质对硼的吸附量至少比黏土矿物要高 4 倍（Sparks，1989；Stevenson，1994）。

③ 不同土壤对阴离子的配位吸附特征。不同土壤对阴离子的配位吸附有相似之处，也有不同。主要是由于土壤组分的组成、结构、性质、水热状况及它们之间的相互作用都与它们中的成分单独存在时不一样。这种差别是由土壤类型或同一土类的组成、介质等条件的变异而引起的。

不同土类的黏土矿物、黏粒氧化物的组成、含量、盐基饱和度、pH 值等都不一样，尤其是 1∶1 型和 2∶1 型黏土矿物、铁铝氧化物含量的显著差异、电荷零点的明显不同以及表面羟基和水合基数量、分布及活性不一样等，都会影响土壤对阴离子配位吸附的量与强度。

黄棕壤、红壤、砖红壤的吸磷量和解吸率在所加等量磷范围内，都随加磷量的增加而增大。吸附量大小次序为砖红壤＞红壤＞黄棕壤，而吸附磷的解吸率大小次序正好与上述次序相反，红壤吸附磷的解吸率超出 100%，可能与所用解吸剂 NH_4F 对红壤组分有一定反应有关。

3. 三元配合物吸附

前面关于土壤对离子的配位吸附是将阴离子与阳离子完全分开来分别进行讨论的。实际上，土壤溶液中同时含有许多阳离子和阴离子，它们都能与带可变电荷的颗粒表面进行配位吸附。带可变电荷的表面同一类型的羟基既可吸附阳离子又可吸附阴离子，阳离子和阴离子可以竞争表面的吸附点位。阴离子的存在可提高或降低阳离子的吸附，这是一个协同过程。这个过程中阴、阳离子并不竞争，两者结合起来的吸附有时比其单独吸附时要更强些。对这种协同作用的解释是以在带可变电荷的矿物表面形成三元配合物的观点为依据的。

观察到的三元配合物包括 Cu^{2+}、Pb^{2+}、Cd^{2+} 和 Zn^{2+} 在 Fe、Al 氢氧化物表面与 PO_4^{3-} 构成的配合物，它们使得溶液中的磷促进痕量金属的吸附并降低金属的溶解度。土壤中的交换性钙降低磷酸盐的溶解度可能就是由于在矿物上形成了磷酸与钙的三元配合物。已知有许多痕量金属与螯合有机配位体的三元配合物，如甘氨酸-Cu^{2+}-$Al(OH)_3$ 等。

三元配合物似乎只在变价阳离子（特别是过渡金属和痕量金属）至少与两个不带电的金属-配位体上的阴离子之间形成。所以像草酸盐、双吡啶、甘氨酸、乙二胺这些有螯合倾向的有机配体易形成特别稳定的三元配合物。有三个或更多配位位置的有机配体可能不形成三元配合物，至少有过量金属离子存在时是这样。因为金属离子被迫从表面解离，以最大限度地与配位体键合。一般而言，如果阴离子能与金属阳离子形成可溶性配合物，那么这种阴离子就会竞争表面的吸附点位，减少金属离子的吸附。金属-配位体配合物在表面的稳定性，与金属-配位体配合物在溶液中的稳定性有一定的相关关系。三元配合物在土壤中形成的直接后果很可能是使许多阴离子和痕量金属阳离子的溶解度降低到预期要发生沉淀的程度以下。这方面的研究许多尚需要深入进行。

第四节　土壤的酸碱度

土壤的酸碱度是土壤的重要理化性质之一，主要取决于土壤中含盐基的情况，是土壤在其形成过程中受生物、气候、地质、水文等因素的综合作用所具有的重要属性。土壤的酸碱度一般以 pH 值表示。从我国资料看，土壤 pH 值大多在 4.5～8.5 范围内，不同地域存在较大差别，从南方的极酸性土壤到北方的强碱性土壤，按氢离子浓度计算，相差达七个数量级之多，总体呈“东南区偏酸西北区偏碱”的规律。

一、土壤的酸度

土壤的酸度（soil acidity）包括活性酸度和潜在酸度。

1. 活性酸度

土壤溶液中的 H^+ 所引起的酸度叫活性酸度（live acidity），又称有效酸度，是土壤溶液中游离 H^+ 浓度直接反映出来的酸度，通常以 pH 值表示。

2. 潜在酸度

由土壤胶体吸附的可交换性 H^+ 及 Al^{3+} 水解所产生的 H^+ 引起的酸度叫潜在酸度（potential acidity）。潜在酸度是由土壤胶粒吸附 H^+ 和 Al^{3+} 所造成的。这些离子只有在通过离子交换作用产生了 H^+ 时才显示酸性，因此称为潜在酸度或潜性酸度。

潜在酸度主要通过以下作用具体体现。

（1）土壤颗粒上吸附性氢离子的解离　土壤颗粒上吸附 H^+ 与溶液中 H^+ 即活性酸保持平衡，当溶液中 H^+ 减少时，吸附性 H^+ 便从颗粒上解离出来，补充到溶液中去，成为活性酸。

（2）土壤颗粒上吸附性 H^+ 被其他阳离子所交换　施用中性盐如 KCl、$BaCl_2$ 等或化肥时，使土壤溶液中盐基离子浓度增大，则吸附性 H^+ 就可部分被交换出来进入溶液，土壤酸度也随之变化。

（3）土壤颗粒上吸附性铝离子的作用　在酸性较强的土壤中，颗粒上常含有相当数量的交换性铝离子。当土壤溶液中的酸度提高后，会有较多的 H^+ 进入颗粒表面，当颗粒表面吸附的 H^+ 浓度超过一定饱和度时，黏粒就不稳定，造成晶格内铝氧八面体的破裂，使晶格中的 Al^{3+} 成为交换性阳离子或溶液中的活性铝离子，并且进一步成为其他胶粒上的吸附性铝离子，通过阳离子交换使等电荷量铝离子释放出来，这种转化速度是相当快的。有人认为，通常所观察到的氢铝转化的速度实际上是由边角上的铝离子与晶面上的氢离子之间相互扩散的速度所控制的，这种转化过程与时间的关系为：

$$(h-h_0)=-K_h(t)^{1/2} \tag{4-25}$$

$$(a-a_0)=-K_a(t)^{1/2} \tag{4-26}$$

式中，h 和 a 分别为氢离子和铝离子的数量；注脚 0 为 $t=0$ 时的数量；K_h 和 K_a 为两个经验常数。

以上两个经验式为抛物线方程式，式中 K_h 和 K_a 不受黏粒浓度的影响，这也可以作为氢铝转化的速度是由 H^+ 和 Al^{3+} 两种离子的扩散速度所控制的一个证明。

铝离子进入土壤溶液后，可以经过水解作用产生 H^+，例如：

$$Al^{3+}+H_2O = Al(OH)^{2+}+H^+$$

$$Al(OH)^{2+}+H_2O \rightleftharpoons Al(OH)_2^+ + H^+$$

$$Al(OH)_2^+ + H_2O \rightleftharpoons Al(OH)_3 + H^+$$

$Al(OH)_3$ 是弱碱，解离度很小，因此溶液中 OH^- 很少，反应基本上是由 H^+ 所决定。现已确认铝离子是土壤中潜在酸度的主要来源，它比交换性氢离子重要得多。红壤的交换性酸度中，由交换性铝离子所贡献的酸可占 90%以上。

3. 活性酸度和潜在酸度的关系

一般土壤的酸性主要取决于潜在酸度，由于潜在酸与活性酸共存于一个平衡体系中，活性酸可以被胶体胶粒吸附成为潜在酸，潜在酸也可被交换生成活性酸。因此，有活性酸的土壤必然会导致潜性酸的生成，反之，有潜性酸存在的土壤也必然会产生活性酸。然而，土壤活性酸是土壤酸度的根本标志，只有当土壤溶液有了氢离子，它才能和土壤颗粒上的盐基离子相交换，而交换出来的盐基离子不断地被雨水淋失，导致土壤颗粒上的盐基离子不断减少，与此同时，颗粒上的交换性氢离子也不断增加，并随之而出现交换性铝，这就造成了土壤潜在酸度的增高。

二、土壤的碱度

土壤的碱性（soil alkalinity）主要来自土壤 Na_2CO_3、$NaHCO_3$、$CaCO_3$ 以及胶体颗粒上交换性 Na^+，它们的水解产物呈碱性。土壤的碱度也用 pH 值表示。含 Na_2CO_3、$NaHCO_3$ 土壤的 pH 值大多大于 8.5。

当土壤溶液中 OH^- 浓度超过 H^+ 浓度时，OH^- 浓度的大小体现了土壤碱性的强弱，即 pH 值愈大，碱性愈强。

1. 土壤液相碱度指标

土壤溶液中存在着弱酸强碱性盐类，其中最多的弱酸根是碳酸根和重碳酸根，其次是硫酸根及某些有机酸根，不过后两者在土壤中一般含量较少，因此，通常把碳酸根和重碳酸根的含量作为土壤液相碱度指标。碳酸根和重碳酸根在土壤中主要以碱金属（Na、K）及碱土金属（Ca、Mg 的盐类）存在，其中 $CaCO_3$ 和 $MgCO_3$ 的溶解度很小，在正常的大气环境条件下，它们在土壤溶液中的浓度很低，pH 值最高只达 8.5 左右。这种因石灰性物质引起的碱性反应（pH＝7.5～8.5）在土壤学中称为石灰性反应，这种土壤就称为石灰性土壤。

2. 土壤固相碱度指标

土壤胶粒吸附交换性碱金属离子特别是钠离子的饱和度大小，与土壤的碱性反应程度常有直接关系。这是由于土壤胶粒上交换性钠离子的浓度增加到一定程度后，会引起胶粒上交换性离子的水解作用，因此，交换的结果产生了 NaOH，使土壤呈碱性反应。但由于土壤中不断产生大量 CO_2，因此，NaOH 实际上是以 Na_2CO_3 或 $NaHCO_3$ 形态存在，即：

$$2NaOH + H_2CO_3 \rightleftharpoons Na_2CO_3 + 2H_2O$$

或

$$NaOH + CO_2 \rightleftharpoons NaHCO_3$$

所以，当土壤胶粒所吸附的 Na^+、K^+、Mg^{2+} 在土壤阳离子交换量中占有相当比例时，土壤的理化性质就会发生一系列变化。例如，Na^+ 占交换量达 15%以上时，土壤就呈强碱性反应，pH 值大于 8.5，甚至超过 10，土粒高度分散，干时硬结，湿时泥泞，不透水，不透气，耕性极差。土壤理化性质所发生的这些变化称为土壤的“碱化作用”。而 Na^+、K^+、Mg^{2+} 等吸附性离子的饱和度就称为土壤的碱化度或钠离子饱和度。

三、土壤的缓冲作用

土壤缓冲性（buffer action）是指土壤具有一定范围内抵抗、调节土壤溶液 H^+ 或 OH^- 浓度改变的一种能力。一旦人为施入酸性或碱性肥料时，或当土壤在发生发展过程中产生碱性或酸性物质时，土壤的缓冲作用可缓和土壤 pH 值不致发生剧变，从而保持在一定范围内。由于土壤中含有多种弱酸及其盐类、弱碱及其盐类、两性物质和土壤胶粒吸附的代换性阳离子，这些物质在土壤中的存在及其特征致使土壤具有缓冲作用。

1. 土壤缓冲作用的主要机理

(1) 土壤含有多种弱酸及其弱酸强碱的盐类　土壤中含有多种弱酸如碳酸、重碳酸、磷酸、硅酸和腐殖酸及其盐类，它们都是解离度很小的酸和盐类，在土壤溶液中构成一个良好的缓冲系统，故对酸、碱具有缓冲作用。例如，H_2CO_3 和 Na_2CO_3 即为一个缓冲系统：

$$Na_2CO_3 \rightleftharpoons 2Na^+ + CO_3^{2-}$$

$$H_2CO_3 \rightleftharpoons H^+ + HCO_3^-$$

当加入少量盐酸时，H^+ 增加，可与体系中的 CO_3^{2-} 作用形成 H_2CO_3，这样使土壤酸度不致发生急剧变化。当加入少量的 NaOH 时，OH^- 增多，可与体系中的 H^+ 作用生成水，这样土壤的碱度也达不到在非缓冲体系中加入碱时应有的数值。

(2) 土壤中存在两性物质　土壤中含有两性物质，如蛋白质、氨基酸等也能起缓冲作用。其对酸的缓冲作用为：

$$\underset{\displaystyle NH_2}{R-\underset{|}{CH}-COOH} + HCl \rightleftharpoons \underset{\displaystyle NH_3Cl}{R-\underset{|}{CH}-COOH}$$

因此，当加入少量盐酸时，可以缓和土壤的酸度变化，使土壤 pH 值不致减小。而对碱的缓冲作用为：

$$\underset{\displaystyle NH_2}{R-\underset{|}{CH}-COOH} + NaOH \rightleftharpoons \underset{\displaystyle NH_3OH}{R-\underset{|}{CH}-COONa}$$

同样，当加入少量氢氧化钠时，可以缓和土壤的碱度变化，使土壤 pH 值不致增大。

(3) 土壤吸收性复合体的缓冲作用　土壤吸收性复合体吸收了很多交换性阳离子，如 Ca^{2+}、Mg^{2+}、Na^+ 等交换性盐基离子，对酸能起缓冲作用，交换性 H^+、Al^{3+} 则对碱能起缓冲作用。

(4) 酸性土壤中存在的铝离子有缓冲作用　有些学者认为，酸性土壤中单独存在的 Al^{3+} 也能起缓冲作用。这种观点认为，由于 Al^{3+} 周围有 6 个水分子围绕，当加入碱时，OH^- 增多，发生如下反应：

$$2Al(H_2O)_6^{3+} + 2OH^- \rightleftharpoons [Al_2(OH)_2(H_2O)_8]^{4+} + 4H_2O$$

当 OH^- 继续增加时，Al^{3+} 周围水分子继续解离 H^+，将 OH^- 中和，使土壤 pH 值不致发生迅速变化。

2. 土壤缓冲作用的不同化学状态

以 B. Ulrich 为代表的许多德国土壤学者研究表明，生态系统中土壤对酸的缓冲作用是通过土壤中多种化合物的耗氢反应进行的，并据之提出根据 Ca^{2+}、Al^{3+}、Fe^{3+}、Mn^{2+} 等阳离子的稳定范围将土壤化学状态划分出如下几种缓冲范围。

(1) 碳酸盐缓冲范围　简称钙缓冲范围，主要化学平衡是：

$$CaCO_3(s) + H_2O + CO_2(g) \rightleftharpoons Ca^{2+} + 2HCO_3^-$$

该体系的缓冲范围大致在 6.2～7.8 之间。

(2) 碳酸-硅酸盐缓冲范围　缓冲范围为 5.0～6.2，主要发生在硅酸盐矿物的地球化学风化阶段，硅酸的形成引起氢离子消耗，如长石风化。

$$KAlSi_3O_8(s) + H^+ + 7H_2O \rightleftharpoons K^+ + Al(OH)_3 + 3H_4SiO_4$$

硅酸盐矿物源源不断地风化，释出碱金属和碱土金属离子，H^+ 与硅酸根结合，从而使系统中的 H^+ 含量降低。该缓冲范围的缓冲能力取决于硅酸盐矿物的耐风化性及其含量。

（3）交换性复合体缓冲范围 pH 值缓冲范围为 4.2～5.0。在这一缓冲范围内有羟基铝离子生成，并且多发生聚合。由于它们结合于土壤固相中，使有效交换量降低，并且弱酸可变电荷点位上的 Ca^{2+} 等盐基离子被 H^+ 置换，而进入交换体的 H^+ 又可使矿物晶格中的 Al^{3+} 释放，它反过来释放矿物层间永久电荷点上的 Ca^{2+}，同时，层间羟基铝又使永久电荷点变为可变电荷点。在这一缓冲范围内，盐基离子的淋溶十分强烈。

交换体缓冲范围可与锰化合物稳定范围（pH 值 4～5）重叠。

（4）铝缓冲范围 pH 值缓冲范围为 2.8～4.2。在该缓冲范围中，活性铝的作用十分显著，土壤溶液中铝浓度高，并且可能成为优势离子，pH 值愈低，这种现象愈强烈。其缓冲反应是：

$$Al(OH)_3(s)+3H^+ \rightleftharpoons Al^{3+}+3H_2O$$

该缓冲范围与铁缓冲范围相近：$Fe(OH)_3(s)+3H^+ \rightleftharpoons Fe^{3+}+3H_2O$。铁缓冲范围的 pH 值在 2.4～3.8 之间。

因此，土壤体系中氢离子缓冲作用的酸效应胜过体系中氢离子生成的酸效应，使土壤总是能够处于一定的酸碱范围。反之，土壤便向下一级缓冲范围演进。土壤能否发生酸化，直接取决于各缓冲范围的缓冲速率。

在钙缓冲范围，缓冲速率与化学反应无关，而与缓冲物质的分布状况有密切关系。对于碳酸-硅酸盐缓冲范围，矿物的风化难易则决定着对 H^+ 的缓冲速率。而铝缓冲范围的缓冲速率尚难以计算，因为在缓冲反应中形成了新的固相。因酸雨的输入在强酸性土壤中形成无定形硫酸铝（$AlOHSO_4$），层间羟基铝化学式相当于 $[Al(OH)_{0.5}^{2.5+}]_n$。因此，铝缓冲范围的缓冲速率相对于硅酸盐矿物风化的缓冲速率要大。并且，如果 $AlOHSO_4$ 的形成作用增强，则缓冲速率可望增大。

近年来，酸雨对土壤酸化的影响已成为世界性环境问题。在中国南方的某些地区也出现了酸雨引起的土壤酸化现象。从国际研究趋势看，近几年来有关土壤酸度的研究明显增多。显然，这与酸雨的全球性出现有关。

从土壤类型看，酸性土壤在世界上主要分布在多雨地带。一是寒温带，以灰化土为主；另外是热带和亚热带，以氧化土为主。这些地带的土壤虽都属强酸性土壤，但其基本性质并不相同。中国的酸性土壤分布在两大地区：一个是东北的大、小兴安岭和长白山地区，这里土壤与北欧、北美类似，但从全国范围看，本区所占比重不大；另一个是长江以南的广大地区，本区又可分为两个亚区，一为川、贵、滇黄壤亚区，另一为华中和华南的红壤亚区，后一亚区在全国所占面积最大，从土壤特点看酸化问题也较严重。

从矿质成分看，因为红壤的黏粒矿物组成以高岭石为主，对酸的缓冲容量较寒温带土壤的小得多。

红壤因为所处地区的温度较高，有机质易于分解，所以与寒温带的土壤相比，其有机质含量较低。这样，有机部分对缓冲容量的贡献较小。而且强酸性红壤是高度盐基不饱和的土壤，对酸的缓冲能力较弱，因此在酸输入量相同的情况下，这类土壤要容易酸化得多。酸化的一个直接后果是铝离子增加，铝离子的大量出现产生两个重要危害：①目前已经基本明确，土壤对植物的酸害实质上是铝害，所以土壤酸化到一定程度，使铝离子增多至一定含量后，植物即受害而生长不良；②因铝离子是高价离子，与土壤胶粒的结合能较高，所以很容易从土壤颗粒的负电荷点上排挤盐基性离子，使它们进入土壤溶液而后遭受淋失，这在南方多雨地区更有特殊意义。

现在已有很多资料说明，我国南方酸性红壤中大量铝离子的存在即是土壤遭受强烈淋溶发生酸化的一个后果，它反过来也是使这类土壤的盐基性离子易于遭受淋失从而加速酸化的一个原因。

第五节 土壤中的氧化-还原作用

一、土壤溶液中的氧化-还原作用概述

氧化还原作用（redox）在土壤化学反应和土壤生物化学反应中占极重要地位，它是土壤和土壤溶液中的普遍现象（Kinniburgh，1981；Manahan，1984）。

土壤溶液中的氧化作用主要由自由氧、NO_3^- 和高价金属离子所引起。还原作用由某些有机质分解产物、厌氧性微生物生命活动及少量的铁、锰等金属低价氧化物所引起。

氧化还原反应的实质是原子的电子得失过程，可表示为：

$$\text{氧化剂} + ne \rightleftharpoons \text{还原剂}$$

其氧化还原电位 Eh 同样可采用能斯特（Nernst）方程进行计算：

$$\mathrm{Eh} = E_0 + (RT/nF)\ln(\text{氧化剂}/\text{还原剂}) \tag{4-27}$$

式中，E_0 为标准电位；T 为热力学温度；R 为气体常数；F 为法拉第常数；n 为氧化还原反应中得（失）的电子数；氧化剂、还原剂分别为两种物质的活度。

若在 25℃时（标准状况），则上式可改写为：

$$\mathrm{Eh} = E_0 + (0.059/n)\ln(\text{氧化剂}/\text{还原剂}) \tag{4-28}$$

因此，对于冷湿气候区域，土壤中的铁易还原为低价铁，其反应可表示为：

$$Fe^{3+} + e \rightleftharpoons Fe^{2+}$$

低价铁是易溶性化合物，随降水渗透到 B 层，当季节干燥时，引起铁在土壤剖面中移动，但在干燥、温暖的地区，这种移动不会很远，常发生氧化、脱水而淀积，导致土壤层中常有富铁层。在渍水土壤中，大量三价铁还原为亚铁，由于在强还原条件下，有大量硫化氢等存在，使亚铁形成很多不溶性的铁盐沉淀。因此，实际上在土壤溶液中亚铁离子浓度常常不是很大。

锰在土壤中发生的氧化还原过程与铁类似，但锰的标准电位为 1.5V，比铁高。根据氧化还原基本原理，标准电位愈大，则体系的氧化能力愈强，即得电子能力愈大。相对来说，铁易被氧化，锰易被还原。因此，在排水良好的土壤中，当 pH 值为 7.0 时，Mn^{2+} 浓度虽低，但比同条件下 Fe^{2+} 浓度高 100 倍。当 Mn^{2+} 和 Fe^{2+} 在土壤剖面中移动时，Fe^{2+} 先氧化而沉淀，而 Mn^{2+} 移至更深层次后，才氧化并脱水形成黑色 MnO_2 沉淀。

有机质在土壤中的转化是一系列氧化和还原过程。含碳有机质经微生物分解时，一般转变为丙酮酸（$CH_3COCOOH$），以后如何变化则视环境条件而异。在好氧条件下，可继续氧化成为 CO_2 和 H_2O；在厌氧条件下，发生甲烷发酵过程产生甲烷和氢气。

含氮有机质经过氨化作用生成氨。如继续氧化，就出现亚硝化和硝化过程，缺氧时产生反硝化作用，硝酸盐消失，标志着土壤从氧化体系转变为还原体系。

二、土壤溶液中的氧化-还原体系

电子在物质之间的传递引起氧化-还原反应，表现为元素价态的变化，概括起来，土壤中参与氧化还原反应的元素常见的有C、H、N、O、S、Fe、Mn、As、Cr及其他一些变价元素。较为重要的是O、Fe、Mn、S和某些有机化合物，并以氧和有机还原性物质较为活泼。Fe、Mn、S等的转化则主要受氧和有机质的影响（Whornton，1983；White，1999）。土壤中的氧化还原反应在干湿交替情况下进行得最为频繁，其次是有机物质的氧化和生物机体的活动。土壤氧化还原反应影响着土壤形成过程中物质的转化、迁移和土壤的发育，控制着土壤养分的形态和有效性，也制约着土壤环境中某些污染物的形态、转化和归趋。因此，氧化还原反应在土壤学和环境科学中都具有十分重要的意义。

土壤中的氧化还原反应实际上是以包含某些氧化还原电对平衡的反应体系的化学平衡为前提条件的。土壤中重要的氧化还原体系（redox system）主要包括如下氧化还原电对。

1. H_2O-O_2 电对

氧分子（O_2）的四个电子转移生成H_2O的还原反应的电位较高（+1.229V），可见O_2是一个强氧化剂。过氧化氢（H_2O_2）的两个电子的还原反应，其电位则低得多（+0.68V）。因为后续的H_2O_2还原为H_2O的反应速率慢，因此O_2的有效氧化还原电位可能只有+0.68V。在生物系统内，由酶催化的氧化还原反应，O_2-H_2O反应和O_2-H_2O_2反应可以同时发生（四个电子转移和两个电子转移），但对O_2的化学氧化还原反应而言，还没有证据表明它是以四电子或两电子转移的方式进行还原的。

O_2对水底物质的氧化反应一般是通过一系列的单电子转移方式进行的。氧分子（O_2）的单电子转移形成超氧自由基离子（O_2^-）的还原反应的电位为−0.56V，可见O_2对物质的单电子转移的氧化反应不易发生。超氧离子是一中度还原剂和弱氧化剂，其可以与水反应生成过氧化物离子（HO_2^-和O_2^{2-}），这些离子是通气的水体系中有效的氧化剂离子。

除溶解氧外，在光照射下溶液中的其他组分也可具有强氧化势，例如，低能的紫外光（波长≈300nm）可通过$O_2^- \rightarrow Fe^{3+}$的电子转移诱导$Fe^{3+}$的水解，如$FeOH^{2+}$或氢氧化铁胶体的光还原反应，这一反应产生$Fe^{2+}$和羟基自由基（·OH）。羟基自由基是溶液中最强的、最活跃的氧化剂之一，能氧化多数天然的如羧酸、酚等有机物和金属离子。

2. Mn^{2+}-锰氧化物体系

微生物通过酶系统催化$O_2 \rightarrow H_2O$的还原反应，可直接或间接地促进Mn从Mn^{2+}向Mn^{3+}或Mn^{4+}的转变，O_2的氧化能力被转移至Mn(+3,+4)氧化物，因此，锰氧化物是土壤中最强的固体氧化剂。

在化学机理上，Mn^{2+}的氧化可以在通气好的碱性溶液中自然发生，沉淀态的亚锰氢氧化物与O_2的快速反应产生一系列氢氧化物或氧化物产物，产物的种类受体系pH值、O_2的浓度、阳离子及其他因素的影响。

$$Mn^{2+} \xrightarrow{OH^-} Mn(OH)_2(s) \xrightarrow{O_2} \begin{matrix} Mn_3O_4(s) \\ MnOOH(s) \\ MnO_2(s) \end{matrix}$$

Mn的氧化反应是自身催化的，首先：

$$Mn^{2+} + O_2 \longrightarrow MnO_2(s)$$

新形成的锰氧化物对 Mn 进行选择性吸附：

$$Mn^{2+} + MnO_2(s) \longrightarrow Mn^{2+} \cdot MnO_2(s)$$

吸附的 Mn^{2+} 很快被氧化：

$$Mn^{2+} \cdot MnO_2(s) + O_2 \longrightarrow 2MnO_2(s)$$

因此，一旦锰氧化物形成沉淀，由于选择吸附 Mn^{2+} 的有效表面的增加，氧化反应呈加速的趋势。

在土壤中，Mn^{2+} 被锰氧化物的自身催化氧化，是 pH 值低于 8.0 条件下锰氧化物形成的重要机理。有证据表明 Mn 和 Fe 倾向于在氧化物中共沉淀，因为在铁氧化物表面可能也能催化 Mn^{2+} 的氧化。

不同的土壤 pH 和 Eh 值，主要的稳定态锰可以归纳在其 pH-Eh 或 pH-pe 图中（图 4-18），对于任一 Mn^{2+} 活度的溶液，其 pe 和 pH 的关系式为：

$$pe = 20.8 - 0.5\lg[Mn^{2+}] - 2pH \tag{4-29}$$

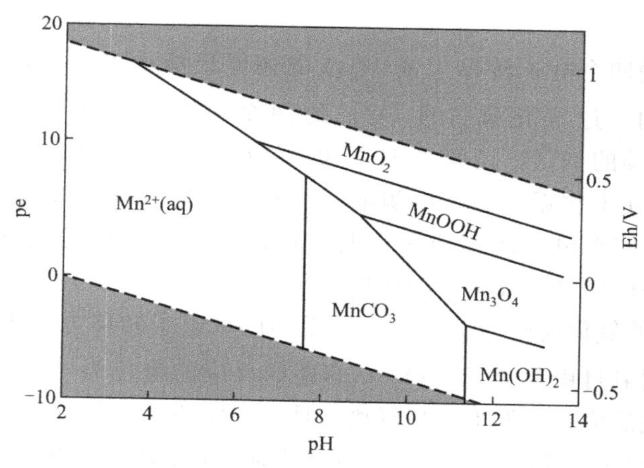

图 4-18　锰体系的 pe-pH 图解（李学垣等，2003）

如果土壤溶液中 Mn^{2+} 的活度为 10^{-5} mol/L，那么，上述方程则变为：

$$pe = 23.3 - 2\,pH \tag{4-30}$$

这在 pe-pH 图上是一直线，表示在 MnO_2 和 10^{-5} mol/LMn^{2+} 平衡存在的溶液中的氧化还原和酸度条件。在此线的下面（pe 更低），Mn^{2+} 的浓度高于 10^{-5} mol/L；在线的上面（高 pe 值），Mn^{2+} 的浓度低于 10^{-5} mol/L。在图 4-18 中，不同化学形态的 Mn 被此线和其他线分离开来，各线所包围的区域表示有利于该种 Mn 化合物形成的 pe 和 pH 条件。从图中可以清楚看到，在 pH 值低于 7.0 的溶液中，占优势形态的 Mn 是可溶性的 Mn^{2+}，除非溶液处于强氧化条件（良好的通气性）。当 pH 值较高时，在还原条件下 Mn^{2+} 易以 $MnCO_3$ 的形式沉淀，而在氧化条件下则形成不溶性的氧化物。

3. Fe^{2+}-铁氧化物体系

在持续淹水的土壤中，亚铁离子（Fe^{2+}）在 Mn^{2+} 之后出现，因为氧化物中 Fe^{2+} 的还原电位比锰氧化物中 Mn（+3，+4）的低。当 pH 值高于 6.0 时，溶解氧可以使 Fe^{2+} 很快氧化形成高铁氢氧化物。图 4-19 的 pe-pH 变化描述了在一系列条件下溶液中热力学稳定的铁的形态。如果溶液的还原性较强，可溶性 Fe^{2+} 仅在 pH 值低于 8.0 时是稳定的，若 pH 值上升到 8 以上（石灰性土壤及钠质土），Fe 的主要形态是 $FeCO_3$。当氧化性较强时，在较宽的 pH 值范围内，稳定的 Fe 形态是高度不溶性的氢氧化铁及氧化铁（White，1999；Sparks，1989）。

土壤中的各种天然多酚化合物，包括腐殖酸中的多酚，可以将 Fe^{3+} 还原为 Fe^{2+}，例如：

$$Fe^{3+}\text{-腐殖质复合物} \longrightarrow Fe^{2+} + \text{氧化态腐殖质}$$

在许多土壤的溶液中，尽管有溶解氧的存在，上述过程仍可使溶液中维持一定数量的 Fe^{2+}。有腐殖质存在时，Fe^{2+} 与氧的反应一般比没有腐殖质时要快得多，具体反应可表示如下：

$$Fe^{2+} + 1/4\ O_2 + \text{腐殖质} \longrightarrow Fe^{3+}\text{-腐殖质复合物}$$

将上述两个反应合并，发现 Fe 的氧化态并没有什么变化，Fe^{3+}-Fe^{2+} 体系在反应中只是充当 O_2 氧化腐殖质反应的催化剂的作用。

一些可与金属结合的配位体包括胡敏酸和富里酸，通过优先与 Fe^{3+} 或 Fe^{2+} 的配合改变土壤溶液的氧化还原电位，其 Nernst 方程为：

$$Eh = Eh(Fe^{3+}\text{-}Fe^{2+}) - 0.059\lg\frac{[Fe^{2+}]}{[Fe^{3+}]} \tag{4-31}$$

在这种情况下，溶液的氧化还原电位仅取决于 Fe^{2+} 与 Fe^{3+} 的活度比，如果体系的 pH 值足够小，致使 Fe^{3+} 不能水解形成氢氧化铁，那么溶液中的活度比就接近于溶解的 Fe^{2+} 与 Fe^{3+} 总量的比例。当有配位体进入体系时，一种金属离子的活度会相对地低于另一种离子的活度，导致氧化还原电位发生改变。例如，F^- 与 Fe^{3+} 的配合能力比与 Fe^{2+} 的强得多，因而相对 Fe^{2+} 而言，Fe^{3+} 的活度会降低，根据上述方程，最终使氧化还原电位降低。在化学上，这意味着配合作用对 Fe 的氧化状态的稳定作用削弱了 Fe^{3+} 的还原趋势。土壤溶液中的多数天然配位体都是氧配基的硬碱，均可以稳定氧化态铁，使氧化还原电位降低。

然而，在实际土壤中，除了可溶性 Fe^{3+} 和 Fe^{2+} 外，还有沉淀态的 Fe^{3+} 存在，因此，更切合实际的半反应为 Fe^{2+}-$Fe(OH)_3$ 电对，这一反应的 Nernst 方程为：

$$Eh = Eh[Fe(OH)_3\text{-}Fe^{2+}] - 0.059\lg\frac{[Fe^{2+}]}{[H^+]^3} \tag{4-32}$$

从式中可以看出，氧化还原电位是随体系 pH 的变化而变化的，因为 Fe^{3+} 的活度受 $Fe(OH)_3$ 溶解度的影响，如果溶液的 pH 值上升，沉淀的形成可稳定 Fe 的氧化态，铁体系的氧化还原电位降低。当有能与 Fe^{3+} 形成可溶性复合物的配位体进入体系时，则部分 $Fe(OH)_3$ 被溶解，可溶性 Fe^{3+} 总量增加。但值得注意的是，在这种情况下 $Fe(OH)_3$ 的溶解对游离的 Fe^{3+} 或 Fe^{3+} 的活度并没有影响，因而，这时配位体的存在并不改变体系的氧化还原电位。

在很多土壤中，水分的饱和程度和水位是经常变化的，导致有氧和无氧条件的更替。土壤湿润时，铁氢氧化物进行还原，由有机质直接或间接提供电子，即在体系中有电子授体和 CO_2 存在情况下，发生如下作用：

$$Fe(OH)_3 \xrightarrow[CO_2]{e} Fe(HCO_3)_2$$

生成的 Fe^{2+} 可占据土壤胶粒（黏土矿物和腐殖质）表面的大量吸附点位：

$$Fe(HCO_3)_2 + Ca^{2+}\text{-土壤} \longrightarrow Fe^{2+}\text{-土壤} + Ca(HCO_3)_2$$

因为 $Ca(HCO_3)_2$ 是可溶性盐，可从土壤中淋失，所以，有相当部分的交换态 Fe^{2+} 可以盐基离子的方式不断地淋失。一旦土壤排水后，通气性增强，Fe^{2+} 氧化而使土壤变酸：

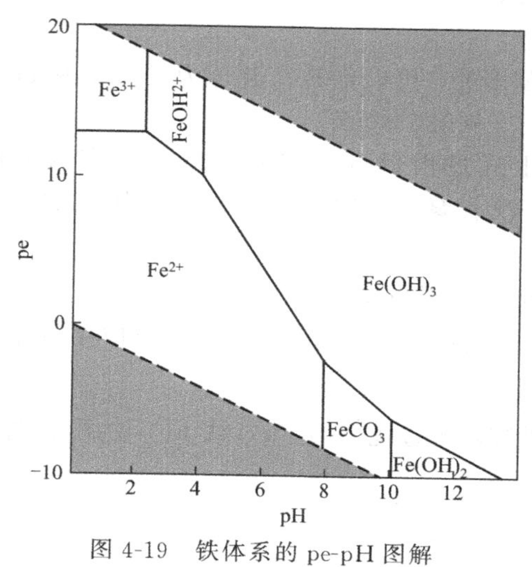

图 4-19　铁体系的 pe-pH 图解
（李学垣等，2003）

$$Fe^{2+}\text{-土壤}\longrightarrow Fe(OH)_3(s)+2H^+\text{-土壤}$$

铁的氧化还原导致的土壤酸化称为铁解作用，整个过程可用图 4-19 描述。如果水位经常在土壤剖面上某一特定位置移动，那么在有氧区和无氧区的界面，会有铁氧化物硬磐形成，有时界面上还会有一种黑色的含有还原态和氧化态铁的氧化物——磁铁矿（Fe_3O_4）形成。在铁的稳定域图中，磁铁矿在 pH＝6 以上位于还原态和氧化态铁交界的一个较窄的 pe 值范围出现。

表层土壤中铁解作用产生的土壤酸度的累积是一局部过程，这是由产酸的 Fe^{2+} 与重碳酸盐离子的空间分离所致，只有当重碳酸盐随排水从土壤中淋失时才能发生。

4. 碳体系

植物细胞通过光合作用从太阳辐射得到能量，同时，太阳辐射还提供了分子氧（＋pe）和强还原条件（－pe），这在亚细胞水平上是一种极端不稳定状态，局部的还原条件将 CO_2 转化为具有高能 C—H 键的还原性有机化合物。实际上，光能使氧原子的氧化态提高，使碳原子的氧化态降低。非光合作用的生物继而利用 O_2 氧化有机物，使体系达到平衡。

在通透性良好的土壤中，稳定的碳形态是 CO_2、HCO_3^- 及 CO_3^{2-}，所有的土壤有机物均有被 O_2 氧化的潜在可能。而在水分饱和的土壤中，土壤有机物中的还原态碳则为这些还原反应提供所需的能量和电子。

5. 氮体系

土壤体系中氨的各种氧化还原反应是硝化与反硝化作用。在通气良好的土壤溶液中，最稳定的氮素形态为 NO_3^-，而在土壤孔隙的气体中 N_2 则占有相当的比例，N≡N 三键具有非常高的解离能（942 kJ/mol），生物有机体并不具备氧化 N_2 为 NO_3^- 的酶系统。然而，在适度的还原条件下（$-4<pe<12$），NO_3^- 还原为 N_2 的反应却较易发生，这一过程即为反硝化作用，它是通过一系列中间产物如 NO_2^-、NO_2 的形成等间接途径完成的。反硝化会造成湿润土壤（不一定淹水）中氮素的大量损失。

在强还原条件下（$pe<-4$），N_2 还原为 NH_4^+ 的反应在热力学上也是可行的，在植物及藻类中，这一由酶催化的反应称之为固氮作用。固氮生物体内，在亚细胞水平上可以维持极度的还原状态，使酶系统能够催化 N_2 的还原。由于需要很高的能量使 N≡N 三键断裂，因此，仅有少量的生物具备还原 N_2 的酶系统。

虽然 N_2 与 H_2 的化学反应生成 NH_4^+ 在热力学上可行，但是，此还原反应须在很高的温度下才能进行，因此，非生物固氮作用即使在强还原的土壤中也很少见。

6. 硫体系

通气性土壤中稳定的硫的形态为 SO_4^{2-}，强还原条件可导致 SO_4^{2-} 的生物还原，生成易溶于水的有臭味的气体 H_2S，在还原条件下，H_2S 又可通过下面的反应形成各种金属硫化物沉淀：

$$H_2S(aq) = H^+ + HS^-$$
$$HS^- = H^+ + S^{2-}$$
$$Fe^{2+} + S^{2-} = FeS(s)$$

淹水土壤一般都含有硫化铁或黄铁矿，其分子式从 FeS 到 FeS_2，一旦土壤中的水位发生起伏变化或排水时，这些硫化物即通过生物或化学的方式被氧化。富含硫酸盐的被水淹没的土壤和沉积物中硫的主要上述反应多见于滨海滩涂。当土壤排水后，硫化物氧化产生的酸度会显著降低土壤的 pH 值，局部土壤的 pH 值可降低至 3.0～3.5，并伴随有硫酸盐矿物如黄钾铁矾和石膏的生成。显示酸性风化且含有硫酸盐矿物的土壤一般位于滨海地区，但也可出现在内陆，如开采黄铁矿的矿区，尾矿中的黄铁矿被带至土表并氧化生成硫酸。这些地区土壤的淋洗液具有相当大的环境负面效应，因为酸可以溶解并活化岩石和矿物中的痕量金属如 Pb、Cd、Cu 等。

在半干旱地区，当土壤排水不良时土壤中沉积的硫酸盐有时会被还原，反应为：

$$Na_2SO_4 + H_2CO_3 + CH_4(g) = 2NaHCO_3 + H_2S(g) + H_2O$$

生成的 H_2S 以气体的形式挥发，$NaHCO_3$ 则随着水分的蒸发在土表累积。因此，排水不良的土壤，硫酸盐还原为硫化物的反应会增加土壤的碱性。

湿润气候地区的沼泽地经常有腐败性 H_2S 气体的释放，只要土壤的主要交换性盐基离子是 Ca^{2+} 和 Mg^{2+}，H_2S 的形成并不会使土壤产生强碱性，在这些非钠质土壤中，硫的还原反应通常形成碳酸钙和碳酸镁沉淀。但是，在钠质土壤中，上述反应产生的碱性则以可溶性碳酸钠的形式存在。

思考讨论题

1. 土壤的机械组成有哪些分划？其成因指示意义是什么？

2. 土壤化学组成包含哪些主要成分？各组分的一般含量是多少？各组分在土壤功能或性质方面的作用是什么？

3. 土壤中离子吸附与交换的主要机理有哪些？土壤胶体体系在土壤物质运动过程中的作用及意义是什么？

4. 土壤酸碱度及缓冲作用的环境意义有哪些？

5. 土壤中的主要氧化-还原过程有哪些？机理是什么？

6. 简述物质由土壤进入植物体的意义及影响因素。

参考文献

陈静生，1990. 环境地球化学. 北京：海洋科学出版社.

陈文新，1996. 土壤和环境微生物学. 北京：中国农业大学出版社.

贺延龄，陈爱侠，2001. 环境微生物学. 北京：中国轻工业出版社.

黄昌勇，2000. 土壤学，北京：中国农业出版社.

黄瑞农，1987. 环境土壤学. 北京：高等教育出版社.

黄盘铭，1991. 土壤化学. 北京：科学出版社.

柯夫达 B A，1981. 土壤学原理. 陆宝树，周礼凯，李玉山，译. 北京：科学出版社.

雷志栋，1988. 土壤水动力学. 北京：清华大学出版社.

李秀斌，黄荣金，1989. 黄淮海平原土地农业适宜性评价. 资源科学，4：32-38.

李学垣，1997. 土壤化学及实验指导. 北京：中国农业出版社.
李天杰，等，1995. 土壤环境学. 北京：高等教育出版社.
黎彤，袁怀雨. 大洋岩石圈、大陆岩石圈化学元素丰度. 地球化学，2011，1：1-5.
李学垣，2003. 土壤化学. 北京：高等教育出版社.
牟树森，青长乐. 1993. 环境土壤学. 北京：中国农业出版社.
南京大学等合编，1981. 土壤学基础与土壤地理学. 北京：人民教育出版社.
王晓蓉，1993. 环境化学. 南京：南京大学出版社.
文启孝，等，1984. 土壤有机质研究法. 北京：中国农业出版社，
吴启祥. 地球上氮素含量及其分布. 中国土壤与肥料，1982，1：18-21.
夏荣基，等，1982. 土壤有机质研究. 北京：科学出版社.
于天仁，1987. 土壤化学原理. 北京：科学出版社.
于天仁，季国亮，1991. 土壤和水研究中的电化学方法. 北京：科学出版社.
于天仁，季国亮，丁昌朴，等，1996. 可变电荷土壤的电化学. 北京：科学出版社.
于天仁，陈志诚，1990. 土壤发生中的化学过程. 北京：科学出版社.
赵睿新，2004. 环境污染化学. 北京：化学工业出版社.
朱祖祥，1982. 土壤学. 北京：中国农业出版社.
Bohn H L，et al，1985. Soil Chemistry. Second Edition. John Wiley & Sons.
Bowen H J W，1979. Environmental Chemistry of the Elements. Academic Press.
Faure G，1998. Principles and Application of Geochemistry. 2nd ed. New Jersey：Prentice Hall，Upper Saddle River，461-504.
Kinniburgh D G，Jackson M L，1981. Cation adsorption by hydrous metal oxides and clay. In：Anderson M A & Rubin A J eds. Adsorption of inorganic at solid-liquid inter faces. MI：Ann Arbor.
Manahan S E，1984. Environmental Chemistry. Fourth Edition. Boston：Willard Press.
Pugh C E，Hossner L R，Dixon J B，1984. Oxidation rate of iron sulfides as affected by surface area，morphology，oxygen concentration and autotrophic bacteria. Soil Science，137：309-314.
Sparks D L，1989. Kinetics of Soil Chemical Processes. Academic Press.
Stumm W，Morgan J J ，1981. Aquatic Chemistry. John Wiley &Sons，Inc.
Stevenson F J 著，1994. 腐殖质化学. 夏荣基，等译. 北京：中国农业大学出版社.
Whornton I，1983. Applied Environmental Geochemistry. London：Academic Press.
White W M，1999. Geochemistry. MD：John-Hopkins University Press.

第五章　土壤环境污染

第一节　土壤污染概述

土壤是人类生存环境的重要组成部分，土壤圈与大气圈、水圈、岩石圈、生物圈有着密切的联系。工业排放的"三废"能直接污染土壤；大气、水体中的污染物能进入土壤造成二次污染；某些农业生产措施，如施用化肥、农药等，也能造成土壤污染（Bowen，1979）。污染物在土壤中的化学作用、迁移、转化及其对生物特别是对农作物产量和品质的影响，直接关系到人类健康和社会发展（Bohn et al，1985）。

土壤的上界面直接与大气相连，土壤空气主要源于大气，少量源于土壤内的生物活动和化学过程。土壤的下界面直接与岩石圈相连。如前面章节所述，土壤的无机固体组分主要是岩石风化的产物，如石英、长石、云母、方解石、黏土矿物及铁锰氧化物等。土壤液相与地下水体和地表水体相连。土壤是植物生长的基础，绝大部分植物都植根于土壤中；土壤也是许多土壤动物（如蚂蚁、蚯蚓等）和各种土壤微生物生活、繁衍的场所。

土壤处于大气圈、岩石圈、水圈和生物圈的交接部位，在生态体系中处于独特的空间地位。土壤中发生着各种自然和人为的物理的、化学的、生物的复杂变化，包括各种界面反应、物质迁移和转化、能量转换、生物的生长繁殖等各种过程。土壤是人类周围环境中变化最频繁、最复杂、各种信息最丰富、最敏感的部分。土壤在环境体系中起着重要的稳定作用和缓冲作用，对全球的气候变化和降水分布起着不可替代的调节作用。此外，土壤还是最大的温室气体排放源。

土壤也是各种污染物的最大承受者。大量的固体废物直接堆放在土壤表面，酸雨和工业排放的废气相当部分最终都进入了土壤。此外，在人类生产和生活过程中有意无意地将诸多如农药、化肥等人造化学品播散或施加进土壤。土壤在容纳这些物质时，对这些物质有一定的缓冲作用和自净能力。但是，污染物的输入若超过一定的限度，超过了土壤的容纳能力，则可能造成严重的破坏，甚至形成不可逆转的环境后果。

一、土壤环境质量

土壤环境质量的好坏，可根据土壤的不同用途，从不同的角度进行考察和评价。一般认为土壤的物质组成、含量、物理性质和化学性质等决定着土壤的环境质量，它包括土壤及其成土母质的结构、密度、渗透性能、透气性能、持水性能、收缩膨胀性能以及各种无机物和有机物的含量、肥力、生物化学活性等（Kinniburgh et al，1981）。

原国家环境保护局按土壤应用功能、保护目标和土壤主要性质，规定了土壤中污染物的最高允许浓度指标值及相应的监测方法。土壤的环境质量分为以下三类（夏家琪，1996）。Ⅰ类主要适用于国家规定的自然保护区、集中式生活饮用水源地、茶园、牧场和其他保护地区的土壤，土壤质量基本上保持自然背景水平；Ⅰ类土壤环境质量执行一级标准，这是为保护区域自然生态、维持自然背景的土壤环境质量的限制值。Ⅱ类土壤主要适用于一般农田、蔬菜地、茶园、果园、牧场等用途的土壤，土壤质量对植物和环境不造成危害和污染；Ⅱ类土壤环境质量执行二级标准，这是为保障农业生产、维护人体健康的土壤限制值。Ⅲ类土壤主要适用于林地土壤及污染物容量较大的高背景值土壤和矿产地附近等地的农田土壤（蔬菜地除外），土壤质量基本上对植物和环境不造成危害和污染；Ⅲ类土壤环境质量执行三级标准，这是为保障农林业生产和植物正常生长的土壤临界值（表4-15）。

土壤经历一定时期的自然风化、淋溶或渍水等过程，或经历了不适当的农业措施及其他人为活动的破坏，土壤质量可能降低。表现为营养成分含量减少，有机质含量降低，土层变薄、沙化、板结、盐渍化、酸化、污染物含量增多等。土壤环境质量恶化的后果轻则影响农产品的产量和质量，降低农业生产的经济效益，重则造成生态环境破坏，威胁人类的身体健康和生存。

二、土壤污染及其特点

目前对土壤污染较为普遍接受的定义是：人类活动产生的或天然的污染物进入土壤，使该污染物的量在土壤中积累到一定程度引起土壤质量变化，导致土壤失去其原来正常功能和作用的过程和现象（Bohn et al，1985）。具体地说，污染物质是指与人为活动有关的和天然的对环境要素正常功能发挥和人体健康产生负面作用的各种自然及人造物质，包括痕量金属、化学农药及其他人造化学品、放射性物质、病原菌等。

如前所述，土壤是环境四大要素之一，是连接自然环境中无机界和有机界、生物界和非生物界的中心环节。环境中的物质和能量不断地输入土壤体系，并且在土壤中转化、迁移和积累，从而影响土壤的组成、结构、性质和功能。基于这些特性，土壤污染相对于其他环境要素污染具有其自身的一些特点。

土壤污染的第一个特点是它不像大气、水体污染一样容易被人们发现和觉察，因为各种有害物质在土壤中总是与土壤相结合，有的有害物质被土壤生物所分解或吸收，从而改变了其本来性质和特征，它们可被隐藏在土壤中或者以难于被识别、发现的形式从土壤中排出。当土壤将有害物质输送给农作物，再通过食物链从而损害人畜健康时，土壤本身可能还会继续保持其生产能力。所以，土壤污染具有隐蔽性。

土壤污染的第二个特点是土壤对污染物的富集作用。土壤对污染物进行吸附、固定，其中也包括植物吸收，从而使污染物聚集于土壤中。在进入土壤的污染物中，多数是无机污染物，特别是痕量金属和放射性元素都能与土壤有机质或矿物质相结合，并且长久地保存在土壤中，无论它们如何转化，也很难重新离开土壤，成为顽固的环境污染问题；而有机物在土壤中能受到微生物分解，从而逐渐失去毒性，其中有些成分还可能成为微生物的营养物源。

土壤污染的第三个特点就是土壤污染主要是通过它的产品——植物来表现其危害性。植物从土壤中除吸取它所必需的营养物质以外，同时也被动地吸收土壤中的有害物质，使有害物质在植物体内富集，以至于达到危害生物自身或人、畜的含量水平。即便没有达到有害水平的含毒植物性食物，只要对人畜使用，当它们在人或动物体内排出率较低时，也可以日积月累，最后引起病变。

土壤污染不能像大气、水体那样以某种物质超出某种标准来表示，因为土壤污染很难用化学组成的变化来衡量，即使是未受任何污染的土壤其组成也是不固定的，某些物质含量的变动不意味着土壤正常功能受到障碍。对土壤功能的破坏最明显的标志是使生长作物产量和质量发生下降，然而某种污染物侵入土壤，影响到作物生长并不是能立即反映出来的。要确定某化合物是否对土壤起污染作用，必须研究其毒性效应，研究污染物在土壤中的迁移和富集特点。因为，污染物进入土壤后，通过土壤对污染物质的物理吸附、胶体作用、化学沉淀、生物吸收等一系列过程与作用，使其不断在土壤中累积，当其含量达到一定程度时，才引起土壤污染。这涉及土壤的净化功能。

土壤净化是指土壤本身通过对污染物的吸附、分解、迁移、转化等作用，使污染物的浓度降低并最终消失的过程。土壤之所以具有净化功能，是由于土壤在环境中有着如下 3 个方面的作用。

(1) 由于土壤中含有各种各样的微生物和土壤动物，这些生命体对外界进入土壤中的各种物质都有分解转化作用。

(2) 由于土壤中存在有复杂的有机和无机胶体体系，其通过吸附、解吸、代换等过程，对外界进入土壤中的各种物质起着“加工作用”，可使污染物发生形态转化。

(3) 土壤是绿色植物生长的基地，通过植物生命活动，土壤中的污染物质可被其转化、吸收和转移。

因此，某些性质不同的污染物在土壤中可通过挥发、扩散、分解等作用，逐步降低污染浓度，减轻毒性或被分解成无毒的物质。在土壤中，污染物经过沉淀、吸附等作用可发生形态变化，变为难以被植物利用的形态存在于土体中，暂时退出生物小循环，脱离食物链；或通过生物和化学降解，污染物变得毒性较小或无毒性，甚至成为营养物质。有些污染物在土壤中发生形态变化从而被分解气化，还会迁移至大气中去。这些现象，从广义上都可理解为土壤的净化作用。一般而言，只要污染物浓度未超过土壤的自净容量，就不会造成污染。

在土壤中污染物的累积和净化是同时进行的，是两种相反作用的对立统一过程，两者处于一定的相对平衡状态。如果输入土壤的污染物质其数量和速度超过了土壤的净化作用速度，打破了积累和净化的自然动态平衡，就使积累过程逐渐占据优势。当污染物质积累达到了一定的程度，就必然导致土壤正常功能的丧失，使土壤质量下降和影响植物生长发育或使植物体内该污染物含量增高，并通过食物链最终影响人体健康，这种现象即属于土壤污染。如果污染物进入土壤的速度和数量尚未超过土壤的净化能力，虽然土壤中已含有污染物，但尚不致影响土壤的正常功能和植物的生长、发育和质量，植物体内污染物含量不超过食用标准，即不会影响到人体健康。

三、土壤污染源及污染物质

土壤是一个开放体系，土壤与其他环境要素间进行着不间断的物质和能量的交换。因而造成土壤污染的物质来源是极为广泛的（Manahan，1984）。大致可将土壤污染源分为以下几类。

(1) 工业污染源　在工业废水、废气和废渣中，含有多种污染物，其浓度一般都较高，一旦进入农田造成土壤污染，在短期内即可引起对作物的危害。一般直接由工业“三废”引起的土壤污染仅局限于工业区周围数千米、数十千米范围内。工业“三废”引起的大面积土壤污染往往是间接的，是由于以废渣等作为肥料施入农田或以污水灌溉等经长期作用使污染物在土壤中积累而引起的。

(2) 农业污染源　农业生产本身产生的土壤污染包括化学农药、化肥、除草剂等污染，这些物质的使用范围在不断扩大，数量和品种在不断增加。喷撒农药时，有相当一部分直接落于土壤表面，一部分则通过作物落叶、降雨从而进入土壤。农药的经常和大量施用是土壤中污染物的一个重要来源。

(3) 生活污染源　人粪尿及畜禽排出的废物长期以来被看作是重要的土壤肥料来源，对农业增产起了重要作用。这些废物，有时除能传播疾病引起公共卫生问题外，也会产生严重的土壤和水体污染问题。含有人畜遗弃排泄物的生活污水和被污染的河水等均含有致病的各种病菌和寄生虫，将这种未经处理的肥源施于土壤，会引起土壤严重的生物污染。

此外，某些自然因素有时也会造成土壤污染。例如，强烈火山喷发区的土壤、富含某些痕量金属或放射性元素的矿床附近地区的土壤，由于含矿物质（岩石、矿物）的风化分解和播散，可使有关元素在自然营力作用下向土壤中迁移，引起土壤污染。

土壤污染物质指的是进入土壤并影响土壤正常性质、功能、作用的物质，即能使土壤成分发生改变、降低作物生产的数量或质量并对人体健康产生危害的那些物质。按污染物性质大致分为如下几类。

1. 痕量金属

有关痕量金属的学问或问题由来已久，经久不衰。特别是近几十年来，随着环境科学的蓬勃发展，痕量金属作为环境中常见的重要污染物类别更是受到了广泛的重视。实际上，环境中那类有负面生态效应的金属物质在人们的概念中也存在一个认识上的逐渐演变过程。

这里所指的痕量金属，其含义相当于英文文献中的“trace metals”术语。它泛指在环境中达到一定量后会体现毒害或负面生态效应的一类金属元素，其效应的体现分别与它们各自的化学、地球化学性质密切关联。这个概念有时常常与“微量金属”（minor metals)、“重金属”(heavy metals) 混用，含义也相近。

与痕量金属有关的一个概念是“重金属”。重金属也是一个环境科学领域用以描述环境中超过一定量后对生物体有负面作用的那类金属污染物质。这个概念被广泛使用，特别是在环境保护意识深入人心的今天，在普通社会公众心目中，重金属是常常与污染、中毒联系在一起的一个概念。由于在自 20 世纪初开始出现和直到今天仍时有发生的环境公害事件中，许多情况都与金属元素污染引起人体中毒有关，而这些元素都具有密度较大的特点，人们便用“重金属”来描述它们，逐渐形成了今天的重金属概念。但在教科书上，所谓重金属元素是指相对密度大于 4 的金属元素，有的文献或教科书上指大于 5 的或周期表中 Ca 以后的金属元素为重金属。相对密度大于 4 的金属总计有 60 种，大于 5 的总计有 45 种。今天，这个概念被使用了一百多年后人们发现了它的不科学性。2002 年，国际纯化学和应用化学协会专门发表文献就重金属概念的使用提出了质疑 (IUPAC，2002)。认为重金属一词不能很好地涵盖这类物质的环境行为属性，作为科学术语更应该突出强调其化学性质。2004 年，英国生物地球化学家 M. E. Hodson 在《环境污染》(*Environmental Pollution*) 上也撰文指出，重金属概念虽然仍被使用，但用以描述环境中的金属污染物质是一个不得体的概念 (Hodson，2004)。由于这一概念有其特殊的发生发展历史和应用背景，目前在仍被使用的同时，学术界有逐渐用其他形式的描述来代替“重金属”术语的趋势。本书中凡涉及上述这一问题的概念及论述，我们一律用“痕量金属”来表述，而不用“重金属”一词。

在环境科学领域相关研究中提及的痕量金属元素主要是指一些相对密度大于 4（有的文献为大于 5）的微量金属（含个别半金属）元素，主要有 Cr、Mn、Co、Ni、Cu、Zn、Rb、Sr、Zr、Mo、Ag、Cd、Sn、Sb、Ba、W、Re、Os、Ir、Pt、Au、Hg、Pb、Bi、Po 以及半金属元素 Se、As 等 20 多个。实际中，较常见的一些痕量金属污染物为汞、镉、铅、铜、锌、镍、铬、钴、硒和砷等。痕量金属不能被土壤微生物所分解，但可被生物所富集。因此土壤一旦被痕量金属污染，难以彻底消除，会对土壤环境形成长期潜在的威胁。痕量金属主要通过以下几条途径进入土壤：使用含痕量金属的废水进行灌溉；使用含痕量金属的废渣、污泥作为肥料；使用含痕量金属的农药制剂；含痕量金属的粉尘沉降进入土壤等。

2. 农药、化肥类

主要的化学农药、除草剂包括有机氯类、有机磷类、氨基甲酸酯类和苯氧羧酸类。有机氯类包括六六六、DDT、艾氏剂、狄氏剂等；有机磷类包括马拉硫磷、对硫磷、敌敌畏等；氨基甲酸酯类有的为杀虫剂，有的为除草剂；苯氧羧酸类如 2,4-D、2,4,5-T 等除草剂。

化肥类主要包括氮肥类和磷肥类。

这类合成有机污染物主要通过农业生产活动进入土壤，除一部分发挥作用之外，另一部分因其固有的稳定、不易分解特性而在土壤中累积，长此以往造成土壤污染。

3. 有机物类

除农药外，土壤中的有机污染物主要来自工业“三废”，较常见的有酚、石油类、多氯联苯、苯并芘等有机化合物。这类污染物由于其独特的热稳定性能、化学稳定性能和绝缘性能，在生活和生产中用途很广，常造成严重的积累后果，特别是某些有激素效应的种类，对动物的生殖功能有干扰作用或负面影响，对其毒害效果的消除治理是人类面临的一大环境课题。

4. 放射性物质及病原微生物

放射性物质污染主要是由于大气核爆炸降落的污染物以及核能利用所排出的固液体放射性废弃物，最终不可避免地随同自然沉降、雨水冲刷和废弃物的堆放而污染土壤。

土壤中的病原微生物主要来源于人畜的粪便及用于灌溉的污水（未经处理的生活污水及医院等特殊部门的废水），当人与污染的土壤接触时可传染各种细菌及病毒，若食用被土壤污染的蔬菜、瓜果等即会影响人体健康。这些被污染的土壤经过雨水冲刷，又可能污染水体。

四、土壤污染的发生类型

根据土壤污染源、主要污染物质及其分布的特点，可对土壤污染的发生类型进行划分。根据土壤污染发生的途径，一般把土壤污染划分为如下几种类型。

1. 水体污染型

工矿企业废水和城市生活污水，未经处理不实行清污分流就直接排放，使水体遭到污染。有些地区尤其是缺水地区利用这些污染水体作为灌溉水源，常使土壤受到痕量金属、无机盐、有机物和病原体的污染。污水灌溉中的土壤污染物质一般集中于土壤表层，但随着污灌时间的延长，污染物质也可由土体表层向下部主体扩散和迁移，以致达到地下水深度而对地下水造成污染。水体污染型的污染特点是沿河流或干、支渠呈枝状或片状分布。

2. 大气污染型

污染物质来源于被污染的大气，其特点是以大气污染源为中心呈环状或带状分布，长轴沿主风向伸展。其污染的面积、程度和扩散的距离取决于污染物质的种类、性质、排放量、排放形式及风力大小等。由大气污染造成的土壤污染物质主要集中在土壤表层，主要污染物是大气中的二氧化硫、氮氧化物以及含痕量金属、放射性物质和有毒有机物的颗粒物等，它们通过沉降和降水携带而降落到地面。因大气中的酸性氧化物形成的酸沉降可引起土壤酸化，破坏土壤的肥力与生态系统的平衡。各种大气颗粒物中含有的有机、无机有毒有害物质及放射性散落物等多种物质，可造成土壤的各种污染。

3. 农业污染型

污染物主要来自施入土壤的化学农药和化肥，其污染程度与化肥、农药的数量、种类、施用方式及耕作制度等有关。有些农药如有机氯杀虫剂DDT、六六六等在土壤中长期停留，并在生物体内富集。氮、磷等化学肥料，凡未被植物吸收利用和未被根层土壤吸附固定的会在根层以下积累，成为潜在的污染物或转入地下水参与循环。残留在土壤中的农药和氮、磷等化合物在地面径流、地下水迁移或土壤风蚀时，会向其他环境转移，扩大污染范围。

4. 固体废物污染型

该类污染主要是指工矿企业排出的尾矿、废渣、污泥和城市垃圾在地表堆放或处置过程中通过扩散、降水淋滤等直接或间接地影响土壤，使土壤受到不同程度的污染。

上述土壤污染类型是相互联系的，它们在一定的条件下可以相互转化。固体废物污染型可以转化为水污染型和大气污染型。土壤污染往往是多源性的。

综上所述，各种类型的污染都与土壤的自然属性相关联，也表明在地表环境要素中，土壤是最活跃的要素。这是由于土壤圈不仅与其他圈之间进行着不间断的物质和能量的交换，而且，土壤圈在环境自净和污染物容量方面有着突出的贡献。另外，土壤也是提供人类基本生产、生活资源和排放各类废物的场所，对化学物质进入食物链的数量和速率有着至关重要的影响和控制作用。因此，研究土壤污染，必须了解化学物质在土壤环境中的化学行为，以及污染物从土壤向人体转移的有关化学和地球化学过程与作用。

按污染物类型划分，在上述各类污染中，从土壤的自然属性角度看，当今最主要的土壤环境问题或土壤环境污染是土壤的痕量金属污染与土壤的农药、化肥污染以及土壤的区域性酸化等。其他类型的污染，如石油等有机物污染、放射性污染等，一定程度上往往仅具相对局部意义。

第二节 土壤痕量金属污染

土壤本身含有一定量的痕量金属（trace metals）元素，见表5-1。其中很多是作物生长所需要的微量营养元素，如Mn、Cu、Zn等。因此，只有当叠加进入土壤的痕量金属元素积累的浓度超过了作物需要量和可忍受程度，作物才表现出受毒害症状，或作物生长并未受害但产品中某种金属含量超过标准，造成对人畜的危害时，才能认为土壤已被痕量金属污染。

表5-1 世界土壤中某些微量元素含量值（王晓蓉，1993） 单位：μg/g

元素	范围值	平均值	元素	范围值	平均值
Cu	2～200	15～40	As	1～50	5
Be		6	Se	0.1～2	0.2
Zn	10～300	50～100	Cr	5～1000	100～300
Cd	0.01～0.7	0.5	Mo	0.2～5	1～2
Hg	0.03～0.3	0.03～0.1	Mn	200～3000	500～1000
Sc		7	Co	1～40	10～15
La	1～5000	30	Ni	5～500	40
Pb	2～200	15～25			

污染土壤的痕量金属主要包括汞、镉、铅、铬和类金属砷等生物毒性显著的元素及有一定毒性的锌、铜、镍等元素。它们主要来自农药、生产生活废水、污泥和大气降尘等，如砷

主要来自杀虫剂、杀菌剂、杀鼠剂和除草剂，汞主要来自含汞废水，而镉、铅则主要来自冶炼排放和汽车废气沉降等。

过量的痕量金属可引起植物生理功能紊乱、营养失调、发生病变，痕量金属不能被土壤微生物降解，可在土壤中不断积累，也可被生物所富集并通过食物链最终在人体内积累，进而危害人体健康。如日本于1931年因镉污染引起的痛痛病，就是因为患者食用含镉废水灌溉的稻米。土壤一旦遭受痕量金属污染，就很难予以彻底消除，污染物还会向地表水或地下水中迁移，从而扩大其污染，因此痕量金属对土壤的污染是一类后果非常严重的环境问题。

痕量金属在土壤-植物体系中的累积和迁移，一般取决于痕量金属在土壤中的存在形态、含量以及植物种类和环境条件变化等因素。土壤-植物系统具有的转化、储存太阳能为生物化学能的功能，一旦污染负荷超出它能承受的容量，这种功能就会受到影响，甚至丧失。在这方面国内外均做了大量有重要现实意义的研究工作。这方面较著名的例子如日本足尾铜矿公害事件，土壤中铜含量达200μg/g，使水稻株高仅为10cm左右，造成严重减产，最后矿山周围大片农田终于变成不毛之地，而且因污染物在植物体内的残留直接或间接地危害了人体健康，引起人群病变。

土壤-植物系统又是一个强有力的“活过滤器”，这里有机体密度最高，生命活动最为旺盛。土壤-植物系统可通过一系列物理、化学及生物学过程，对环境中污染物进行吸附、交换、拮抗、沉淀和降解等净化作用，这些自然过程对痕量金属的生物效应都具有重要意义。

一、影响痕量金属在土壤中环境行为的主要因素

痕量金属大多是元素周期表中的副族元素，其外层电子构型为$(n-1)d^1ns^2 \sim (n-1)d^8ns^2$和$(n-1)d^{10}ns^1 \sim (n-1)d^{10}ns^2$，大多具有不饱和的$d$电子层。因而，在自然环境中痕量金属与其他元素结合时往往表现出可变的化合价。这些特点使得痕量金属的环境行为与效应常常非常复杂。

1. 土壤胶粒对痕量金属的吸附

土壤胶粒对金属离子的吸附能力与金属离子的性质及胶粒种类有关。同一类型的土壤胶粒对阳离子的吸附与阳离子的价态有关。阳离子的价态愈高，电荷愈多，土壤胶粒与阳离子之间的静电作用力也就愈强，吸引力也愈大，因此结合强度也大。而具有相同价态的阳离子，则主要取决于离子的水合半径，即离子半径较大者，其水合半径相对较小，在胶粒表面引力作用下，较易被土壤胶粒的表面所吸附。土壤胶粒的结构及其电荷密度分布均对阳离子吸附作用产生影响（Kinniburgh et al，1981；Manahan，1984）。

各种无机胶粒对阳离子吸附的特征见表5-2。

表5-2　土壤中黏土矿物胶粒的阳离子吸附特征（王晓蓉，1993）

胶粒成分	矿物类型	化学式	胶粒表面积/(10^3m^2/kg)	阳离子交换量/(mmol$^{(+)}$/kg)
高岭石	1∶1	$Al_4Si_4O_{10}(OH)_8$	10～100	10～100
蒙脱石	2∶1	$Al_2Si_4O_{10}(OH)_2 \cdot nH_2O$	600～800	800～1200
蛭　石	2∶1	$(Mg,Fe^{2+},Fe^{3+})_3(Si,Al)_4(OH)_2 \cdot 4H_2O$	600～800	1200～1500
云　母	2∶1	$K(Mg,Fe)_3[AlSi_3O_{10}(OH)_2]$	70～120	200～400
绿泥石	2∶1∶1	$(Mg,Fe^{2+})_{6-x}(Al,Fe^{3+})_{2x}Si_{4-x}O_{10}(OH)_8$	70～160	200～400
水铝英石		$Si_xAl_y(OH)_{4x+3y}$	70～300	100～150

有机胶粒属无定形胶粒，比表面积大，因此其吸附容量比无机胶粒大。有机胶粒对金属离子的吸附顺序是：$Pb^{2+}>Cu^{2+}>Cd^{2+}>Zn^{2+}>Hg^{2+}$。

2. 痕量金属的配合作用

土壤中的痕量金属可与土壤中的各种无机配位体和有机配位体发生配合作用。例如，在土壤表层的土壤溶液中，汞主要以 $Hg(OH)_2$ 和 $HgCl_2$ 形态存在，而在氯离子浓度高的盐碱土中则以 $HgCl_4^{2-}$ 形态为主。痕量金属的这种羟基配合及氯配合作用，减弱了土壤胶粒对痕量金属的束缚，并可提高难溶痕量金属化合物的溶解度。例如，腐殖质中的富里酸与金属形成的配合物一般是易溶的，能够有效地阻止痕量金属难溶盐的沉淀。

3. 土壤中痕量金属的沉淀和溶解

痕量金属的沉淀和溶解作用是土壤中痕量金属迁移的重要形式，可以根据溶度积的一般原理，结合环境条件（如pH、Eh等）了解其变化规律。例如，在氧化环境中，Eh值较高，钒、铬呈高氧化态，形成可溶性铬酸盐、钒酸盐等，具有强的迁移能力；而铁、锰则相反，形成高价难溶性化合物沉淀，迁移能力很低（Pugh et al，1984；Sparks，1989）。

pH值更是影响土壤中痕量金属迁移转化的重要因素。例如，土壤中痕量金属铜、铅、锌、镉等的氢氧化物沉淀直接受pH值所控制，若不考虑其他的反应，可有下列平衡反应式：

$$Cu(OH)_2 \rightleftharpoons Cu^{2+}+2OH^- \qquad K_{sp}=1.6\times10^{-19}$$
$$Pb(OH)_2 \rightleftharpoons Pb^{2+}+2OH^- \qquad K_{sp}=4.2\times10^{-15}$$
$$Zn(OH)_2 \rightleftharpoons Zn^{2+}+2OH^- \qquad K_{sp}=4.0\times10^{-17}$$
$$Cd(OH)_2 \rightleftharpoons Cd^{2+}+2OH^- \qquad K_{sp}=2.0\times10^{-14}$$

根据溶度积能求出它们的离子浓度与pH的关系。现以 $Cd(OH)_2$ 为例说明：

$$[Cd^{2+}][OH^-]^2=2.0\times10^{-14}$$
$$[Cd^{2+}]=2.0\times10^{-14}/[OH^-]^2$$

由于 $[H^+][OH^-]=1.0\times10^{-14}$，所以 $[OH^-]=1.0\times10^{-14}/[H^+]$ 并代入上式，则得：

$$[Cd^{2+}]=2.0\times10^{-14}/\{1.0\times10^{-14}/[H^+]\}^2$$

两边取对数，则可获得金属离子浓度与pH的关系式为：

$$\log[Cd^{2+}]=14.3-2pH$$

也可用同法获得其他金属离子浓度与pH的类似关系式。从上式可以看出，$[Cd^{2+}]$ 的浓度随pH值的增大而减小；反之，pH值下降时，土壤中的痕量金属则可以溶解出来。这也是土壤pH值低时作物易受害的原因之一。

4. 氧化还原作用

氧化还原电位变化，将使土壤溶液中水溶性痕量金属形态发生变化，从而影响痕量金属在土壤中的迁移和对植物的有效性（Pugh et al，1984；Sparks，1989）。例如，土壤的pH值及氧化还原条件对镉存在形态的影响，水溶性镉随土壤的氧化还原电位的增大和pH值的减小而增大，这是由于在低氧化还原电位条件下镉形成难溶的CdS，而在较高的氧化还原电位时，可能形成硫酸镉，使镉对植物的有效性增大。

二、痕量金属在土壤-植物体系中的累积、迁移及其生物效应

从环境科学角度对痕量金属的研究是基于其对人体健康的危害或体现的影响效应为出发

点的，归结到最后也就是其生物效应或生物有效性问题。这些问题在生命科学、医学以及营养学等学科研究中有关生命体中物质的生物化学行为作用的研究内容中也有涉及。人们希望通过对痕量金属与健康相关性及其内在联系的探索，在某些疾病，特别是痕量金属元素缺乏、过量及失控等造成的疾病（包括某些地方病）的防治方面有所发现，以对其作用效果有所改善。

从污染物特征属性角度考察，痕量金属区别于其他污染物的最主要特征之一是其在环境系统（大气、水、土壤、生物系统）中均无一例外地存在背景含量。造成这种现象的根本原因在于痕量金属本身即是组成地壳的基本物质成分。因而，自然界物质循环过程中，痕量金属元素自然会依照元素本身各自的化学、地球化学习性和所处系统的环境物理化学条件进行迁移、组合和分配。这是地球化学规律的体现，而且这种体现往往具有强大的自然惯性。

与上述情况相应，环境系统或环境单元中痕量金属元素的含量范围超过生物正常健康发育、生长所能允许的界限的原因也不外乎是背景含量和人为叠加两种情况或这两种情况的组合。

生命科学与医学的研究成果表明，有些痕量金属是生命体所必需的（Bowen，1979）。目前认为，它们分别是钒、铬、锰、铁、钴、镍、铜、锌、硒、钼、锡，其中有的元素尚存在争议（Thornton，1993；中国科学院土壤环境容量协作组，1991）。这些痕量金属元素即属于迄今已知的生命元素家族中的成员。其余的痕量金属元素有的是生命不必需元素，有的则是目前对其功能作用还没有认识清楚的元素。实际上，无论是必需元素还是不必需元素，生命体中一定的量都是容许的。但是，它们各有一段最佳健康浓度，有的具有较大的体内恒定值，如锌、锰；有的在最佳浓度和中毒浓度之间只有一个狭窄甚至是非常狭窄的安全限度。另外，这些元素的浓度在生物体内是不断变化的，它们的生物效应和作用目前尚远未为人们所认识（Bowen，1979；廖自基，1992；牟树森等，1993；赵睿新，2004）。就是那些对其生物效应已有一定认识的元素，对其认识的深入程度对于不同的元素也不尽相同（杨崇洁，1988；张辉，2000）。

一般来说，进入土壤的痕量金属，大都停留在它们首先与土壤接触部位的表层几厘米范围之内，可以通过植物根系的摄取迁移至植物体内，也可向土壤下层移动。下面分别介绍若干痕量金属元素在土壤-植物体系中的累积迁移状况。就一些目前有研究积累的痕量金属元素的一些生物效应列述如下：

1. 钒（vanadium）

1830 年，瑞典科学家 N. G. Sefstrom 发现了化学元素钒。鉴于钒的衍生物色泽绚丽，他以维娜丽斯（Vanadis）的名字将该元素命名为钒（vanadium）。钒是生命必需痕量金属元素，地壳丰度 135×10^{-6}（刘英俊等，1984；南京大学地质系，1977；White，1999）。

钒是周期表中第四周期、第ⅤB 族的元素，其基本属性如下：

元素符号——V；

原子序数——23；

原子量——50.9415；

价电子层结构——$3d^3 4s^3$；

主要氧化数——+2，+3，+4，+5；

共价半径（pm）——122，离子半径（pm，M^{5+}）——59；

电负性——1.63；

密度（g/cm^3）（20℃）——6.1；

熔点（℃）——1919，沸点（℃）——3400。

自然界中钒有两个同位素：^{50}V（丰度 0.25%）、^{51}V（丰度为 99.75%）。其中，^{51}V 是稳定同位素，而 ^{50}V 是钒自然与人工放射性同位素中半衰期最长（$T_{1/2}=6\times10^{15}a$）的核素。钒的人工放射核素有：^{46}V（$T_{1/2}=0.426s$）、^{47}V（$T_{1/2}=31.2min$）、^{48}V（$T_{1/2}=15.97d$）、^{49}V（$T_{1/2}=330d$）、^{52}V（$T_{1/2}=3.760min$）、^{53}V（$T_{1/2}=1.55min$）、^{54}V（$T_{1/2}=43s$）（Stille et al，1997）。^{48}V 适用于一般生物示踪研究，而实验周期长的生物研究宜用 ^{49}V，^{52}V 却是痕量钒中子活化分析测量的核素（南京大学地质系，1977；White，1998）。

钒是一种过渡金属，其各价态中有生物学意义的是＋3、＋4、＋5。由于钒具有多种化合物且能水解和形成多聚体，因此钒的水溶液化学性质比较复杂。各种价态的钒离子在水中的总浓度与 pH 值有关。当钒的浓度在 $10^{-3}mol/L$ 左右时，将溶液 pH 值调至中性，则各种价态的钒离子均水解并产生沉淀。在强碱性条件下，有些沉淀可以溶解并以阴离子形式存在。亚钒离子 V^{2+} 能缓慢将水还原为 H_2，因此 V^{2+} 没有生物学意义。钒离子 V^{3+} 在 pH＝2.2 时水解生成 $V(OH)^{2+}$；pH＜2 时 V^{3+} 在无氧存在时是稳定的；pH＞2.2 时，V^{3+} 发生二聚并产生沉淀。由于溶于中性和碱性溶液中的三价钒极易被氧化而不稳定，因此三价钒曾被认为是没有生物学意义的，但有些问题目前尚不清楚。＋4 价的钒由于电荷较高，在溶液中没有 V^{4+} 存在，通常以 VO^{2+} 形式存在，其性质与过渡元素和碱土金属二价阳离子的性质相似。氧钒离子的酸性溶液在空气中是稳定的，但在中性及碱性条件下会与空气发生氧化反应，其行为与 V^{3+} 相似。在被囊类动物血细胞中也有钒氧离子存在。四价钒具有的顺磁性是一种很有用的性质，可用于研究钒元素在生物体内的价态、浓度及运输情况（刘英俊等，1984）。

由于钒的电子结构可形成多种价态，故生理条件下的钒以多种氧化态形式存在，各种氧化态均可发生氧化还原反应。通常细胞外面的钒是五价的钒酸根形态钒，而细胞内的钒是四阶钒，在某些物种的细胞内已发现钒酸根可被还原为四价钒。

钒在自然界中的分布很广，其平均浓度（135μg/g）大大超过铜、锌、钴等元素的平均浓度。但大部分钒的分布较分散，因此钒广泛分布在自然界中并参与生物圈循环。土壤、大气及地球水圈是生物体同环境进行钒交换的主要场所。土壤中的钒常以难溶盐的形式存在，其中的钒常是三价的。钒是土壤中某些固氮菌的必需元素，它具有加强农作物固定氮的作用，可以提高农作物的总含氮量，促进农作物生长。钒对豌豆的增产最为明显。在无生命的环境中，钒元素主要以 V(Ⅲ) 和 V(Ⅴ) 氧化态存在于矿石中，现已发现有 50 多种矿石含有钒。V^{3+} 的离子半径（74pm）和 Fe^{3+} 的离子半径（64pm）相近，因此 V(Ⅲ) 几乎不生成自己的矿物而分散在铁矿物或铝矿物中，钒钛铁矿中的钒就是以这种形态存在的。V(Ⅴ) 能形成独立的矿物——钒酸盐，常与磷、铀共生。钒最重要的矿物有绿硫钒矿 VS_2 或 V_2S_5、铅钒矿或褐钒矿/$Pb_5(VO_4)_3Cl$、钒云母/$KV_2(AlSi_3O_{10})(OH)_2$、钒酸钾铀矿/$K_2(UO_2)_2(VO_4)_2\cdot3H_2O$ 等。此外，在某些沉积物如石油、页岩、沥青和煤中也含有钒。钒在这些沉积物中的含量非常高，如煤中钒的浓度为 6000μg/g，且主要以 V(Ⅳ) -卟啉形式存在，而卟啉是来自生物体的，这说明生物体提供了能与钒结合的配体（White，1999）。

事实表明，大量接触五氧化二钒粉末会影响人体健康，甚至会出现中毒症状。钒中毒的程度取决于钒的化学形态、中毒途径以及接触剂量等因素。金属钒的毒性很低，但钒的化合物对人和动物有中度到高度的毒性。钒化合物的毒性随钒化合物中钒的价态增加和溶解度的增大而增强，五价钒化合物的毒性比三价钒化合物的毒性要大几倍，其中 V_2O_5 和它的盐类是毒性最大的。食物中锌含量增大可加重钒的毒性。动物实验表明，钒中毒程度随侵入途径不同而不同，注射钒化合物时毒性最大，口服毒性最低，由呼吸道摄入居中。此外，钒盐注射液的 pH 值对钒的毒性也有影响，pH 值增大毒性增强。

迄今为止，在人体和动物实验中接触钒及钒化合物尚未发现有致癌、致畸作用。

2. 铬（chromium）

1797 年，法国化学家沃克兰（Vauquelin N. L.，1763～1829）在研究西伯利亚红铅矿时发现了铬。当时沃克兰在著名化学家孚克劳（Fourcroy A. F.，1755～1809）的实验室工作。他把西伯利亚红铅矿石和碳酸钾一起煮，得到意料之中的碳酸铅沉淀和一种性质不明的鲜黄色溶液。他在该黄色溶液里加入高汞盐溶液，就出现了美丽的红色溶液；加入铅盐溶液，出现灼灼夺目的黄色沉淀物；加入氯化亚锡，则溶液又变为可爱的绿色。由于这种新元素能够形成各种颜色不同的化合物，所以沃克兰的老师孚克劳就命名这种元素为“hromium”。这个字的希腊文原意是“色彩艳丽”。两年后即 1799 年，沃克兰终于制得了纯净的金属铬。中文按其译音命名为铬。铬的英文名称 chromium，是从希腊文“chroma”衍生而来，意思是“颜色”，因为铬元素的各种离子和化合物具有鲜艳的颜色，是色彩艳丽的金属。铬是动物和人体必需的微量元素，在地壳中的丰度为 100×10^{-6}（刘英俊等，1984；南京大学地质系，1977；White，1999）。

铬是元素周期表中第 4 周期ⅥB 族的元素，其基本属性如下：

元素符号——Cr；

原子序数——24；

原子量——51.996；

价电子层结构——$3d^5 4s^1$；

氧化数——−2、−1、0、1、2、3、4、5、6（最常见的是 0、2、3 和 6）；

电负性——2.4（+6）、1.6（+3）；

原子半径（pm）——124.9（12 配位）；

共价半径（pm）——118；

离子半径（pm，6 配位）——63（+3）、52（+6）；

熔点（℃）——1890；

沸点（℃）——2482；

密度——$7.20g/cm^3$。

铬有四种稳定的同位素：^{53}Cr，4.355%；^{54}Cr，83.779%；^{51}Cr，9.501%和^{53}Cr，2.365%。此外，铬有 5 种放射性同位素，但只有^{51}Cr 的半衰期为 27.8 天，并广泛应用于生命科学中作为示踪原子，其他几种放射性同位素的半衰期都小于 1 天（White，1999）。

铬原子中的 6 个价电子都可以参加成键，Cr(Ⅱ) 离子是强还原剂，在空气中，二价铬相当不稳定，能迅速地氧化成三价铬，因此，Cr(Ⅱ) 在生物体内极少可能存在。不过，也有人认为生物体内含有大量还原能力较强的有机化合物，在这种环境中有可能使得微量 Cr(Ⅱ) 在体内存在，并有可能在体内生成 Cr(Ⅱ) 的中间产物，它对具有生物活性的 Cr(Ⅲ) 配合物有催化作用。六价铬离子具有较高的正电荷和较小的半径（52pm），因此，不论在晶体中还是在溶液中都不存在简单的 Cr(Ⅵ) 离子，而总是以阴离子酸根的形式存在。

其中，六价铬主要是与氧结合成铬酸盐（CrO_4^{2-}）或重铬酸盐（$Cr_2O_4^{2-}$），都是强氧化剂。在酸性溶液中，这些离子很容易还原为Cr(Ⅲ)。三价铬是最稳定的氧化态，也是生物体内最常见的。但是，Cr(Ⅲ)在碱性溶液中却有较强的还原性，易被氧化（刘英俊等，1984）。

三价铬形成配位化合物的能力很强，并且在所形成的配位化合物中，最主要的是六配位的化合物，其单核配位化合物的空间构型为八面体，Cr(Ⅲ)离子提供6个空轨道，形成6个d^2sp^3杂化轨道。Cr(Ⅲ)配位的化合物是常见的，它可形成配阴离子或配阳离子或中性配合分子。在水溶液中，这些配合物具有动力学相对惰性的特征。例如，在配体取代反应中，反应的半衰期仅在几小时范围内。因此，铬不可能处于酶的活性部位作为金属酶的催化中心，因为在酶的活性部位交换必须迅速，像这样的动力学相对惰性的铬配合物只可能作为结构成分来发挥作用。例如，在酶或者在蛋白质或核酸的三级结构中，键合的配体仅以适当的排列取向起催化作用。

在水溶液中，Cr(Ⅲ)和H_2O配位形成正八面体的六配位水合离子，即$[Cr(H_2O)_6]^{3+}$。这种六配位的水合离子也存在于盐如$[Cr(H_2O)_6]Cl_3$以及矾如$MCr(SO_4)_2 \cdot 12H_2O$中，其中的M可代表除锂以外的所有一价阳离子。

在生物组织中，pH为中性时，铬的水合配合物会发生水解降低酸度，其结果会通过羟桥合作用形成桥，产生多核的铬配位化合物，最后沉积下来成为生物学惰性成分。如果加入强碱，同时加热到120℃，羟桥合作用增强。强配位体（例如草酸根离子）能预防甚至逆转羟桥合作用，但是，较弱的配位体只能预防反应发生。在生物体内，铬能起作用是由于它能与较弱的有机配体或无机配体结合，形成易溶解的配合物。铬化合物与其他配体如硫氰酸根或氨基之间，也可能形成桥。例如，现有研究中已发现下列天然存在的配体：焦磷酸、蛋氨酸、丝氨酸、甘氨酸、亮氨酸、赖氨酸和脯氨酸，在生理条件下，它们往往会抑制Cr(Ⅲ)的羟桥合作用。

铬是地壳的组成元素之一，占地壳总量的0.02%，广泛地存在于土壤、大气、水和动植物体内。铬在自然界的行为受氧化还原作用制约较大。自然界中的铬主要有两种价态，其中正三价最稳定。有学者曾指出，在自然界的强酸性环境中不存在六价铬化合物，因为存在这种化合物必须具有很高的氧化还原电位（>1.2V），而这样高的电位在自然界的弱酸性与碱性条件下可以存在六价铬化合物。这样的条件可以保证三价铬向六价铬转化。如在pH=8、E=0.4V的某些干旱荒漠土壤中，曾发现有可溶性的铬钾石（K_2CrO_4）及其他矿物存在。在pH=6.5～8.5的环境中，三价铬转化为六价铬的反应为：

$$2Cr(OH)^{2+} + 1.5O_2 + 3H_2O \xlongequal{} 2CrO_4^{2-} + 8H^+$$

例如，正常pH的天然水中，三价铬和六价铬可以相互转化。在自然界中，含铬体系氧化环境和还原环境交界处的物理化学条件对其行为具有重要的地球化学意义。由于这里的氧化还原电位发生剧变，使铬在环境中的行为也发生剧变，在这些部位常可形成铬的富集带。如有六价铬的电镀废水排入富含有机污染物的水中时，$Cr_2O_7^{2-}$被迅速地还原为Cr(Ⅲ)并被吸附生成沉淀，因而不能迁移。在氧化环境即富含游离氧的环境中，碱性条件下，Eh值略高于零，通常大于+0.15V，最高达0.6～0.7V；在酸性条件下，Eh值>+0.4～0.5V，这类环境具有强氧化能力，铬处于高氧化态，形成可溶性的铬酸盐，具有高的迁移能力。

在正常的土壤pH值和Eh值范围内，铬常以四种形态存在——两种三价离子，即Cr(Ⅲ)和CrO_2^-；两种六价离子，即$Cr_2O_7^{2-}$和CrO_4^{2-}。上述四种离子态铬在土壤中的迁移转化情况与土壤pH、Eh值、有机质含量、无机胶体组成、土壤质地及其他化合物的存在有关。我国南方红壤的黏粒矿物组成以高岭石为主，并含有大量带正电荷的铁、铝氧化物凝胶，所以对六价铬的吸附能力较强；而北方地区的垆土以伊利石为主，这些土壤对六价铬的吸附能力相对较弱。土壤有机质可使六价铬还原成三价铬，pH 值和 Eh 值是影响铬离子迁移转化的条件。不同的有机物质对六价铬的还原能力随着 pH 值的增大而降低。因而增施有机肥、调节土壤酸碱度，可减轻六价铬的危害。

铬是人类和动物体的必需元素，但高浓度时有害。冶炼、燃烧、耐火材料及化学工业等排放、含铬灰尘的扩散、堆放的铬渣、含铬废水污灌等都造成土壤铬污染。土壤中铬主要以三价铬化合物存在，当它们进入土壤后，90%以上迅速被土壤吸附固定，在土壤中难以再迁移。土壤胶粒对三价铬有强烈的吸附作用，并随 pH 值的增大而增强。土壤对六价铬的吸附固定能力较低，一般情况下溶液中的 Cr 仅有 8.5%～36.2%可被土壤吸附、固定。不过普通土壤中可溶性六价铬的含量很小，这是因为进入土壤中的六价铬很容易还原成三价铬。

在土壤中六价铬还原成三价铬，有机质起着重要作用，并且这种还原作用随环境 pH 值的增大而降低。值得注意的是，实验已证明，在 pH 值 6.5～8.5 的条件下，土壤中的三价铬能被氧化成六价铬，其反应为：

$$4Cr(OH)_2^+ + 3O_2 + 2H_2O = 4CrO_4^{2-} + 12H^+$$

同时，土壤中存在的氧化锰也能使三价铬氧化成六价铬，因此三价铬转化成六价铬的潜在危害不容忽视。

植物在生长发育过程中，可从外界环境中吸收铬，通过根和叶进入植物体内。有的植物如黑麦、小麦亦可通过根冠吸收三价铬，而不需要通过根毛。植物从土壤中吸收的铬绝大部分累积在根中，其吸收转移系数很低，可能是由于以下 2 个原因。

① 三价铬还原成二价铬再被植物吸收的过程在土壤-植物体系中难以发生，三价铬的化学性质和三价铁相似，但 Fe^{3+} 还原成 Fe^{2+} 比 Cr^{3+} 还原为 Cr^{2+} 容易得多，因此，植物中铁含量显然要比铬高几百倍。

② 六价铬是有效铬，但植物吸收六价铬时受到硫酸根等阴离子的强烈抑制，所以铬是痕量金属元素中最难被吸收的元素之一。铬在蔬菜体内不同部位的分布规律呈根＞叶＞茎＞果的趋势。

Cr(Ⅲ) 在地下水中极不稳定，易以沉淀和吸附两种形式积累到土壤中，其量的多少取决于水-土体系中的 pH 值。自然土壤环境中氧化锰是 Cr(Ⅲ) 氧化的主要电子接受体，土壤对 Cr(Ⅲ) 的氧化能力与易还原性氧化锰含量显著相关。由于土壤的组成非常复杂，同时含有固相、液相（土壤溶液）和气相（土壤空气），同时还含有生命体，因此土壤圈中铬元素含量的水平存在较大变化范围，通常在 5～100μg/g 间，平均含量为 200μg/g，也有更高浓度情况的报道。

由于海洋水占水圈总水量的 93%左右，因此可以认为海洋水的铬含量决定了整个水圈的铬含量。铬在海水中通常是以 Cr(Ⅲ) 和 Cr(Ⅵ) 的状态同时存在，在环境变化条件下，两者可相互转化。其在海水中具有各种不同的存在形式，常见的有以下几种。

① 无机态的离子。在 25℃、1atm、35‰盐度、pH＝8 的环境中，Cr(Ⅲ) 的主要形态为：$Cr(OH)_2^+$ 约占 85%、CrO_2^- 约占 14%；Cr(Ⅵ) 的主要形态为 CrO_4^{2-} 约占 94%、$HCrO_4^-$ 约占 2%、$KCrO_4^-$ 约占 2%、$Cr_2O_7^{2-}$ 约占 2%。

② 与无机和有机的配位基团形成配合物，如与 H_2O、NH_3、Cl^- 等无机基团形成配合物。

Cr(Ⅲ) 最常见的配位离子是 $[Cr(H_2O)_6]^{3+}$，它存在于水溶液中，也存在于很多盐的晶体中。同时，也可能与胺、有机酸、腐殖质等有机基团形成配合物。有研究表明，在天然水 pH 值范围内存在腐殖质和有机酸时，Cr(Ⅲ) 会组成不带电或带负电的具有各种分子量的有机配合物，而 Cr(Ⅵ) 则不会。

③ 颗粒型铬。与矿质颗粒结合在一起的离子，较粗的颗粒主要集中在靠近河口部分和陆地边缘，而胶体、亚胶体微粒经常以微细悬浮物形式存在于海水中。

有人测定了海水中的溶解态铬和颗粒铬，结果表明，河流排污控制着渤海湾铬的分布，大气降尘也是影响海水中铬含量的因素。英国沿岸铬含量为 0.31～0.65μg/L；地中海海水中铬含量为 0.20～0.4μg/L，利古利亚海铬含量为 0.23～0.43μg/L；摩纳哥沿岸表层海水的铬含量为 0.36～0.43μg/L。渤海湾海水中总铬含量范围在痕量至 9μg/L 之间，含量分布趋势是河口区高，随着离岸距离的增加而降低，反映出铬的分布规律与河口排污状况密切相关。海水中溶解铬的含量为 0.2～2.0μg/L；波士顿港海水中溶解铬含量为 0.27～3.96μg/L；胶州湾溶解铬含量比较高，在 0.9～298μg/L 之间；渤海湾海水中溶解铬含量范围从痕量至 1.6μg/L 之间，平均约为 0.4μg/L，随离河口距离的增加而降低。挪威的弗雷姆费伦湾的颗粒铬含量为 0.26ng/g，占总铬的 56.5%；哥伦亚河口颗粒铬为 2.3nmol，占总铬的 48.9%。波士顿港的颗粒铬为 0.59～5.4ng/g，占总铬的 57.3%～72.0%。胶州湾测得颗粒铬占总铬的 0～56%。渤海湾河口区颗粒铬大约占铬的 80%以上，高于其他海湾，因此提出颗粒铬是渤海湾铬存在的主要形态，也是铬转移的主要因素。

大陆上空与海洋上空铬的含量和分布是不同的，陆地上空近地层中的浓度明显高于海洋上空，最新研究认为，在不受工、矿企业影响的空旷地区近地大气层中，铬在元素的浓度序列中位置如下：Zn>Cu>Mn>Cr>Ph>V>Ni>As。每一平方千米地面上部 1km 高的空气柱中，铬的含量应等于 1 到数十克，这个数值虽然不大，但整个陆地的总面积有 1.5 亿平方千米，这样，在大陆上部空气中就会有较大数量的铬。海洋表面上空的铬浓度要比陆地上空低约 10 倍，但是，世界海洋的总面积比陆地大两倍，所以海洋上空同样含有不少数量的铬。大气圈中同时包含有固态和液态物质的分散颗粒，它们在大气圈中所起的作用并不亚于世界海洋中固态物质的分散悬浮物。对于铬在大气中的存在和转移，气悬胶体具有特殊意义。大气中铬的主要载体是气溶胶，即悬浮在空气中的固体颗粒，也是水蒸气的凝结核。大陆产生的颗粒相对粗大些，其平均粒径约为 2～3μm；海洋上空的颗粒较细，其粒径平均值约为 0.25μm。有数据资料表明，大陆上空固相气溶胶中铬的浓度比海洋上空高几倍。印度洋和大西洋上空的气溶胶中铬浓度分别为 98μg/g 和 78μg/g，而东西伯利亚和中亚的大陆气溶胶中铬浓度分别为 310μg/g 和 240μg/g。日本、美国和苏联的地球化学家详细研究了气溶胶的组成，发现 1～3μm 大小的颗粒是铬的主要携带者，它们常常可以携带气溶胶中 90%以上的铬随风飘浮，经过沉降，落到大地或海洋表面，较大颗粒的粉尘沉降在 10km 范围内。

由于人类的生产与生活活动，铬元素不断地从它们的母岩中迁移出来并在整个环境中循环，并通过物质循环进入生命有机体，广泛地分布在生命物质中。其含量和分布随着生物体的组织部位与营养介质、环境条件、生物发育阶段等的不同而不同。

铬元素含量在海洋和陆地植物之间存在明显的差异，种属、产地都会引起铬浓度的显著差异，即使是在同一生物的不同组织部位铬浓度也会不同。铬在植物体中的一般含量是 0.05～0.5mg/kg（或 0.2～1mg/kg）。植物中铬的含量不仅反映其生长环境的状况，而且也反映该植物富集铬的能力。典型的富集可形成地方性植物种类。超基性岩的风化产物含有非常丰富的铬，在这些岩石中发育着特殊的蜿蜒植物区系，如某些松属、杜鹃花属、草本植物，它们的铬含量都很高，常常超过1mg/kg。铬在植物细胞中的选择性积累有赖于铬的配合物的形成过程。如铬在水稻根细胞原生质中显示出活性，并能与从原生质中分离出的多种蛋白质结合。Cr(Ⅲ)是土壤中是最稳定的铬形态，它能被植物吸收；而植物对Cr(Ⅵ)的吸收更迅速、更广泛。有人提出，六价铬进入细胞之前在根表面或在根细胞中可与有机物质反应后生成三价铬，铬在植株体内以三价铬化合物的形式存在。大麦幼苗对六价铬的吸收是主动的，对三价铬的吸收是被动的。研究表明，Cr(Ⅲ)吸收产生的配合物，其中氧供体的配体（如羰基配体）在植物根里参与Cr(Ⅲ)的键合，部分固定在根里。Cr(Ⅵ)的吸收首先产生游离的五价铬物质，金属离子被键合到低分子量的配体上，然后同样形成Cr(Ⅲ)物质。研究证实，植物的根具有使铬还原的特性，植物吸收的Cr(Ⅵ)仍然倾向于在根部经历还原过程，糖、苯酚和简单的有机酸在植物根里也起还原作用。根细胞具有较强的储存能力和还原能力，它能将较高浓度的铬离子保留在细胞壁上和液泡中，并对铬的进一步向上部运输做选择性调节。在正常土壤中的植物铬中毒现象一般是罕见的。但过量的铬会使植物出现中毒或低产现象。

土壤中过量的铬将抑制水稻、玉米、棉花、油菜、萝卜等作物的生长，这些作物由于铬的毒害而发生不同程度的减产，其具体表现为：降低作物的发芽率；引起作物叶片失绿；阻碍作物根的延伸，减少作物根的数量。六价铬比三价铬毒性更强。铬酸钠浓度达0.1mg/L时，对小麦、玉米等有毒害作用。由于作物吸收的铬大部分累积在根里，根细胞体积小，数量少，因此作物根部受害最严重。大量实验证明，铬对作物的养分吸收和代谢具有重要的影响。铬的污染使菜豆中过氧化氢酶、过氧化物酶、吲哚乙酸氧化酶、抗坏血酸氧化酶、脱氢酶、向日葵中多酚氧化酶、玉米和小麦中的过氧化氢酶和蛋白酶的活性发生明显的变化。有学者认为，铬抑制作物吸收铁、锌从而引起失绿；铬抑制矮菜豆、黄豆等对锌的摄取，增加水稻对锰以及水稻、黄豆等对镁的摄取。植物体内的铬、镍水平高度相关。研究发现，铬减少水生蕨类植物以及被子植物中的叶绿素含量、希尔反应活性、蛋白质含量、干物质质量，增加细胞组织的通透性。通过对这些衰老变量的综合考察，他们得出了铬污染促进植物衰老的结论。

铬的毒害作用很可能涉及氧自由基机制。在通常情况下，需氧生物在还原O_2到H_2O的过程中会产生带有单个电子的氧自由基（O^{2-}），它本身具有毒性并能诱生其他毒物，如过氧化氢和羟基自由基等，积累的自由基将对植物细胞造成伤害。最易受攻击的是膜系统，膜内脂质双分子层中的不饱和脂肪酸链容易因过氧化作用而分解，造成整体膜的破坏，致使膜透性增大，离子漏失，色素解体，甚至植株死亡。

动物喂饲中毒量的铬酸盐，出现生长障碍，家兔两小时内的致死量是1.9g。给予大剂量铬酸以后，尿中往往有蛋白和脱落细胞，肾充血，脂肪变性、坏死。豚鼠用较小剂量，如0.2%～0.5%铬酸钾溶液0.25mL，只出现轻微损害。长期重复较小剂量，不引起病变，铬酸盐对肾小管的亲和力比肾小球强。最早阶段有血管损害，以后迅速影响肾小管，不久后即以肾小管为主要临床表现。

铬对人的毒害主要是偶然吸入极限量的铬酸或铬酸盐后，引起肾脏、肝脏、神经系统和血液的广泛病变，导致死亡，有报告口服重铬酸钾（口服致死量约为6～8g）和铬酸钠灼伤经创面吸收引起严重急性中毒的事例。长期接触Cr(Ⅵ)化合物，致皮肤过敏和溃疡、鼻中隔穿孔和支气管哮喘；而 Cr(Ⅲ) 在皮肤表层与蛋白质结合，形成稳定的配合物，因此不引起皮炎和铬溃疡。目前尚无二价、三价铬化合物引起毒性效应的确切证据。

Cr(Ⅵ) 具有强氧化性，易穿入生物膜，其毒理作用在于干扰人体内的正常氧化还原和水解过程。美国、英国、德国和日本均有报道，铬厂工人易患肺癌、鼻癌、咽癌、鼻窦癌等。动物实验结果表明，在给药部位发现有致癌性的物质有铬酸钙、铬酸铅等 10 种化合物，但现阶段不能肯定对在远距离给药部位的致癌性。有人认为铬的致癌性似乎取决于铬的氧化态及其化合物的溶解性，以水溶性较低的铬衍生物活性较高，它能长期沉积在肺部，不断地向细胞渗透。这一点也说明铬致肿瘤的易发部位在肺部。Cr(Ⅵ) 为致癌物，但进入体内可转变为 Cr(Ⅲ)。因此，长期储留在肺部的是 Cr(Ⅲ)，美国学者认为，Cr(Ⅲ) 是人体和动物必需痕量金属元素。Cr(Ⅵ) 为强致癌物，是强氧化剂，并且具有穿透生物膜的性质。Cr(Ⅵ) 易与有机物反应还原为 Cr(Ⅲ)。因此认为，铬酸盐的全部生物学作用在于还原成三价形式和与有机分子形成配合物。经研究证实，聚集在细胞核内的 Cr(Ⅲ) 与染色体结合，且对 DNA 复制起某种影响。DNA 的变化取决于 Cr(Ⅵ) 的氧化性及其 Cr(Ⅲ) 所形成的配合物。铬离子可与人体某些蛋白质结合。但是，Cr(Ⅲ) 和 Cr(Ⅵ) 在致癌作用中的影响程度、相互关系、反应和剂量（浓度）关系等问题有待进一步研究。

3. 钴（cobalt）

1753 年，瑞典化学家格·波朗特（G. Brandt）从辉钴矿中分离出了一种灰色金属并制出了金属钴。1780 年瑞典化学家伯格曼（T. Bergman）确定钴为元素。单质钴是一种坚硬的、具有银白色光泽的金属，有明显的磁性。钴是生命必需元素，地壳丰度 25×10^{-6}（刘英俊等，1984；南京大学地质系，1977；White，1999）。

钴属于元素周期表中第 4 周期ⅧB 族的铁系元素，其基本属性如下：

元素符号——Co；

原子序数——27；

原子量——58.93；

价电子层构型——$3d^7 4s^2$；

氧化数——−1、0、1、2、3、4；

电负性——1.7；

原子半径（pm）——125.3（12 配位）；

共价半径（pm）——116；

离子半径（pm）——72（+2）；

熔点（℃）——1495；

沸点（℃）——2900；

居里温度（℃）——1121；

密度（g/cm^3）——8.92。

自然界常见的化合物形态有（Co，Ni，Fe）As_{3-x}（辉钴矿）、Co_3S_4（硫钴矿）、CoAsS（辉砷钴矿）等，在地表条件下常形成钴的氧化物、碳酸盐和砷酸盐等次生矿物。

钴属于中等活泼的金属，常温下对水和空气都是稳定的，和氧、硫、氯等非金属单质不起反应。但在加热时，它们都将发生反应。在稀酸中，钴缓慢溶解：

$$Co^{2+}+2e \rightleftharpoons Co \quad Eh^0=-0.277eV$$

钴的 6 种氧化态中，只有 Co(Ⅱ) 和 Co(Ⅲ) 在溶液中能够存在。维生素 B_{12} 中的 Co

为 Co(Ⅲ)，它对生命活动极为重要。在一定条件下，各种价态的钴可以相互转换。水配位的 Co(Ⅱ) 在溶液中比 Co(Ⅲ) 稳定得多。当 Co(Ⅲ) 形成氨配合物后，则能在溶液中稳定存在。例如：

$$[Co(H_2O)_6]^{3+} + e \rightleftharpoons [Co(H_2O)_6]^{2+} \qquad Eh^0 = 1.84eV$$

$$[Co(NH_3)_6]^{3+} + e \rightleftharpoons [Co(NH_3)_6]^{2+} \qquad Eh^0 = 0.1eV$$

当存在各种配体，特别是含氮原子配体时，Co(Ⅱ) 很容易被氧化成 Co(Ⅲ) 配合物。三价钴是抗磁的，具有很强的氧化性。在酸性溶液中，它迅速将水氧化：

$$4Co^{3+} + 2H_2O \longrightarrow 4Co^{2+} + O_2 + 4H^+$$

因此，Co(Ⅲ) 的简单盐类不多，相反，其配合物则是广泛存在的。Co(Ⅲ) 对含氮配体具有很强的亲和性，因此大多数配合物含有氨、胺、硝基和异氰根等。此外，卤素离子和水分子也是较为常见的配体。Co(Ⅲ) 的六配位化合物常为八面体型，与 Co(Ⅱ) 化合物所不同的是，它们具有很大的化学稳定性。Co(Ⅱ) 是唯一常见的 d^7 离子，它既能形成简单的盐，又能形成配合物。由钴形成的配合物立体结构种类很多，最常见的结构是八面体和四面体，其中的 Co(Ⅱ) 处于高自旋态。钴也存在相当数量的平面正方型、三角双锥型和六配位的配合物，其中的 Co(Ⅱ) 通常处于低自旋态。与其他任何过渡金属离子相比，Co(Ⅱ) 更易形成四面体配合物，这种现象可以根据配位场稳定化能理论进行解释（White，1999）。

在生物体内，钴和蛋白质反应几乎全部生成高自旋钴的衍生物，只有当配位原子处于平面结构如咕啉和卟啉，或者有一个以上的氰根 CN— 与 Co(Ⅱ) 离子作用时，才出现低自旋钴衍生物结构。

人们对于钴对动物营养作用的认识可以说是从 1934 年开始的。当时，研究人员认识到世界各地引起牛、羊患一种奇症的病因竟然是动物饲料中缺乏钴，这是人们第一次意识到钴在生物学和生物化学上具有重要作用。由于钴在反刍动物营养成分中的重要性，之后，全世界的研究人员对各地土壤、植物、饮料、牧草、水和肥料中钴含量的测定做了大量工作。特别是在维生素 B_{12} 发现后，研究范围进一步扩展到钴在动物、人体、微生物中的生物化学行为方面。

有人对地球火成岩中钴的含量做了估算，结果为 0.001%、0.002% 和 0.004% 等。钴在地球外壳层所有元素的丰度序列中排在第 33 位。在岩石中，钴的含量通常在 0.2～250mg/kg 范围内，不同岩石中，钴的浓度数据可以查阅有关的地球化学资料。钴通常与镍和砷共生，最主要的含钴矿石是砷钴矿（CoAs）和硫砷钴矿（CoAsS）。有时，工业上也从含镍、钴、铅的砷矿冶炼残渣中提取钴。陨石中既有金属钴也存在氧化钴。以硅酸盐形式存在于某些陨石中的钴含量与许多岩石中钴的含量大致相当，已发表的数据有 40mg/kg、200mg/kg 和 700mg/kg 等。以金属形式存在于陨石和陨铁中的钴其含量较高，大约为 0.37%～1.63%。

钴的基本来源是岩石和陨石，分布于土壤、植物、动物、人体、微生物、水等介质中的痕量金属钴还可源于工业含钴产品，并且随着社会生产水平的不断提高，这种途径越来越受到重视。例如，不锈钢餐具、罐头食品、各种含钴器具、陶瓷、含钴化肥以及制造高温合金、高速钢、磁铁、催化剂等工业排放的污水和尘雾，都是不容忽视的钴的来源。

钴在大多数土壤中浓度范围在 0.1～50mg/kg 之间，如此低含量的钴起初并没有引起广大土壤研究人员的注意。如上所述，直到 1934 年，人们发现各种反刍动物的某种症状与缺乏钴有关，从此开始了较系统的研究。研究结果表明，全世界许多地区的土壤含钴量太低，难以维持以这些地区生产的饲料为食的牛、羊的健康。现在，在饲料、草料、饮水、盐渍地、化肥或石灰石中加入少量钴已成为许多地区防止动物缺钴的常用手段。近年来，对世界各地不同土壤中总钴和有效钴的含量已有许多报道。各地不同土壤是从不同原始物质演化而来，并经受了不同的物理、化学和生物作用，土壤中钴的含量变化很大。土壤中总钴的含量范围可以从严重缺钴地区的0.3mg/kg到富矿区的1000mg/kg，大多数土壤含钴量为2～20mg/kg，有效钴为0.01～6.8mg/kg，但通常在0.1～2mg/kg之间。

钴在土壤中可被吸附、固定或螯合。被吸收的钴往往有一部分是交换态，但只能与Cu^{2+}、Zn^{2+}交换，不能与Ca^{2+}、Mg^{2+}或NH_4^+交换。钴的固定是通过参与到黏土矿物的晶格中来实现的。钴也可被有机物螯合，致使土壤中上层钴有向下层移动的趋势。土壤呈酸性时，将加重淋溶作用，导致钴在土壤中垂直迁移。

土壤中的钴常以Co^{2+}或$CoCO_3$、CoS形式存在。植物容易吸收土壤中的可溶性钴和代换性钴，主要通过根部吸收土壤中的钴，然后有一部分转运到植物的其他部位，地下部分含钴量通常大于地上部分。如大麦含钴量分布情况为：根＞茎＞叶＞颖和芒＞籽实。

植物对钴的吸收还受土壤pH值的影响，酸性土壤可提高钴的可溶性，增大钴进入植物体内的能力。

这里所指的总钴是指将样品用酸处理或熔化方法完全分解后所能检测到的含量，有效钴是用稀酸或盐溶液从土壤样品中萃取出来的部分。尽管有人报道植物中钴的含量与土壤总钴的相关性大于与有效钴的相关性，但是，大多数人仍认为有效钴更容易改变植物中该元素的缺乏状况。如把土壤有效钴表示为总钴的百分数形式，则它的范围较广（1%～93%），但通常在3%～20%之间。为了防止牛、羊患钴缺乏症，对土壤中所需要的总钴或有效钴的最低含量报道不一。有些学者认为，要维持动物的良好营养状态，土壤应高于0.3mg/kg有效钴；有人把最低值定得较高，如1.35mg/kg、1.84mg/kg和＜2mg/kg等。还有人发现，要防止反刍动物缺钴，土壤中总钴的最低值应为2.5mg/kg。葡萄园中的土壤正常总钴含量为1.6mg/kg，低于0.3mg/kg时，植物就会表现出缺钴症状。土质较好的土壤含钴较多，熟土比同类型但未开垦的土壤含钴要多。有意思的是，常常遭受洪水泛滥地区的土壤含钴较高，与早期测定尼罗河淤泥钴含量达100～130mg/kg相吻合。

钴的放射性同位素已用于研究植被对土壤中钴迁移的影响，钴的垂直迁移受植被的影响很小。由于沥滤和植物吸收所引起的钴损失很小，几乎所有被吸收的钴都聚集在与土壤颗粒接触的根部。同样，植被对钴的水平迁移也无影响，因为植物总停留在它们所根植的土壤中。

关于土壤中钴的含量与甲状腺肿发生的相关性也有报道。土壤中有效钴的含量较低与发生甲状腺肿呈正相关；高钴地区即使碘的含量很低，似乎也比较不易患甲状腺肿。有人报道，在含有有机质的土壤中加钴可以加速有机质的分解，导致固氮作用的增强并改善磷的利用率。有人甚至认为，测量土壤所含有的钴就可测定这种土壤中可交换的碱基数量以及总体阳离子交换的能力。在意识到世界上许多地区都缺乏钴后，有人就在化肥或土壤中施加添加剂，如石灰石中混加钴盐。一般来说，大多数肥料钴的含量是相当低的，当然，也有一些像农家肥和石灰石由于可以大量施用［例如每公顷（1公顷＝10000平方米）可以施用几吨甚至更多］，因而对土壤中钴的增加作用也很明显。在新西兰，有人报道在石灰石中加入4mg/kg钴后施用可大大提高草原钴含量。在美国，有人计算每5年谷物从土壤中所带出的钴大约为0.635g/hm^2，如果在此期间每公顷土地施0.5t石灰石，就可以补偿给土壤钴

3.6～22.7g/hm^2。

与其他痕量金属元素一样，当土壤、植物、动物饲料以及人类食物中添加极少量钴时，通常有营养作用。但是，如果加入量太多，则有可能抑制机体的生长，甚至导致严重的中毒事故。由于生物个体因素的差异，钴在机体中的营养浓度与毒性浓度存在着巨大差别。

4. 镍（nickel）

化学元素镍是瑞典矿物学家 Gronstedt 于 1751 年发现的。镍是具韧性的银白色金属，具有良好的导电性和导热性。单质金属镍强度和硬度属于中等，能拉伸、弯曲和锻打。它可与铁、铜、铝、铬、锌和钼等形成多种合金，含镍的钢有较强的耐腐蚀性。它也用于生产耐热钢和铸铁，锻镍的钢用于制造某些食品加工的容器和其他设备。镍是铁磁性物质，但不如铁强，也是重要的磁性材料。镍是生命必需元素，地壳丰度 75×10^{-6}（刘英俊等，1984；南京大学地质系，1977；White，1999）。

镍是周期表中第 4 周期ⅧB 族的元素，其基本属性如下：

元素符号——Ni；

原子序数——28；

原子量——58.71；

价电子层构型——$3d^8 4s^2$；

氧化数——1、2（主要）、3、4、6；

电负性——1.8；

原子半径（pm）——124.6（12 配位）；

共价半径（pm）——115；

离子半径（pm）——69（Ni^{2+}）、62（Ni^{3+}）；

熔点（℃）——1453；

沸点（℃）——2732；

密度（g/cm^3，20℃）——8.90。

天然镍同位素组成——^{56}Ni（68.3%）、^{60}Ni（26.1%）、^{61}Ni（1.1%）、^{62}Ni（3.6%），天然存在的镍只有稳定同位素。已知镍的放射性（人工）同位素有^{56}Ni、^{57}Ni、^{59}Ni、^{63}Ni、^{65}Ni、^{66}Ni、^{67}Ni等 7 个，其中^{59}Ni半衰期最长（$T_{1/2}=8\times10^4$ 年），最短的是^{67}Ni（$T_{1/2}=$50s）。^{63}Ni的半衰期为 92 年，常用于镍的生物及医学示踪研究。镍与铁、钴比较，只是次外层 3d 电子数不同，所以它们的性质十分相似。

1826 年，人们发现兔和狗口服了镍即引起中毒，镍的研究便进入了生命科学这个新的领域。到 1853～1912 年间，就有了许多关于研究不同镍化合物的药理和毒理的报道。1936 年，有人提出镍可能是一种必需的元素，但直到 1970～1975 年间才公认镍是一些高等动物（包括人）的必需痕量金属元素（White，1999）。

1965 年，Bartha 和 Drdal 在研究化学自养的氢氧化细菌时，发现它的生长需要镍。这一发现及以后的研究表明，对于许多微生物来说，镍离子是必需的痕量金属元素。在这些生物中至少包括有 4 种镍酶参与尿素分解、氢代谢、产甲烷和产乙酸等系统的作用。1980 年前后，已知利用镍的微生物的数目迅速增长（刘英俊等，1984；White，1999）。从 20 世纪 70 年代至今，人们对镍在环境中的状况、动物和植物对镍的需求及镍的毒理作用等方面进行了广泛的研究。目前，研究镍在生命过程中的作用主要活跃在两个方面：一方面是从分子水平上研究生理生化过程，深入剖析镍的生物化学功能；另一方面是用宏观的分析统计方法研究缺镍饮食引起的动物缺镍症，研究环境中镍对健康的威胁以及镍中毒和致癌因素。人体对镍的需求量少，而环境中镍的来源充足，目前还未发现在正常饮食情况下因镍缺乏而导致人体健康受影响的案例。镍及其化合物有毒，工业中镍的使用极为广泛，故人类面临过量摄入镍的威胁。国内外有关流行病学调查及动物实验结果均认为镍及其化合物有致癌作用，镍作业工人的肺癌、鼻癌和喉癌等发病率都较高。

镍在常温下能完全抵抗空气或水的化学侵蚀，因此往往在金属表面镀镍作为保护层。金属块状镍在空气中不燃烧，细镍丝则可在空气中燃烧。镍属于中等活性的金属，能抗碱性腐蚀。镍易溶于稀硝酸中生成绿色的正二价镍离子，并置换出氢，但与其他较强的酸只缓慢反应。加热时，镍与氧、硫、氯、溴等发生激烈反应，生成相应的化合物。

镍通常为 NiO，遇到强氧化剂时，也会以＋3 价和＋4 价存在。0、＋1 和＋2 是镍较稳定的价态，＋1 和＋3 价态的镍是顺磁性的。Ni(Ⅲ) 化合物中，以膦和胂的衍生物为配体的络合物有多种，而 Ni(Ⅳ) 的化合物则很少。虽未制得化学计量的 NiO_2，但它可能是组成确定的化合物。镍酸铬盐和氟络合物（K_2NiF_6）中镍的氧化数都为 4。在碱性溶液中，强氧化剂可将镍氧化成四价化合物如镍酸钡（$BaNiO_3$），但以过硫酸铵为氧化剂时，则形成正四价的镍盐：

$$Ni(NO_3)_2+2(NH_4)_2SO_4 = Ni(SO_4)_2+2NH_4NO_3$$

这个反应常用于镍的丁二酮肟光度分析中。

碱金属的氢氧化物与 Ni^{2+} 反应，生成胶凝状的 $Ni(OH)_2$，在 pH＝7 时沉淀，不溶于过量的碱，但易溶于酸和氨水。与锰、铁、钴的氢氧化物不同，$Ni(OH)_2$ 即使在沸点温度下亦不被空气中的氧或过氧化氢氧化，但氯、溴或次氯酸盐则能把它氧化成致密的黑色 $Ni(OH)_3$ 沉淀。硫化铵与中性或碱性的 Ni^{2+} 溶液生成黑色无定形的 NiS，它可在 pH＝4 的条件下沉淀，不溶于碱性氢氧化物、乙酸和硫化物。在稀硝酸中可以缓慢反应，但易溶于稀盐酸和稀硝酸的混合液，亦能溶于热的浓硝酸及王水中并析出硫，这与硫化钴相似。同时，NiS 和所有的金属硫化物一样，很易被空气中的氧气氧化为硫酸盐。碱金属的碳酸盐与 Ni^{2+} 溶液反应生成绿色碳酸镍(Ⅱ) 沉淀，它易溶于酸，且加热后易水解。

镍是地球上含量较高的元素，居第六位，且分布较广。生物中的镍与自然环境——岩石、土壤、水和大气有关。地球上的镍来源于一次宇宙大爆炸。当温度降到 106℃后，在凝聚成的恒星中开始进行一系列由较轻元素到较重元素的合成，一直到平均结合能最大的铁族元素，由此形成的镍从恒星抛射到宇宙空间，形成了我们所观测到的丰度分布。地球平均含镍量为 2.43%，镍在地壳中的含量为 0.0008%。地球上的镍主要集中在地核，其含量占 8.5%。镍是亲铁元素，地表壳层中的镍多与铁共生。自然界中的镍主要以与硫、砷和锑结合的方式存在，最重要的矿物是镍黄铁矿、硅镁铁（镍）矿（镁镍硅酸盐），含镍量都在 5%以上。在一些陨石中，镍元素与铁熔合。铁陨石一般含镍 7%～11%，最高达 62%。在石油和大部分煤中也含有痕量金属镍，煤灰最高含镍量可达 1.6%，而泥质沉积物一般含镍量为 0.0024%。岩石经过长期的风化作用，最后变成土壤。岩石中的镍部分地被转移到土壤中，大多数的镍被淋溶而消失，所以土壤中镍的含量比地壳含量低，约为 40μg/g（干土样）。生物吸收土壤中的镍，其中部分镍又随生物排泄物或遗体回归土壤。

岩石风化进入土壤中的镍部分被雨水淋溶进入江河、海洋，动、植物吸收的镍又经排泄物或动、植物死亡回到土壤或水中。海水中含镍量为 3ng/g，而镍在江、河水中的浓度约为

0.3μg/g，进入海洋中的镍部分地沉降在海底。排入水中的镍还包括工业生产和人类生活排放的镍，主要是 $NiSO_4$ 和 $NiCl_2$ 等可溶性镍盐，另外也有少量的 NiO 等不溶性镍化合物。进入海洋的镍一般以 $Ni(H_2O)_6Cl_2$ 或 $Ni(OH)_2$ 等形式存在。海洋中的镍通过简单的物理、化学吸附等过程向生物体迁移。海洋中有一些浮游生物吸收镍后，进一步向高级的生物体中转移。在海洋中，有许多生物都能富集镍，它们体内镍的浓度要比海水高出1～5个数量级，如海藻的浓缩系数为500左右。动物食用的浮游生物如磷虾属、虾等的浓缩系数为100左右。一些海洋动物如贝类等，对镍的富集系数为 $3\times10^3\sim7\times10^4$。所有这些生物的遗体及分解生成的固态物沉降到海底，沉降过程中也会溶出部分镍。

大气中的镍来自岩石风化、烟尘的污染及海水的蒸发等。因为香烟的有害气体中含有镍，吸烟也是造成空气镍污染的一个重要原因，而且对人体的损害更为直接。目前，排入空气的镍中以 Ni_3S_2 和羰基镍 $Ni(CO)_4$ 的毒性最大，其次为镍粉尘和镍氧化物。近年来，已有许多研究报告认为，空气中镍及其化合物的污染与呼吸道癌症的高发有关。从岩石、土壤、水、烟尘等进入大气中的镍，部分又被动、植物及微生物吸收，部分随降雨和沉降作用又回到地表土壤和水中。目前只知道一些微生物中含有许多种含镍酶，参与催化（尿素的）水解、氢化等多种生化反应。随着人类对自然界改造能力的提高，镍矿的开采越来越广，人们利用镍的范围越来越大。全世界每年镍的迁移大致情况是岩石风化量为320000t，河流输送量为19000t，开采量为560000t，燃料燃烧排放量为56000t。目前，镍的使用量和排放量都呈上升趋势，已在世界范围内出现了“镍污染”问题，并引起了人们对镍在自然界合理循环问题的关注。

土壤中的镍主要来源于岩石风化、大气降尘、灌溉用水、农田施肥、植物和动物遗体的腐烂等。进入土壤的镍离子可被土壤无机和有机复合体吸附，因而土壤中的镍主要累积在表层。实验表明，土壤中累积的镍与总铝、总铁含量有显著相关关系。镍可能以镍铁盐（$NiFe_2O_4$）或镍铝酸盐（$NiAl_2O_4$）沉积在土壤中，另外 Ni^{2+} 可与土壤中磷酸根结合形成难溶的 $Ni_3(PO_4)_2\cdot8H_2O$ 和 $Ni_3(PO_4)_2\cdot2NiHPO_4$ 化合物，与土壤中 S^{2-} 形成硫化镍或在碱性土壤中形成难溶解的磷酸镍，或与土壤的有机质形成配合物，从而使镍在土壤中固定累积。

在大多数土壤系统条件下，镍是一种较易移动的元素，当土壤pH值低于9和Eh高于+200mV，且又无大量的碳酸盐或硫酸盐存在时，镍主要是可溶态的，因而易发生淋溶迁移。

植物对镍的吸收累积与灌溉水中镍浓度及植物种类有关，有些植物如十字花科植物灰分中含镍量达 $5.0\times10^4\sim1.0\times10^5$ mg/kg，这些植物不仅对镍的吸收和累积性很强，而且对镍还有很强的耐性。这是由于镍进入植物体内，过量的镍受细胞壁黏合而成为不溶性镍，减弱了其毒性。镍在植物不同器官中含量分布差异也很大，一般根叶大于茎枝部分或根大于叶，果大于叶、枝（丛桦）。

自然界中的镍有多种价态。在生物体内存在Ni(Ⅱ)、Ni(Ⅲ)。另外，由于职业接触或受环境镍污染，动物和人体内也会存在非生理需要的0价态镍。但在生物体内，Ni(Ⅱ)是主要的存在形式。关于三价形态镍的存在，只有极少的报道。二价态的镍可以形成许多配位数为4、5和6的络合物，然而在复杂的平衡中，络合物的结构常常是处于各种结构之间，Ni(Ⅱ)能与许多与生物有关的物质络合配位或键合，因此，毫无疑义在生物材料中镍是普遍存在的元素。Ni(Ⅱ)在体外与许多从细胞材料中分离得到的分子键合配位，这与体内十分相似。有人曾指出，能与 Ni^{2+} 键合的配体，在细胞外镍的传递、细胞内镍的键合以及胆汁和尿中镍的排泄等方面都起着重要的作用。在人体血清中，发现氨基酸主要是与 Ni(Ⅱ) 键合的氨基酸。在体液 pH 值条件下，镍在咪唑氮存在时能与组氨酸配位络合。在兔血清中，半胱氨酸、组氨酸和天冬氨酸可以与 Ni^{2+} 键合或配位。镍还存在于细胞膜及细胞核中。已有证据表明，RNA 和 DNA 中含有 Ni(Ⅱ)，其主要作用可能是使核酸处于稳定状态。对于某些生物来说，Ni(Ⅱ) 不仅仅是键合体，而且是它们的必不可少的成分。镍存在于一些微生物及酶中，参与一些酶的组成或是作为酶的辅助因子。对于生物体内 Ni(Ⅲ) 的存在，目前研究得较少。人们常通过研究体外 Ni(Ⅱ) 的存在性质去预期生物体内 Ni(Ⅲ) 的存在情况。目前，除了在一些微生物中发现有 Ni(Ⅲ) 外，还缺乏 Ni(Ⅲ) 在其他生物体内存在的直接证据。

目前，关于镍与 DNA 及 RNA 中作用而致癌机制的报道较多，但未完全取得一致的意见。一般认为，镍离子进入体内后，有相当一部分进入细胞核内，与 DNA 及 RNA 聚合酶结合。与 DNA 结合的镍分为两个作用不同的部分，一部分与磷酸酯结合，它对 DNA 的结构起稳定作用；另一部分是与碱性受体结合，这很可能导致某些变性作用（denaturation），如核酸的突变复位作用是由 Ni(Ⅱ) 与嘌呤或嘧啶碱类结合引起的。然而，Ni(Ⅱ)-DNA 作用的细节仍不清楚，镍致癌的详细机理正在研究中。

5. 锌（zinc）

锌也是人类自远古时代就知道其化合物的元素之一。锌矿石和铜熔化制得合金——黄铜，早为古代人们所利用。但金属锌的获得比铜、铁、锡、铅要晚得多，一般认为这是由于炭和锌矿共热时，温度很快高达 1000℃以上，而金属锌的沸点是 906℃，故锌即成为蒸气状态随烟散失，不易被古代人们所察觉，只有当人们掌握了冷凝气体的方法后，单质锌才有可能被获得。世界上最早发现并使用锌的是中国，在 10～11 世纪中国是首先大规模生产锌的国家。明朝末年宋应星所著的《天工开物》一书中有世界上最早的关于炼锌技术的记载。1750～1850 年人们已开始用氧化锌和硫化锌来治病。1869 年法国细菌学家 Raulin 发现锌存在于生物机体中，并为机体所必需。1963 年报告了人体的锌缺乏病，于是锌开始被列为人体必需营养元素。另外，我国化学史和分析化学研究的开拓者王链（1888—1966）在 1956 年分析了唐、宋、明、清等古钱后，发现宋朝的绍圣钱中含锌量高，得出中国用锌开始于明朝嘉靖年间的科学结论。锌的实际应用可能比《天工开物》成书年代还早。锌的名称 zinc 来源于拉丁文 zincum，意为“白色薄层”或“白色沉积物”。锌的地壳丰度为 75×10^{-6}（刘英俊等，1984；White，1999；陈静生，1990）。

锌是元素周期表中第 4 周期ⅡB 族的元素，其基本属性如下：

元素符号——Zn；

原子序数——30；

原子量——65.39；

价电子层构型——$3d^{10}4s^2$；

氧化数——1、2（主要）；

电负性——1.6；

原子半径（pm）——153；

原子半径（pm）——133.3（12 配位）；

共价半径（pm）——125；

离子半径（pm）——74；

熔点（℃）——419.73；

沸点（℃）——907；

密度（g/cm^3，25℃）——7.13。

锌在自然界有五种稳定同位素：^{64}Zn(48.98%)、^{66}Zn(27.81%)、^{67}Zn(4.14%)、^{68}Zn(18.56%)、^{70}Zn(0.62%)。主要的矿物为闪锌矿和菱锌矿（Whornton，1983）。

人类对锌生物学功能的认识，已经有100多年的历史。早在1869年，当时的细菌学家Raulin首先证明黑曲霉的生长需要锌，20世纪20年代也发现植物缺锌可导致生长迟缓，枝叶畸形，果实稀少。柑橘、葡萄、豆类、洋葱对锌特别敏感。据研究，pH＞7.4的碱性土壤或土壤中含磷过高均可阻碍锌的吸收，缺锌是影响美国农业生产最为严重的问题之一，因此，美国至少有24个州规定在人工肥料中添加锌剂以提高农作物的产量。20世纪30年代起，由于实验生物学的发展，不断有动物缺锌的报道，尽管动物品种不同，但缺锌的症状十分相似，以胃呆、生长迟缓、皮炎、免疫功能低下为主要表现，最后常死于继发感染。1955年有人证明猪的皮肤角化不全与饲料缺锌有关。1961年，美国学者Ananda S. Prasad在伊朗首次发现了人类缺锌侏儒症，并首先报道因缺锌而导致的人类疾病病例，从而开创了锌对人体健康研究的新纪元（White，1999）。

锌是生物体内必需的痕量金属元素之一，参与酶的催化、结构和调节、诱导金属硫蛋白的合成，影响激素受体效能和靶器官的反应，以及激素的生成和分泌，维持生物膜的完整性。麻疹是由麻疹病毒所引起的急性传染病，易感人群为小儿。发病时较易出现肺、心、脑不适并发症，严重影响儿童的健康。近年来通过深入的临床观察和实验研究，发现痕量金属元素锌与人体的生长发育、免疫功能、创伤愈合、生殖生育以及某些疾病的发生、发展都有着密切的关系，因此锌与人体健康的关系已日益引起环境科学与医学界的广泛重视。锌参与谷胱甘肽的合成，消除脂类过氧化物的过程中需要谷胱甘肽，缺锌时谷胱甘肽的合成量减少。锌能保护细胞进行正常的生化反应，减少自由基的攻击。有些研究发现锌对维持血浆维生素A的水平有一定作用，维生素A就是抗氧化剂之一。机体缺锌时，许多酶如DNA聚合酶的活性减弱，DNA的复制和修复功能也随之下降。反之，锌充足时遭受自由基反应产物损害的DNA能及时得以修复。锌是超氧化物歧化酶（SOD）的重要成分，该酶具有抗氧化作用。Cu，Zn-SOD可使两个超氧阴离子自由基与两个氢离子发生反应转变成氧和H_2O_2，从而消除自由基。

铅锌矿的开采、农田施用污泥或污灌等均会造成土壤锌污染。正常土壤含锌量为1～300mg/kg，平均为30～50mg/kg。

锌主要以Zn^{2+}形态进入土壤，也可能以配合离子$Zn(OH)^+$、$ZnCl^+$、$Zn(NO_3)^+$等形态进入土壤，并被土壤表层的黏土矿物吸附，参与土壤中的代换反应从而发生固定累积，有时则形成氢氧化物、碳酸盐、磷酸盐、硫酸盐和硫化物沉淀，或与土壤中的有机质结合，使锌在表层富集。

土壤中锌的迁移取决于土壤体系的pH值。锌在酸性土壤中容易发生迁移，当土壤为酸性时，被吸附的锌易解吸，不溶的氢氧化锌可与酸作用转变成可溶的Zn^{2+}状态，致使土壤中锌以Zn^{2+}形态被植物吸收或淋失。植物体内锌的累积与土壤中锌的含量密切相关。锌在植物体内各部位的分布也存在着差异，木本植物对锌的累积为：树皮＞叶＞果实＞木质部。草本植物地下部分比地上部分含量高，而对于水稻、小麦等，则呈现根＞茎＞果实的分布规律。

长期大量锌暴露会引起慢性锌中毒，如长期吃雄性动物生殖器、服用大量锌药片等会引起血铜浓度大幅下降、贫血、白细胞稀少症、免疫力受损、骨重减轻等症状。

6. 钼（molybdenum）

1778 年，瑞典化学家舍勒（K. W. Scheele，1742—1786）用硝酸分解辉钼矿制得钼酸，并认为辉钼矿和石墨是两种完全不同的物质。他断定辉钼矿是一种新金属的氧化物，并继而发现了钼。1782 年，瑞典化并家埃尔姆（P. J. Hjelm，1746—1813）用亚麻子油调和的木炭和钼酸密闭灼烧，首次制备出金属钼，并将该元素命名为 molybdenum，其中文译名为“钼”。钼是生命必需元素，地壳丰度为 1.5×10^{-6}（刘英俊等，1984；White，1999）。

钼是元素周期表第 5 周期ⅥB 族元素，其基本属性如下：

元素符号——Mo；

原子序数——42；

原子量——95.94；

价电子层构型——$4d^5 5s^1$；

氧化数——2、3、4、5、6（最稳定形态 6）；

电负性——2.16；

原子半径（pm）——136；

离子半径（pm）——66（+4）、62（+6 价）；

共价半径（pm）——130；

熔点（℃）——2617；

沸点（℃）——4612；

密度——$10.22g/cm^3$。

自然界中 Mo 有 7 种稳定同位素——^{92}Mo(15.86%)、^{94}Mo(9.12%)、^{95}Mo(15.70%)、^{96}Mo(16.50%)、^{97}Mo(9.45%)、^{98}Mo(23.75%)、^{100}Mo(9.62%)，主要化合物（矿物）形态——MoS_2（辉钼矿）(White，1999；Whornton，1983)。

钼极易改变其氧化状态，在氧化环境中，钼很可能是处于+6 价状态。虽然在电子转移期间它也很可能首先还原为+5 价状态，但是在还原后的物质中也曾发现过钼的其他氧化状态。Mo 在动物体内的氧化还原反应中起着传递电子的作用，钼是黄嘌呤氧化酶/脱氢酶、醛氧化酶和亚硫酸盐氧化酶的组成成分，其为人体及动植物必需的痕量金属元素。

钼在地壳中多存在于辉钼矿、钼铅矿、水钼铁矿中。有的矿物燃料中也含钼。天然水体中钼浓度很低，海水中钼的平均浓度为 14μg/L。钼在大气中主要以钼酸盐和氧化钼状态存在，浓度很低，钼化物通常低于 $1\mu g/m^3$。

环境中的钼有两个来源。第一个来源是风化作用使钼从岩石中释放出来，估计每年有 1000t 进入水体和土壤并在其中发生迁移，钼分布的不均匀性导致某些地区缺钼而出现“水土病”，也导致某些地区含钼偏高而出现“痛风病”（如苏联时期的亚美尼亚）；第二个来源是人类应用钼以及燃烧含钼矿物燃料（如煤），使 Mo 由地下深处向地表环境转移，加大了钼在地表环境中的循环量。据估计，全世界钼产量每年为 10 万吨，燃烧排入环境中的钼每年为 800t，人类活动加入的循环量超过天然循环量。用钼最多的是冶金、电子、导弹和航天、原子能、化学等工业以及农业。目前对钼污染的研究还很不够。

钼在环境中的迁移同环境中的氧化还原条件、酸碱度以及其他介质存在的影响有关，这些因素直接影响植物对其的吸收。在海洋中，深海的还原环境使钼被有机物质吸附后包裹于含锰的胶体中，最终形成结核沉于海底，脱离生物圈循环。

吸入、食入钼对眼睛、皮肤有刺激作用。部分接触者出现尘肺（肺尘埃沉着病）病变，有呼吸困难、全身疲倦、头晕、胸痛、咳嗽等症状。

7. 铜（copper）

铜的发现可以追溯到公元前4000～5000年。在新石器时代晚期，人类最先使用的金属就是“红铜”（即纯铜）。红铜起初多来源于天然铜。在石器作为主要工具的时代，人们在拣取石器材料时，偶尔遇到天然铜。当人们有了长期用火特别是制陶的丰富经验后，为铜的冶铸准备了条件。在发掘出的公元前5000年的中东遗迹中，就有铜打制成的铜器。公元前4000年左右，铜的铸造技术已普及。公元前3000年左右传到印度，后来传到中国。到公元前1600年左右的殷朝，青铜（Cu、Sn合金）器制造业已很发达。古代人们把铜取名为copper，该词源自拉丁语cuprum，其是“塞浦路斯”的古名，与从前在该地找到铜矿有关。铜是人类用于生产的第一种金属，同时也是人类发现最早的金属之一。铜是生命必需痕量金属元素，地壳丰度为55×10^{-6}（刘英俊等，1984；White，1999；Whornton，1983；Bowen，1979）。

铜是第4周期ⅠB族元素，其基本属性如下：

元素符号——Cu；

原子序数——29；

原子量——63.546；

价电子层构型——$3d^{10}4s^1$；

主要氧化数——0、1、2；

电负性——1.8（+1）、2.0（+2）；

原子半径（pm）——157；

离子半径（pm）——73；

共价半径（pm）——117；

沸点（℃）——2595；

熔点（℃）——1083；

密度（g/cm^3；27℃）——8.96。

自然界常见的Cu及其化合物有自然铜（Cu）、Cu_2S（辉铜矿）、$Cu_3(CO_3)_2(OH)_2$（蓝铜矿）、$Cu_2(CO_3)(OH)_2$（孔雀石）、Cu_5FeS_4（斑铜矿）、$CuFeS_2$（黄铜矿）、CuS（铜蓝）、Cu_2O（赤铜矿）等（南京大学地质系，1977）。

铜是一个亲有机质金属元素，自然介质中其有机态含量往往较显著。由于铜最外层与次外层电子的能量相差不大，使其氧化数可变，在生物条件下，有铜Cu(Ⅰ)和Cu(Ⅱ)两种价态存在，Cu(Ⅲ)化合物亦存在，它在机体内的主要作用是进行氧化还原反应。铜在体系中很容易形成共价化合物和络合物。

土壤铜污染主要来自铜矿山和冶炼排出的废水。此外，工业粉尘、城市污水以及含铜农药都能造成土壤的铜污染。土壤铜含量在2～100mg/kg之间，平均在10mg/kg左右。污染土壤的铜主要在表层累积，并沿土壤的垂直方向向下递减分布。这主要是由于进入土壤的铜会迅速被表层土壤中的黏土矿物持留。

此外，表层土壤的有机质多与铜结合成螯合物参与土壤中的各种作用。在酸性土壤中，由于土壤对铜的吸附减弱，被土壤固定的铜易解吸出来，因而容易淋溶迁移。砂质土壤由于对铜的吸附固定力较弱，也容易使铜从土壤中流失。植物可从土壤中吸收铜，但作物中铜的累积与土壤中总铜无明显相关关系，而与有效态铜含量密切相关。有研究表明，土壤中有效铜含量高，作物中铜的累积就较多，见表5-3。

表5-3 土壤及粮食中的铜含量 单位：μg/g

土壤中Cu总含量	土壤中有效态Cu含量	糙米中Cu含量	土壤中Cu总含量	土壤中有效态Cu含量	糙米中Cu含量
350.00	155.00	17.94	43.68	11.25	5.83
312.00	119.50	16.38	28.08	10.00	3.83
218.40	78.69	12.99	26.21	19.20	7.96
159.80	78.13	12.31	24.96	17.81	6.83
87.36	32.81	10.99	24.96	6.62	4.60
59.28	20.31	10.66			

注：转引自王晓蓉编著《环境化学》，南京大学出版社，1993。

土壤中铜一般被划分为6种形态，即水溶态铜、交换态铜、铁锰氧化物结合态铜、有机结合态铜、碳酸盐结合态铜和残渣态铜，有效态铜主要指能被植物直接吸收利用的水溶态铜和交换态铜。铜的有效性随土壤pH值的降低而增加，这是由于低pH值时铜离子的活性增加以及有机质吸着铜的能力下降，使铜易呈离子状态从而被植物吸收。铜在植物各部分的累积分布多数情况下遵循根＞茎、叶＞果实的规律，但少数植物体内铜的分布与此相反，如丛桦的情况则是果＞枝＞叶，小叶樟则是茎＞根＞叶。

如果体内缺铜，血浆铜蓝蛋白的氧化活性降低，必然导致铁的价位转变发生困难而引起贫血。临床上也经常可以发现有些缺铁性贫血的病人在单纯补充铁剂时效果并不明显，而加用含铜制剂后，贫血很快得到改善。另外，在肿瘤疾病后期，患者贫血也常常与体内的铜大量消耗有关。在给贫血患者补铁时最好适当补铜，往往可以收到较好效果。此外，铜元素在人体内参与多种金属酶的合成，其中氧化酶是构成心脏血管的基质胶原和弹性硬蛋白形成中必不可少的物质，而胶原又是将心血管的肌细胞牢固地连接起来的纤维成分，弹性蛋白则具有促使心脏和血管壁保持弹性的功能。因此，铜元素一旦不足，此类酶的合成量会减少，心血管就无法维持正常的形态与功能，从而给冠心病的发生造成了机会。

8. 汞（mercury）

最早知道汞的是中国人和印度人。在公元前1500年的埃及墓中也找到了汞。大约在公元前500年左右，汞和其他金属一起被用来生产汞合金（汞齐）。古希腊人用它制作墨水，古罗马人曾在化妆品中加入汞。在西方，炼金术士用罗马神使墨丘利（Mercurius）来命名它，它的化学符号Hg来自拉丁词hydrargyrum，这是一个人造的拉丁词，其词根来自希腊文hydrargyros，这个词两个词根分别表示“水”（hydro）和“银”（argyros）。汞被认为是生命有毒元素，地壳丰度为0.08×10^{-6}（刘英俊等，1984；南京大学地质系，1977；White，1999）。

汞是周期表中第6周期ⅡB族元素，其基本属性如下：

元素符号——Hg；

原子序数——80；

原子量——200.59；

价电子层构型——$5d^{10}6s^2$；

主要氧化数——2、1、0；

电负性——1.8；

原子半径（pm）——150.3（12配位）；

离子半径（pm）——110（+2）、127（+1）；

共价半径（pm）——149；

沸点（℃）——356.73；

熔点（℃）——−38.83；

密度（g/cm^3，27℃）——13.59（Bowen，1979）。

汞有7种稳定同位素：^{196}Hg(0.15%)、^{198}Hg(9.97%)、^{199}Hg(16.87%)、^{200}Hg(23.1%)、^{201}Hg(13.18%)、^{202}Hg(29.86%)、^{204}Hg(6.87%)。自然界常见化合物为辰砂（HgS，也称朱砂）(White，1999)。汞是地壳中较稀少的一种元素。少数情况下汞在自然界中以纯金属的状态存在。世界上大约50%的汞来自西班牙和意大利，其他主要产地是斯洛文尼亚、俄罗斯和北美。辰砂在流动的空气中加热时汞可以还原，温度降低后汞凝结，这是生产汞的最主要的方式。

汞为银白色的液态金属，导热性能差，而导电性能良好。汞很容易与几乎所有的普通金属形成合金，包括金和银，但不包括铁，这些合金统称汞合金（或汞齐）。该金属同样有恒定的体积膨胀系数，其金属活跃性低于锌和镉，且不能从酸溶液中置换出氢。通常的汞化合物中，它常见的化合价是+1或者+2。

汞的常见化合物有氯化亚汞（HgCl）、氯化汞（$HgCl_2$）、雷汞［$Hg(CNO)_2\cdot 1/2H_2O$］、辰砂（HgS）等。氯化亚汞又称甘汞，有时还在医学中被应用；氯化汞是一种腐蚀性极强的剧毒物品，雷汞经常被用在爆炸品中；辰砂（硫化汞）是一种很高质素的颜料，常用于印泥。辰砂也是一种矿石药材，是古代道士炼丹的一种常用材料。雷汞［$Hg(CNO)_2\cdot 1/2H_2O$］常用于制造雷管等。汞的有机化合物应用很多，同时其生物毒性往往也很强。甲基汞是一种经常在河流或湖泊中被发现的生物毒性很强的污染物。实验发现，在电弧中惰性气体可与汞蒸气反应，这些化合物（HgNe、HgAr、HgKr和HgXe）以范德华力相结合。汞的无机化合物如硝酸汞［$Hg(NO_3)_2$］、氯化汞（$HgCl_2$）、甘汞（HgCl）、溴化汞（$HgBr_2$）、砷酸汞（$HgAsO_4$）、硫化汞（HgS）、硫酸汞（$HgSO_4$）、氧化汞（HgO）、氰化汞［$Hg(CN)_2$］等常被用于汞化合物的合成，或作为催化剂、颜料、涂料等，有的还作为药物。口服、过量吸入这些化合物或其粉尘以及皮肤接触时均可引起中毒。

土壤中汞的污染来自工业污染、农业污染及某些自然因素。自然界汞的天然释放是土壤中的汞的重要来源，农业污染大部分是有机汞农药所致，工业污染主要是含汞废水、废气、废渣排放引起。汞进入土壤后95%以上能迅速被土壤吸持或固定，这主要是因为土壤中的黏土矿物和有机质对汞有强烈的吸附作用，因此汞容易在表层累积，并沿土壤的纵深垂直方向递减分布。

汞在土壤中最重要的非微生物反应之一是：

$$2Hg^{+} \rightleftharpoons Hg^{2+} + Hg^{0} \qquad \lg K = -1.94$$

此外，各种化合物中的Hg^{2+}也可被土壤微生物转化还原为金属汞，并由于汞的挥发而向大气中迁移。汞以下列转化使其在土壤中持留：

$$Hg^0 \longrightarrow Hg^{2+} \longrightarrow HgS$$

土壤中汞的化合物还可被微生物作用转化成甲基汞，它可通过食物链的作用进入人体，也可自行挥发使汞由土壤向大气迁移。土壤中的汞按其形态可分为金属汞、无机化合态汞和有机化合态汞。在正常的土壤 Eh 和 pH 值范围内，汞能以零价状态存在是土壤中汞的重要特点。植物能直接通过根系吸收汞，在很多情况下，汞化合物可能是在土壤中先转化为金属汞或甲基汞后才被植物吸收的。植物吸收和累积汞同样与汞的形态有关，植物体中不同汞化合物其含量顺序是：氯化甲基汞＞氯化乙基汞＞乙酸苯汞＞氯化汞＞氧化汞＞硫化汞。

从这个顺序也可看出，挥发性高、溶解度大的汞化合物容易被植物吸收。汞在植物各部分的分布是：根＞茎和叶＞籽实。这种趋势是由于汞被植物吸收后，常与根中的蛋白质反应沉积于根上，从而阻碍了向地上部分的运输。

汞是一种可以在生物体内积累的毒物，它很容易被皮肤以及呼吸和消化道吸收。著名的水俣病即是汞中毒的一种。汞可破坏中枢神经组织，对口、黏膜和牙齿都有不利影响。长时间暴露在高汞环境中可以导致脑损伤和死亡。尽管汞的沸点很高，但在室内温度下饱和的汞蒸气已可达中毒剂量的数倍。水银是唯一在常温下呈液态的金属，含有它的用品一旦破碎，水银就会蒸发。而且，它的吸附性特别好，水银蒸气易被墙壁和衣物等吸附，成为不断污染空气的源头。此外，有些汞的化合物会自动还原为纯汞，而纯汞常温下便会蒸发，这一情况往往会被忽视。纯汞一般在 0℃ 时即可发生蒸发，气温愈高，蒸发愈快、愈多。每增加 10℃，蒸发速度约增加 1.2～1.5 倍，空气流动时蒸发会加剧。汞不溶于水，可通过表面的水封层蒸发到空气中。此外，纯汞黏度小而流动性大，很易碎成小汞珠，无孔不入地留存于工作台、地面等处的缝隙中，既难清除又使其表面面积增加而易于蒸发形成污染。地面、工作台、墙壁、天花板等的表面都可吸附汞蒸气，有时汞作业车间移作他用时仍有汞残留危害的问题。甚至，暴露工人衣着及皮肤上的污染可带到家庭中引起危害。

虽然少量吸入不会对身体造成太大的危害，但长期大量吸入则会造成汞中毒。汞中毒分急性和慢性两种，急性中毒有腹痛、腹泻、血尿等症状，慢性中毒主要表现为口腔发炎、肌肉震颤和精神失常等。由于汞特殊的物理化学属性及生物毒性特点，在环境科学领域有关汞的研究工作较多。特别是气环境研究和水环境研究中，汞常常受到很高程度的重视，报道成果较多。

9. 铅（lead）

铅的发现最早大约在公元前 4000 年（依据我国出土新石器时代晚期的一些铜制工具和装饰品中含有铅元素）。铅是银白色的金属（与锡比较，铅略带一点浅蓝色），十分柔软，用指甲便能在它的表面划出痕迹。用铅在纸上一划，会留下一条黑印。在古代人们曾用铅作笔，这便是“铅笔”名字的由来。值得指出的是金属铅有一个奇妙的本领——它能很好地阻挡放射性射线。铅的名称沿用古英文字“lead”，其元素符号“Pb”源自于拉丁语“铅”(plumbum)。铅是生命潜在毒性元素，铅的地壳丰度为 12.5×10^{-6}（刘英俊等，1984；南京大学地质系，1977；White，1999）。

铅是周期表中第 6 周期ⅣA 族元素，其基本属性如下：

元素符号——Pb；

原子序数——82；

原子量——07.2；

价电子层构型——$6s^2p^2$；

主要氧化数——0、2、4；

电负性——1.6（+2）、1.8（+4）；

原子半径（pm）——175（12配位）；

离子半径（pm）——120（+2）、84（+4）；

共价半径（pm）——147；

沸点（℃）——1744；

熔点（℃）——327.3；

密度（g/cm^3，27℃）——11.34。

自然界中铅有4个稳定同位素：^{204}Pb（1.7%）、^{206}Pb（23.7%）、^{207}Pb（22.6%）、^{208}Pb（52.5%）。此外，铅还有4个放射性同位素：^{210}Pb、^{214}Pb（^{238}U衰变子体）、^{211}Pb（^{235}U衰变子体）和^{212}Pb（^{232}Th衰变子体）(Stille et al，1997)。自然界常见化合物为方铅矿（PbS），其含铅量达86.6%，其他常见的含铅的矿物有白铅矿（$PbCO_3$）和铅矾（$PbSO_4$），纯的金属铅较少见。截至2008年，世界上最大的产铅国是澳大利亚，其次是中国、美国、秘鲁、加拿大、墨西哥、瑞典、摩洛哥、南非和朝鲜。

铅为灰白色金属，其重要用途之一是制造蓄电池。据不完全统计，1971年，铅的世界年产量达308.3万吨，其中大部分被用来制造蓄电池。在蓄电池里，一块块灰黑色的负极都是用金属铅做的。正极上红棕色的粉末，也是铅的化合物——二氧化铅。一个蓄电池需用掉几十斤（1斤=500克）的铅。飞机、汽车、拖拉机、坦克，都是用蓄电池作为照明光源的。工厂、码头、车站所用的“电瓶车”的“电瓶”都是蓄电池。广播站也要用到许多蓄电池。

铅的许多化合物色彩缤纷，常用作颜料，如铬酸铅是黄色颜料，碘化铅是金色颜料（与硫化锡齐名）。至于碳酸铅，早在古代就被用作白色颜料。考古工作者发掘出的古代壁画或泥俑，其中人脸常是黑色的，经过化学分析和考证，这黑色的颜料是铅的化合物——硫化铅。其实，古代涂上去的并不是黑色的硫化铅，而是白色的碳酸铅，只不过由于长期受空气中微量硫化氢或墓中尸体腐烂产生的硫化氢的作用，才逐渐变成了黑色的硫化铅。这件事一方面说明碳酸铅作为白色颜料的历史很悠久，另一方面也说明碳酸铅作白色颜料有很大的缺点——会变黑。现在，我国已不常用碳酸铅作白色颜料，而是用白色的二氧化钛——俗称“钛白”替代。铅的最重要的有机化合物是四乙基铅，常用作汽油的防爆剂。

土壤中铅的污染主要来自汽油燃烧、冶炼烟尘以及矿山和冶炼废水等。在矿山、冶炼厂附近土壤含铅量都比较高，如英国阿纷茅斯的大型锌冶炼厂附近，土壤含铅量高达1500mg/kg以上。

土壤中铅主要以Pb（OH）$_2$、$PbCO_3$和$PbSO_4$的固体形式存在，土壤溶液中可溶性铅含量极低。此外，Pb^{2+}也可置换黏土矿物上吸附的Ca^{2+}。因此，铅在土壤中很少移动，但高pH值的土壤变酸时，可使部分固定的Pb变得较易活动。

植物对铅的吸收与累积取决于环境中铅的浓度、土壤条件、植物的种类、叶片大小和形状等。植物根部吸收的铅主要累积在根部，只有少数才转移到地上部分。

土壤的pH值增大，使铅的可溶性和移动性降低，影响植物对铅的吸收。大气中的铅一部分经雨水淋洗进入土壤，一部分落在叶面上还可通过张开的气孔进入叶内。因此，在公路两旁的植物，铅一般累积在叶和根部，花、果部位含量少。藓类植物具有能从大气中被动吸收（沿化学势减小方向的过程）并累积高浓度铅的能力，现已确定作为铅污染和累积的指示植物。

10. 镉（cadmium）

镉是一种柔软、蓝白色金属，化学性质类似于锌，并常常以极少量形式被包含在锌矿物中。镉是德国哥廷根大学化学兼药学教授斯特罗迈尔（Fridrich Stromeyer，1776—1835）于1817年发现的。由于发现的新金属存在于锌中，就以含锌的矿石——菱锌矿的名称calamine命名它为cadmium，定元素符号为Cd，中文译作镉。

镉与它的同族元素汞和锌相比，被发现的时间要晚得多。镉在地壳中含量比汞还多一些，但比锌少得多，常常以包含于锌矿物中的形式存在，很少单独成矿。金属镉比锌更易挥发，因此在高温炼锌时，它比锌更早逸出从而逃避了人们的觉察，这就注定了镉不可能先于锌而被人们发现。镉是生命潜在毒性元素，地壳丰度为0.2×10^{-6}（刘英俊等，1984；南京大学地质系，1977；White，1999）。

镉是周期表中第5周期ⅡB族元素，其基本属性如下：

元素符号——Cd；

原子序数——48；

原子量——112.41；

价电子层构型——$4d^{10}5s^2$；

主要氧化数——1、2；

电负性——1.7；

原子半径（pm）——149（12配位）；

离子半径（pm，6配位）——97（+2）、114（+1）；

共价半径（pm）——148；

沸点（℃）——765；

熔点（℃）——321.03；

密度（g/cm^3，27℃）——8.642。

自然界中镉有3个稳定同位素：^{110}Cd(12.49%)、^{111}Cd(12.8%)、^{112}Cd(24.13%)。此外，镉还有5个放射性同位素：^{106}Cd(1.25%)、^{108}Cd(0.89%)、^{113}Cd(12.22%)、^{114}Cd(28.73%)、^{116}Cd(7.49%)。自然界中常见镉化合物有硫镉矿（CdS）、菱镉矿（$CdCO_3$）、方镉矿（CdO）和硒镉矿（CdSe）（刘英俊等，1984；White，1999）。

镉在潮湿空气中缓慢氧化并失去金属光泽，加热时表面形成棕色的氧化物层。高温下镉与卤素反应激烈，形成卤化镉，也可与硫直接化合生成硫化镉。镉可溶于酸，但不溶于碱。镉的氧化态为+1、+2。氧化镉和氢氧化镉的溶解度都很小，它们溶于酸但不溶于碱。镉可形成多种配离子，如$Cd(NH_3)^{2+}$、$Cd(CN)^+$、$CdCl^+$等。镉的毒性较大，被镉污染的空气和食物对人体危害严重。可用多种方法从含镉的烟尘或镉渣（如煤或炭还原或硫酸浸出法和锌粉置换）中获得金属镉。进一步提纯可用电解精炼和真空蒸馏。镉主要用于钢、铁、铜、黄铜和其他金属的电镀，对碱性物质的防腐蚀能力强。很长一段时间它被用来作为颜料，而镉化合物被用于塑料制品的稳定剂。镉在电池工业中也有较广泛的使用，如市场上常见的体积小和电容量大的镍镉电池和碲化镉太阳能电池板等。

在自然界镉主要以硫镉矿存在，也有少量存在于锌矿中。镉的主要矿物有硫镉矿（CdS），赋存于锌矿、铅锌矿和铜铅锌矿石中。镉的世界储量估计为900万吨。镉作为锌矿石的次要组成部分，常常是锌生产过程中的副产品。

镉没有对已知高等生物的有益作用，但已发现海洋矽藻生命过程中镉执行与锌相同的功能。人吸入含镉烟雾可导致金属烟热，进而发展为肺炎、肺水肿直至死亡。镉对健康有不良的影响，被列为可致癌物。20世纪30～60年代，日本富山县神通川流域炼锌厂排放的含镉废水污染了周围的耕地和水源，人群食用受污染的稻米以及长期接触镉污染的食物和水引起痛痛病和肾功能异常，即著名的环境公害“痛痛病”事件。

废水中的镉可被土壤吸附，一般在0～15cm以下含量显著减少。土壤中镉以$CdCO_3$、$Cd_3(PO_4)_2$及$Cd(OH)_2$的形态存在，其中以$CdCO_3$为主，尤其是在pH>7的石灰性土壤中。土壤中镉的形态亦可划分为可给态、交换态和不溶态。可给态和交换态易于迁移转化，而且能够被植物吸收。不溶态在土壤中累积，不被植物所吸收。镉是植物体不需要的元素，但许多植物均能从水和土壤中摄取镉，并在体内累积。累积量取决于环境中镉的含量和形态、镉在土壤中的活性和植物种属等。镉在植物各部分的分布规律基本上是：根>叶>枝杆、皮>花、果、籽粒。

水稻实验研究表明，镉在根部的累积量占总累积量的82.5%，地上部分仅占17.5%，其顺序为：根>茎叶>稻壳>糙米。

欧盟将镉列为高危害有毒物质和可致癌物质予以规划管理，美国环境保护署限制排入湖、河、弃置场地和农田的镉含量，并禁止杀虫剂中含有镉。目前美国饮用水的镉含量允许值为10×10^{-9}，并打算把限制值减到5×10^{-9}。美国职业安全卫生署规定工作环境空气中镉含量在烟雾中的限值为$100\mu g/m^3$，在镉尘中为$200\mu g/m^3$。美国职业安全卫生署计划将空气中所有镉化合物的含量限制在$1\sim5\mu g/m^3$。

镉作为合金组元能配成很多合金，如含镉0.5%～1.0%的硬铜合金，有较高的抗拉强度和耐磨性。镉（98.65%）镍（1.35%）合金是飞机发动机的轴承材料。很多低熔点合金中含有镉，著名的伍德易熔合金中含镉达12.5%。镍-镉和银-镉电池具有体积小、容量大等优点。镉具有较大的热中子俘获截面，因此含银（80%）、铟（15%）、镉（5%）的合金可作原子反应堆的控制棒。镉的化合物曾广泛用于制造颜料、塑料稳定剂、荧光粉等。镉还用于钢件镀层防腐，但因其毒性大，这项用途有减缩趋势。镉还常被用于电镀、制造合金等，并可做成原子反应堆中的中子吸收棒。镉的氧化电位高，故可用作铁、钢、铜的保护膜，被广泛用于电镀工艺中和充电电池、电视显像管、黄色颜料制作及作为塑料的安定剂使用。镉化合物可用于杀虫剂、杀菌剂、颜料、油漆等制造业。

镉的工业规模生产是在20世纪30～40年代期间开始的。镉的主要应用是钢铁防腐蚀涂料、颜料、稳定剂、合金和电池。2006年，美国用于电池的镉占其镉用量的81%。氧化镉被用于彩色电视显像管的蓝色和绿色荧光粉，硫化镉（CdS）用于作为复印机部件光敏材料表面涂层。油漆颜料中，镉形成各种盐类，最常见的硫化镉常被用来作为黄色色素。硒化镉可作为红色颜料，通常被称为镉红。这些物质对人体都具有潜在毒性。

据研究，镉能使体内有益金属元素效能降低、内分泌失调、肝脏受损、骨骼软化、衰老，还会引起慢性支气管炎、肺气肿、蛋白尿、肾炎、肾结石、毒血症、癌症等疾病，是早期动脉粥样硬化、高血压的一个危险因素，并可以同时导致心血管疾病。镉会对呼吸道产生刺激，长期暴露会造成嗅觉丧失症、牙龈黄斑或渐成黄圈。镉化合物不易被肠道吸收，但可经呼吸吸收和积存于肝或肾脏造成危害，尤以对肾脏损害最为明显。此外，还可导致人体骨质疏松和软化。

Cd的生理毒性主要表现为镉可抑制各种氨基酸脱羧酶、组氨酸酶、淀粉酶、过氧化物酶等的活性。有致癌、致畸胎、致突变作用。急性中毒表现为口内有金属味、流涕、咽痛、头痛、乏力、寒战、发热、呕吐、腹泻、中毒性肺水肿、急性重型肝炎或肾衰竭。慢性中毒表现为肺水肿和肾损害。早期有无力、消瘦、失眠多梦、鼻出血、嗅觉减退或消失、齿颈釉质呈黄色环（镉环）现象。全身疼痛是镉中毒的特点之一。

11. 砷（arsenic）

砷是一个颇为著名的化学元素。关于砷的发现，西方化学史学家都认为是 1250 年，当时一位德国学者阿尔伯特马格耐斯（Albertus Magnus）在由雄黄与肥皂共热时得到了砷。近年来中国学者通过研究发现，实际上中国古代炼丹家才是砷的最早发现者。据史书记载，约在 317 年，中国的炼丹家葛洪用雄黄、松脂、硝石三种物质炼制得到砷。因此，中国古代炼丹家葛洪应是砷的最早发现者。砷的拉丁名称 arsenicum 和元素符号 As 来自希腊文 arsenikos，原意是“强有力的”“男子气概”，用以表明砷化合物在医药中的作用。砷是一种以有毒著名的类金属，并有许多的同素异构体。但实际上，砷是生命必需元素，地壳丰度为 1.8×10^{-6}（刘英俊等，1984；南京大学地质系，1977；White，1999）。

砷是周期表中第 4 周期ⅤA 族元素，其基本属性如下：

元素符号——As；

原子序数——33；

原子量——74.95；

价电子层构型——$4s^2p^3$；

主要氧化数——−3、0、3、5；

电负性——2.0；

原子半径（pm）——124.8（12 配位）；

离子半径（pm，6 配位）——222（−3）、0.46（+5）；

共价半径（pm）——120；

沸点（℃）——613（升华）；

熔点（℃）——817；

密度（g/cm^3，27℃）——5.727。

因为砷在化学上属半金属元素，在体系介质中其既可以形成简单的阳离子和阴离子，又能与氧、硫、硒、碲形成络阴离子，甚至还可以形成络合的阳离子。砷有黄、灰、黑褐三种同素异构体。其中灰色晶体具有金属性，脆而硬，具有金属般的光泽并善于传热导电，易被捣成粉末。加热到 613℃砷便可不经液态直接升华成为蒸气，砷蒸气具有一股难闻的大蒜臭味。游离的砷相当活泼，在空气中加热至约 200℃时有荧光出现，于 400℃时会有一种带蓝色的火焰燃烧并形成白色的氧化砷烟雾。游离砷元素易与氟和氮化合，在加热情况下也可与大多数金属和非金属发生反应。砷不溶于水，溶于硝酸和王水，也能溶解于强碱生成砷酸盐。

砷化合物呈非金属分子结构，黄色和黑、灰色是其常见的色泽特征。自然界主要以硫化物矿形式存在，常见的有雄黄（AsS）、雌黄（As_2S_3）、砷黄铁矿（FeAsS）等。最常见的化合物为砷的氢化物 AsH_3 或称胂（刘英俊等，1984；南京大学地质系，1977）。砷以三价和五价状态存在于生物体中，三价砷在体内可以转化为甲基砷或甲基砷化物。此外，砷也有一些特殊的行为。砷在自然界的主要分布形式如下。

① 自然砷及砷的合金（如砷锑矿/AsSb、砷铜矿/Cu_3As）。

② As^{3+} 的简单硫化物和氧化物［如雄黄/As_4S_4、雌黄/As_2S_3、白砷石（砒霜）/

As_2O_3]。

③ As^{5+}形成砷酸根络阴离子如[AsO_4]$^{3-}$，它常与Fe^{3+}、Cu^{2+}、Pb^{2+}、Zn^{2+}等金属离子形成化合物，如$Fe_3(AsO_4)_2 \cdot 8H_2O$（砷铁矿）、$Cu_5(AsO_4)_2(HO)_4 \cdot H_2O$（砷铜矿）。

④ As与S形成含硫盐阴离子[As_mS_n]$^{x-}$，并与一些痕量金属Fe、Cu、Pb、Zn等形成含硫盐矿物。

⑤ As能以阴离子形式As^{3-}或As^{n-}替代矿物或化合物中的S^{2-}。

因此，砷是一个较为复杂的元素，它的离子性质与体系的pH值及其热力学条件有关。应当着重指出，由于砷既可形成阳离子又可形成阴离子，因而也易于从阳离子或阴离子转变为中性原子。在大多数情况下+3和+5是砷最重要的价态，在含硫盐和硫化物中常以+3价占优势，在含硫盐中只在极稀有情况下才可能有+5价离子的存在。

砷与其化合物常被用于农药、除草剂、杀虫剂与许多合金中。砷还可作合金添加剂生产铅制弹丸、印刷合金、黄铜（冷凝器用）、蓄电池栅板、耐磨合金、高强结构钢及耐蚀钢等。黄铜中含有微量砷时可防止脱锌。铜砷合金中含砷约10%时呈现白色，有锡时含砷少一些也可制得银白色的铜。中国人在古代曾用砷铜合金创造了白铜，并用作古代的钱币。高纯砷是制取化合物半导体砷化镓、砷化铟等的原料，也是半导体材料锗和硅的掺杂元素。这些材料被广泛用于二极管、发光二极管、红外线发射器、激光器等的制造中。砷的化合物还用于制造农药、防腐剂、染料和医药等。自从半导体产业大量使用砷化镓（也用于激光、光电产业）以来，砷化氢的使用量也日渐增多。当酸或有还原能力的物质碰到含砷的物品时，即使该物品中含砷量不高也会产生砷化氢。砷和它的可溶性化合物一般都有毒。

常见的砷的主要化学性质及作用如下。

① 砷可以被O_2、F_2等氧化：$4As+3O_2 \xlongequal{(燃)} 2As_2O_3$，$2As+5F_2 \xlongequal{(燃)} 2AsF_5$。

② 砷作为非金属可发生：$3Mg+2As \xlongequal{(燃)} Mg_3As_2$。

③ Mg_3As_2可以发生水解反应：$Mg_3As_2+6H_2O \xlongequal{} 3Mg(OH)_2+2AsH_3$。

④ 砷化氢是无色有毒气体，不稳定，可发生可逆反应：$2AsH_3 \rightleftharpoons 2As+3H_2$。

⑤ 砷化氢是强还原剂，很容易被氧化（自燃）：$2AsH_3+3O_2 \xlongequal{} As_2O_3+3H_2O$。

⑥ 砷化氢与氨气不同，一般不显碱性，AsH_3可以用于半导体材料砷化镓的制造中，在700～900℃下发生化学气相沉积：$AsH_3+Ga(CH_3)_3 \xlongequal{} GaAs+3CH_4$。

⑦ 三氧化二砷是毒性很强的物质（砒霜的主要成分），可用于治疗癌症，是两性氧化物：$As_2O_3+6NaOH \xlongequal{} 2Na_3AsO_3+3H_2O$，$As_2O_3+6HCl \xlongequal{} 2AsCl_3+3H_2O$。

⑧ 三氧化二砷可被一些强氧化剂氧化成+5价砷：被臭氧氧化——$3As_2O_3+2O_3 \xlongequal{} 3As_2O_5$；被氟气氧化——$2As_2O_3+10F_2 \xlongequal{} 3O_2+4AsF_5$，此反应常用于制取高纯度的$AsF_5$。

⑨ 三氧化二砷可被过氧化氢氧化成砷酸：五价砷的卤化物只有五氟化砷能稳定存在，AsF_5是无色气体，发生水解反应生成氟化氢（腐蚀玻璃的原理）；五氧化二砷是酸性氧化物，溶于水能生成3种砷酸（偏砷酸、砷酸、焦砷酸）。砷酸（H_3AsO_4）与磷酸性质相似，其钾、钠、铵盐溶于水，其他盐一般不溶于水，雄黄（AsS）、雌黄（As_2S_3）是两种天然的含砷矿物，可与氧气发生反应：

雌黄（As_2S_3）发生氧化反应　$2As_2S_3+9O_2 \xlongequal{(点燃)} 2As_2O_3+6SO_2$

水雄黄（AsS）发生氧化反应 $4AsS+7O_2 \xrightarrow{\text{点燃}} 2As_2O_3+4SO_2$

⑩ 雄黄和雌黄可被 Zn、C 等在加热条件下还原，得到单质砷。

砷在地壳中含量并不大，但是它在自然界中几乎到处都有。砷在地壳中有时以游离状态存在，但主要是以硫化物矿的形式存在。无论哪种金属硫化物矿石中几乎都含有一定量的砷的硫化物，因此人们很早就认识到砷和它的化合物。在中国商代时期的一些铜器中即有砷，有的含量高达 4%。砷的硫化合物具有强烈毒性，其硫化物矿自古以来被用作颜料、杀虫剂和灭鼠药。三氧化二砷在中国古代文献中称为砒石或砒霜。小剂量砒霜作为药用在中国医药书籍中最早出现在公元 973 年宋朝人编辑的《开宝本草》中。自然界的砷来源主要有火山喷发、含砷的矿石等。一般而言无机砷比有机砷毒性要强，三价砷比五价砷毒性要强，但是我们对零价砷的毒性了解还很少。砷化氢的毒性和其他存在形式的砷有所不同，它是目前已知的砷化合物中毒性最强的。

砷尾矿水可能会造成农田污染，由于土壤中 Ca、Fe、Al 均可固定砷，通常砷集中在表土层 10cm 内，只有在某些情况下可淋洗至较深土层，如施磷肥可稍增加砷的移动性。

土壤中砷形态若按植物吸收难易划分，一般可分为水溶性砷、吸附性砷和难溶性砷。通常把水溶性砷和吸附性砷总称为可给性砷，是可被植物吸收利用的部分。植物在生长过程中，可从外界环境吸收砷，并且有机态砷被植物吸收后，可在体内逐渐降解为无机态砷。砷可通过植物根系及叶片吸收并转移至体内各部分，主要集中在生长旺盛的器官中。不同含砷量小区栽培试验表明，作物根、茎叶、籽类含砷量差异很大，如水稻含砷量分布顺序是：稻根＞茎叶＞谷壳＞糙米，呈现自下而上递降的变化规律。

12. 锑（antimony）

大约于公元前 180 年，首先在匈牙利发现了锑。但此后的很长一段时间，人们并未真正认识这种金属。到 1556 年，德国冶金学者阿格里科拉（G. Agricola）在其著作中叙述了用矿石熔析生产硫化锑的方法，不过他当时是将硫化锑误认为锑。直到 1604 年，德国人瓦伦廷（B. Valentine）才较详细地记述了锑与硫化锑的提取方法，元素锑得到确认。锑的拉丁名称 stibium 和元素符号 Sb 均来自辉锑矿的英文名 stibnite，这个词的原意是“反对僧侣”。据说在古代西方国家的一些僧侣中，曾有许多人患有癞病，他们试图服用含锑的辉锑矿来治疗。可是许多服用辉锑矿的僧侣不但没有恢复健康，反而病情恶化，一个个地死去了。因而，后来人们以此来表示对这件事情的记忆。锑的地壳丰度为 0.2×10^{-6}（刘英俊等，1984；南京大学地质系，1977；White，1999；Thornton，1983）。

锑是周期表中第 5 周期ⅤA 族元素，其基本属性如下：

元素符号——Sb；

原子序数——51；

原子量——121.75；

价电子层构型——$5s^2p^3$；

氧化数——−3、3、4、5；

电负性——1.8（+3）、2.1（+5）；

原子半径（pm）——145（12 配位）；

离子半径（pm，6 配位）——245（−3）、62（+5）；

共价半径（pm）——140；

沸点（℃）——1380；

熔点（℃）——630.5；

密度（g/cm^3，27℃）——6.684。

自然界中锑有2个稳定同位素——^{121}Sb(57.25%)、^{123}Sb(42.75%)，以及一个放射性同位素^{125}Sb(半衰期2.7年)。自然界中的化合物有自然锑及锑砷、锑银合金、硫化物和氧化物（如辉锑矿/Sb_2S_3、硫锑矿/Sb_2S_2O)、含硫盐（主要是由络阴离子［SbS_3］$^{3-}$与Ag、Cu、Pb、Fe形成含硫盐矿物)、氧化物（如锑华/Sb_2O_3)、锑酸盐［如羟锑铅矿/$Pb_2Sb_2O_6(O，OH)$］等（White，1999)。

锑是银白色、有光泽、硬而脆的金属（常制成棒、块、粉等多种形状)；有鳞片状晶体结构；在潮湿空气中逐渐失去光泽，强热则燃烧成白色锑氧化物；易溶于王水，溶于浓硫酸，有毒，最小致死量（大鼠，腹腔）为100mg/kg；有刺激性。中国是世界上发现、利用锑较早的国家之一，当时不叫锑，而称“连锡”。明朝末年（1541年)，中国发现了世界上最大的锑矿产地——湖南锡矿山，但当时把锑误认为锡，故命名锡矿山，至1890年经分析化验始知是锑。清朝光绪年间（1897）创办“积善”厂，为锡矿山最早的炼锑厂，使我国的“连锡”转入锑生产的时代。自1908年以后数十年间，中国锑产量常占世界总产量的50%以上，仅锡矿山在1912～1935年间的锑产量就占世界产量的36.6%，占全国的60.9%。目前，中国锑矿储量和产量均居世界首位并大量出口。中国生产的高纯度金属锑（含锑99.999%）及优质特级锑白代表着当今世界锑业先进生产水平。

锑多用作其他合金的组元，可增大其硬度和强度。如蓄电池极板、轴承合金、印刷合金(铅字)、焊料、电缆包皮及枪弹中都含锑。铅锡锑合金可做薄板冲压模具。高纯锑是半导体硅和锗的掺杂元素。制造锑白（三氧化二锑）是锑的主要用途之一，锑白是搪瓷、油漆白色颜料和阻燃剂的重要原料。硫化锑（五硫化二锑）是橡胶的红色颜料。生锑（三硫化二锑）用于生产火柴和烟剂。

锑是电和热的不良导体，在常温下不易氧化，有抗腐蚀性能。因此，锑在合金中的主要作用是增大硬度，常被称为金属或合金的硬化剂。在金属中加入比例不等的锑后，金属的硬度就会加大，可以用来制造兵器，所以锑也被称为战略金属。锑及锑化合物首先被用于耐磨合金、印刷铅字合金及军工工业，是重要的战略物资。锑还被用作聚对苯二甲酸乙二醇酯(polyethylene terephthalate，PET，俗称涤纶树脂）生产中的缩聚催化剂。含锑合金及化合物则用途十分广泛。锑化合物可阻燃，所以常用在各种塑料和防火材料中。含锑、铅的合金耐腐蚀，是生产蓄电池极板、化工管道、电缆包皮的首选材料；锑与锡、铅、铜的合金强度高、极耐磨，是制造轴承、齿轮的好材料，高纯度锑及其他金属的复合物（如银锑、镓锑）是生产半导体和电热装置的理想材料。一些锑的金属互化物是化学反应中的优良催化剂。可催化间苯二酚氧化成间苯醌的反应以及环己烷的加氢反应。随着科学技术的发展，锑现在已被广泛用于生产各种阻燃剂、搪瓷、玻璃、橡胶、涂料、颜料、陶瓷、塑料、半导体元件、烟花、医药及化工等部门产品。

锑会刺激人的眼、鼻、喉咙及皮肤，持续接触可破坏心脏及肝脏功能。吸入高含量的锑会导致锑中毒，症状包括呕吐、头痛、呼吸困难，严重者可致死亡。德国音乐神童莫扎特死因不明，有一派说法就说他死于锑中毒。研究表明，老鼠若长时间暴露在高浓度含锑空气中，肺部会产生炎症，进而患上肺癌。虽然至今尚未出现因吸入过量锑而患上肺癌的个案，但仍不排除其对人体的潜在危害。2002年9月，世界卫生组织规定对水中锑含量和日摄入量每日应小于 0.86μg/kg。日本限定宝特瓶中的锑含量应小于 200×10^{-6}，对热灌装用的饮料，则禁用含锑的宝特瓶（又名 PET 瓶）。欧盟则规定，食品中的锑含量应小于 20×10^{-9}，环保级 PET 纤维中的锑含量不得大于 260×10^{-6}。

土壤痕量金属污染以及痕量金属对人体健康的影响是人们非常关注的问题。本书选上述12个元素对其环境行为效应就目前认识做些介绍。应该说明，人类对痕量金属生物效应的认识程度及痕量金属环境行为效应的研究还需要继续深入。

事实上，之所以将痕量金属视为一类重要的污染物来研究，原因就在于其对人体健康有着极为重要的作用。这些问题既是医学、生物学的重要研究内容，同时也是环境科学的重要研究内容。上面介绍的关于一些痕量金属的特性及其生物学效应，即是目前人们对这些问题的阶段性认识。由于这些问题涉及学科较多，现实中常常是一种或几种现象同时涉及化学、地学、生物学、医学以及一些技术科学领域的知识，其学科交叉性很强，情况复杂程度高，研究技术难度也较大。概略地看，目前对这一领域问题的探索研究大致包括两大方面的工作：一方面是自然体系，主要是环境要素中的痕量金属的行为及效应研究；另一方面是痕量金属在生物机体内的行为及效应研究。其实，这是一个问题的两个方面。第一个方面的工作是解决作为污染物的痕量金属在环境中从哪里来、怎么去，工作层面也大多集中于环境介质中的痕量金属在进入有机体前和进入工程的行为效应环节，属于环境科学侧重研究的范畴。第二个方面的工作是解决痕量金属在生物体内的生物化学行为及其量级效应问题，工作主要侧重于生物体与痕量金属间相互作用以及这些作用在生命过程中的实际效应问题的研究，属于生物医学侧重研究的范畴。由于这两个方面的工作都有同样的研究对象——痕量金属，有时又交织在一起，也难以分清。因而，常常在环境科学领域有生物学或医学背景的研究者从事工作，而在生物医学领域又有环境科学背景的人员进行研究。在这些问题的研究探索中，交叉的情况是经常的或基本的。不过，总体来看还是分层次的。任何环境问题都是以保护人体健康为基本出发点，所以生物医学领域侧重研究的痕量金属内容是环境科学领域研究痕量金属的目标所向，环境科学领域侧重研究的痕量金属内容是生物医学领域研究痕量金属不可或缺的问题根源，二者是痕量金属污染、中毒这一基本问题在自然界及生物体中发生过程与效果不同阶段的研究环节。

由于痕量金属问题的复杂性，如前所述，目前人们对每一种痕量金属元素的生物效应认识程度是不一样的，无论是在环境科学还是在生物医学侧重的研究内容中都是如此。环境科学侧重研究的内容中，就痕量金属生物效应方面，主要从金属元素在环境介质中的形态角度进行研究，包括痕量金属化合物类型、元素价态以及与配体的结合形式、金属元素进入生物体或被生物摄取的方式与途径等。此外，体系物理化学条件对痕量金属形态的影响、痕量金属在环境介质中存在形态的研究方法手段、痕量金属形态与人体健康（地方病）的相关规律等也常常是环境科学对痕量金属生物效应研究的重要内容。有关这些问题的研究，自20世纪70年代开始重视金属形态在环境效应认识评价中的作用与地位以来，在不断深入。特别是近些年来，痕量金属形态或生物有效性的研究已成为痕量金属污染研究中不可或缺的基本内容，并且分别在形态类型、分析程序、分析方法、形态特征与环境效应相关性研究方面，在不同介质、不同金属元素、体系不同物理化学条件等方向上都有很大程度的发展和延伸，目前仍然是痕量金属污染研究领域的热点研究问题。

生物医学侧重研究的内容中，痕量金属元素在生物体内的生物化学行为、痕量金属的生物营养学、痕量金属元素的生物毒理学、痕量金属中毒症状的临床表现以及相应的生物摄入源、剂量效应、时间效应、代谢过程等都是其重点研究内容。由于这些问题本身的复杂性与诸多不确定因素，研究工作往往伴随着较大的难度，从这些角度对每一种元素的研究程度及认识水平也不尽一致。尽管从人们希望达到的程度看，上述工作似乎还显得粗浅，但实际上这方面的工作一直是在突飞猛进地发展的，并且也是环境科学、医学、生命科学的研究热点，同时，其中的许多问题是人类探知未知世界的前沿课题。

上述关于痕量金属生物效应研究问题中的两个层次，由于其最基本的对象是痕量金属这类物质，因而无论在哪个层次的问题中，其都要受到金属本身自然属性的制约。痕量金属元素大多是周期表中的副族元素，即所谓的过渡元素。这些金属元素最大的特点是具有未充满的次外电子层，因而大多是变价元素。这决定了其在自然界以及生物体内化学行为复杂多变的属性特征。这些元素共有的特点如下。

(1) 原子结构及化学性质的特殊性　原子半径相对较大，对其周边物质的影响较敏感；电负性相对较大；化合价态多变。大多数元素据环境中不同物理化学条件（Eh、pH、温度）及体系中与之作用物质的性质不同而以不同的价态存在。许多元素可作为中心离子接受阴离子和简单分子的独对电子，生成配位络合物，还可与一些大型有机高分子生成螯合物。

(2) 环境系统中存在的广泛性　所有痕量金属元素都是组成地壳的成分，在自然界各类环境介质（岩石、水、大气和生物）中都存在微量金属元素的背景含量。这些元素在人类生活、生产的各个方面被应用，随自然界元素地球化学循环以及地下资源的被开采、加工和使用等环节，其在环境中不断地发生着各种尺度上的空间位置迁移和存在形式的转化。这些元素来源广泛、普遍，可通过各种途经（食物、饮水、呼吸和皮肤接触等）进入人体，其不同的化学形态或价态毒性效应差别很大。

(3) 生物负面效应具有隐蔽、潜伏性　研究表明，许多痕量金属元素有致癌、致畸及致突变作用。这些元素进入生物体后，可经食物链在较高级生物体内千百倍地富集，其毒性具积累效应，在生物体内既可形成对生物体的慢性损伤，也可导致急性中毒。这些元素发生污染时，常常没有非常明显的表征，有些痕量金属的污染毒性效果往往短期内不易察觉，具隐蔽性、潜伏性。

(4) 对其污染、中毒的评价识别难度较大　由于自然界环境介质中都存在痕量金属背景含量，其污染、中毒常难以即时识别。

痕量金属的生物效应是环境科学领域以及有关交叉学科经久不衰的研究热点，这除了与这些问题本身的复杂性和重要的环境意义有关外，同时也是这些问题中仍然蕴含着许多前沿问题的体现。关于哪种痕量金属元素是有毒的或有益的，以及相应的剂量及作用形式的有关指标或结论，客观地说应该都是或至少有些是阶段性的。准确地说，对这些问题的认识是在发展中的。随着研究程度的不断深化和人们认识水平的提高，痕量金属更重要、更明确的生物效应会被不断地揭示出来。因此，痕量金属的生物学效应是环境科学非常重要的研究内容，关于它们的认识在快速发展中。

第三节　土壤农药污染

目前世界上生产、使用的农药（pesticide）已达1000多种，其中大量使用的有100多种。每年化学农药的产量（以有效成分计）约200万吨，主要是有机氯、有机磷、有机汞、有机砷、氨基甲酸酯类和苯氧羧酸类几大类。我国农药产量约 20 万吨/年，居世界第四位，农药品种近百种，而且每年还从国外进口 70 万吨，平均每亩（1 亩=666.67 平方米）使用农药量为 100g 左右。由于农药的施用是农牧业增产的主要手段，而且在未来长时间内，农业的生命力在一定程度上仍有赖于农药的广泛使用。农药是人为地播撒到土壤和大气中的，它除了具有杀虫、杀草功能外，越来越多的事实表明，农药还具有严重的人体毒害效应。因此，农药在环境中的迁移、转化以及在土壤中的滞留，既是农业生产中的重要课题，同时也是环境科学研究中的重要课题。

农药在环境中的危害程度与其浓度、作用时间、环境状况（温度、湿度）、化学反应速率等因素有关。在空中喷洒的农药，当气温较高或农药挥发性较大时，农药进入大气的含量会增多，农药的蒸气和气溶胶可随气流被带到很远的地方。进入大气的农药，其中一部分随蒸气冷凝而落入土壤和水体，一部分受到空气中氧和臭氧的氧化而分解。进入大气的大部分农药的氧化分解是相当快的，只有 DDT、环二烯类等特大分子型化合物分解较慢。含痕量金属汞、铅、镉和砷的农药，在农药分子分解后，痕量金属元素将会从大气进入土壤和水体，并有可能在食物链环节中积累。

农药是水体的重要污染物，其除了经由大气、地表径流污染水体外，有少量农药可从地表面渗入深层地下水中。农药在水中的溶解度愈大，则向土壤下层移动的速度愈快，因而进入土壤下层地下水的可能性愈大。然而，大多数情况下，农药在土壤中的移动性是较小的。某些农药如 DDT 能被黏土矿物强烈地吸附，有些黏土矿物可吸附去除水体中 99%的 DDT。农药在土壤溶液中的行为与其溶解度、化学稳定性、光化学稳定性、土壤性质、动植物和气候（温度和光照）等有密切关系。在大多数情况下，农药在土壤溶液中的含量大大低于其在水中的溶解度。

土壤中的生物降解作用对土壤中农药的行为和归趋有重要影响，土壤微生物对农药的降解作用受 pH 值、有机质、土壤水分含量、温度、通气条件和阳离子交换量的影响。

总之，农药在土壤中的迁移、转化和滞留取决于农药本身的性质、土壤性质以及环境条件等诸因素。

一、土壤对农药的作用

1. 影响农药在土壤中行为的因素

影响农药在土壤中行为的因素可简单概括为农药本身的物理化学性质、土壤的性质以及环境因素三个方面。

(1) 农药本身的物理化学性质

① 物理性质。主要包括农药的水溶性、极性和挥发性。农药的水溶性影响其在土壤中的淋溶和扩散；农药的极性影响其在土壤中的吸附行为；农药的挥发性影响其自土壤向空气中的挥发。

② 化学性质。主要为与农药化学分解和微生物分解有关的反应速率。

(2) 土壤自身的性质　包括土壤的结构（影响农药的扩散、挥发）、黏土矿物含量（影响吸附作用）、金属离子含量（影响化学反应速率）、有机质含量（影响微生物种类与数量，进而影响生物化学降解）、pH 值（影响化学反应的发生与速率，影响吸附作用，影响微生物繁殖与降解）、离子交换容量（影响淋溶过程）、微生物种类与数量（影响微生物降解作用）等。

（3）环境因素　包括温度、湿度、日照情况、耕作方式、作物种植情况、灌溉情况等，这些因素对农药在土壤中的微生物降解、光分解、挥发、扩散、吸收以及化学和生物化学反应的进行都有重要影响。

2. 土壤对农药的吸附作用

农药一旦进入土壤，就会发生吸附、迁移和分解等一系列作用。吸附作用是农药与土壤固相之间相互作用的主要过程，并直接或间接地影响着其他过程。

（1）吸附作用机制　土壤吸附农药的主要作用机制有以下几个方面。

① 离子吸附与交换。离子型农药在水中能离解成为离子，如阳离子型除草剂，它既可被土壤有机质和黏土矿物表面吸附，又易与土壤有机质和黏土矿物表面吸附的阳离子发生交换作用。这种吸附是以离子键作用为基础的（李天杰等，1995）。

② 配位体交换。这种吸附作用是由吸附质分子置换一个或几个配位分子。在土壤及其组成中，可进行配位体交换的通常是结合态水分子，其必要条件是吸附质分子比被置换的配位体具有更强的配合能力，例如杀草剂、2,4-D与蒙脱石的吸附都属于这种作用机制。

③ 范德华力。范德华力是由分子间几种短程偶极产生的偶极矩相互作用产生的，在吸附质和吸附剂之间，对大分子而言范德华力的加和性可造成相当大的引力，这种引力主要存在于非离子型、非极性分子或弱极性分子的吸附作用中，如异草定与蒙脱石和高岭石的吸附、毒莠定和腐殖质的吸附，均被认为主要是由范德华力所引起的分子吸附。

④ 疏水性结合。农药中以非极性或弱极性基团为主的化合物容易被吸附在土壤有机质的疏水部位上，水分不影响这种吸附作用，其实质相当于农药分子在土壤有机质和水分之间的一种分配作用。有机质中酯类化合物与农药的结合属于这种类型。

⑤ 氢键结合。当吸附质和吸附剂中具有N—H、O—H结构体或O、N原子时易形成氢键，这是一种特殊类型的偶极矩作用，氢原子在两个强电负性原子之间起桥梁作用，其中一个原子与之共价结合，而另一个原子通过静电作用与之相连。

氢键结合是非离子型极性有机分子与黏土矿物和有机质吸附的最重要的作用机制。除草剂分子可与黏土矿物表面氧原子或边缘羟基以氢键相结合，如扑草灭在蒙脱石上的吸附；也可与土壤有机质的氧和胺基以氢键相结合，如均三氮苯类除草剂的叔胺基N与腐殖物质羧基之间的氢键作用机制。此外，有些交换性阳离子与极性有机分子还可通过水桥与氢键缔合。

⑥ 电荷转移。当电子从一个富电子的给予体转移到一个缺电子的接受体时，两者间产生静电引力，形成电荷转移型配合物，含有π键或含有未成对电子结构的分子能够产生这种作用。电荷转移作用只能在近距离粒子间发生，有人认为甲硫基三氮苯在有机物上的吸附属于这种机制。

在土壤对农药的吸附中，以离子交换吸附为主。物理吸附的强弱取决于土壤胶粒比表面积的大小。例如土壤黏土矿物中，蒙脱石对丙体六六六的吸附量为10.3mg/g，而高岭土只有2.7mg/g。土壤有机胶粒比矿物胶粒对农药有更强的吸附力，许多农药如林丹、西玛津等大部分吸附在有机胶粒上。土壤腐殖质对马拉硫磷的吸附力较蒙脱石大70倍，并能吸附水溶性差的农药如DDT。它能提高DDT的溶解度，DDT在0.5%的腐殖酸钠溶液中溶解度为在水中的20倍，因此，腐殖质含量高的土壤吸附有机氯的能力强。因而，土壤的质地和土壤有机质含量对农药的吸附具有显著影响。

另外，农药本身的化学性质对吸附作用也有很大影响。农药中存在的某些官能团如

—OH、—NH、—NHR、—$CONH_2$、—COOR等有助于吸附作用。在同一类型的农药中，农药的分子越大，溶解度越小，被植物吸收的可能性越小，而被土壤吸附的量越多。

又如离子型农药进入土壤后，一般解离为阳离子，可被带负电荷的有机胶粒或矿物胶粒吸附，有些农药中的官能团（—OH、—NH_2、—COOR、—NHR等）解离时产生负电荷成为有机阴离子，可被带正电的$Fe_2O_3 \cdot nH_2O$、$Al_2O_3 \cdot nH_2O$胶粒吸附。有些农药在不同的酸碱条件下有不同的解离方式，因而有不同的吸附形式，如2,4-D在pH=3～4时解离生成有机阳离子，可被带负电荷的胶粒吸附，而在pH=6～7的条件下，解离成有机阴离子，可被带正电荷的胶粒吸附。农药被土壤吸附后，由于存在形态的改变，其迁移、转化能力和生物毒性也随之变化。例如除草剂、百草枯和杀草快被土壤黏土矿物强烈吸附后，它们在溶液中的溶解度和生物有效性就大大降低。所以土壤对化学农药的吸附作用在某种意义上来说就是土壤对污染毒物的净化和解毒作用。土壤的吸附能力越大，农药在土壤中的有效性越弱，净化效果越好，但这种净化作用是相对不稳定和有限的，只是在一定条件下，具有暂时的净化和解毒效果。

（2）土壤成分在吸附农药过程中的作用　进入土壤的农药可通过物理吸附、化学吸附、氢键结合和配价键结合等形式吸附于土壤颗粒表面。

有些农药被吸附后能降低其移动性能和生理毒性。如前所述，土壤对农药的吸附作用在某种意义上被认为是对有毒物质的净化与解毒作用，但这种作用是不稳定的，也是有限度的。当被吸附的农药被溶液中的其他物质重新置换出来时，即又恢复了原来的性质。

土壤对农药吸附力的强弱既取决于土壤条件，也取决于农药性质。残留在土壤中的农药在土壤溶液中一般都离解为有机阳离子，被土壤中带负电荷的胶粒吸附。土壤中黏土矿物的种类和数量对农药吸附作用的影响很大。土壤有机质和各种黏土矿物对农药的吸附能力随以下序列递减：有机质＞蛭石＞蒙脱石＞伊利石＞绿泥石＞高岭石。

化学农药各自的性质对吸附作用的影响也很大。在各种农药的分子结构中，凡带有—$CONH_2$、—OH、—NH_2COR、—NH_2、—OCOR、—NHR官能团的农药都能增大吸附强度，尤其是带—NH_2的化合物，吸附能力更强。研究表明，在不同分子结构的均三氮苯类除草剂中，苯环第二位上带有不同官能团的农药被钠饱和的蒙脱石吸附时，其吸附能力随下列顺序递减：—SC_2H_5＞—SCH_3＞—OCH_3＞—OH＞—Cl。

① 土壤有机质在土壤对农药吸附中的作用。许多研究工作发现，土壤对非离子型有机化合物和农药的吸附实际上是这些化合物在土壤有机质中的分配，而土壤无机部分在水-土体系中表现出对中性有机化合物的相对“惰性”，由此推断，可能是由于水分子的极性阻止非离子型化合物与土壤这部分的联系，这种观点在许多研究中都得到了证实。

有人研究了土壤对水中几种有机化合物的吸附以及它们对温度的依赖关系。结果表明，当一些溶质浓度接近饱和时，吸附等温线都没有明显观察到弯曲，意味着这些中性有机化合物在土-水平衡中的热焓变化在所研究浓度范围内是常数，而且发现土壤-水分配系数与水中这些溶质的溶解度呈反比。同时，用活性炭研究了上述几种有机化合物的吸附规律，实验证明，在相同溶质浓度范围内所观察到的等温线是非线性的，只有在低浓度时，吸附量才与溶液中平衡浓度呈线性关系。这些结果表明，中性有机化合物从水到土壤的吸附作用主要是溶质的分配过程（溶解）。在此基础上有人提出了分配系数概念，即非极性有机化合物通过溶解作用在水与土壤有机质中分配，经过一定时间达到分配平衡，此时有机化合物在土壤有机质和水中的比值称为分配系数。显然吸附和分配有明显的区别。

实际上，有机化合物在土壤中的吸附作用存在着两种主要机理：分配作用，即在水溶液中土壤有机质对有机化合物的溶解作用；吸附作用，即在非极性有机溶剂中，土壤矿物质对有机化合物的表面吸附作用或干土壤矿物质对有机化合物的表面吸附作用。

分配作用是有机化合物通过分子力在溶液中分配到土壤或沉积物的有机质中去，而吸附作用一般包括物理吸附和化学吸附。前者主要靠范德华力，后者则是各种化学键如氢键、离子偶极键、配位键及π键作用的结果。因此，它们在对反应热、吸附等温式类型和竞争吸附等方面都各不相同。分配作用与吸附作用主要在如下3个方面存在差异。

a. 吸附热。吸附过程往往以放出大量的热量来补偿反应中熵的损失，所以吸附是一个放出吸附热的过程。分配过程中的吸附热等于某种溶质液体在有机相和水相中的摩尔熵的差值。一般情况下，分配过程放出的吸附热要比溶质的缩合热小，所以分配过程放出的反应热比较少。

b. 吸附等温线。吸附作用的等温线是非线性的，通常可用朗格缪尔（Langmuir）等温线或弗罗因德利希（Freundlich）等温线来描述，而分配作用的等温线在溶质的整个溶解范围内均呈线性相关。

c. 竞争吸附作用。当两种或两种以上有机化合物并存于同一反应体系中时，化合物会对土壤表面的吸附位发生强烈的竞争吸附，也就是说，土壤对不同有机物表现为吸附作用时，在吸附中存在着竞争吸附。然而在相同条件下，若吸附作用是分配过程，则不发生竞争吸附，它们的吸附量和吸附等温线并不因为有其他有机化合物存在而发生变化，这是因为分配作用实际上是一种溶解作用，只与它们的溶解度相关，而与表面吸附位无关。

在水-土壤体系中，非离子型有机化合物的吸附等温线几乎都是线性的。通过上面的研究结果可以很容易地发现，在水-土壤体系中，吸附非离子型有机化合物的主要是土壤中的有机质，即这种吸附过程主要与其中有机质含量有关，而与土壤矿物的多少无关。这一现象已被许多学者所证实。出现这种现象是因为极性水分子和矿物表面发生强烈的偶极作用，使得非离子型有机化合物分子很难吸附在矿物表面的吸附位上，这样就使得矿物表面所吸附的非离子型化合物分子的数量变得微乎其微了。相反，由于非离子型有机化合物在水中的溶解度一般较小，很容易分配或溶解到有机质中去，这一过程类似于有机溶剂从水相中萃取非离子型有机化合物的情形。很明显，非离子型有机化合物在水-土壤中的分配过程实际上是它们遵循溶解平衡原理溶解到土壤有机相（有机质）中的过程。这样就不难理解非离子型有机化合物在水-土壤体系中的吸附等温线呈现线性规律和分配系数取决于它们的水溶解度、低吸附热以及多溶质并存时无竞争现象等事实。

极性液体与土壤胡敏酸表现出明显的吸附。同时，相对非极性有机液体的吸附大大降低，而且几乎是一个常量（当吸附量以体积/单位质量的胡敏酸为单位来表示时），这些现象与作为有机物分配介质的土壤胡敏酸的极性相一致。在非极性有机化合物的吸附过程中，土壤胡敏酸的作用几乎是大多数土壤中土壤有机质吸附作用的一半。

② 土壤黏土矿物在土壤对农药吸附中的作用。如前面章节所述，黏土矿物是土壤的主要构成成分，而且其百分含量与有机质相比占绝对优势。在黏土矿物的表面存在着大量的吸附位，对有机化合物或痕量金属污染物在环境中的行为有重大影响。因此，在对农药等有机化合物的环境行为研究中，黏土矿物对吸附的影响是非常重要的环节。

a. 干土壤黏土矿物对吸附有机化合物农药的影响。有研究表明，在干土壤对非离子型有机化合物的气相吸附体系中，没有水分子与非离子型有机化合物竞争土壤黏土矿物表面的吸附位。因此，这些有机化合物可以被黏土矿物表面吸附，且吸附量较高。这种土壤矿物质表面的吸附与吸附质的极性有关。一般地说，极性愈大的吸附质，其吸附量也愈大。同时，非离子型有机化合物在土壤有机质中的分配作用仍然在发生，因为反应体系中没有有机溶剂的存在，有机化合物具有分配到土壤有机质中的趋势。这样，非离子型有机物在干土壤的气相吸附中形成了强吸附（被矿物质表面）和高分配（在有机质中）的吸附特征。很明显，干土壤对有机化合物的吸附可能是土壤对有机物吸附类型中吸附量最大的情形，因为在这种反应体系中，土壤矿物质和有机质都发挥了作用。

b. 有机溶剂对黏土矿物吸附有机化合物的影响。在土壤矿物对农药的吸附作用中，土壤从有机溶剂体系中吸附有机化合物和农药的过程是十分重要的环节。在这种有机体系中，可以通过有机溶剂把有机化合物对土壤有机质中的分配作用屏蔽起来，在比较理想的条件下，这种情况下土壤矿物质对有机化合物的吸附有如下特征。

(a) 在非极性有机溶剂体系中。曾经有学者使用两种矿物成分和有机质含量明显不同的土壤（1.9%有机质、68%粉砂、21%黏土和51%有机质、36%粉砂、3.5%黏土），在已烷体系中，对对硫磷和高丙体六六六的吸附进行了深入系统的研究后发现，两种土壤对两种有机化合物的等温线完全为非线性，而且吸附量比在水溶液体系中的吸附量大得多。在干土壤中，对硫磷的吸附等温线的非线性、较大的吸附量以及高吸附热等，都支持了“在已烷中吸附的主要机理是土壤矿物质的吸附”这样一个论点，表现出非离子型有机化合物被强烈地吸附在矿物表面，较少分配在土壤有机质中的吸附特征。

(b) 在极性有机溶剂中。有人在对极性有机溶剂中土壤吸附有机化合物的研究中发现，对硫磷在极性溶剂如甲醇、乙醇、丙酮、氯仿中被干土壤吸附时，其吸附量几乎为零。然而在非极性溶剂已烷中做同样的吸附时，其吸附量比较大，而且高于从水溶液体系中进行同样的吸附时的吸附量。非极性有机化合物极弱地分配至有机质和土壤黏土矿物表面，这是因为在极性有机溶剂中，如甲醇、丙酮、氯仿、乙酸乙酯等溶剂具有高的极性，又具有对有机化合物如对硫磷等很好的溶解性，在土壤吸附中，它们的极性可以强烈地占据土壤矿物表面的吸附位，其作用十分类似于在水溶液体系中极性水分子激烈地与非离子型有机化合物竞争矿物表面的吸附位的机理。其结果是，对硫磷几乎很难被矿物所吸附，另外由于有机溶剂的高溶解度，对硫磷的绝大部分都溶解在有机溶剂中，很难分配到土壤有机质中去。因此，在极性有机溶剂中，土壤对有机化合物的吸附很小甚至几乎不发生。

③ 土壤湿度对土壤吸附农药的影响。在土壤湿度对非离子型有机化合物吸附的影响方面，已有许多深入系统的研究工作。Spencer、Cliath 等分别先后测定了含有水分的土壤中狄氏剂和高丙体六六六的平衡气相浓度，结果表明，在土壤水小于2.2%的粉砂沃土（0.6%有机质）中，高丙体六六六（大约50mg/kg土）和狄氏剂（100mg/kg土）的平衡蒸气密度明显低于纯化合物的饱和气相密度，这表明农药的施用量远低于土壤的饱和限（冈吉，1985）。然而，土壤水含量增加到3.9%以上时，将导致平衡蒸气浓度的剧烈增加，它将与纯化合物的饱和气相浓度的量相等，而且当水分增加到饱和水量（实验土壤为17%）时，其值保持不变。当土壤水分低时，分别加入100mg/g的狄氏剂（相当于17mg/g有机质）和50mg/g（相当于8.3mg/g有机质）的高丙体六六六，其平衡蒸气浓度较低；而当土壤潮湿时，其平衡蒸气浓度接近该温度下的饱和蒸气浓度。这正说明，干土壤时，由于土壤矿物表面的强烈吸附，使得狄氏剂和高丙体六六六被大量吸附在土壤中；相反，土壤潮湿

时，由于水分子的竞争作用，土壤中农药的吸附量减少，农药蒸气浓度增大。

上述研究证实了在非离子型有机化合物被土壤吸附过程中湿度（水分）的作用，随着相对湿度增加，土壤吸附量减少，等温线也更接近直线。在相对湿度为90%时，吸附等温线非常近似于水溶液条件下的等温线。因此可以认为，在吸附过程中土壤起着双重吸附剂的作用，土壤矿物质部分可以看作为常规固体吸附剂，而土壤有机质是作为分配媒介（即有机相）存在。在湿土壤与有机化合物之间的反应中，分配作用之所以处于主导地位，是由于在矿物表面水分子强烈的竞争吸附使矿物吸附有机化合物的能力受到了严重抑制。在此条件下，水分直接影响土壤黏土矿物表面对有机化合物的吸附能力，形成了高分配（在有机质中）和水分子抑制非离子型有机化合物在黏土矿物表面吸附的特征。

二、农药在土壤中的迁移、降解和残留

研究表明，农药在吸附性较差的沙土表面有挥发损失，而且取决于这些异构体中所具有的氯原子数。含有较多的氯原子的异构体损失较小，氯原子数少的异构体损失较大。气体的损失在很大程度上取决于土壤表面对农药的吸附作用，吸附愈强，损失愈小。

农药进入土壤后与土壤中的固、气、液各类物质接触，发生一系列化学、物理化学和生物化学反应。概括起来，农药进入土壤后主要可有下列几方面的行为和归宿：①挥发进入大气和经沉降进入水体，进行气迁移和水迁移；②发生化学、光化学和生物化学降解作用，使其在环境中的数量逐渐减少；③被土壤吸附，残留于土壤中；④被生物吸收，在生物体中积累。

农药在水中的溶解度是控制农药在水体中迁移的一项重要因素。大部分农药属非极性有机化合物，在水中的溶解度很低，其溶解度介于μg/g和μg/t级的范围内。一些氯化碳氢化合物如DDT、聚氯联苯（Aroclor 1254）、狄氏剂和高丙体六六六等，在水中的溶解度均在μg/kg级范围内。

农药随水移动流入江河，是导致水体农药污染的主要原因。一些水溶性大的农药直接随水流入水域；一些难溶性的农药，如DDT，吸附于土壤颗粒表面，随泥沙径流一起带入江河。

总之，农药在土壤中的移动性能与农药本身的溶解度及土壤的吸附性能有关。农药在吸附性能小的砂质土壤中易于迁移，在黏粒和含有机质多的土壤中不易迁移。

1. 农药在土壤环境中的气迁移与水迁移

进入环境的农药可以通过挥发、溶解等方式进行扩散和在环境各要素之间运行。农药挥发作用的大小主要取决于农药本身的蒸气压和环境的温度。有机磷和某些氨基甲酸酯类农药的蒸气压相对较高，而DDT、狄氏剂和高丙体六六六等属于低蒸气压化合物。研究表明，只要化合物处于游离态和从惰性表面上进行蒸发时，就能从蒸气压的数值估计出这类物质的气迁移情况（冈吉，1985；黄瑞农，1987）。

（1）挥发　农药在土壤中损失的一个主要途径是挥发。农药施撒期间和施撒后由于挥发造成的损失量可占撒药量的百分之几至50%以上。在过去的多年研究中，人们对土壤中农药的蒸发损失机制了解已取得很大成就，对影响土壤中农药挥发的主要因素有了较深入的认识。

大量的农药是在施撒时损失的，损失的多少受农药性质、剂型、大气条件、施用方法和药滴大小的影响。例如颗粒剂菌达灭撒到干土表面时，几小时内几乎没有什么损失，但是当

把菌达灭进行喷雾时，在雾滴变干所需的几分钟内，农药就可损失20%。显然，施撒时的风速明显影响农药飘移速度与量。温度则影响农药的蒸气压和化学及光化学降解速率。

有些研究者主要从农药的物理与化学特性、土壤的吸附特性、农药浓度、土壤含水量、气流移动状况、温度、扩散特征七个方面研究影响土壤农药挥发的因素。大量资料证明，不论是非常易挥发的农药还是不易挥发的农药（如有机氯农药），都可以从土壤、水及植物表面大量挥发。对于低水溶性和持久性的化学农药来说，挥发是农药进入大气中的重要途径。有资料表明，在空气中的农药是以气态为主的。

化学农药在土壤中的挥发速度取决于农药本身的溶解度、蒸气压和近地表的空气层的扩散速度，其他一些条件可通过影响这两个基本因素从而影响挥发过程。这些条件包括温度、农药在地表的浓度、吸附强度、农药剂型、地表-空气间农药的转移率、蒸发潜热的供给等。农药挥发的快慢与它们的蒸气压有关，DDT、狄氏剂和林丹等的蒸气压较低，而有机磷和某些氨基甲酸酯的蒸气压较高，因而它们的挥发速度快慢有很大差别。

农药的蒸发与土壤含水量有密切关系。土壤干燥时，农药不易扩散，主要是被土壤吸附。随着土壤水分的增加，由于水的极性大于有机农药，因此水占据了土壤矿物质表面，把农药从土壤表面赶走，使农药的挥发性大大增加。研究表明，当土壤含水量达4%时，扩散最快，以后逐渐减慢。溶解于有机质中的农药不受土壤含水量的影响，因此含水量增加时，土壤中残留的农药主要是溶解在土壤有机质中的部分。

（2）溶解扩散　农药随水的迁移形式有两种：一些在水中溶解度大的农药可直接随水迁移；一些农药主要附着于土壤颗粒表面进行水的机械迁移，最终进入江河水体。

农药在土壤中的移动是通过扩散和溶质体流动两个过程进行的。

扩散是控制与土壤紧密结合的农药挥发的主要过程，农药在土壤中的扩散取决于土壤的特性，如水分含量、紧实度、充气孔隙度、空气湿度以及农药的化学特性，如溶解度、蒸气密度和扩散系数等。扩散既能以气态发生，也能以非气态发生，非气态扩散完全取决于土壤水分含量。

农药的溶质体流动是由与农药分子相联系的水或土壤微粒流或者两者皆有的流动引起的，溶质体被水流转移通过土壤取决于水流的方向和速度，以及农药与土壤的吸附特征。水流通过土壤剖面的情况可能十分复杂，已有人提出用数学模型来预测某种农药的溶质体转移，该模型涉及简单水流系统的一些问题。

在稳定状态的土壤水流状况下，农药通过多孔介质移动的一般方程为：

$$\frac{\partial c}{\partial t}=D\frac{\partial^2 c}{\partial x^2}-V_0\frac{\partial c}{\partial x}-\beta\frac{\partial S}{\partial t}$$

式中，x为农药移动距离；t为农药移动时间；D为扩散系数；V_0为孔隙水的平均运移速度；β为土壤容重；c为溶液中农药的浓度；S为吸着于土壤中的农药浓度。

应用这种方程可以基本了解农药在土壤中的迁移情况。

2. 农药在土壤中的降解作用和持续性

化学农药大部分是人工合成的有机化合物。人工合成的有机化合物与天然有机化合物相比，稳定性较强，不易被化学作用和生物化学作用所分解，能在环境中较长期地存在。正是这种性质使得某些农药，尤其是有机氯农药，能在环境及生物体与人体中发生积累和产生危害。

不管其稳定性有多强，作为有机化合物的农药，从理论上看终究要在各种化学作用与生物化学作用下逐渐分解，最后转化为无机化合物，这一过程称为化学农药的降解过程。降解速度快的农药在环境中残留的时间短，称为低残留的农药。降解速度慢的农药在环境中残留的时间长，称为高残留农药。

(1) 农药在土壤中的降解　农药在土壤中的降解分非生物降解和生物降解两种情况。非生物降解过程主要包括化学降解、光化学降解；生物降解过程主要为微生物降解。

① 农药的非生物降解过程。非生物降解过程在消除土壤中的许多农药方面起着重要作用。例如，水解、光化学降解均是土壤中农药非生物降解的主要化学反应类型。

a. 水解反应。水解反应是许多农药化合物降解的主要步骤。一些农药的水解反应是非生物性的，并且在土壤中有较快的反应速率。例如，由于吸附催化作用，水解反应有时在土壤系统中比在相应的水系统中要快。有研究证明，黏土矿物可以催化几种农药的分解，在土壤中，吸附-催化反应对氯化均三氮杂苯类除草剂和有机磷杀虫剂两类农药的降解有特别重要的意义。

b. 光化学降解。农药进行光解作用，首先必须吸收光能，农药分子吸收的光能可以各种方式释放出来，其中的一种方式是化学反应。在光化学反应的初期阶段，常常伴随着化学键高度松动和分裂成游离基，而光化学反应可能是异构化作用、取代作用的总结果。所发生的反应类型将取决于农药本身、溶剂和存在的其他反应物的物理状态。许多研究都表明，各种类型的许多种农药都能发生光化学反应。农药化合物对光化学的敏感性说明，光化学反应在降解土壤中的农药方面有着潜在的重要性。

我国学者陈崇懋曾在实验室中对35种化学农药光解速率进行了研究，他的工作结论认为，从不同类别的农药来看，其光解速率按下列次序递减：有机磷农药＞氨基甲酸酯类农药＞均三氮类农药＞有机氯农药＞拟除虫菊酯类农药。其相对光解率比例依次相应为：3.90、2.45、1.75、1.0和0.87。表明农药对光的敏感程度是决定其残留期长短的最重要因素之一。

② 土壤微生物对农药的降解。微生物对农药的降解是影响农药在土壤中作用和行为的非常重要的作用。一种化学物质（持久的、短期的、迁移的、稳定的、吸附吸收的、活性的、非活性的），其环境行为在很大程度上都取决于土壤的微生物代谢作用。土壤中农药的微生物降解作用常常经历一系列中间过程，形成一些中间产物，它们的毒性有时较母体物质要轻或者完全消失，而有时则会比母体的毒性更大。因此，深入了解农药的微生物降解作用对环境科学研究有非常重要的意义。下面着重介绍几类常见农药的微生物降解情况。

a. 有机氯类农药。有机氯类农药主要包括滴滴涕（DDT）、滴滴滴（DDD）、三氯杀螨醇、乙酯杀螨醇、甲氧滴滴涕、艾氏剂、狄氏剂、异狄氏剂、氯丹、七氯、林丹、硫丹、异艾氏剂、碳氯灵和毒杀芬。土壤中降解这些化合物的最主要过程是生物代谢、化学反应和光分解作用。

微生物可以把DDT代谢为许多不同的降解产物，目前人们推测有三条主要降解途径：其一是DDT通过还原性脱氯生成DDD、DDMS（在淹水稻田土壤中降解）等；其二是DDT脱氯化氢生成DDE等（在旱地土壤中降解）等；其三是DDT和DDD的第二位碳原子羟基化生成三氯杀螨醇。进一步的降解可能是通过DDM的环裂解从而分裂为对氯苯乙酸，或通过DDM形成DBH，或DBP开环裂解从而生成对氯苯甲酸盐。

又如土壤中存在七氯氧化为七氯的环氧化物的现象。七氯的生物脱氯作用产生氯丹，它可以通过微生物的环氧作用形成相应的氯丹环氧化物。无论是1-羧基氯丹还是七氯的环氧化物，它们的出现都与土壤类型有关。

b. 有机磷类农药。几乎所有的有机磷酸盐类都是杀虫剂，其中许多都是胆碱酯酶抑制剂。有机磷酸盐在土壤中降解十分迅速，其降解速度随土壤粒度、温度和酸度的变化而变化，这些因素通过化学降解、挥发作用或微生物活动增加了对有机磷酸盐类杀虫剂的损失。微生物在有机磷酸盐开始降解时所起的作用目前是不清楚的，在一定的实验条件下，某些土壤微生物能迅速水解许多有机磷酸盐。有机磷酸盐在土壤中的降解可由吸附作用或其他因素予以催化。如马拉硫磷的微生物降解情形，两种土壤微生物——绿色木霉和假单胞菌通过两种途径降解马拉硫磷。羧酸衍生物是马拉硫磷代谢产物的主要组成部分，能使马拉硫磷水解成为羧酸衍生物的可溶性酯酶是从微生物中分离出来的。某些绿色木霉的培养变种也有高效的脱甲基作用，这说明马拉硫磷的代谢途径不止一种。

c. 氨基甲酸酯类。氨基甲酸酯类是生物活性范围最广的有机化合物。农药生物活性范围指的是农药的杀虫、杀菌作用，如除莠、杀菌、杀虫、杀线虫、杀螨和杀软体动物等。由于此类农药在土壤中残留寿命相对较短，而且很容易被非目标微生物降解，所以它越来越受到重视。已经分离的几种降解西维因的微生物中，羟基化作用似乎是西维因微生物降解的一个重要机制。

另一类是硫代氨基甲酸酯类，几乎都是除莠剂。当在土壤表面使用时，挥发是其主要特性。能降解硫代氨基甲酸酯除莠剂的土壤微生物的分离鉴定技术目前还未见到报道，但有关资料显示，土壤微生物对加入土壤的硫代氨基甲酸酯的消失起重要作用。

d. 苯氧基链烷酸酯类。苯氧基链烷酸酯除莠剂是环境中应用最广泛的农药类型。鉴于其在防除宽叶杂草方面的重要性，人们很重视了解它们在环境中的行为和最终结果，这类化合物在作物中的代谢和被土壤微生物分解的机制一直是被广泛研究的课题。这种类型的除莠剂有 2,4-滴、2,4,5-涕、2,4,5-涕丙酸、2,4-涕丁酸、2,4-涕丙酸、赛松、2,4-敌百虫、抑草蓬等，绝大部分都容易被土壤微生物降解。与苯氧基链烷酸有关的主要代谢反应如下：环羟基化作用；长链脂肪酸部分的 β-氧化作用；醚键的分裂；脱卤作用；环的断裂。

土壤微生物群体在土壤中组成一种生物化学络合系统，这个系统能够产生降解大量农药的特殊酶类。确定土壤中农药降解的途径是困难的，少量的农药施用量和代谢含量使土壤中出现的中间产物的萃取和鉴定都很复杂。由于某些农药分子的特殊性质，往往无法根据已知的代谢顺序预测农药的最后结果。因此，农药代谢的最后结果往往有在模拟系统中观察到的机制与土壤实际情况观察结果不一致的现象。所以在一定的实验条件下，不管观察的降解机制是否能用，或与实验系列的关系是否密切，最后均必须进行实测。如英国大约有 600 种不同农药，实际知道全部代谢途径的农药（即从母体分子而来的产品）仅有 4 种或 5 种，即使在如此少的数量中，农药代谢途径的实际意义也只是从实验中得到的。这方面大量的工作还有待于土壤生物学家和环境科学家协同去做。

（2）几种常用的代表性农药的降解过程

① 有机氯农药（organochlorine pesticide）。除硫丹和毒杀芬在土壤中是否能降解尚待查明外，其他有机氯农药虽然均较难降解，但仍然是可以降解的（王晓蓉，1993）。

滴滴涕在厌氧条件下的降解速度大于好氧条件下的降解速度。微生物能使 DDT 脱氯变为 DDD，也能使 DDT 脱氯、脱氢变成 DDE。DDE 和 DDD 进一步降解就很困难。研究发现，有一种叫 *Enterobacter aerogenes*（属杆肠菌属）的细菌还能使 DDT 通过一系列过程降解为 DBP。最近研究表明，有一种氢极毛杆菌（*Hydrogenomanas* sp.）能使其中的一种中间产物DDM和DBP的环破裂形成P-氯苯乙酸。

与滴滴涕相比，林丹（高丙体六六六）比较易于降解，可经脱氯作用形成γ-五氯环己烯，也可在厌氧条件下转化为α，β，δ-六六六异构体，并在积水土壤中完全迅速地降解。

其他有机氯农药，如艾氏剂、异艾氏剂、狄氏剂、异狄氏剂、氯丹、七氯等是环境中最稳定的农药，但在土壤中可发生脱氯、水解、还原和羟基化作用形成环氧化物。七氯和艾氏剂的环氧化物（即环氧七氯）的毒性仍然很大。

② 有机磷农药（organophosphorus pesticide）。有机磷农药远不如有机氯农药稳定，在土壤中很易降解，既能直接水解和氧化，也能被微生物分解。其降解速度随土壤温度、湿度和酸度增高而加快。有机磷农药如马拉硫磷、3911农药、对硫磷、甲基对硫磷和乙基对硫磷，能被菌类降解，所含的硝基被还原为氨基。有些微生物能使对硫磷水解为P-硝基酚。杀螟松在土壤中同样发生硝基还原为氨基的作用。地亚农在土壤中经极毛杆菌、节核细菌和链酶属的共同作用，发生水解，引起嘧啶环破裂。敌敌畏、敌百虫等也可被土壤微生物降解。

③ 氨基甲酸酯农药（carbamate pesticide）。此类农药在土壤中的残留时间短，易被多种微生物分解，它们的降解过程大体如下：甲基氨基甲酸酯在苹果干腐病极毛杆菌与匣病镰刀菌、土翅霉、粉红胶霉及毛霉属、青霉属和根霉属的作用下发生降解，引起其中烷基或芳香基发生羟基化作用或整个分子水解。硫基氨基甲酸酯在土壤中的降解过程尚未完全弄清。

（3）农药在土壤中的残留

① 农药在土壤中的半衰期和残留期。农药在土壤中虽经挥发、淋溶、降解而逐渐消失，但仍会有一部分残留在土壤中。农药是环境中化学稳定性非常高的物质类型，在极地的浮冰、北极区的动物、大洋中心上空的空气等介质中都可检测到氯化烃类农药。由于有机氯化合物的长期效应，土壤中残留的农药将造成对人畜的危害，因此，人们比较关心的是农药在土壤中的残留量和残留期。由于各种农药的化学性质和分解难易不同，因此它们在土壤中的持续性是不相同的。对农药在土壤中的持续性常用半衰期和残留期（又称长效期）两个概念表示。

半衰期（half life）指施药后附着于土壤的农药因降解等原因含量减少一半所需的时间。残留期（residual life）指土壤中的农药因降解等原因含量减少75%～100%所需要的时间。

② 农药在环境中的残留时间。由于农药在土壤中的残留受挥发、淋溶、吸附及生物、化学降解等诸多因素的影响，因此，农药的损失量很难用数学公式准确、全面表述，一般是用农药在土壤中的半衰期来表示农药的残留性（冈吉，1985）。表5-4列出的是若干农药的半衰期。

表5-4 一些农药的半衰期

农药名称	半衰期/年	农药名称	半衰期/年
含Pb、Cu、As的农药	10～30	三嗪除莠剂	1～2
DDD、六六六、狄氏剂	2～4	苯酸除莠剂	0.2～1
有机磷农药	0.02～0.2	尿素除莠剂	0.3～8
2,4-D、2,4,5-D	0.1～0.4	氨基甲酸酯农药	0.02～0.1

许多学者的研究结论认为，有机氯杀虫剂在土壤中残留期最长，一般都有数年之久；其次是均三氮苯类、取代脲类和苯氧乙酸类除草剂，残留期一般在数月至1年左右；有机磷杀

虫剂、氨基甲酸酯类杀虫剂以及一般杀菌剂，残留时间一般只有几天或几周，在土壤中很少有积累。但也有少数的有机磷农药在土壤中的残留期较长，如二嗪皮的残留期可达数月之久。

三、植物对农药的吸收和代谢

1. 植物对农药的吸收

农药进入植物体主要有两条途径：一条是喷洒的农药附着于植物表面，经由植物表皮向植物组织内部渗透；另一条是残留于土壤中的农药被植物根系吸收。后一条途径是农药进入植物体的主要途径。

（1）表皮吸收（coat sorbing） 喷洒的农药最初以物理的方式附着于植物表面。附着量因植物的表面和表面性质的不同而不同。粗糙多毛的叶片与果实比光滑的叶片和果实附着量大。小粒径的果实（如葡萄）比大粒径的果实（如苹果）附着量大（因前者的比表面积大于后者）。莴苣、白菜等叶菜类，由于表面积大，农药的附着量较大。像杨梅这样的果实由于表面粗糙有毛，农药附着量也较大。同一种农药使用乳剂时比施用粉剂时在植物上的附着量大。

附着于植物体上的农药一部分向空中挥发散失，一部分被雨水冲刷流失。其中，脂溶性的农药（如有机氯杀虫剂）由于能溶于植物表面的蜡质层，故能经表皮渗入植物组织内。植物表面脂肪的性质和厚度对农药渗入内部的量有很大影响。

不同植物种或变种对同一种农药的吸收和转移也是有差别的。如下面几种作物对艾氏剂和七氯吸收能力的大小顺序为：花生＞大豆＞燕麦＞玉米。

蔬菜类对农药的吸收能力顺序是：根菜类＞叶菜类＞果菜类。

农药被吸收后在植物体内分布的一般顺序是：根＞茎＞叶＞果。

（2）根系吸收（root sorbing） 植物根系对农药的吸收与农药的特点和土壤性质有关。一般说来，植物根系能把分子量小于500的有机化合物吸收进去。如果分子量大于500，根系能否吸收取决于这类化合物在水中的溶解度，溶解度愈大、极性愈大，愈容易被植物根系吸收，也愈易在植物体内转移。

分子量大于500的非极性有机化合物只能被根表面吸收，不易进入组织内部。如DDT为非极性农药，在水中的溶解度又很小（1.2$\mu g/kg$），多附着于根表面。某些土壤中，DDT含量高于20$\mu g/g$，可是在其上生长的大豆的叶片上DDT含量极微，接近于未检出。

土壤有机质是影响植物根系吸收农药的重要因素，这是因为非极性农药在腐殖质中有较大的溶解度，可使部分农药保留在其中，从而使之进入植物体的概率减小。黏土矿物通过其带电表面的吸附作用妨碍植物根系对极性农药的吸收。

2. 农药在植物体内的代谢

进入植物体内的农药，一部分可通过植物的呼吸作用从气孔中散失，一部分在酶的作用下分解代谢，一部分在紫外线照射下进行光化学分解，在植物体内逐渐消失。

农药在植物体内的分解代谢与在土壤中的降解过程有类似之处，即在酶的作用下发生水解、氧化（羟基化作用、β-氧化作用、环氧化作用等）、还原、脱烷基、脱氯、脱氢等作用及芳香环的破坏作用与缀合作用等。

总之，农药在植物体内的代谢有几种情况。一类是有机磷农药在植物体内能彻底分解，所以在植物体内的残留量低，残留期短。另一类是有机氯农药，代谢的结果是形成与其结构类似的代谢产物，与植物体内的有机物相缀合，残留在植物体内。也有的农药其代谢结果介于上述两者之间。

四、农药在环境中的行为效应

近几十年来，随着经济的迅猛发展，由于新的有毒有害化学物质出现，土壤环境污染物种类和数量、发生的地域和规模、危害特点等都发生了很大的变化。特别是近20年是我国土壤环境污染不断加剧和土壤环境质量变化较为严重的时期。其中，农药污染及其行为效应问题不容忽视。

1. 有机氯农药（organochlorino pesticide）

有机氯农药属于高效广谱杀虫剂。20世纪40年代首先证明DDT具有显著的杀虫效果以后，又相继合成了狄氏剂、艾氏剂、异狄氏剂、六六六、氯丹和杀虫酚等多种化合物，广泛应用于杀灭农业害虫及寄生害虫，是杀虫剂中使用量最大的一类农药。我国过去使用的农药中，6026是有机氯农药（冈吉，1985）。有机氯农药又叫氯化烃杀虫剂（chlorinated hydrocarbon insecticide），按其用途可分为杀虫剂、杀螨剂和杀菌剂，应用最多的是杀虫剂，其化学成分主要为氯代烃类化合物，其中有氯苯类、氯代脂环类和氯代杂环类。有机氯农药性质稳定，在土壤、水体和动植物体内降解缓慢，在人体内也有一定的积累，是一种重要的环境污染物，目前已趋向被淘汰的地步，一些国家对它们的使用范围做了程度不同的限制，我国近年来已开始停止生产和使用有机氯农药。

有机氯农药多为白色或淡黄色结晶，少数为黏稠液体，挥发性一般不高，不溶于水而溶于脂肪、脂类或其他有机溶媒中，化学性质较稳定，在外界环境或有机体内均不易被破坏，故有较长的残留致毒期。

有机氯农药可以通过消化道（被污染的食物和饮水）、呼吸道（被污染的空气）和皮肤（直接与之接触）吸收而进入机体，土壤中的有机氯农药污染可通过食物链进入人体。其中，经由消化道侵入是主要途径。进入体内的有机氯农药，部分储存于脂肪组织，部分则经生物作用转化后排出体外。有机氯农药在体内的分布和蓄积与器官组织中的脂肪含量呈正比。例如，DDT在血液、人脑白质、肝脏和脂肪中所占的比例为1∶4∶30∶300；狄氏剂在上述组织中的比例为1∶5∶30∶150。由此可见，有机氯农药进入人体主要是残留在脂肪中。储存在脂肪组织内的有机氯农药可不影响脂肪的代谢，但保留其毒性。当人体消瘦动用了体内脂肪时，脂肪中的有机氯农药亦被动员出来一样发挥作用。有机氯农药在哺乳动物体内的代谢方式主要为脱氯化氢、脱氯和氧化反应。DDT进入体内后，仅有少量（约1%）以原形态由尿排出。被吸收的DDT约有47%～65%。DDT在哺乳动物体内可经肝脏转化生成毒性比DDT低的DDD、DDE以及无毒的DDA。DDD是DDT脱一个氯原和结合一个氧原子形成的；DDE是脱去一个HCl形成的；而中间再经一系列的转化，DDD就转化成DDA。DDA是DDT的乙酸化合物。转化后的DDE不会进一步转化，而能长期蓄积在脂肪组织中。DDT以60%DDE的形式储存。转化后的无毒DDA和未经转化的DDT可经尿道排出，人体内的DDA是DDT经DDD转化成的，在人体内的DDD及DDA的生成极缓慢，主要以DDT和DDE的形式蓄积于脂肪组织中。有机氯农药尚可通过胎盘储存于胎儿的脂肪组织中。六六六（BHC）也主要蓄积在脂肪组织中，其次为肾脏、血液、肝和脑。六六六共有甲、乙、丙、丁、戊、己、庚七种异构体，在人体内的代谢速率以丙体最快，乙体最慢。因此，乙体具有高度蓄积性，而且排泄也最慢。故人体脂肪中六六六的蓄积量以乙体六六六为最高，可占到93.5%。反之，在血液中乙体六六六的含量为最低，只可占约3.9%，而甲体最高，可占57.1%。六六六的主要分解代谢是脱氯后形成多氯苯或多氯酚。以生物体内情况为例，在酶的作用下经代谢产生三氯苯，与谷胱甘肽结合后排出，或形成三氯环氧苯，最后形成三氯酚排出。总之，各种代谢途径均以氯酚类化合物作为主要形式从尿液排出。七氯、艾氏剂、氯丹等环戊二烯类化合物可进行双键的环氧化生成环氧化物，并以此形式储存在脂肪中。狄氏剂是艾氏剂的环氧化物，毒杀芬在体内解毒性以硫酸酯或葡萄糖醛酸酯的形式从尿中排出。

有机氯农药引起的急性中毒多半在半小时至数小时内发病。轻者有头痛、头晕、视力模糊、恶心、呕吐、流涎、腹泻、出汗、失眠、噩梦、全身乏力、肌肉轻度震颤等症状，严重中毒时发生阵挛性、强直性抽搐，甚至失去知觉。长期接触有机氯农药时，可引起慢性中毒，症状为全身倦怠、四肢无力、头痛、头昏、失眠、食欲减退、乏力、易倦、易激动、多汗、心悸等，严重时引起震颤，肝、肾损害，或出现末梢神经炎。长期接触DDT的妇女，容易发生月经周期紊乱。有人给刚成年雌性大鼠注射DDT后，发现大鼠子宫的质量明显增加。给受孕家兔注射DDT后，早产率和胚胎吸收数增加。可见DDT可影响人和动物的生殖功能。

有机氯农药对人体危害的特点是有蓄积性长期作用。由于有机氯农药的化学性质稳定，并可在体内蓄积，因此，对它的致癌性作用已成为近年来人们关心的问题。已有报道，DDT和六六六与大鼠、小鼠肝脏肿瘤病的发生有关。但目前多为动物实验资料，无流行病学的调查资料，因此尚没有充分的证据表明有机氯农药与人类肿瘤发病有直接关系。这一问题尚待继续通过肿瘤流行病学调查进行深入研究。

有人认为有机氯农药的致毒作用机理在于有机氯的去氯反应。当有机氯进入血液循环后，即与基质中氧活性原子作用，发生去氯的连锁反应产生不稳定的氧化产物。后者分解缓慢，于是成为新的活性中心。由于这种连锁反应很慢，因此尚未发生作用的农药被血液带走而溶于脂肪组织中，并能长时间蓄积起来。有机氯的主要靶器官是神经系统，DDT对神经系统的作用可能是由于DDT作用于神经类脂肪上的胆固醇，从而降低了膜对钙离子的渗透性，干扰了轴突膜去极化后恢复正常电位所需的表面重新钙化。DDT与神经膜上的DDT受体部位作用时，由于其分子结构中带有对位氯的苯环，在一定的方向以范德华（Van der Waals）力插入到受体脂蛋白中，造成膜结构扭曲，而DDT结构中的三氯乙烷侧链则置于膜孔道中，使孔道处于开放状态，以致Na^+易透过膜孔道而漏出，导致不正常的神经冲动，产生各种症状。当DDT各部分结构、位置及大小完全适合于受体形状且亲和力很强时，即可发挥最大的作用。但若苯环上的氯被过大或过小的基团取代，或基团位置改变，都会影响其毒性。有人认为DDT的靶子是一种ATP酶，其作用与Na^+/K^+-ATP酶相似。六六六、狄氏剂、艾氏剂和氯丹等化合物可刺激突触前膜，引起乙酰胆碱的释放增加，并大量积聚在突触间隙；狄氏剂和六六六还可与丁一氨基丁酸受体结合，产生竞争性拮抗作用，使正常的神经传递受阻，进而产生神经毒害作用。DDT可与雌激素受体结合，产生雌激素样作用，属于环境雌激素。DDT所呈现的生殖毒性作用可能与此有关。

2. 有机磷农药（organophosphorus pesticide）

早在1936年前后，人类就开始研究合成了有机磷化合物（organophosphoruscomtmund）。1944年，德国化学家Schrader等合成了特普、八甲磷和对硫磷等，由于这类化合物杀虫效率高，残效期短，受到世界各国的广泛重视。初期合成的品种尽管药效很高，杀虫谱广，但对于人体毒性也大。因此，进一步研究化学结构与生物活性的关系，寻找对高等动物毒性较低的高效品种是当时有机磷杀虫剂合成的方向。其后相继发现了低毒高效种类，如倍硫磷、辛硫磷、杀螟松和马拉硫磷等。同时也发现了具有内吸作用的乐果，使有机磷杀虫剂的研究前进了一大步。时至今日，合成新的有机磷杀虫剂仍然是人类追求的目标。我国生产和使用的有机磷农药已有数十种之多，其中最常用的有敌百虫、敌敌畏、乐果、对硫磷（91605）、内吸磷（1059）、马拉硫磷（4049）等。

大多数有机磷农药都属于磷酸酯类或硫代磷酸酯类化合物，其通式为：

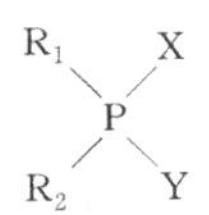

式中，R_1、R_2 为碱性基团；X 为氧或硫原子；Y 为各种不同的酸性基团。因代入的化学基团不同，可产生多种不同的有机磷化合物。有机磷农药毒性的大小与其化学结构中的 R、X、Y 三个基团的改变有关。R 基团为乙基者毒性最大，X 基团为氧原子时毒性一般较硫原子大，Y 基团为强酸根时毒性较强。

有机磷农药除少数品种如敌百虫为固体外，其他多为淡黄色或棕色油状液体，具有类似大蒜的特殊臭味。一般不溶于水，只溶于多种有机溶剂及动、植物油中。有机磷农药对光、热、氧较稳定，遇碱易分解。但敌百虫能溶于水，而且在碱性溶液中可变成毒性较大的敌敌畏。

多数有机磷农药具有高度的脂溶性，除了可经呼吸道及消化道进入体内外，还能经没有破损的皮肤侵入机体。有机磷农药进入机体后，通过血液及淋巴运送到全身各组织器官，其中以肝脏含量最多，肾、肺、骨中次之，肌肉和脑组织中含量最少。有机磷农药在体内的转化主要是氧化和分解过程。其氧化产物的毒性比原型增强，而其分解产物毒性则降低。如对硫磷经肝细胞微粒体氧化酶作用，氧化成毒性较强的对氧磷，对氧磷又被体内的磷酸酯酶分解而失去毒性，最终转化为对硝基酚、二乙基硫代磷酸酯和二乙基磷酸酯等。对硝基酚可呈游离状态，也可与葡萄糖醛酸或硫酸等结合而解毒。其中一部分则被还原为对氨基酚随尿排出。如马拉硫磷（malathion）在动物体内能被氧化为毒性较强的马拉氧磷，同时又被羧酸酯酶分解失去毒性。马拉硫磷在温血动物体内，其分解作用大于氧化作用，而在昆虫体内则相反。所以，马拉硫磷是一种杀虫力强而对人、畜毒性小的高效、低毒杀虫剂。

此外，有机磷农药还可在体内进行还原反应和结合反应。如对硫磷、苯硫磷等有机磷化合物分子中的硝基，经还原酶催化还原为氨基，此时化合物抗胆碱酯酶的能力下降。有机磷农药在哺乳动物体内最重要的结合反应是与葡萄糖醛酸和谷胱甘肽的结合反应。结合产物的生物活性降低，并易于从体内排出。有机磷化合物从体内排出较快，主要随尿排泄，少量随粪便和呼吸排出。

有机磷农药的中毒特征是血液中胆碱酯酶活性下降。由于胆碱酯酶的活性受到抑制，导致神经系统机能失调，于是一些受神经系统支配的心脏、支气管、肠、胃等脏器发生功能异常，主要表现为以下几种症状。

（1）M 样症状（毒蕈碱样症状）　外周 M 受体（或称 M 胆碱受体，位于副交感神经及少数交感神经节后纤维所支配的效应器细胞膜上，因还对毒蕈碱敏感得名）过度兴奋，使有关效应器功能失常所致。出现恶心、呕吐、腹泻、大小便失禁、瞳孔缩小、视物模糊、流涎、出汗、心率减慢、呼吸困难、紫绀等。一般轻度中毒多以这些症状为主。

（2）N样症状（烟碱样症状） 外周N受体（或称N胆碱受体，位于植物神经节细胞和骨骼肌细胞膜上，因还对烟碱敏感故名）过度兴奋，引起植物神经节兴奋、肾上腺髓质分泌增多及骨骼肌兴奋所致。表现为血压升高、心率增快、肌肉震颤和抽搐等。中度中毒多同时出现上述M样和N样两方面的症状。

（3）中枢神经症状 中枢神经系统内乙酰胆碱蓄积，引起中枢胆碱受体过度兴奋，使中枢功能失调。表现为躁动不安、惊厥等。过度兴奋以转入抑制而出现昏迷、血压下降、呼吸中枢麻痹，最终导致呼吸停止死亡。严重中毒时上述的M样、N样及中枢症状均同时出现。

有机磷农药具有比较容易水解的特性，进入体内后，易于分解排泄，有一部分可经肾脏由尿液排出体外。轻度中毒者，经2～5天血液中胆碱酯酶就能恢复正常。重症中毒者经过一个月左右的时间也可恢复健康。因此，有机磷农药的毒性残留时间短，大部分表现为急性中毒，慢性中毒较为少见。

有机磷化合物进入体内后，主要抑制机体内的胆碱酰酶功能，使其失去活性。正常条件下，当胆碱能神经受到刺激时，其末梢部位即释放出乙酰胆碱，其将神经冲动向所支配的效应器官传递。同时，乙酰胆碱还迅速被该处组织中的乙酰胆碱酯酶所分解，以保证神经生理功能的平衡与协调。乙酰碱酯酶具有两个活性部位，即带负电的阴离子部位和酯解部位。正常生理条件下，阴离子部位吸引乙酰胆碱的阴离子活化中心，酯解部位吸引乙酰胆碱的乙酰基形成复合物。随后乙酰胆碱中碳氧键断裂形成乙酰化酶和胆碱。由于乙酰化酶本身带有负电荷，所以很不稳定，易于迅速水解形成乙酸，胆碱酯酶也随之恢复原状。有机磷化合物进入机体后，其磷酸根迅速与胆碱酯酶活化中心结合，形成磷酰化胆碱酯酶，进而失去分解乙酰胆碱的作用，以致胆碱能神经末梢部位释放的乙酰胆碱不能迅速被其周围的胆碱酯酶所水解，结果导致乙酰胆碱蓄积，从而过强地刺激胆碱能神经系统，引起组织器官功能性改变，发生一系列的临床中毒症状。

有机磷化合物对胆碱酯酶活化中心的磷酰化程度取决于磷酸根中的磷酯键的强弱和原子周围的电子空缺程度，磷酰化的胆碱酯酶水解速度取决于同磷相结合的羰基的性质，因为甲基比乙基易水解，所以带有乙基的有机磷化合物其毒性大于带有甲基的有机磷化合物。因正常人体中胆碱酯酶的含量常超过生理需要量，倘有少量有机磷化合物进入体内尚不致发生中毒。如果进入人体内的有机磷化合物较多时，则胆碱酯酶的活性显著降低，因乙酰胆碱不能及时分解而发生蓄积，致使出现一系列的临床症状。

3. 氨基甲酸酯类农药（carbamate pesticides）

氨基甲酸酯类农药是继有机磷农药后发现的一类新型农药（黄瑞农，1987）。近年来，由于有机氯农药残毒及有机磷农药抗药性问题的出现，氨基甲酸酯类农药逐渐引起人们的重视。一般认为，它是一种高效、低毒、低残留的广谱杀虫剂。20世纪40年代后期，从研究毒扁豆生物碱中发现氨基甲酸酯类化合物对蝇脑胆碱酯酶有强烈的抑制作用。其自20世纪50年代初期问世以来，新品种不断出现。虽然氨基甲酸酯的杀虫谱不及有机磷和有机氯广泛，但该品种的分子结构接近天然有机物，在自然界易被分解不留残毒，因而不易污染环境和危害人类。目前，世界各国研究生产了上千个品种的氨基甲酸酯类农药，已商品化生产的有数十种。我国目前常用的有西维因、异丙威、呋喃丹、丁苯威、害扑威、混灭威、速灭威等品种。氨基甲酸酯类农药是一类具*N*-取代基的氨基甲酸酯化合物，其结构式中含烷基或芳基。目前，含*N*-烷基的氨基甲酸酯农药多为杀虫剂，具*N*-芳基的多为除草剂。

氨基甲酸酯类农药可经呼吸道、消化道和皮肤吸收进入人体，在体内可经水解、氧化和结合转化。在植物体内其代谢物趋向蓄积，而在哺乳动物体内则趋向排泄。其降解速率较快，一般在24h内，动物体中其摄入量的70%～90%多以解毒产物葡萄糖醛酸酯的形式由尿液排出。各种氨基甲酸酯类化合物由于其化学结构上的不同，在各种动物体内的水解速率也有所不同。此类农药在人体内与某些物质结合前，先转化成易溶于水的中间物，然后经水解、氧化，再同葡萄糖醛酸、磷酸及氨基酸结合后排出体外。在哺乳动物体内常常结合成β-葡萄糖醛酸苷，也可能形成硫酸盐。一般来说，氨基甲酸酯的酯键可经水解很快生成甲胺，而酚的部分与葡萄糖醛酸等结合排出。除个别外，一般在代谢过程中很少形成毒性增强的产物。以西维因为例，小鼠实验中经口摄食后其吸收迅速，经肝脏分解后可达解毒目的。

氨基甲酸酯类农药中毒时，主要由于其抑制了胆碱酯酶活性，与有机磷农药中毒时的临床症状相似，而且病情的轻重与胆碱酯酶活性降低的程度呈正相关关系。所不同的是，临床症状的出现较有机磷农药中毒的情况急而严重，并在较短时间内即能恢复常态。一般来说，接触氨基甲酸酯农药后，中毒症状出现早。

氨基甲酸酯类农药在体内代谢快，蓄积作用弱，呈现的慢性毒性弱。但目前逐渐注意其“三致”问题。虽然已有一些报道认为乙基氨基甲酸酯与大鼠、小鼠的肺肿瘤以及西维因与肝脏肿瘤的发生可能有关，但尚缺乏重复实验结果，故目前尚不能肯定氨基甲酸酯类农药与致肿瘤有关。此外，目前已发现少数氨基甲酸酯类农药具有迟发性神经毒害作用。

4. 拟除虫菊酯类农药（pyrethroids）

除虫菊（pyrethrum）是一种天然杀虫剂，是菊科植物白花除虫菊的干燥花，有效成分主要为除虫菊素（pyrethrin）。它可以通过昆虫表皮和气孔进入虫体，作用于昆虫的神经肌肉系统，使昆虫先兴奋后麻痹而中毒死亡。其杀虫作用强而快，对人畜无害，比较安全。因易分解，故不会造成环境污染及公害。由于它的产量受到各种条件的限制而价格昂贵，药剂又容易受大气和光的作用而分解且残效较短，故主要用于防治室内害虫。自1949年开始合成拟除虫菊酯以来，陆续发现其不少品种具有明显除虫作用。拟除虫菊酯杀虫药是一类人工合成的、与天然除虫菊素相似的杀虫药。本类药物除保持天然除虫菊素的优点外，对害虫的杀伤和对高等动物的低毒方面也比天然除虫菊优越，在国内外得到广泛使用。我国常用的品种有溴氰菊酯、杀灭菊酯、氯氰菊酯、二氯苯醚菊酯、氯氟菊酯、氟氰菊酯等。

拟除虫菊酯是与天然除虫菊酯素类似的化合物，分子结构中大部分含有三元环，这种环型化合物存在顺、反异构体。由于成环的碳原子电子自由旋转受到了限制，环上任何两个碳原子有取代基时，可在环上的同一边，也可分别在环的两边，因此，顺、反异构体有相似的化学性质，而有不同的物理性质和生物活性。拟除虫菊酯类农药大多数品种为黄色黏稠液体或无色结晶，挥发性低，不溶于水，易溶于多种有机溶剂，遇碱分解。

拟除虫菊酯类农药可经消化道和呼吸道吸收进入人体，经皮肤吸收甚微。吸收后主要分布于脂肪以及神经等组织。在肝内进行生物转化，主要方式是羟化、水解和结合。代谢过程中产生的酯类以游离形式排出。酸类如环丙烷羧酸或苯氧基苯甲酸（由芳基形成）则与葡萄糖醛酸结合后从尿液排出。拟除虫菊酯类农药在体内的代谢和排出过程都较快，在人体内很少蓄积。例如，溴氰菊酯在大鼠体内可进行酯键的水解以及芳基和甲基的羟化，一周内即可消除95%以上。人类短期内接触大量拟除虫菊酯后，轻者出现头晕、头痛、恶心、呕吐症状；重者表现为精神萎靡或烦躁不安、肌肉跳动，甚至抽搐、昏迷。由于这类农药在体内代谢快、蓄积程度低，呈现的慢性毒害作用亦较低。例如，用溴氰菊按体重剂量（10mg/kg）饲喂大鼠和狗，连续观察90天后，大鼠除在第6周出现对噪声过敏外，未见其他临床症状。

狗虽有震颤、头及四肢不随意运动等症状，但5周后症状减轻。对两种动物的脏器包括中枢神经及周围神经组织进行病理组织学检查，均未发现异常。目前尚未有拟除虫菊酯是否有致突变、致畸形和致肿瘤作用的报道。

关于拟除虫菊酯的生物作用机理至今还没有完全阐明。一般认为，其主要作用部位在神经系统。其具体作用机理可能为延迟轴突神经细胞膜钠离子通道的关闭，影响神经传导和突触传递，进而导致一系列的中枢神经和末梢神经反应。

第四节　土壤化肥污染

施用化学肥料是使农作物增产的重要手段之一。当今，许多国家都非常重视化肥在农业生产中的作用，特别是现代化农业，化肥在其中扮演着非常重要的角色。我国使用化肥从20世纪50年代的每年几万吨至几十万吨增加到20世纪末的近每年1600多万吨（按有效成分计）。其中，主要是氮肥与磷肥。平均每亩施化肥量在百斤以上。

施用化学肥料是农业生产中增产的重要手段之一，化学肥料以氮肥和磷肥为主。化肥之所以能使农作物增产，主要是氮肥与磷肥中的氮、磷元素对作物的营养功能在起作用。当前，随着化学肥料施用量的逐渐增大，农业化肥在给植物提供营养的同时对土壤形成的污染问题亦日趋明显，越来越受到环境科学界以及社会各界的高度关注。

一、氮肥对土壤的污染

1. 土壤中氮素的来源

大气中存在着大量的氮源（3.86×10^9t），每年回到地球表面的大气氮总量为194t，通过生物固定的氮为175t（陆地、海洋），其中约一半（80t）是豆科作物固氮的结果。豆科作物与能从大气固氮的作物根部细菌有共生关系，因此能向土壤提供大量的氮素。需要说明，豆类固氮细菌主要存在于豆类植物根部叫根瘤的组织中，固氮杆菌是根瘤细菌属细菌，能独立存在，但若不能与植物共生结合就不能固氮。虽然所有根瘤细菌的种类似乎都相似，但它们在选择寄主植物方面却表现出极大的专一性。此外，雷电现象可使大气中的氮氧化为氮氧化物，而后随雨水进入土壤（Roy et al，2006）。

人类的活动使土壤中的氮素大大增加，估计人工因素加入土壤的氮约占土壤中全部氮素的30%～40%。这些活动包括肥料（化肥、有机肥）的施用、燃料的燃烧以及加大豆科作物的种植量等。

死亡动植物的生物降解产物也是土壤中氮的来源之一。

2. 土壤中氮素的形态

表层土壤中的氮约占土壤总氮的90%，其绝大部分是有机氮。而植物摄取的氮几乎都是无机氮。土壤中的氮绝大部分是以有机氮的形式储存，而以无机氮的形式被植物所吸收利用。

（1）无机态氮　土壤中无机态氮主要为铵态氮（NH_4^+）和硝态氮（NO_3^-），它们是植物摄取的氮的主要形态。铵态氮是由土壤有机质通过微生物的铵化作用形成的，其可被带负电荷的土壤胶粒所吸附从而成为交换性离子，容易流失，只有在水田中才比较稳定，从而有可能累积。硝态氮能直接被植物吸收，由于是阴离子，常常不能被土壤吸附而极易流失。亚硝态氮、N_2O、NO、NO_2 等在土壤中停留时间短，只是在特殊条件下作为微生物转化氮形态的中间产物而存在，如硝化、反硝化过程及硝酸盐还原等。还有一些以不稳定过渡态存在，如 NH_2OH、H_2NO_2，其含量一般都较少。

(2) 有机态氮 土壤中的有机态氮按其溶解度大小及水解难易程度分为以下 3 类。

① 水溶性有机态氮。主要是一些较简单的游离氨基酸、铵盐及酰胺类化合物，一般不超过全氮量的 5%。这类中的有机氮化合物不能直接被植物吸收，但很容易水解放出 NH_4^+，从而与铵盐一起成为植物的速效性氮源。

② 水解性有机态氮。凡是用酸、碱或酶处理时能水解成为简单的易溶性化合物或直接生成胺类化合物的有机态氮都属于水解性有机态氮。水溶性有机态氮也包括在这一类里。水解性有机态氮占土壤总氮量的 50%～70%。

若按化学组分分类，蛋白质及多肽类则是土壤氮素的最主要形态，一般占全氮的 1/3～1/2。水解后主要生成多种氨基酸及数量不等的游离胺基，在植物营养上的有效性相当大。其次是核蛋白质类，一般认为核酸态氮是土壤氮素的主要形态之一，水解后生成核糖（戊糖）、磷酸及含氮的有机碱基衍生物，化学性质比氨基酸稳定得多，因此作为植物营养的氮源与蛋白质及多肽类相比属于较迟效性的类型，这种形态的氮一般只占全氮的 10%以下。另外是氨基糖，主要为葡萄糖胺，在土壤微生物的作用下可进一步分解产生铵。此类化合物约占全氮量的 5%～10%。

③ 非水解性有机态氮。这种形态的氮既非水溶性有机态氮，也不能用一般的酸碱处理来促使其水解，主要包括杂环氮化合物、糖类和胺类的缩合物以及胺或蛋白质等与木质素类物质作用而形成的复杂环状结构物质。这类化合物占土壤总氮量的 30%～50%左右。

土壤中的有机态氮和无机态氮可以相互转化。在土壤中，通过微生物对氮的吸收同化可把无机态氮转化为有机态氮，从而可以避免淋失，起到保肥作用。相反地，有机态氮也可转化为无机态氮，称为氮的矿化过程。这两种过程都是通过微生物作用进行的，其平衡结果决定着土壤有效氮的供给量。

3. 土壤中氮素的流失

有资料表明，在旱地土壤中，化学肥料施入后氮损失 33.3%～73.6%；水田土壤化学肥料施入后氮损失 35.7%～62.0%。不同种类的氮肥其损失量各不相同。土壤中的氮主要可通过如下途径流失。

(1) 挥发损失 在 pH 值大于 7 的石灰岩土壤中，氮肥作表施时氨的挥发非常迅速。有资料表明，旱地土壤在 20℃下，碳酸氢铵 20 天后挥发损失 50%～64.5%，硫酸铵达 51%，尿素大约在 50%左右。氨挥发进入大气后，除少部分被绿色植物吸收外，绝大部分随风在空中扩散和被大气中的尘埃吸附，然后再以干湿沉降的形式重新回到地面，其很大一部分进入地表水，使水体中的氮素增加。

(2) 淋溶损失 各种铵态氮肥与尿素施入土壤后，只要 20 天时间即可完全被转化为硝酸盐(NO_3^-)。硝酸根不能被土壤吸附，易存在于土壤溶液中，从而被灌溉水或雨水淋溶至还原层。气候条件对土壤中氮的淋失量影响很大，我国一般在 8.5%～28.7%之间。在干旱和半干旱地区，只有降雨量大于 150mm 的月份和灌溉水定额使水在土层中下渗超过 30cm 时，在质地较轻的土壤上才会发生硝态氮淋失。氮肥淋失将导致地下水或地表水污染。

(3) 反硝化脱氮损失 由硝酸盐还原成分子氮的过程称为脱氮作用。脱氮作用是土壤中常见的一种现象，其结果是将导致土壤有效氮肥的损失。反硝化脱氮作用主要发生在稻田厌氧条件的土壤中，可损失氮素15%～65%左右。脱氮强度与土壤pH值、有机质含量、施肥方式、氮磷比例以及农业措施等因素有关。日本脱氮损失的氮素可占氮素总量的30%～50%，印度为20%～30%，我国据江苏的实验结果在水稻田损失为0～66.1%。我国脱氮损失的氮素均值在15%～40%，平均为35%左右。

4. 土壤的氮污染

如上面所述，按全国的数据估计，我国氮素通过挥发损失约20%左右，淋溶损失10%左右，反硝化脱氮损失15%左右，地表径流、冲刷和随水流失15%左右，总损失量60%左右。据报道，全世界有1200万～1500万吨氮素是通过硝化、反硝化作用损失的，氮素损失总量等于世界上全部氮肥的一半，价值60多亿美元。据测定，三袋尿素施于水稻田会损失两袋，仅有一袋被作物利用。

不断由人为施入土壤的大量氮素，除自我吸收和经过各种过程直接进入大气外，尚有相当部分排入水体或蓄积在土壤还原层中，过量的氮即引起土壤氮素污染，并由之引起水污染问题。氮是蛋白质及其他生命物质的基本组分，但是当植物从土壤中吸收过量的氮时会导致食用这些植物的反刍动物如牛、羊等中毒（反刍动物的胃液是一种还原介质，含有能使NO_3^-还原成NO_2^-的细菌），也可祸及人类。更重要的是，在有些农业区，硝酸盐污染已成为地表水和地下水水质变差的主要问题，究其原因即是由来源于土壤中的氮素引起的。

5. 当前人类使用氮肥的状况以及环境效应

目前，全球氮肥消费量为85×10^6t/a，磷肥消费量为15×10^6t/a（Roy et al，2006）。据人口增长及饮食习惯变化情况，到2020年氮肥使用量预计可达114×10^6t/a，磷肥消费量可达21×10^6t/a（Bumb et al，1996；Herzog et al，2008）。中国氮肥使用量占世界总量的35%，为世界氮肥使用量最大的国家，而氮肥吸收利用率介于30%～35%，低于世界平均水平（30%～50%）。中国已是世界上最大的氮肥生产国和消费国，氮肥占我国全部化肥消费的比重为60%左右（寇长林等，2005；彭少兵等，2002）。在1990～2000年的10年间，我国氮肥施用量增长了40.8%，消耗量已达2500万吨/年（纯氮）。自20世纪80年代以来，中国粮食年产量从1981年（3.25亿吨）至2008年（5.29亿吨）增长了63%，而氮肥消费量却增长了近2倍（彭少兵等，2002；FAO，2001），见图5-1。

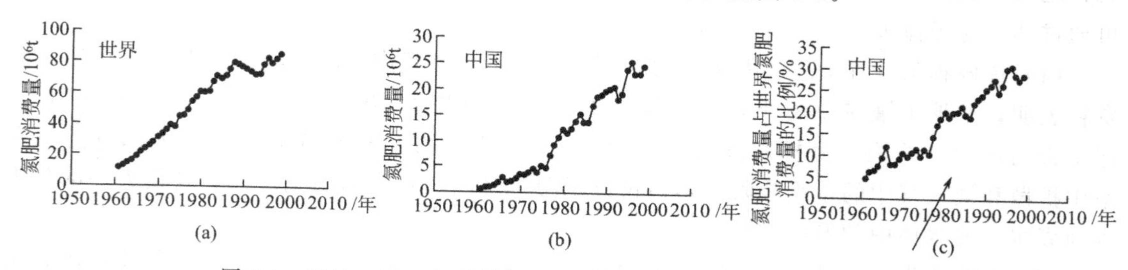

图5-1 1961～1999年世界氮肥消费量（a）、中国氮肥消费量（b）及中国占世界氮肥消费量的比例（c）（FAO，2001）

在中国，在水田上氮肥的损失率多为30%～70%；在旱作上则多为20%～50%。施氮肥后如遇暴雨，以水溶态随水流失的氮可占总流失氮的50%～60%。这些氮会全部进入地表水或地下水（朱兆良，2000）。在欧洲，已发现耕作区22%的范围内地下水硝酸盐浓度超过WHO饮用水硝酸盐含量（50mg/L）(Richter et al，2000）。美国威斯康星州80万个水井的监测数据表明，10%的水井中硝态氮含量超过10mg/L，农区水井超标率则达17%～26%，地下水NO_3-N污染和氮肥施用密切相关（Rass et al，1999）。种植甜菜的高化肥投入导致美国堪萨斯州地下水硝态氮含量超标（12～60 mg/L）（Townsend et al，1996）。

澳大利亚东北农业集约化区14%～21%的井水受到了硝酸盐污染，其中约有半数井的硝酸盐直接来源于化肥（Thorburn et al，2003）。目前认为，尽管磷也可引起海岸带富营养化，但绝大多数水体的富营养化问题由氮素引起，据估计进入河湖的氮素约有60%来自化肥（US National Research Council，2000）。人造化肥是全球氮循环变化的最重要因素。在世界上的许多地区和流域，都是农业氮肥的输入支配着自然系统中的氮通量（Howarth et al，2005；Howarth et al，2006）。

在全球气候变化方面，目前由径流输入海洋的农业源速效氮占整个海洋外源氮的1/3，每年可生成160万吨的N_2O（Duce et al，2008；Durand et al，2011），排放的温室气体占总排放量的10%～20%（Zhang et al，2009）。农业源氮严重抵消碳在水系统中的生物吸收效应（碳在水系统中的聚集是相应于速效氮行为以及藻类和高等植物的C：N的）（Wim et al，2011）。

二、磷肥对土壤的污染

岩石风化释放的磷是磷的主要天然来源。许多岩石中所含的磷通常以PO_4^{3-}形态结合在矿物晶格中。岩石风化时，这些磷酸盐会被分解为可被植物利用的形态。发育于不同母质的土壤，其磷含量存在明显的差异。例如，在火成岩岩石风化壳上发育的土壤中，同一气候植被带土壤来自基性母岩（SiO_2含量为65%～75%的火成岩岩石类型）的含磷量常大于来自酸性母岩（SiO_2含量为42%～45%的火成岩岩石类型）的含磷量。在由沉积岩风化发育的土壤中，来自石灰岩或石灰性沉积物的土壤通常含磷也多于来自酸性岩原岩沉积物的土壤。

磷的人为来源主要是磷矿废水及磷肥。我国磷肥总产量约每年300万吨P_2O_5，其中过磷酸钙和钙镁磷肥占总磷肥量的98.02%。在自然界，磷通常没有像氮循环那样有气体参与循环，而是沉积-溶解循环。

1. 土壤中磷的形态

土壤中磷主要分为无机态磷和有机态磷两类。

（1）无机态磷　土壤中无机态磷几乎全部是正磷酸盐，据其结合的主要阳离子的性质不同，可把土壤中通常存在的磷酸盐化合物分为以下4个类别。

① 磷酸钙（镁）化合物。土壤中磷酸根可以和钙、镁离子按不同比例形成一系列不同溶解度的磷酸钙、镁盐类。钙盐溶解度小于镁盐且数量也远大于镁盐，因而成为石灰性或钙质土壤中磷酸盐的主要形态。

在钙盐类化合物中，以磷灰石类溶解度最小。土壤中常见的磷灰石为氟磷灰石[$Ca_5(PO_4)_3F$]和羟基磷灰石[$Ca_5(PO_4)_3OH$]，其共同特点是Ca：P为5：3，溶解度极小，对植物几乎没有营养效果。土壤中存在的磷灰石很多是从母岩中转化而来的。

化学磷肥在土壤中可形成一系列磷酸钙类化合物，如施用过磷酸钙肥料，则水溶性磷酸一钙为主要有效成分，但可与石灰性土壤中的钙质成分作用依次转化为磷酸二钙（Ca_2HPO_4）、磷酸八钙[$Ca_8H_2(PO_4)_6$]及磷酸十钙[$Ca_{10}(PO_4)_6(OH)_2$]等。随着化合物钙磷比的增大，其在土壤中的溶解度迅速下降，稳定性增强。

② 磷酸铁和磷酸铝类化合物。在酸性土壤中，无机磷很大一部分是与土壤中的铁、铝形成各种形态的磷酸铁和磷酸铝盐类化合物，如常见的磷铝石［$Al(OH)_2H_2PO_4$］，其溶解度极小。在水稻土、沼泽土等厌氧环境中，该类化合物溶解度会增大，从而增加磷对植物的有效性。

③ 闭蓄态磷。闭蓄态磷指由氧化铁等胶粒包被着的磷酸盐。如当磷在土壤中固定为粉红磷铁矿后，如果遇到土壤的局部 pH 值升高，就可能发生下列反应：

$$Fe(OH)_2H_2PO_4 + OH^- \longrightarrow Fe(OH)_3 \downarrow + H_2PO_4^-$$

反应结果虽然释出了固相表面那部分的固定磷，但所形成的无定形 $Fe(OH)_3$ 胶粒可以在粉红磷铁矿表面形成一层胶状薄膜，其溶度积比粉红磷铁矿小得多，因此，胶膜对内部的磷酸铁起了掩蔽作用。这种以 $Fe(OH)_3$ 或其他类似性质的不溶性胶膜所包被的磷酸盐，统称为闭蓄态磷。这种形态的磷，在没有除去外层胶膜前，很难发挥其有效作用。这种形态的磷在土壤中占相当比例，尤其是酸性土壤中，往往超过总含磷量的 50%，石灰性土壤中也可达到 15%～30%。

④ 磷酸铁铝和碱金属、碱土金属形成的复合磷酸盐类。这类磷酸盐成分复杂、种类繁多，往往是由化学磷肥与土壤作用转化形成。因此，它们很少存在于自然土壤中。而在耕作土壤中，由于它们存在的数量也不多，而且溶解度极小，对作物营养影响不大。

风化程度高的土壤中，闭蓄态磷占无机磷总含量比例较高，最多可占 90%，其次为磷酸铁磷，而磷酸钙磷和磷酸铝磷一般较少。在风化程度低、以石灰岩土壤为主的地区，磷酸钙磷所占比例最大，约在 60%以上，其次为闭蓄态磷。磷酸铝磷较少，而磷酸铁磷常小于 1%。

（2）有机态磷。有机态磷在总磷中所占的比例及其变化范围是很宽的。一般情况下，有机态磷随土壤中有机质含量的增加而增加，表层土中较下部含量高。土壤中有机态磷主要有以下 3 类。

① 核酸类。核酸是一类含磷和氮的复杂有机化合物，一般认为是从动植物残体特别是微生物的核蛋白分解而来。这类核酸态磷在土壤有机态磷中所占比例一般在 5%～10%左右。除了核酸外，土壤中还存在少量核蛋白质，也属有机态磷化合物，它们都需通过微生物酶作用分解为磷酸盐后才能为植物所吸收。

② 植素类。植素是普遍存在于植物体中的含磷有机化合物，占土壤有机磷总量的 1/5～1/3，有的甚至超过一半。植素在纯水中的溶解度可达 10μg/g 左右，随 pH 值升高溶解度增大。对大部分植素来说，一般须经过微生物植素酶水解，产生 H_3PO_4，从而对植物发生作用。

③ 磷脂类。这是一类醇溶性和醚溶性含磷有机化合物，普遍存在于动植物及微生物组织中。土壤中磷脂类化合物含量通常不到总含量的 1%，也必须经过微生物分解才能成为生物有效磷。

以上几种有机磷含量约占总有机磷的 70%，其中以植素磷和核酸磷两类为主。尚有 20%～30%左右的有机磷形态有待查明。

2. 土壤的固磷作用

土壤中各种含磷化合物从可溶性或速效性状态转变为不溶性或缓效性状态，统称为土壤的固磷作用。据统计，我国施用化学磷肥的有效率都不到 30%，其重要原因之一就是土壤具有强大的固磷作用。在土壤 pH 范围内，$H_2PO_4^-$ 及 HPO_4^{2-} 是主要的正磷酸盐形态，也是植物摄取的磷的主要形态。

在近于中性 pH 时，正磷酸盐对植物最有用。在较酸性的土壤中，正磷酸盐阴离子进入沉淀或被 Al(Ⅲ)、Fe(Ⅲ) 离子吸附。在碱性土壤中，可与 $CaCO_3$ 反应生成溶解度很小的羟基磷灰石：

$$3HPO_4^{2-}+5CaCO_3(s)+2H_2O=Ca_5(PO_4)_3OH(s)+5HCO_3^-+OH^-$$

上述情况表明，固磷作用可通过化学沉淀、土壤固相表面交换吸附、闭蓄作用、生物固定作用等实现。作为肥料的磷很少从土壤中淋溶损失，这对避免水污染与磷肥利用都有重要意义。

3. 土壤磷肥污染

由于磷酸盐主要以固相存在，只有在灌溉或渍水时才可能出现磷过量造成污染。然而，磷肥的生产和施用过程中伴生的许多其他污染不容忽视。

这些伴生的污染主要有以下几种。

(1) 氟污染　有人曾对我国 28 个磷矿 72 个样品的磷含量与氟含量的相关性进行了研究，分析结果表明，氟含量与全磷含量呈显著相关（$r=0.985$）。由于磷灰石中含有一定量的氟（按含 P_2O_5 24%的标矿计，平均含氟 2.2%），在磷肥的生产、施用过程中都伴随着氟向环境的播散。以我国目前磷肥生产规模计算，每年全国因磷肥排入大气的氟约 3.74 万吨，以废水形式排入江河的氟约 5.5 万吨。

(2) 放射性污染　磷矿石中常常伴生有 U、Th、Ra 等天然放射性核素，磷矿石加工以及磷肥施用中会对环境产生放射性污染。对全国 22 个磷矿区的磷矿石测定结果，其中含铀 0.13～1000μg/g，多数为 10～154μg/g，最高含量为 0.12%，钍 0～189μg/g。不同地区生产的磷肥其放射性强度差别较大，对我国 8 个省、地区的磷肥进行测定，磷肥的放射性强度在 1.7×10^{-12}～8.21×10^{-10}（居里[1]/克）之间。例如福建某磷肥厂生产过磷酸钙的废水中含铀 4×10^{-5}μg/g，含钍 8.4×10^{-5}μg/g，含镭（226）为 3.35×10^{-14} 居里/克，总放射强度比对照水高 17～840 倍。施用磷肥和用该废水灌溉的试验表明，土壤对核素有富集作用，但有一定的限度，至第三年趋于平衡时比废水中的含量高 300 倍，相当于磷肥中的含量水平。作物的累积规律是根吸收最多，茎秆次之，果实中最少。在籽实中，谷皮比米含量高，可高出 40 余倍。

(3) 痕量金属污染。痕量金属在磷肥中的含量可达每克几微克至每克数百微克，只有钙镁磷肥含铬（Cr^{3+}）为最高，可达 1000～1800μg/g。由于磷肥施用量与土壤的量相比是微量的，一定时期内的痕量金属叠加，一般不会造成明显的污染效果。但长期连续施用，其痕量金属污染效果会逐渐体现出来。

三、氮、磷元素对环境的影响

氮、磷元素对环境的影响最明显的效应主要体现在对水环境质量的影响方面，包括对地表水体的富营养化影响和地下水的硝态氮含量变化影响。

1. 氮、磷元素对水体富营养化的影响

生产、生活排污与农田施用化肥都可导致氮、磷元素进入河流、湖泊和海洋，这些营养

---

[1] 1 居里＝3.7×10^{10} 贝克。

物质进入水体致使水体富营养化，引起环境问题。

由于城市的污水和农田大量施用的化肥可以通过地表径流、土壤侵蚀等进入海洋、河流及湖泊中，其中的大量营养物进入水体必然会导致水体富营养化，从而影响水环境正常功能的发挥。以京津地区为例，1979年该区排污流入渤海的铵态氮为8720t，P_2O_5 达638t。我国每年因水土流失的土壤达50亿吨左右，每年因水土流失损失的土壤养分大约是：有机质3000万～4000万吨，氮500万吨，P_2O_5 400万吨，K_2O 1000万～2000万吨。这些物质都会经由不同渠道进入水环境中。

富营养化是指生物所需的氮、磷等营养物质大量进入湖泊、河口、海湾等缓流水体，引起藻类及其他浮游生物迅速繁殖，水体溶解氧含量下降，水质恶化，导致鱼类及其他生物大量死亡的现象。一般来说，在自然情况下，这一过程是很缓慢发生的。但人类活动可以加速这一过程。

水体富营养化的第一步是营养物从地表径流或污水中向水体的输入，然后这种富含营养物的水体由于光合作用产生大量的植物生命体以及少量的动物生命体。死亡的生命体在水底累积并部分分解和向水中释放，营养物C、P、N、K等再度重新进入循环。如果水不太深，底部根系植物开始生长，加速了固体物质在底部的累积，导致形成沼泽和最后演变为草地与森林。富营养化并不是一种新的现象。事实上，在大片煤和泥炭形成的最初，便是“沧海”水体的富营养化现象。

在受影响的湖泊、缓流河段或某些水域增加营养物，由于光合作用使藻类个体迅速增加，种类逐渐减少。水体中以硅藻和绿藻为主的藻类组合是正常的，红色颤藻的出现便是富营养化的征兆，随着富营养化的发展，原来以硅藻和绿藻为主的组合最后变成以蓝藻为主的暴发性繁殖，将产生所谓水华、藻团以致出现缺氧、高等水生植物生长过快等症状。

目前关于水体富营养化的成因尚有不同见解。多数学者认为氮、磷等营养物浓度升高是藻类大量繁殖的主要原因。湖泊营养水平指标分级见表5-5。

表5-5 水体（湖泊）富营养化过程的N、P等含量指标

主要指标	贫营养	中营养		富营养
		前期	后期	
BOD_5/(mg/L)	<1	1～3	3～10	>10
细菌/(个/mL)	<100	100～10000	1万～10万	>10万
叶绿素/(μg/L)	<1	1～3	3～10	>10
P/(mg/L)	<0.001	0.001～0.005	0.005～0.01	>0.01
N/(mg/L)	<0.1	0.1～0.2	0.2～0.3	>0.3

我国1978～1980年对34个湖泊营养状况进行的调查表明，富营养化湖泊占23.5%，并集中在城市近郊。1986～1989年又对全国26个湖泊、水库连续进行14个月的野外调查工作，发现我国湖泊富营养化在有关氮、磷含量方面具有以下特点。

（1）湖泊中营养盐浓度普遍高　总氮浓度全部高于0.2mg/L，多数湖泊为1.0～

5.0mg/L，有1/5的湖泊总氮浓度达5mg/L以上。总磷情况也很类似，92%以上的湖泊中总磷浓度超过0.02mg/L，近半数湖泊总磷含量在0.2～1.0mg/L之间，颗粒态磷在总磷中占主导地位。此外，部分城市湖泊出现氨氮大于硝态氮的现象。

(2) 湖泊沉积物中的主要指标

湖泊沉积物是富营养化特征分析的主要指标之一，我国湖泊沉积物中氮、磷浓度很高，尤其是城市湖泊，全氮（凯氏法）和总磷分别达200～9000mg/L和1200～4500mg/L左右，这与工业废水、生活污水和农田水的排入有关。

目前，一般认为水体富营养化的限制因素是水体中氮（海水）与磷（淡水）的含量，进入地表径流或地下水的农田化肥及含氮、磷物质的农业废弃物是水体富营养化中氮、磷物质的最主要来源之一。

研究表明，随着氮、磷的增加，贫营养湖泊会朝富营养湖泊转化。当N/P的值大于100时，属贫营养湖泊状况；当N/P的值小于10时，则属富营养状况。一般认为无机物（无机氮、正磷酸盐形式）控制生物生长率（但不一定指藻类生物量）。通过分析无机氮/正磷酸盐磷的值，也可初步判定氮、磷为生物生长率的控制因子。如果假定其比值超过15，生长率不受氮限制的话，那么70%的湖泊属磷限制。如果把比值为7～15之间的湖泊也包括进去，则有85%的湖泊属磷限制。美国在1972～1973年间曾对其国内466个不同类型湖泊进行了调查，结果表明，P为限制因子的湖泊占65%，N为限制因子的湖泊占28%。我国对太湖等湖泊的调查也发现有类似结果。许多国家把富营养化湖的P负荷标准确定为0.02mg/L，这是一个很重要的数据，因为藻类生物量与这一范围P浓度在直角坐标系内呈直线关系。

过量的营养物质进入湖泊，引起水体浮游植物大量繁殖。因此，叶绿素a增高是湖泊富营养化的基本问题。研究表明，富营养湖泊的水中总磷和叶绿素均值或峰值的相关系数在研究的两个湖泊中分别为0.88和0.90，总氮和叶绿素均值或峰值的相关系数为0.64和0.66，说明叶绿素与湖泊氮、磷浓度具有较好的相关性，而且叶绿素与磷的相关性更好。我国在所研究的25个湖泊中，绝大多数湖泊都呈现出较好的相关关系。

湖泊中，浮游植物数量的增加会直接影响湖泊的透明度。现已发现，透明度年均值与叶绿素年均值成反比关系，与总磷浓度也成反比关系。我国对19个湖泊的调查资料表明也有类似的现象。

2. 氮、磷元素对地下水水质的影响

氮、磷元素对地下水的污染主要发生在化肥施用量高的高产地区和城市郊区，已引起普遍重视。国外早已发现地下水中NO_3^-含量在逐年增加，有些地区的地下水中已检出硝态氮接近或超过饮用水标准。磷在土层中的积累量也逐年增加。尽管磷在土壤中易被固定，但在酸性条件或超容量情况下，仍可淋洗到水体中，造成环境问题。

目前，越来越多的研究报道显示，地下水中的氮、磷元素在世界各地都已呈普遍增长趋势，地下水的氮、磷污染正演变为一个全球性的环境问题，需要引起高度重视和采取对策。

3. 土壤化肥污染预测

张夫道等曾采用我国1949～1983年的化肥资料，编制数学模型对土壤化肥污染趋势进行预测，其模型见表5-6。

表 5-6 我国化肥回归模型（张夫道，1985）

类 别	回归模型
化肥差分自回归	$Z_t=0.76Z_{t-7}-0.452Z_{t-3}+0.268Z_{t-2}$
化肥 N 差分自回归	$Z_t=0.888Z_{t-6}$
化肥 P_2O_5 差分自回归	$Z_t=0.728Z_{t-7}$

注：Z_t 为化肥量，万吨；t 为时间，年。

（1）氮肥污染预测 根据上述数学模型推算化肥生产后，按氮肥利用率计算其损失量，即叠加进环境的污染量，以 1949～1983 年的数据为依据预测的情况见表 5-7。在不合理施用条件下，化肥施用量越大，其利用率越低。但随着科学的发展、施肥技术的改进，保住目前的利用率是可行的。由表 5-7 可看出，氮肥若按照 50%的利用率计算，17 年后年损失 N（即污染量）为 1050 万吨，倘若任其自流，氮的损失污染量就会增加，按 40%的利用率计算，17 年后损失 N（污染量）将达 1260 万吨。如果施肥技术能有所突破，把利用率提高至 80%，17 年后可基本维持在当前的水平，这是当时最理想的预测。

表 5-7 氮肥污染发展趋势预测（张夫道，1985）

类别	1983 年	12 年后			17 年后		
		1	2	3	1	2	3
氮肥年产量(N)/万吨	1200		1905			2100	
利用率/%	40～50	40	50	60	40	50	60
进入环境的量(N)/(万吨/年)	600～800	1143	953	762	1260	1050	840

注：1 为警告性预测；2 为可行性预测；3 为理想预测。

当前，氮肥品种以碳铵和尿素为主，占氮肥总量的 70%，随着发展，尿素将占绝对优势，占总氮量的 60%左右，氮磷复合肥将占 20%以上，磷铵和氨水将低于 20%。

（2）磷肥污染预测 磷肥对土壤的最主要污染问题是氟污染。由表 5-8 可看出，按当时的化肥施用水平，17 年后，若用标准磷矿石（含 P_2O_5 24%）量 3200t，总氟量约 70 万吨，进入大气和水域的总氟量可占 3.4%。按此计算，17 年后磷肥氟污染将加重 2.1～2.5 倍。如果回收率提高 50%，则可减少排氟量 1/2，进入大气、水域的磷氟约为 14 万吨，仅为 17 年前的 1.5 倍。

表 5-8 磷肥引起的氟污染趋势预测（张夫道，1985）

类别	1983 年	17 年后
磷矿石产量(以标矿计)/(万吨/年)	1340	3183
磷肥产量(P_2O_5)/(万吨/年)	320	764
流失量(P_2O_5)/(万吨/年)	3.2	7.6
总氟量(F)/(万吨/年)	27.5	70
排入环境(F)/(万吨/年)	9.24	23.5

需要说明，上述预测仅是在一定时期数据资料基础上的一些分析与推算，其许多问题以及准确性也需要进一步讨论。但是从中可以看出，化肥对环境的污染中，施入农田后的实际利用率是一项非常关键的指标，主要来自氮肥，关键在于氮素的利用率不高。因此，提高氮肥利用率就可减少对环境造成的危害。

第五节　固体废物、放射性物质以及有毒有机物等在土壤环境中的污染行为

一、土壤固体废物污染

废弃物通常指在一定时间和空间条件下没有使用价值的物质。从生态学的角度，废弃物是指生态系统中主体向环境的排泄物和抛弃物。人类生产活动中排出或者抛弃的物质按照排出物的物理状态可分为气态、液态和固态三类，人们习惯上称为“三废”。固体废物是指在某些生产和生产活动中在某个时段不再具有原来使用价值而被丢弃的以固态和泥状存在的物质。

固体废物来源于社会的生产、流通、消费等一系列活动中，它不仅包括工业企业再生产过程中丢弃而未被利用的副产物，也包括人们在生活、工作以及社会活动中因物质消费而产生的固体废物。人们习惯上把农业固体废物、工业固体废物（包括矿业固体废物）合称为产业固体废物，把家庭生活垃圾和公共场所垃圾统称为生活消费固体废物。固体废物的分类、来源和主要组成物质见表5-9。

表5-9　固体废物的分类、来源和主要组成物质

分　类	来　源	主要组成物质
矿业废弃物	矿山选矿、冶炼	废矿石、尾矿、金属、有关设施材料
工业废弃物	冶金、交通、机器、金属结构等工业	金属、矿渣、砂石、膜型、芯、陶瓷、边角料、辅料、管道、绝热绝缘材料、胶黏剂、废木材、塑料、橡胶、烟尘等
	煤炭	矿石、木料、金属
	食品加工	肉类、谷物、果类、蔬菜、烟草
	橡胶、皮革、塑料等	橡胶、皮革、塑料、布、纤维、染料、金属等
	石油化工	化学药剂、金属、塑料、橡胶、陶瓷、沥青、油毡、石棉、涂料
	造纸、木材、印刷等	刨花、锯末、碎木、化学药剂、金属填料、塑料、木质素
	电器、仪器仪表等	金属、玻璃、木材、橡胶、塑料、化学药品、陶瓷、绝缘材料
	纺织、服装业	布头、纤维、橡胶、塑料、金属
	建筑材料	金属、水泥、黏土、陶瓷、石膏、石棉、砂石、纸、纤维
	电力工业	炉渣、粉煤灰、烟尘
城市垃圾	居民生活、商业、机关、	食物垃圾、纸屑、布料、木料、庭院植物修剪物、金属、玻璃、塑料、陶瓷、燃料灰渣、碎砖瓦、废器具、粪便、杂品、管道、沥青及其他建筑材料、废汽车、废电器、废器具含有的各类物质
	市政维护、管理部门	碎砖瓦、树叶、死禽畜、金属锅炉灰渣、污泥、脏土等
农业废弃物	农业和林业	稻草、秸秆、蔬菜、水果、果树枝条、糠秕、落叶、废塑料、人畜粪便、禽粪、农药等
	水产	鱼、虾、贝壳、水产加工废水污泥
放射性废物	轻工业、核电站、放射性医疗单位、科研单位	金属、含放射性废渣、粉尘、污泥、有关器具和劳保用品、建筑材料

随着人们生活水平的提高，固体废物的排放量逐年升高。在 20 世纪 80 年代，我国每年的工业废弃物排放量为 5 亿～6 亿吨，工业固体废物的产生量和堆存量以每年 2000 万吨的速度增加，1992 年达到 6.2 亿吨，堆存量达到 59.2 亿吨，占地 $5.5\times10^8m^2$。其中各种主要固体废物年排放量如下：尾矿 1.8 亿吨；粉煤灰 0.7 亿吨；煤矸石 1.3 亿吨；冶炼渣 0.5 亿吨；炉渣 0.8 亿吨；化工渣 0.2 亿吨。

我国城市垃圾的产生总量近年来大幅度增加。自 1979 年以来，我国的城市垃圾平均以每年 8.98%的速度增长，少数城市垃圾增长率则达到 1%～20%。20 世纪末，我国城市垃圾清运量已经达到每年 10825 万吨，仅北京市每日平均垃圾产量就为 1.3 万吨，年产量超过 400 万吨。可见，固体废物及其污染在我国已是一个严峻的环境问题。其中，与固体废物直接接触最多的是土壤环境，因此，土壤是固体废物污染的主要环境介质。

固体废物在堆放或者处理地点和处理过程中都会引起污染物迁移，其对土壤环境的污染是多方面的。第一，大量固体废物堆放不仅占用大量土地，同时对土壤会造成严重污染后果。由于废物的堆积和填埋不当，经日晒以及雨水浸淋所产生的浸出液中的有害成分会直接进入土壤，除了将大量高浓度有害物质带入土壤直接影响土壤质量外，同时对土壤微生物环境造成严重破坏，对土壤结构和成分都产生不利影响。第二，固体废物对大气的污染、水的污染，经由自然循环如沉降、地表水流动、地下水循环等过程也会对土壤的正常状况产生影响或形成污染。

二、放射性物质在土壤中的行为

环境中的辐射有效剂量和强度超过人体所能承受的范围时，我们称之为放射性污染或辐射污染。所谓“辐射”，实质上是能量在空间的传播过程。按照能量大小，将辐射分为非电离辐射和电离辐射两种。非电离辐射是指红外线、微波、电磁辐射、热辐射等，其特点是能量较低，这种辐射与物质作用不能引起介质的电离，只是把能量传递给作用物体。电离辐射是指宇宙射线、放射性核素在核衰变中放出的各种粒子。电离辐射能量很高，与物质作用时可以引起物质的电离。根据电离辐射引起物质电离方式的不同，将电离辐射分为直接电离辐射和间接电离辐射。直接电离辐射是指高速的带电粒子、α 粒子、β 粒子、质子，这些粒子能够直接引起物质的电离；间接电离辐射是指 X 射线、γ 射线、中子等不带电粒子，这些粒子是通过与物质作用时产生的次级带电粒子来引起物质电离的。

1. 放射性的基本概念

(1) 放射性核素　核素是对具有特定的原子量、原子序数和核能态的原子的具体称谓。原子序数相同的核素统称该元素的同位素。就稳定性来说，核素有两类。一类是质子和中子数一直保持不变的核素，称为稳定核素。已发现的天然稳定核素约有 280 种。另一类是具有自发地放出带电或不带电粒子性质的核素，称为放射性核素。天然存在的放射性核素约有 30 多种，包括 ^{3}H、^{235}U、^{226}Ra 等。人工放射性核素目前有 1800 多种，包括 ^{60}Co、^{137}Cs 等。核素中大部分是放射性核素（Stille et al，1997）。

(2) 放射性衰变和放射性　不稳定的核有自发改变其核结构的倾向。在这种情况下，从原子核内部放出电磁波或带一定动能的粒子降低了核体系能级水平，从而转化为结构稳定的核，这种现象称为核衰变。由于核衰变过程中总伴有带电或不带电粒子的放出，所以，核衰变又称为放射性衰变。核衰变是放射性核素的特征性质。

在核衰变过程中，不稳定的原子核能自发放出 α、β、γ 射线，这种现象称为放射性。就本质而言，α、β、γ射线分别是氦核、负电子和短波长的电磁波。放射性衰变按其放出粒子的性质，分为α衰变、β衰变、β^+衰变、γ衰变、电子俘获等多种类型。

（3）放射性的基本知识

① 放射性活度。放射性活度即核素的衰变率，也就是单位时间内原子核的衰变数，可表示为：

$$A=-dN/dT \tag{5-1}$$

式中，N为某一时刻的核素的原子数；T为时间；A为活度，常用符号Bq表示，s^{-1}（$1Bq=2.7\times10^{-11}$居里）。

放射性活度A的大小和N呈正比，可写成：

$$A=-dN/dT=\lambda N \tag{5-2}$$

解得

$$N=N_0e^{-\lambda t} \tag{5-3}$$

$$\lg(N_0/N)=\lambda t/2.303 \tag{5-4}$$

式中，λ为衰变常数，表示放射性核素在单位时间内的衰变概率；N_0为衰变初始时核素的原子数。

② 半衰期。当放射性核素由于衰变使其质量（或原子数）减少到其原来的一半时所需的时间称为半衰期，用$T_{1/2}$表示，则：

$$T_{1/2}\lambda=0.693 \tag{5-5}$$

③ 照射量。照射量被定义为：

$$X=dQ/dM \tag{5-6}$$

式中，dQ为X或γ射线的粒子在空气中被完全阻止时引起质量为dM的空气电离，并产生带电粒子的（正的和负的）总带电量。照射量X的国际单位是C/kg（库仑/公斤）。

④ 吸收剂量。吸收剂量（D）是指单位质量物质所吸收的辐射能量。吸收剂量是用来反应被照射介质吸收辐射能量程度的物理量。吸收剂量的国际单位是J/kg，专称的单位是戈瑞，简称戈，用Gy表示。换算关系为：

$$1Gy=1J/kg \tag{5-7}$$

⑤ 剂量当量。剂量当量的概念在辐射防护方面有重要意义，为了统一表示各种辐射对生物的危害效应，需用吸收剂量和其他影响危害的修正参数的乘积来表征。这一表征度量即称为剂量当量：

$$H=DQN \tag{5-8}$$

式中，H为机体组织某点处的剂量当量；D为该点处的吸收剂量；Q为品质因数，其值取决于致电离粒子的初始动能、种类和照射类型等；N为所有其他的修正参数的乘积。

（4）核辐射的分类　自然界存在3个天然放射性系列，即钍系、铀系和锕系，另外有一个用核反应方法合成的人工放射性系列——镎系。天然放射性核素主要来自岩石和土壤中的天然放射性系列成员以及钾，在这些物质被人类利用的有关过程中（核物质的开采、加工及使用），放射性物质便可通过食物链进入人体。我国已制定食品中限制含量标准的核素有铀系的天然铀、^{226}Ra和^{210}Po，钍系的天然钍和^{228}Ra。

人工放射性核素是指来自核能利用和研究中人工制成的放射性核素，包括核燃料、裂变产物及中子活化产物等。我国已制定了其食品卫生标准的有^{239}Pu、^{147}Pm、^{137}Cs、^{131}I、^{89}Sr、^{90}Sr和^{3}H。过去，核武器试验的裂变产物曾是辐射监测的重点，随着核电站大量兴建和放射性同位素在国民经济各部门（特别是医学）的广泛应用，对超铀元素和广为应用的长寿命放射性核素应更加重视。

2. 核辐射对人体的危害

辐射危害主要包括如下几种类型。

(1) 躯体效应和遗传效应　躯体效应是指辐射显现在受照者本人身上的损害，如辐射致癌、引起放射病等。根据危害发生的早晚，有急性和晚发两种。急性效应是指一次或短期内接受大剂量辐射照射，随后或立即就引起损害的情况。全身急性受照射剂量达到6Gy时，放射病症严重，死亡率大。受照射剂量在1Gy以下时，对人体没有明显的影响。晚发效应是受辐射照射后经过数月或数年甚至更长一段时间才显现的危害。在对日本广岛、长崎二战原子弹爆炸中幸存者的调查表明，在这些人中，白血病发病率明显高于未受此辐射的居民，最高发病率比日本的平均发病率高10倍以上。数据表明，从受辐射照射到出现白血病之间至少有3年左右的潜伏期。

遗传效应是指出现在受照者后代身上的辐射损伤效应。它主要是由于被辐照者体内生殖细胞受到辐射损伤，发生基因突变或染色体畸变，这种变化可能传给后代，进而在子孙身上产生先天性某些方面某种程度的异常或致死性疾患。

(2) 随机性效应和非随机性效应　辐射损害发生率与剂量大小有关，严重程度与剂量无关，可能不存在剂量阈值的生物效应称随机性效应。而非随机性效应则指辐射损害的严重程度随剂量变化，存在剂量阈值的生物效应。

辐射对人体的损害与辐射的电离激发能力有关。一般认为，其中的生化机制是辐射先将被辐照机体内的水分子电离和激发，产生性质活泼的自由基、强氧化剂和活化分子，前两者与细胞内的有机分子如核酸、蛋白质、多糖、膜的不饱和酯质、酶等相互作用，使其化学键断裂，组成遭受破坏，从而引起损伤症状。存在以下两种情形。

① 体内水的辐射产物。辐射初始，通过射线与体内水分子的非弹性碰撞，水分子被激发为活化分子 H_2O，或由于其获得辐射能而电离成阳离子 H_2O^+ 和电子。

② 辐射致生物膜脂质过氧化。生物膜上的饱和脂质在辐照下变成有害的膜脂质氢过氧化物的过程称为辐射致膜脂质过氧化。它将引起机体细胞坏死或其他病变。

在生产和使用放射性核素的过程中，操作不慎，防护不好，有可能造成不同程度的皮肤放射性核素污染。如果沾污后去污不及时、方法不当、去污不彻底等，都易导致放射性核素的污染扩散，增加体内放射性核素的吸收，或造成皮肤放射性损伤。

一般来说，天然放射性核素在陆地土壤中的含量由于地理、水文等因素的影响，在水平方向上的较大范围内的分布是有差别的；在垂直方向即不同深度的分布，由于植被和人为活动的影响，可能会形成不均匀分布情况，但一般还是作为均匀分布看待。它的地下迁移是指在土壤、岩石等介质中随地下水流动的迁移过程。研究表明，地质介质（岩层或沉积物）通过吸附、沉淀等作用对核素地下迁移具有延迟能力，使核素在地质介质中随水的迁移速率一般小于地下水流速。通常用延迟系数 K 来表示地质介质对核素随水迁移的延迟能力。许多地质介质对高价阳离子核素的 K 值较大，可以强烈地吸附这些核素，但是对于以阴离子或胶粒存在的核素就不能有效地吸附，相应的 K 值就较小。放射性核素在土壤或沉积物中较易被黏土矿物和有机碎屑所吸附。一旦土壤对核素产生了吸附，核素就不容易因为降水、淋溶或生物摄取而迁移。但是土壤的不同条件对吸附影响很大，并且不同的核素也存在不同的环境效应，如 ^{137}Cs 容易被黏土组分含量高的土壤所吸附，而 ^{40}K 则基本只在大气圈内流动并同时发生自发衰变。一般来说，土壤或沉积物的颗粒组分粒度越小，表面积越大，吸附浓集放射性核素的能力也越大。

另外，生态环境中的某些特殊自然条件可以促使放射性核素分散，另一些则可使其集中。如经常刮风的山顶、山脊以及海滨地区，一般不可能滞留或累积大量的气迁移放射性核素；相反，自然条件相对静止的山谷、水池、海湾则容易聚集这类放射性核素的沉淀物。

运用在军事方面的核弹对环境中的放射性分布影响很大。当核武器爆炸后，放射性蒸气上升到高空，气化的裂解产物和炸弹残余物经过一定时间形成了放射性烟云团随风飘移，空间烟云中的放射性灰尘在重力作用下最终降落到地面，便可形成土壤污染。

随着核技术尤其是核电站的迅猛发展，不可避免地产生大量的放射性废物。对于这些放射性废物的最终处置一般用地下处置法，对于低中水平放射性废物通常用浅坑处置法，这些处置法是基于土壤是放射性核素的天然吸附剂和良好的机械过滤器考虑的，因此，核素可被持留在土壤中而不迁移到环境中去。对高放射性废物采用深层处置法，是将废物置于地下500～1000m的深层废物库中，这种方法是通过人为设置的种种屏障阻止废物中的核素迁移到环境中去，以达到废物与生物圈的永久、安全隔离。

另外，在建材产品中也有许多的放射性核素，这些放射性核素主要来源于工业废渣，如煤渣等，而这些废渣的产地不同，放射性核素含量也不一样，需进行长期监测。

3. 土壤放射性污染的污染源

构成地球固体部分的岩石、矿物以及土壤等物质，其本身都含有一定的天然辐射物质，这种辐射的总剂量叫作天然本底辐射剂量。生活在地球上的生物种群在漫长的历史演变和进化中，已经适应或者正在适应这个环境及生态系统中的天然本底辐射的照射。生活在正常地区的居民，每年受到天然辐射源所致的剂量当量总值为2mSv（Sv为辐射剂量当量单位，1Sv=1J/kg，中文发音为希沃特），其中，内照射和外照射分别为1.34mSv和0.65mSv。内照射剂量大约为外照射剂量的两倍。在各类内照射辐射源中，^{238}U放射系中的^{222}Rn及其短寿命子体引起的内照射尤为重要，它们的年有效剂量当量值几乎占总值的60%以上。

环境的放射性污染源分为天然辐射源和人为辐射源。目前，已经发现世界上有一些地区其室外陆地γ辐射的吸收剂量率明显超过“正常”地区的变动范围，这些地区被称为“高本底”地区。生活在高本底天然辐射源地区的公众无疑将受到较高的照射剂量。据认为，异常地区高本底天然辐射主要是由于地球表层中含有较高浓度的铀和钍放射性沉积物，如独居石或其他矿物质以及矿泉中较高浓度的镭和氡造成的。已查明，意大利、法国、伊朗、印度、巴西、马达加斯加、尼日利亚等国家都有高本底地区，我国也有一些这样的地区。

根据天然辐射数据估算出离地面1m高处的γ辐射外照射的吸收剂量率，高本底地区为1.81×10^{-7}Gy/h，正常对照地区为6.62×10^{-8}Gy/h。在广东省阳江市的实测值为1.93×10^{-7}Gy/h，正常对照地区实测值为7.20×10^{-8}Gy/h。

曾经对阳江地区土壤中钍的同位素做过的分析表明，其中^{232}Th、^{230}Th和^{228}Th的浓度分别为310Bq/kg、150Bq/kg和350Bq/kg，对照地区相应值分别为36Bq/kg、20Bq/kg和34Bq/kg。土壤中^{238}U、^{232}Th和^{40}K三个主要天然放射性核素的平均浓度分别为25（10～50）Bq/kg、25（7～50）Bq/kg和370（100～700）Bq/kg。

由此可见，土壤中的放射性是土壤自身具有的，与成土岩石有关。由于成土岩石的种类很多，受到自然条件的作用程度也不尽一致，土壤中天然放射性核素的浓度变化范围是很大的。土壤的地理位置、成土过程、水文条件、气候以及农业历史都是影响土壤中天然放射性核素含量的重要因素。土壤环境中，放射性天然源除了高本底的土壤和岩石中的原生放射性核素以外，还有宇宙射线与大气作用产生放射性核素在地球上的沉降物的因素，但这部分辐射一般认为对地球表面不会产生明显影响。

土壤中的某些可溶性放射性核素被植物根系吸收后，输送到植物的可食部分，通过食物链转移到食草动物、食肉动物体内，最终成为食品中和人体中放射性核素的重要来源之一。研究表明，在人类各类食物之间放射性水平没有一个明显的规律性，分布情况比较复杂。如果做进一步的细致分析，可以发现奶制品、水果、蔬菜一类食品的天然放射性水平较低，而果仁、谷类食品的放射性可能稍高一些。人类每天从食物中摄取的和在体内存在的主要天然放射性核素是^{40}K。由于该核素是一个长寿命β和γ辐射体，半衰期长达1.28×10^9年，因此人们认为它是人体内最重要的天然放射源。据估计，由于^{40}K的内照射产生的年剂量率大约为0.2mGy。

土壤辐射的人为来源因素主要有铀矿和钍矿的开采、铀矿浓缩、核废料处理、核武器爆炸、核试验、放射性核素使用单位的核废料、燃煤发电厂、磷酸盐矿开采和加工等。

铀矿开采过程有大量的固体废物产生。这些固体废物包括地下开采时挖掘的岩石，露天开采时剥离的覆盖岩层和表外矿石（低于工业品位要求的矿石），以及预选中分离出来的不合格矿石。在低品位铀矿石堆淋浸取或洗泥处理过程中也会产生矿渣和尾矿。铀矿石的水冶浓缩产生的尾矿的数量和化学成分大致与原矿石相当，只是其中铀的含量减少90%以上。尾矿一般含70%砂土和30%黏土，尾矿中大约85%的放射性物质集中在黏土中。由水冶排出的泥浆中，约含50%固体尾矿。大多数尾矿泥浆被泵入到工厂附近的“保留池”中储存起来。当保留池被固体沉积物填满后，将成为一个尾矿堆。据报道，美国华盛顿州某露天铀矿的剥采比为3∶1，如果每年开采铀矿石1×10^5t，则固体废石的产生量达到3×10^5t左右。铀矿山固体废物量之大，值得重视。这些都是土壤放射性污染的重要污染源。

核武器爆炸和核试验产生的尘埃最终会固化成小颗粒缓慢地降落到地面。现代战争中所使用的作为掩体炸弹（钻地弹）、增强辐射（中子）炸弹、战剂失效武器（把炭疽杆菌或者神经毒气烧成灰的小型核武器）等小型核弹的爆炸碎片都是造成土壤环境放射性污染的人为污染源。

如同自然界大多数物质一样，煤中含有原生天然放射性核素，所以煤的燃烧会导致放射性核素向土壤环境中的释放。有资料表明，主要放射性核素在煤中的平均浓度^{40}K为50Bq/kg，^{238}U为20Bq/kg，^{232}Th为20Bq/kg。当煤在高炉中燃烧时，在高达1700℃以上的温度下，一部分矿物质被熔成炉渣和底灰，一部分较轻的矿物质变成飞灰通过烟囱排放到大气中。从燃煤电厂烟囱排放出的飞灰中主要放射性核素的平均浓度：^{40}K为265Bq/kg；^{238}U为200Bq/kg；^{232}Th为70Bq/kg；^{226}Ra为240Bq/kg。

作为生产磷肥原料的磷矿石，在开采和加工以及磷酸盐工业产品、副产品和废弃物中都含有^{238}U及其放射性子代产物，这是因为磷酸盐矿石均含有放射性核素铀，磷酸盐沉积岩含铀量约为1500Bq/kg，磷灰石中约为701Bq/kg。因此，磷酸盐工业的“三废”、农业用磷肥、建筑工业用的磷酸盐产品都是土壤放射性污染源之一。表5-10列出了一些常见磷肥中放射性核素的估计浓度。

表 5-10 磷肥中放射性核素的估计浓度 单位：10^3 Bq/kg

磷肥名称	^{226}Ra	^{232}Th	^{238}U
商品磷矿石	40.00	0.40	39.0
普遍过磷酸钙	2.40	0.07	2.3
浓缩过磷酸钙	2.60	0.04	7.0
磷酸铵	1.10	0.07	13.0
磷酸	0.37	1.10	9.4
石膏	31.00	0.30	5.7

4. 土壤中放射性污染物的性质及行为

进入土壤中的放射性核素可以被土壤中的硅酸盐、铝酸盐、有机腐殖质吸附。可溶性的放射性核素进入土壤溶液或者被植物吸收，或者在雨水和灌溉水的淋溶作用下渗入土壤下层或向水平方向扩散。例如，^{137}Cs 是一种碱金属元素，在土壤溶液中呈一价阳离子状态，如果土壤表层没有任何植物覆盖，它会在雨水的冲刷下流失而进入水体；如果在植被丰富的草地和森林地带，80%的^{137}Cs 集中于 0～0.25cm 的表土层被植物吸收。土壤中的放射性核素绝大多数情况下是以沉积物的形式被固定在土壤中的。

进入土壤的放射性物质，根据元素化学性质可以分为非金属元素、金属元素、惰性气体元素、镧系元素和锕系元素。它们在土壤中可以发生中和、配合、氧化还原、沉淀、吸附和解吸等一系列化学过程。在发生化学反应的同时，土壤的种类、质地、结构、土壤溶液的 pH 值、Eh 值等因素都会影响放射性核素在土壤中的化学行为。下面对生态效应作用明显的主要放射性元素进行讨论。

(1) 非金属元素 在元素周期表的第ⅢA 族到第ⅦA 族的元素中，它们在与其他元素发生化合作用时有获得价电子的倾向。这类元素大约有 15 个，在这里只讨论其中 4 个元素的放射性同位素。

① 氚（^{3}H）。氚（^{3}H）是氢元素中最重要的一个同位素，是环境中质量最小、分布最广泛的放射性核素之一。环境中的天然氚来源于宇宙射线与氧和氮的核反应产物。环境中的人造氚主要产生于核爆炸和核反应堆。氚的物理半衰期和生物半衰期分别为 12.33 年和 9.5 天。氚是一个 β 辐射体，衰变产物为^{3}He，其放出的 β 粒子的能量很低，仅为 0.018MeV（eV 为电子伏特）。在化学性质上，氚的行为与氢元素完全一致，具有容易与强电负性物质相结合的倾向。所不同的是由于^{3}H 的相对质量比^{1}H 大，所以在化学反应速率和扩散速率方面存在一定的区别。

土壤体系中的氚很容易通过根、茎和叶进入植物体内。动物可以通过呼吸、摄食和表皮直接吸收等途径摄取氚。但是，与其他许多放射性核素不一样的是生物组织很少对氚有富集作用，因此，在生物体内的各部分组织中，氚的浓度吸附是很均匀的，并且与周围空气和水介质保持相同的水平。

② ^{14}C。^{14}C 和^{3}H 一样，广泛分布于生物圈中。生态系统中的^{14}C 也是由宇宙射线核反应、核反应堆运转以及核爆炸过程产生的。核武器试验时，每兆吨 TNT 威力可以产生^{14}C 约 1.26×10^{15} Bq。^{14}C 的物理半衰期为 5730 年，生物半衰期为 10 天，脂肪生物半衰期为 40 天。^{14}C 也是一个 β 辐射体，放出的 β 粒子的能量很低，仅为 0.158MeV，所以它对生物体的辐射危害主要在于内照射。

^{14}C是通过二氧化碳的光合作用进入食物链的，经过植物和动物体内的各种化学、生物和生理等复杂转变过程，^{14}C可以被转变成其他多种化学形式。这些化合物被氧化后，^{14}C又以$^{14}CO_2$的形式进入大气。如果二氧化碳被转变为碳酸盐和碳酸氢盐，此时的^{14}C则以无机碳形式存在于自然界中。由此可以看出，^{14}C与^{12}C的化学性质几乎一致，所不同的是^{14}C形成的化学键可能比^{12}C的要略强一些，而$^{12}CO_2$的扩散速率或许稍大于$^{14}CO_2$的扩散速率。

一般情况下，生物体对^{14}C没有明显的蓄积作用，生命体中的^{14}C和^{12}C的比例与周围空气或者水介质是大致相同的。值得注意的是，由于大量燃烧化石燃料，使大气中^{14}C和^{12}C的比例下降，生物体中的$^{14}C/^{12}C$也在下降。

③ ^{32}P。磷有7种放射性同位素，其中最重要的是^{32}P。^{32}P是通过稳定磷（^{31}P）的中子活化反应生成的，其物理半衰期为14.3天，生物半衰期全身为257天，骨组织为1155天，脑细织为257天。^{32}P同样是一个纯β辐射体，但是它发射出的β粒子能量较大，最高可达到1.71MeV。由于^{32}P的半衰期长，β辐射又容易测量，因此人们常把它作为环境科学和生物学研究的指示剂。

在生物圈中，磷属于一种较稀少的元素，它容易以可溶性的形态被生物吸收，并且在生物体内起着重要的生化和生理作用。生物体内的磷，几乎90%以上沉积于骨骼组织中。

④ ^{131}I。碘是生物体必需的营养元素，其环境属性一直受到人们的重视。碘的放射性同位素大约有30个，其中具有生物、生态意义的是^{131}I和^{129}I。环境中的^{131}I是核裂变产物，主要来自核爆炸试验和核反应堆的废物排放。^{129}I并非直接的裂变产物，而是由裂变产物^{129}Te衰变而来。核爆炸时，每百万吨TNT威力的^{235}U裂变产生^{129}I为1.11×10^9Bq。

^{131}I的物理半衰期为8.04天，生物半衰期为138天，它是一个β、γ辐射体。可见^{131}I是一个短寿命核素，人们无须考虑它在生物体内的长期蓄积效应。相反，^{129}I则是一个寿命非常长的放射性核素，其物理半衰期长达1.57×10^7年，显然，该核素进入环境后，在生态系统中可长期滞留并引起在生物体中的蓄积。

碘是一种非常独特的营养元素，当它被高等动物摄取后，可以被高度选择地蓄积于甲状腺组织中。碘进入人体或动物体主要是通过食道，其次是呼吸道。

（2）碱（碱土）金属元素　在此只讨论4种具有代表性的放射性核素：^{40}K、^{137}Cs、^{90}Sr和^{226}Ra。前两者属于碱金属元素，后两者属于碱土金属元素。

① ^{40}K。^{40}K是一种天然原生放射性核素。在稳定的钾元素中，^{40}K的丰度为0.0119%，所以含钾的物质中总含有放射性^{40}K。^{40}K的物理半衰期为1.28×10^9年，生物半衰期全身为58天。^{40}K是一个γ辐射体，它发射的γ射线能量较大，为1.46MeV，所以具有较强的穿透能力，这种性质使得它成为环境中天然辐射本底的主要贡献者。因此，^{40}K也是环境本底辐射的监测和调查对象之一。由于^{40}K与稳定钾（^{39}K和^{41}K）的质量相差极微，所以它们的化学性质和环境行为基本一致。

钾是生物不可缺少的营养元素，它广泛分布于自然界中，并在生态系统中不间断地流动和循环。^{40}K的放射性在生物体内占有很重要的地位，人体对元素钾的每天摄入量为1.4～6.5g，但是人体对钾的代谢具有自动平衡调节能力。对于一个成年男子来说，体内钾的平均浓度为2g/kg，^{40}K的平均浓度为60Bq/kg。

② ^{137}Cs。^{137}Cs是核裂变产物，无论是^{235}U还是^{239}Pu，其^{137}Cs裂变产率都很高。环境中的^{137}Cs主要来自于核武器试验和核反应堆排放的废物。据估计，每爆炸100万吨TNT当量的核弹，可以产生6.3×10^{15}Bq的^{137}Cs。在20世纪50～60年代初，大量的核爆炸试验

向环境释放了大量的^{137}Cs，这些^{137}Cs广泛分散于生态系统的各个层面。迄今为止，几乎在全球范围的生物体和环境要素中都能明显地检测到^{137}Cs的存在。

^{137}Cs是长寿命核素，物理半衰期为30.17年，生物半衰期在成年人体中为50～150天，在小孩体内为44天。^{137}Cs能够同时发射β、γ射线，而且这些射线能量都较大，它们对生物体的外照射和内照射的潜在危害性都是不可忽视的。

铯（Cs）与钾同属于碱金属，它们是化学类似物，具有相近的化学性质。但是由于^{137}Cs的生物半衰期超过^{40}K的生物半衰期2～3倍，所以^{137}Cs在生物体内的滞留时间要比^{40}K更长一些。^{137}Cs在土壤中能够被黏土等颗粒物质吸附，所以土壤犹如元素铯的一个储存库。特别是一些砂质土壤，对铯的固定能力较强，在这种土壤中就有可能有较多的铯通过砂土系统转移到生物体内，继续在生态系统中长期循环。

在环境中的^{137}Cs很容易进入生物体内。它可以通过大气沉积、表面吸收以及植物根部吸收等途径进入植物体内，也能够通过呼吸作用、表皮吸收或者吸附以及摄食吸收等途径进入动物体内。由于^{137}Cs的化合物溶解性较强，所以该核素在植物和动物体内的蓄积率比较高，生物体内被吸收的^{137}Cs均匀地分布于软组织中，以肌肉中为最多。例如在接近北极地区，当地居民有经常食用麋鹿和驯鹿肉的习惯，致使他们体内的^{137}Cs蓄积量比其他中纬度地区居民高100倍。然而，也正是由于铯的化合物可溶性强，在它们进入人体内后，可以充分而且迅速地被机体吸收，并随着血液输送到全身参与钾的代谢过程。大部分的^{137}Cs（约70%）可通过尿液从体内排出。

③ ^{90}Sr。^{90}Sr属于碱土金属，它具有两个价电子，氧化态为正二价，该元素的化学性质活泼，常见的盐类有氯化物、碳酸盐和硫酸盐等。

锶有两个毒性很大的放射性同位素：^{89}Sr和^{90}Sr。前者的寿命较短，半衰期为50.5天；后者的半衰期很长，达到28.5年。所以人们更关心^{90}Sr的环境性质。

^{90}Sr也是一种核裂变产物，裂变产率较高，它主要来源于核武器爆炸和核反应堆的废物排放。据估计，1980年年底以前，由于核爆炸而沉积在全球环境中的^{90}Sr达到4.0×10^{17}Bq。再加上^{90}Sr是一个长寿命放射性核素，所以它能够长久地储存在生态系统中。锶的化学性质与钙相似，能够形成多种溶解度较大的化合物，它们在生态系统中有较大的流动性，而且^{90}Sr容易沉积在含钙的组织或者介质之中。^{90}Sr主要通过食物进入人体，从消化道吸收进入血液，并且参与钙的代谢过程。人体中的^{90}Sr大部分集中在骨组织中，它在骨骼中的生物半衰期非常长，达到1.8×10^4天，显而易见，这是一个危及人体健康的重要放射性核素。然而，^{90}Sr在生物组织中的浓度并不会随着营养级别的提高而增加。生物体对于^{90}Sr的摄取依赖于生态系统的特性。在自然环境中，钙的丰度很大，锶的含量较少。在生态系统中，^{90}Sr的迁移过程以及它在生物体中的代谢过程均受到钙的制约。研究发现，在^{90}Sr从土壤中进入植物时，植物对于钙和锶的吸收速率几乎是一样的，而在从植物转移到动物组织的过程中，动物对于钙的吸收大于对锶的吸收。当土壤中有效钙的含量增大时，进入动物体内的^{90}Sr蓄积量就下降。

④ ^{226}Ra。^{226}Ra和^{228}Ra是镭的两种最重要的放射性同位素，它们分别是^{238}U和^{232}Th的衰变子代产物。^{226}Ra是一个α、γ辐射体，其物理半衰期为1600年，生物半衰期在全身组织中为900天，在骨组织中为1.64×10^4天。^{228}Ra是一个β、γ辐射体，其物理半衰期为5.75年，在全身组织中的生物半衰期为5.7×10^4天，在骨组织中为7.3×10^4天。

镭的化学性质与锶、钙的接近，很容易在环境中迁移。由于^{226}Ra与钙的性质十分相似，所以^{226}Ra在被摄入生物体后，很容易快速地在骨组织中沉积下来。蓄积于骨组织中的镭元素很难被排出，所以骨骼中^{226}Ra能够蓄积到相当高的浓度。据调查，一般人骨灰中^{226}Ra的浓度为（3.7～5.6）$\times 10^{-4}$Bq/g灰。按照一个人的标准骨骼重7kg计算，并且假定人骨的鲜灰比为1/2.5，这样相当于全身骨骼中含有1.03～1.55Bq的^{226}Ra。由于^{226}Ra还会不断地衰变，产生出其他一些短寿命的放射性子代核素，直到与母体达到永久平衡，在这个过程中所释放的β和γ射线给生物体组织造成一定的内照射。

镭作为铀系和钍系的子代产物，总是随母核而存在，所以在地球环境中，只要有铀和钍存在，总有镭的踪迹。环境中的镭主要存在于地质沉积物中，由于环境中的物质循环和物质流动，在土壤、水和生物体内也能检测出一定量的镭。由于铀和钍在岩石和土壤中分布广泛而不均匀，这就决定了镭在土壤和岩石中的分布也具有类似的特征。

土壤中的^{226}Ra能够被植物根部吸收而进入植物体内，其被吸收的程度略低于锶和钙。一般情况下，大多数植物中镭的浓度要比其相应的土壤中的镭的浓度低1～2个数量级。

人体主要通过饮水和饮食两条途径摄入^{226}Ra。^{226}Ra被摄入人体后，比较快地被消化道吸收，并且随着血液流至全身进入代谢过程。

（3）痕量金属元素。土壤中的放射性痕量金属元素包括铬、铁、锰、钴、锌、锆、锝、钌、铅和钋等。这些痕量金属元素有的是天然存在的，有些是核爆炸和核反应堆的人工产物。对目前认为有环境意义的痕量金属元素的同位素讨论如下。

① ^{51}Cr和^{54}Mn。^{51}Cr主要来源于核设施排放的放射性废物，其是稳定^{50}Cr的中子活化产物，它的半衰期只有28天。

^{51}Cr可以$^{51}Cr^{3+}$、$^{51}CrO_4^{2-}$和$^{51}Cr_2O_7^{2-}$形式存在于环境中。^{51}Cr可以被植物吸收，但是陆生植物根部对土壤中的^{51}Cr的吸收能力非常有限。^{51}Cr也可以被动物摄取，但动物对它的吸收率也较低，可能不到0.5%。由于^{51}Cr是一种短寿命放射性核素，在生物链中流动性不大，而且发射的大部分是低能辐射，所以^{51}Cr尚未被认为是一个具有重大生物危害性的放射性核素。

锰的最重要放射性同位素是^{54}Mn，其半衰期为300天，它也是一种人工放射性核素，是核武器和核反应堆中通过核反应获得的。

自然界的锰存在于各类岩石中，丰度为数十到6700μg/g之间。锰的化学性质比较复杂，但是，在环境中大多数锰被氧化生成难溶性的MnO_2。在还原性介质和酸性介质中，二氧化锰可以被转化成Mn^{2+}，Mn^{2+}很容易在土壤颗粒表面尤其是黏土矿物表面与土壤中的其他阳离子发生交换反应，继而被生物根部吸收进入植物体内。^{54}Mn进入生物体的量取决于稳定锰的有效作用、化学形式和共存物质的数量。^{54}Mn在进入哺乳类动物体内后，吸收率大约为10%，主要集中在肝脏内（肝可聚集整个蓄积量的80%）。

② ^{55}Fe、^{59}Fe和^{60}Co。稳定铁被中子辐照后，可以活化成两种放射性同位素：^{55}Fe和^{59}Fe。在核爆炸的尘埃和核反应堆排放物中都有大量的这两种核素。在核爆炸中，每兆吨TNT当量的核爆炸大约产生6.3×10^{17}Bq的^{55}Fe和8.14×10^{16}Bq的^{59}Fe。^{55}Fe和^{59}Fe被人体摄取后，可在红血细胞内富集，脾是富集放射性铁的主要器官。^{55}Fe和^{59}Fe的物理半衰期分别为2.7年、44.6天。它们在人体全身中的生物半衰期为800天，在脾中的生物半衰期为600天。因此，它们一旦被人体摄入，排泄也是很慢的。

钴的几种放射性同位素也是人工活化产物，其中最常见的是半衰期为271天的^{57}Co、71.3天的^{58}Co和5.27年的^{60}Co。由于^{60}Co的半衰期长，γ射线能量高，所以它在医学、工业和科学研究中得到广泛应用，同时也是环境放射性污染物中最受关注的核素之一。在自然界中，钴是一种丰度很小的微量元素，也是生物体必需的微量元素。在哺乳动物体内，肝和肾是富集^{60}Co的主要器官。

③ ^{210}Pb和^{210}Po。铅大约有13种放射性同位素，其中^{210}Pb、^{211}Pb、^{212}Pb和^{214}Pb四个核素均为氡的衰变产物，是天然存在的β辐射体。因为^{210}Pb的半衰期长达22.3年，又广泛分布于整个自然环境中，所以尤为重要。

放射性^{210}Pb是由大气和岩石圈中存在的^{222}Rn衰变而来的，气溶胶沉降可能是^{210}Pb最重要的环境来源之一，其沉降速率约为10^{11}个原子/(m^2·a)。因此，可以从陆地上的植物中检测到它的存在。当动物体通过摄食吞食了含^{210}Pb的植物后，由于铅的中等溶解性，^{210}Pb可以在组织或气管中富集，而且排泄非常缓慢。^{210}Pb的生物半衰期为10～12年。人体也可以通过呼吸道吸入含有^{210}Pb的尘埃，吸烟也是获取^{210}Pb的一条人为途径，因为烟草叶中含有^{210}Pb。

放射性^{210}Po是铀系衰变中氡的子代产物，它的半衰期为138.38天，在自然界中的丰度较大，具有特殊的生理行为以及高能α辐射，普遍认为^{210}Po是一个“潜在危险性”较大的放射性核素。^{210}Po从大气中沉降于土壤表面、植物叶面，从而被植物吸收，经过食物链传递进入动物体内。^{210}Po主要蓄积在动物和人的肾、脾和肝一类软组织中。鉴于^{210}Po会在植物叶子上显著地沉积，烟叶中的^{210}Po含量较高是可以意想到的。有资料表明，吸烟者肺组织中^{210}Po的沉积量比非吸烟者高3倍以上，这一点已经引起人们的关注。

（4）惰性气体元素　惰性气体元素（He、Ne、Ar、Kr、Xe、Rn）中，在环境放射性污染方面最有意义的是^{222}Rn和^{220}Rn两个放射性核素。

^{222}Rn和^{220}Rn是天然放射性气体。^{222}Rn是由^{238}U系的^{226}Ra衰变产生的，其最终的稳定产物是铅同位素^{210}Pb；^{220}Rn则是由^{232}Th系中的^{224}Ra衰变产生的，其最终产物是铅同位素^{208}Pb。由于铀和钍广泛存在于自然环境（岩石、土壤）中，所以建筑材料、空气、水、生物体以及人体中都含有^{222}Rn和^{220}Rn。就全球氡的总储量而言，氡主要来自于土壤中镭的衰变。

正是由于^{222}Rn和^{220}Rn的化学惰性，氡一般不能被植物体吸收，通常也不会在生物组织内发生富集现象。不过，如果^{222}Rn是由生物体内富集的^{226}Ra衰变来的，则它能残留在脂肪组织内。另外，大气中的^{222}Rn与动物表皮接触后，有可能通过渗透作用进入脂肪组织，但程度十分有限。

^{222}Rn和^{220}Rn主要通过呼吸道进入人体。进入人体的^{222}Rn一少部分被溶解吸收，大部分从呼气中排出。值得注意的是，^{222}Rn会产生一系列非气态的放射性子代核素，它们倾向于吸着在尘埃颗粒上，继而沉降或黏附于生物体表面。当氡气体被吸入体内后，这些子体微粒就会在呼吸道内沉积，从而引起局部的内照射。尤其是支气管和肺组织承受的内照射剂量最大。一些长期在铀矿井中工作的铀矿工人，在井内通风状况不佳的条件下，其肺部组织可能会受到^{222}Rn及其子体的辐射损伤，有的甚至诱发肺癌。环境中氡对人体的潜在危害性是不可低估的。

总的来说，土壤中的放射性核素会对植物、动物以及人类造成各种直接的和间接的、高剂量的和低剂量的辐射影响。其作用机理同样可以追溯到电离辐射对组织细胞的DNA影响层次，即发生的DNA单链断裂、碱基丢失、双链断裂、DNA的链内交联或链间交联以及DNA和蛋白质的交联等，导致组织细胞核改变、染色体畸变、细胞膜改变、细胞分裂和生长脱节等细胞损伤，进而产生躯体效应与遗传效应。

辐射引起植物的遗传效应主要有基因突变、染色体突变、染色体数目的变化、细胞质突变等。不过，这种效应在一定情况下也有积极的意义，例如利用辐射可提高植物产量，提高或者延迟植物的成熟，诱发作物产生抗病虫害突变体，诱变植物得到耐低温、耐高温、耐盐渍、抗干旱优良品种等。因为低剂量电离辐射能够对植物产生刺激作用，这种作用能够打破植物的休眠，促进萌发，加速生长和发育，提早或者延长开花，诱导生根，增加产量，提高抗病性。当种子被低剂量辐射照射后，苗期生长的促进作用很显著，但是关于其对作物产量增加的认识目前还不一致。有不少报道称播种前用低剂量电离辐射处理种子能够提高产量，这种作物包括禾谷类、豆科植物、马铃薯和棉花等。我国也曾有过低剂量辐射可以提高番茄产量的报道。有人认为食物被辐射后破坏了植物的生长素，因而加速了植物的生长。

三、某些有毒有机物在土壤中的行为

可能进入土壤中的有机污染物质除前述有机农药外，还有许多种类，其中最主要的为多环芳烃和有机卤代物。此外，油类（主要是石油类的环烷烃、烷烃与少量芳烃）有机物近几十年来在局部地区也形成对土壤的污染。据统计，1990 年美国《化学文摘》登记的化学物质已近几千万种，并且还以每周 6000 种的速度增加，其中 90%以上是有机化合物。目前，世界年产各类有机物质量已近 5×10^8 t。如此大量的有机化学品最终都将以各种形式进入环境，其中的相当部分要进入土壤环境，直接或间接地危害人体健康。这些物质以其在环境中难于降解和对人体具有致癌、致畸、致突变作用的环境行为越来越受到关注。

1. 多环芳烃（PAHs）

（1）多环芳烃的来源与性质。多环芳烃（polynuclear aromatic hydrocarbons，PAHs）是指两个以上苯环连在一起的化合物。两个以上的苯环连在一起可以有两种方式：一种是非稠环型，即苯环与苯环之间各由一个碳原子相连，如联苯、联三苯等；另一种是稠环型，即两个碳原子为两个苯环所共有，如萘、蒽等。

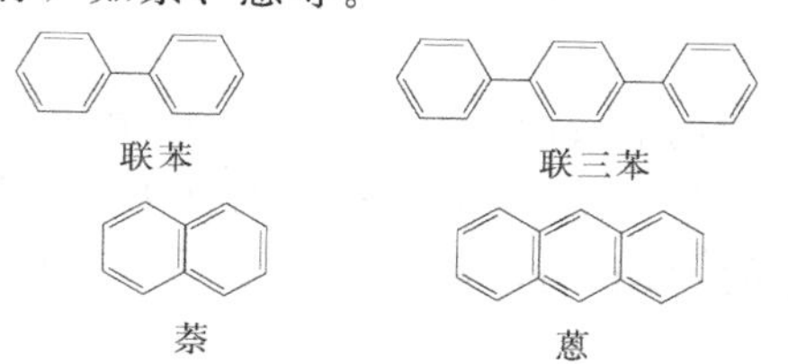

PAHs 由两个以上的苯环以线性排列、弯接或簇聚的方式构成。大多数 PAHs 不溶于水，沸点高达 150～525℃。PAHs 的熔点也高，为 101～438℃，其分子量在 178～300 之间。多环芳烃类化合物具有大的分子量和低的极性，所以大多是水溶性很小的物质，但若水中存在有阴离子型洗涤剂时，其溶解度可提高 10^4 倍。

存在于环境中的多环芳烃有天然和人为的两种来源。前者包括：①某些细菌、藻类和植物的生物合成产物；②森林、草原燃烧生成物及火山喷发物；③从化石燃料、木质素等散发出的多环芳烃，是地史时期由生物降解物再合成的产物。

人为源主要是各种矿石燃料（如煤、石油、天然气等）、木材、纸以及其他含烃类化合物的物质的不完全燃烧和在还原条件下热解而形成的产物。

值得提及的是从吸烟者喷出的烟气中，迄今已检测到 150 种以上的多环芳烃，且其含量比饮水中含量高得多，其中致癌性的多环芳烃有 10 种，如苯并［*a*］芘、二苯并［*a*，*j*］

蒽、苯并［*b*］荧蒽、二苯并［*a*，*h*］蒽、苯并［*j*］荧蒽、苯并［*a*］蒽等。

此外，据研究，食品经过炸、炒、烘烤、熏等加工后会生成多环芳烃。如北欧冰岛人胃癌发病率较高，这与当地烟熏食品中的苯并［*a*］芘的含量高有一定的关系。据调查，香肠、腊肠中苯并［*a*］芘含量为1.0～10.5μg/kg，熏鱼中的含量为1.7～7.5μg/kg，油煎肉饼中的含量为7.9μg/kg。

在柴油机和汽油机的排气中，煤油厂、煤气厂、煤焦油加工厂等排放的废气中以及汽车、飞机等交通运输工具排放的废气中都存在多环芳烃。目前，在大气颗粒物中已检出的PAHs有100多种，含氮的PAHs 26种，含硫的PAHs报道很少。大气污染严重的地区，经沉降作用使土壤中的PAHs含量增高。如日本曾测得，人烟稀少地区的土壤中含苯并［*a*］芘0.07～1.1μg/kg，而大阪市区土壤中含苯并［*a*］芘达1.19～4.93μg/kg，后者显著高于前者。

（2）多环芳烃在土壤环境中的迁移与转化　多环芳烃大多吸附在大气和水中的微小颗粒物上。大气中的多环芳烃又可通过沉降和降水冲洗作用污染地面水和土壤。低分子量的PAHs化合物通过沉积、挥发、微生物降解等过程从水相中迁走；高分子量的PAHs化合物主要通过沉积和光化学氧化过程发生迁移和转化。

PAHs进入土壤，根据土壤的水文特征，表面土壤污染可由液态经迁移引发下层土壤污染及地下水污染。由于土壤是矿物质和有机物复合体的团粒结构混合物，它可有效地吸附PAHs。除吸附作用外，PAHs还会在土壤中发生化学反应和在无机物质的引发下发生转化。

多环芳烃在土壤和沉积物中的消除途径主要靠微生物降解，降解反应按一般芳香族化合物的降解机理进行，即先引入两个羟基，使PAHs化合物转化为二酚类化合物后再开环。此后，对低分子量的PAHs化合物可彻底降解转化为CO_2和H_2O；对高分子量的PAHs化合物则产生各种代谢酚和酸。

（3）多环芳烃的毒性　含2～3个环且分子量较低的PAHs有较大挥发性，以及对生物有较大的毒性；含4～7个环的高分子量的PAHs虽然不具有急性毒性，但大多具有致癌性。PAHs还能与大气中的NO_2反应生成含氮多环芳烃（N-PAHs）。N-PAHs的致癌性、致突变性比PAHs的要大。

PAHs对植物的毒性有很大差异，这主要取决于植物种类、化合物和环境条件。对一些藻类、无脊椎动物和鱼类的毒性实验表明，八氯萘和荧蒽的毒性较低，一氯萘毒性较大。把藻类暴露于PAHs中，会导致叶绿素的迅速降低和细胞无机组成的变化，如Mn和K的减少等。其结果往往造成蛋白质水平下降，糖类和类脂物增高，这些变化常常导致生物死亡率增加。在未被污染的水体中，许多PAHs具有较强挥发性，可使其无论在培养溶液中还是在天然溶液中的浓度都迅速降低。此外，在水中PAHs也可被转化成水溶性衍生物，随水流动迁移。

PAHs及其取代衍生物非常易溶于类酯物中，因此，普遍存在于人体脂肪组织（如乳汁和肝脏）中。肝功能系统和胃肠道是排泄PAHs及其衍生物的主要途径，非致癌的PAHs（如蒽、萘和菲）往往随尿液排泄。

许多PAHs是已知或被怀疑的致癌物。为此，已经制定了许多PAHs的接触指标或剂量标准，包括出现在食品中、饮用水中和工作场所的PAHs。PAHs除具有致癌性外，还具有破坏造血和淋巴系统的作用，并能使脾、胸腺和隔膜淋巴节退化，抑制骨骼形成。

2. 有机卤代物

土壤中的有机氯代物主要包括多氯联苯、多氯代二噁英等。

(1) 多氯联苯 (PCBs)

① 多氯联苯的来源与性质。多氯联苯 (polychlorinated biphenyls, PCBs) 是联苯上的氢被氯取代后形成的氯代芳烃类化合物的总称，根据氯原子取代数和取代位置的不同，共有209个异构体。一般市场上的销售品是各个取代产物的混合物，多为3～6个氯原子取代氢原子形成的化合物，氯含量多为42%～54%。多氯联苯的纯化合物为晶体，混合物则为油状液体。

联苯

多氯联苯($1 \leqslant m+n \leqslant 10$)

多氯联苯的低氯代物呈液态，流动性好，随氯含量的增加，黏稠度也相应增大，氯含量为43%时为清油状，到52%时即为黏性油状，到57%时为沥青状，到60%时呈软化点为49.5℃的半固体，到65%时为非结晶性固体，到66%时为结晶性固体，外观也从无色液体到白色结晶。

PCB的一般性质如下。

a. 物理、化学性质高度稳定，耐热、耐酸、耐碱、耐腐蚀和抗氧化，对金属无腐蚀性。

b. 难溶或不溶于水，但溶于油和有机溶剂（特别是高氯代物），与塑料的相溶性也很好。

c. 具有不可燃性。除一氯、二氯代物外，均为不可燃物质。

d. 具有较好的粘接性、伸展性。

e. 低蒸气压、低挥发性（特别是高氯代物）。

f. 高介电常数，绝缘性好，具有良好的电化学特性。

由于PCBs具有以上特性，因此可作为变压器和电容器内的绝缘流体；在热传导系统和水力系统中用作介质；在配制润滑油、切削油、农药、油漆、复写纸、胶黏剂、封闭剂等产品中用作添加剂；在塑料中用作增塑剂。

PCBs的商业性生产始于1930年，至1980年世界各国生产的PCBs总计近100万吨，虽然1977年后各国都陆续停产，但由于PCBs的高残留性、高富集性，在环境中污染的范围仍很广，从大气到土壤、从雨水到海洋生物、从农作物到食品都曾检出有PCBs的存在，而且查明在鲸和海豚等海洋性哺乳动物体中也有残留。因此，许多国家已把PCBs列入优先控制的有机污染物的名单。

② 多氨联苯在环境中的迁移转化。自生产PCBs以来，估计有一半以上的相应产品已进入垃圾堆放场或被填埋，它们相当稳定，而且释放很慢。其余的大部分则通过各种途径进入环境，如随工业废水进入河流和沿岸水体、从密封系统渗漏或在垃圾场堆放、由于焚化含PCBs的物质而使PCBs向大气释放等。进入环境中的PCBs由于受气候、生物、水文地质等因素的影响，在不同的环境介质间发生一系列迁移转化，最终的储存场所主要是土壤、河流和沿岸水体的底泥。多氯联苯具有较低的水溶解性和较高的辛醇-水分配系数，因此，比较容易分配到沉积型有机物和溶解性有机物中去。

a. PCBs在大气中的转移与土壤环境的关联。PCBs在使用和处理过程中，通过挥发进入大气。在大气中，PCBs的损失途径主要有两种。一种是直接光解和与—OH、—NO_3等自由基以及O_3作用。其中，尤以与—OH的作用最为显著。有人通过计算发现，PCBs由—OH引发的反应在大气中的半衰期为2～34天，而且，一般结构中每增加一个氯原子，其反应活性就会降低一半。由此可见，PCBs各同系物的耗损要受到环境因素和其理化性质的影响。大气净化PCBs的另一条重要途径是雨水冲洗和干、湿沉降作用。通过这一过程可实现污染物从大气向地面（水体、土壤等）的转移。疏水性有机物在大气中主要以气态和颗粒物吸附态两种形式存在。气态和被颗粒束缚的PCBs都可以通过干、湿沉降过程（如气相吸附、重力沉降、降水淋洗或涡流扩散等）到达地球表面，进而进入土壤。

b. PCBs在水中的迁移性与土壤环境的关联。PCBs主要通过大气沉降和随工业、城市废水向河、湖、海洋等水体排放方式进入水体。由于PCBs的挥发性和在水中的溶解性较小，其在水中的含量一般较低。又因它易被颗粒物所吸附，故水中绝大部分的PCBs都是附着在悬浮颗粒物上的，并且最终将按照颗粒大小以一定的速率沉降和积累到底泥中。因此，底泥中的PCBs含量一般要比其上面水体高1～2个数量级。底泥中的物质因相对于其上覆水体中迁移扩散性较差，一旦有PCBs等生物化学性质稳定的物质进入，将会长期蓄积残留。又由于PCBs的高脂溶性，使之易浓缩在生物体内。

水生系统（包括底泥和土壤等）是PCBs等一类疏水性有机化合物参与地球化学循环过程中的重要物质储存库。随着第一污染源的消失，它们有可能作为第二污染源将储存的PCBs再次释放到环境中。如将底泥加入土壤作为添加剂或作为底泥处理方式将底泥掺入土壤，都可使在水中高度浓集的PCBs进入土壤。更为严重的是，环境中沉积的PCBs会不断地扩散到海洋中，从而导致海洋生物受害和海洋生态环境恶化。

c. PCBs在土壤中的迁移。土壤像一个大的仓库，不断地接纳由各种途径输入的PCBs。土壤中的PCBs主要来源于颗粒沉降，有少量来源于作为肥料的污泥、填埋场的渗漏物以及在农药配方中使用的PCBs等。据报道，土壤中的PCBs含量一般比它上面的空气中含量高出10倍以上。土壤中PCBs的挥发除与温度有关外，其他环境因素对它也有一定影响。有实验结果表明，PCBs的挥发速率随着温度的升高而增大，但随着土壤中黏土含量和联苯氯化程度的增加而减小。通过对经污泥改良后的实验田中PCBs的持久性和最终归趋进行的研究表明，生物降解和可逆吸附都不能造成PCBs的明显减少，只有挥发过程是最有可能引起PCBs损失的途径，尤其对高氯取代的联苯更是如此。

多氯联苯由于化学惰性而成为环境中的持久性污染物。它在环境中的主要转化途径是光化学分解和生物转化，紫外光的激发可使碳氯键断裂，从而产生芳基自由基和氯自由基；PCBs可被假单胞菌等微生物降解，含氯原子数量越少，越容易被微生物降解。PCBs在动物体内除积累外，还可通过代谢作用发生转化，其转化速率也随分子中氯原子的增多而减小。

③ 多氯联苯的危害。多氯联苯已经对整个环境以及人类的生存和发展造成了巨大威胁。1968年在日本鹿儿岛曾发生几十万只小型肉用鸡大量死亡事件，同年日本又发生“米糠油中毒事件”，至1998年，查明多氯联苯受害者达1867人，死亡22人，甚至出现有的母亲因受PCBs污染影响而生出了黑孩子等的严重后果，其原因都与米糠油中含有多氯联苯有关，是其中的多氯联苯致使人畜严重中毒。

PCBs污染对水生生物危害极大，如水中PCBs浓度为10～100μg/L时，便会抑制水生植物的生长；浓度为0.1～1.0μg/L时，会引起光合作用减少。黑头鲸鱼与PCBs1260接触

30天，其半数致死量为3.3μg/L；而与PCBs1248接触30天，其半数致死量为4.7μg/L。尽管在PCBs浓度为3μg/L时，鱼类仍可繁殖，但其第二代鱼只要接触低含量PCBs（0.4μg/L），便会死亡。PCBs还可使水中家禽的蛋壳厚度变薄。PCBs对以高脂肪为食的动物（如海生兽类、北极熊）和人类的危害特别显著。北极熊以海豹的脂肪为主要食物，而这些脂肪可含有极高的PCBs和其他有机毒物。有报道称，北极熊脂肪中的PCBs含量在1969～1984年的15年间增加了4倍。

许多研究表明，PCBs是经母体传给幼体的，即通过胎盘传给胎儿或经乳汁传给受乳幼体。PCBs分子上氯的位置也是致癌性的关键因素。氯化程度高（大于50%）的混合物则是啮齿动物肝癌的致癌物。邻位上氯原子数为0的同分异构体理论上有20种，其中有3,3′,4,4′-四氯联苯、3,3′,4,4′,5-五氯联苯、3,3′,4,4′,5,5′-六氯联苯，因它们的分子构型与二噁英很相似，被称为类二噁英多氯联苯，在环境中具有极强的毒性。

④ 多氯联苯的降解作用。有证据表明，PCBs的降解作用是在沉积物中进行的，低氯代PCBs的含量在沉积物的底层相对要高，而高氯代PCBs的含量则在沉积物上层要高。这是因为在上层活性软泥中，低氯代PCBs会优先被生物降解，许多学者也相继发现了这一现象，即低于五氯取代的PCBs可以被广泛降解，而许多高氯取代物则相对稳定。实验室研究还证明，水溶性的变化也影响着生物降解，比如在联苯富集的地方，PCBs也富集，而在水溶解性较大的环境，则有利于PCBs被降解。另外，PCBs的生物降解有一个标志浓度，低于这一浓度，则生物降解就不会发生。

目前，主要用封存、高温处理、化学处理及生物降解等方法对PCBs进行处理。其中，高温处理中的焚烧法比较成熟，PCBs在1200℃的燃烧温度下滞留2s以上，就会被完全分解，但需防止焚烧过程中产生强致癌物——二噁英。封存法是一种临时性措施，不能解决PCBs污染的根本问题，而其他方法都还在研究探索之中。

（2）二噁英（PCDDs）

① 二噁英的来源与性质。随着农药和有关工业品的生产过程或产品进入环境，如杀虫剂、除草剂、防腐剂等的生产、金属冶炼以及农药等产品的使用等，都会使一类名为二噁英（polychlorinateddibenzo-p-dioxins，PCDDs）的污染物进入环境。城市垃圾的焚烧、汽车尾气的排放和纸浆的氯漂白也是环境中二噁英的主要来源过程。这类化合物的母核为二苯并-对二噁英，具有经两个氧原子连接的二苯环结构。在两个苯环上的1、2、3、4、6、7、8、9位置上可有1～8个取代氯原子，由于氯原子数和所在位置的不同，可能组合成75种异构体（或称同族体），总称多氯二苯并-对二噁英（PCDDs）。经常与之伴生且与二噁英具有十分相似的物理和化学性质及生物毒性的另一类污染物是二苯并呋喃（polychlorinateddibenzofurans，PCDFs），或全称为多氯二苯并呋喃（PCDFs），它的氯代衍生物可能有135种。这两类化合物可简写为PCDD/Fs，其共同点是都含2个氯代芳环和1个氧杂环，其化学结构为：

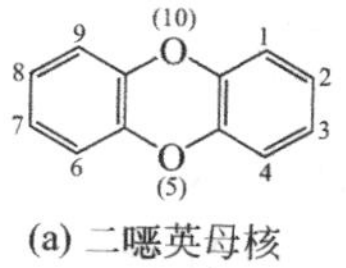

(a) 二噁英母核 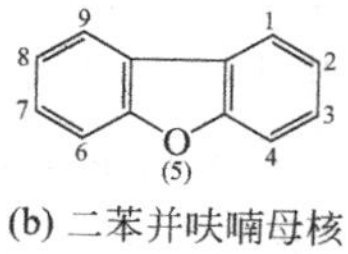　　(b) 二苯并呋喃母核

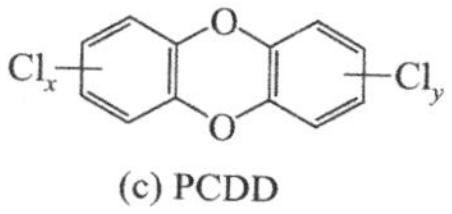

(c) PCDD 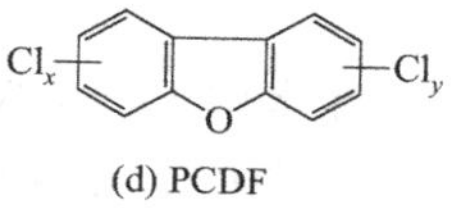　　(d) PCDF 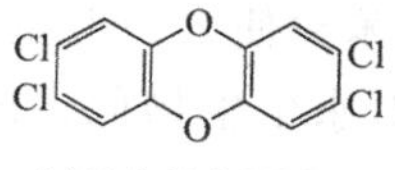　　(e) 2, 3, 7, 8-TCDD

同族体中不同取代位的二噁英，其相对丰度和毒性大小差异很大，研究证实，凡2、3、7、8位全部被取代的共平面二噁英是有毒的，其中，2,3,7,8-四氯代二苯并-对二噁英（2,3,7,8-TCDD）是目前已知的有机物中毒性最强的化合物。其他具有高生物活性和强烈毒性的异构体是2、3、7、8位置被取代的含4～7个氯原子的化合物，如1,2,3,4,7,8-P_6CDD、1,2,3,4,6,7,8-P_7CDD、1,2,3,4,7,8-P_6CDF、1,2,3,4,6,7,8-P_7CDF。

目前，国际通用的评估二噁英及其化学相关化合物毒性大小时使用毒性当量因子。它是以毒性最大的2,3,7,8-TCDD作毒性标准参考物，设定其毒性当量因子为1，其他化合物都是通过与等量的2,3,7,8-TCDD用同样的方法［例如，测定对细胞色素P-450依赖的芳香烃羟化酶（AHH）的诱导活性］比较其毒性大小而得出的。利用这种因子，人们可以进一步方便地得出含二噁英类毒物的各种产品或环境样品的总国际毒性当量（I-TEQ），以进行比较和评价。

类二噁英多氯联苯是最重要的有毒二噁英“化学相关化合物”，简称类二噁英（dioxin-like PCBs），是多氯联苯同族体中有着与有毒二噁英相似氯取代结构的共平面多氯联苯（Co-PCBs）。其基本特征是没有或只有1个邻位氯原子取代，且有双对位和至少2个间位氯取代，2个苯环同样是处于共平面状态。其毒性大小也是通过与2,3,7,8-TCDD的比较来确定。类二噁英多氯联苯的化学结构为：

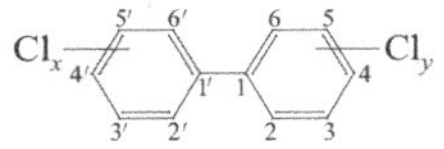

Cl_x 5′ 6′ 4′ 1′ 3′ 2′ — 1 6 5 4 2 3 Cl_y

芳环处于共平面结构的3,3,4,4-四氯联苯、3,3,4,4,5-五氯联苯、3,3,4,4,5,5-六氰联苯是典型的类二噁英。鉴于二噁英和多氯联苯有着极其相似的环境化学行为，人们将它们统称为二噁英类物质，并常常一起进行研究。美国环保署确认的二噁英类物质有30种，即7种PCDD、10种PCDF和13种Co-PCBs。

从二噁英的结构上看，苯分子是由6个sp^2杂化轨道C原子通过σ键组合成的六元环，所有的电子充满了能量低的成键轨道，使苯分子的结构对称且稳定，Cl原子与苯分子的C原子相连形成氯苯后，由于Cl原子的电负性较大，使苯环的π电子云倾向于C，也形成sp^2杂化轨道，使Cl原子受苯环π电子云的影响而变得不活泼。实际上这种结构的稳定性要比苯环结构差，但氯苯连成氯联苯后其结构又具对称性而变得稳定。因此，从结构理论上讲，要破坏降解二噁英，首先得破坏联苯之间的连接键。问题是大多数二噁英的联苯之间的连接键不是单一的C—C键，而连接的是呋喃环或吡喃环，导致氯联苯的结构更加稳定。从多氯联苯芳香族化合物的分子结构上看，在sp^2杂化轨道上分布均匀且对称的π电子云形成的共轭体系，也使其分子结构具有均衡的对称性和极强的稳定性。

② 二噁英在土壤环境中的迁移转化。地表径流携带及生物体富集是水体中PCDDs和PCDFs的重要迁移方式。鱼体对TCDD的生物浓缩系数为5400～33500。工业生产的二噁英能强烈地吸附在颗粒上，通过空气、水源等环节进入土壤，进而进入植物和食物链。除了人食用被二噁英污染的粮食、油料、果蔬外，禽畜食用或饮用被二噁英污染的饲料和水后，二噁英即进入禽畜体内的脂肪中，如牛奶、蛋黄等。当人们食用被污染的禽、畜、肉、蛋、奶品时，二噁英便会转移到人体内从而产生危害。

光化学分解是PCDDs和PCDFs在土壤环境中转化的主要途径，其产物为氯化程度较低的同系物。TCDD光解除必须有紫外线外，一般还应有质子给予体和光传导层。如在水体悬浮物中或干（湿）泥土中，2,3,7,8-TCDD的光分解由于缺乏质子给予体可以忽略不计。但在乙醇溶液中，无论是以实验光源还是自然光照射，TCDD都可很快分解。

TCDD在动物体内的代谢很慢，其半衰期为13～30天。在动物体内它可能被P1-450（P-488）酶体系分解代谢为TCDD的芳烃氧化物，并很快与蛋白质结合，使其毒性变得更加剧烈。有研究发现，老鼠可以使低于6个氯的PCDF发生代谢转化，主要是发生氧化、脱氯和重排反应。而对六和七氯代PCDF则不发生反应。有毒的2,3,7,8-TCDD在人体内排泄非常慢，摄入体内11年后仍可检测到。PCDD是高度抗微生物降解的物质，仅有5%的微生物菌种能够分解TCDD，其微生物降解半衰期为230～320天。

③ 二噁英的危害。2,3,7,8-TCDD是已知的最毒的几种环境污染物之一，0.1μg/L即可抑制卵生动物蛋的发育。当鳄鱼暴露在含TCDD为2.3mg/kg的饵料中71天后，平均死亡率高达88%。TCDD对哺乳动物也具有毒性，表现出急性、慢性和次慢性效应。在急性发作期间，肝是主要受害器官。

近年来，科学家已对二噁英的致毒机理进行了广泛的研究。结果表明，二噁英可通过多种途径致毒，如肝脏中的二噁英随着胆汁排出到十二指肠后，又被小肠吸收而进入人体，形成肠肝循环，这样二噁英难以排出体外，致使在人体内汇聚从而造成重复危害。由于二噁英具有强脂溶性，当它进入生物体后，首先溶解于脂肪，渗入细胞后附着于芳香烃受体蛋白，这种受体在细胞中起接受二噁英的作用。据分析，二噁英黏附芳香受体后，渗入到细胞核中，与蛋白质结合，改变DNA的正常遗传功能，控制相应的基因活动，从而表现出致癌作用和扰乱内分泌作用。

上述结论是基于小鼠实验得出的，带有这种芳香烃受体的小鼠接触二噁英后全部产生腭裂，绝大多数出现肾脏畸形，而不带该受体的小鼠接触二噁英后均未出现畸形。对TCDD的研究证实，在雄性体内，TCDD抑制磷合成细胞核中的蛋白质，却促进了其在细胞核外的合成，而在雌性体内却产生相反的效果。因此，二噁英的毒性作用机理由于生物性别的不同而存在差异。因而，在雄性体内其生物毒性效应是细胞核外的某种物质引起的，在雌性体内则是由细胞核内的物质所致。

④二噁英的防治。在焚烧炉内或在野外焚烧垃圾等固体废物是产生二噁英的主要来源之一，虽然焚烧物料带入的PCDD/Fs和即便在焚烧炉中暂时生成的PCDD/Fs，在停留时间大于2s及焚烧炉的高温条件下，都会分解而不复存在，但在烟气排出、降温的过程中会重新合成PCDD/Fs，其合成机理大致有以下2种类型。

a. 重新合成机理。焚烧物料中所含金属（Cu、Zn、Na、K等）及其氧化物一般是不可燃烧的，在其中仅起反应催化剂作用。但含氯有机化合物 $C_xH_yCl_z$ 在高温下发生的分解反应可产生HCl，即：

$$aC_xH_yCl_z + bO_2 \longrightarrow mCO_2 + nH_2O + pHCl$$

在有金属（假如离子态为+2价的金属元素）氧化物MO和金属氯化物 MCl_2 存在的条件下，HCl可进一步被催化还原为 Cl_2，即：

$$MCl_2 + 1/2\ O_2 = MO + Cl_2$$

$$MO + 2HCl = MCl_2 + H_2O$$

$$2HCl + 1/2O_2 = H_2O + Cl_2$$

所生成的 Cl_2 即成为下一步重新合成氯代物的氯源。

重新合成所需要的有机物“碎片”来源于较大分子化合物在高温下的热裂解。反应可生成乙烯，即：

$$C_6H_4(COOC_2H_5)_2 \longrightarrow C_6H_4(COOH)_2 + 2C_2H_4$$

有机碎片加上可作为氯源的 Cl_2（或 Cl 等），在具备不太高的温度和金属催化剂的条件下，可与烟尘粒子表面重新合成各种 PCDD/Fs 异构物。在 200～400℃时，PCDD/Fs 的生成反应速率大于已生成物的脱氯分解反应；在 300℃时，产物生成速率最大。

b. 前驱物间反应生成机理。焚烧废弃物中原先就存在的或经不完全的均一气相反应后产生的含氯前驱物，如 1,2-二氯苯和邻氯苯酚，被吸附在烟尘颗粒上，在较低温度下可生成 PCDD/Fs，过程中可能有苯氧基和二苯基中间体生成。

根据以上 PCDD/Fs 的生成机理，可提出如下几项控制其多量排放的措施：在焚烧处理时要分选出焚烧物料中所含的氯制品；强化焚烧条件，使过程在温度大于 1000℃、停留时间大于 2s 及强紊流状态下进行，由此提高燃烧效率，以减少不完全燃烧产物及烟尘的生成量；控制除尘设备进气温度（低于 200℃），以阻止重新合成反应的持续进行；燃后处理包括强化除尘、用活性炭吸附法或石灰浆吸收法处理废气等。

美国国家环保署（EPA）的中试反应器焚化实验表明，焚化过程中加入硫，可大大降低二噁英类化合物的形成。用天然气焚烧时以 SO_2 的方式加入硫，可以减少二噁英的排放。用含硫煤焚烧城市废物，不仅有助于减少二噁英类化合物的生成，而且也可降低 SO_2 的排放。有人提出了以下 3 种可能的机理。

（a）通过气相反应除去 Cl_2，即 $Cl_2 + SO_2 + H_2O = 2HCl + SO_3$

（b）硫的存在降低了燃烧反应中的铜的催化活性，它与 CuO 反应生成 $CuSO_4$，而 $CuSO_4$ 不利于二噁英类化合物的生成。

（c）S 生成 SO_2 与二噁英类化合物的前身苯酚类化合物发生磺化反应，阻碍了生成二苯并二噁英及二苯并呋喃，防止进一步氯化作用的发生。

二噁英在水中的溶解度极低，具有很强的脂溶性，所以容易积存在人体内脂肪多的部位。日本专家研究认为，富含纤维素和叶绿素的食物如菠菜、萝卜叶等有助于消除体内蓄积的二噁英。其原理是利用肠肝循环，在二噁英被小肠吸收前，使其附着在食物纤维上，然后排出体外。

当自来水用 Cl_2 消毒时，在紫外线催化下，易使水中微量的苯酚发生氯代和脱氢反应，生成剧毒致癌物质如四氯代二噁英（TCDD）和多氯代二噁英（PCDD）。因此，有些发达国家以 O_3 代替 Cl_2 对自来水杀菌消毒，避免了自来水中产生二噁英类化合物的可能性。

3. 油类污染物

土壤中的油类污染物主要有矿物油、动物油、植物油等。矿物油是各种烷烃、芳香烃的混合物。动物、植物油类常常伴随城乡生活污水排出，家畜屠宰厂、食品加工厂以及油脂工业废水也富含动植物油类，主要成分是甘油酯和脂肪酸。土壤中矿物油污染物还来自于石油工业、溢油事故、油页岩矿渣、油类药剂、车辆污染以及土壤中生物合成。油类污染物在土壤中与土粒粘连，影响土壤的通透性，从而影响到农作物的生长。这是因为油类黏着在植物的根表面，形成黏膜，阻碍了根系的呼吸与吸收，引起根系腐烂，造成植物死亡。油类中的某些成分在植物中形成积累，影响粮食质量，并通过食物链危害人类健康。大量的油类进入土壤，对土壤微生物有抑制作用，对土壤酶活性也有抑制作用。有资料表明，在草甸棕色土壤中，矿物油对细菌的抑制作用比较明显，低浓度矿物油对固氮细菌有刺激作用，高浓度矿物油对固氮细菌有抑制作用；矿物油对硝化细菌的代谢作用有明显的抑制效应。此外，矿物油进入土壤，改变了土壤有机质的组成和结构，引起土壤的 C/N 和 N/P 比例失调，常导致土壤微生物区系的变化。矿物油对土壤酶活性的影响随着矿物油成分和土壤类型的不同而不同。比如，草甸褐土中加入矿物油后，对脲酶、蛋白酶、碱性磷酸酶的活性均有明显抑制作用。

目前，在有些地区，如油田、炼油厂周边的土壤已形成较大面积的土壤石油污染，导致当地土壤生产量减退和农作物产品质量降低，或者使土壤丧失生产能力与自然功能。微生物对土壤中的油类有独到的分解转化作用，是土壤中油类降解、转化的重要途径。近年来发展起来的微生物治理石油土壤污染，在许多油田土壤污染修复治理中得到了较多的应用，是一个非常有前景的油类污染和油类在土壤中转化机制研究的发展方向。

第六节　区域性土壤退化问题

土壤退化是一个宏观意义上的土壤环境问题。当今，由于人类过度地利用自然资源和干扰自然生态系统，导致的全球气候不正常变化和土壤系统的质量和状态的改变已成为人类面临的地球上诸多严重环境问题之一。在这些土壤环境质量下降的问题中，除了包括由前述人类活动引起的污染因素外，尚有其他诸如生产方式、土地利用政策、对自然资源的利用的不适当程度等因素，以及由这些因素引起或导致的宏观尺度上的对土壤环境的质量影响，如水土流失、沙漠化等。这里对这些因素及影响情况给予简单叙述，实际上因污染引起的宏观土壤退化问题以酸化等化学退化为主。

一般认为，在人类经济活动和各种自然因素的长期作用与影响下，土壤（或土地）生态平衡遭到破坏，从而导致土壤或土地质量变差、土地生产力降低、土地承载力变弱的过程为土壤退化。土壤退化是自然因素和人为因素综合影响的结果。自然因素是土壤退化的基础和潜在因素，而人类活动是土壤退化的诱发因素。

土壤退化是在各种自然因素以及人为因素影响下发生的导致土壤的农业生产能力或土地利用和环境调控潜力、土壤质量及其可持续性的降低（包括暂时的和永久的）甚至完全丧失。土壤物理的、化学的、生物的退化过程是土壤退化的核心环节。依据土壤退化的表现形式可分为显型和隐型退化两大类型。前者是指退化过程（甚至短暂的）可导致明显的退化结果；后者是指退化过程已经开始或已经进行较长时间但尚未导致明显的退化后果的退化。从土壤圈与地球表层系统其他圈层之间的相互作用角度，特别是人类因素诱发的土壤退化的发生机制与演变过程、时空分布规律来研究土壤退化，预测与恢复土壤质量是人类面临的一项具挑战性的紧迫任务。

一、土壤退化现状

据统计，全球土壤退化面积达 $19.6\times10^6km^2$。其中，地处热带、亚热带的亚洲、非洲地区土壤退化最为突出，约为 $3.0\times10^6km^2$，在严重退化土壤中，有 $1.2\times10^6km^2$ 在非洲，$1.1\times10^6km^2$ 在亚洲。

1. 土壤侵蚀

有估算表明，世界土壤侵蚀面积已达陆地总面积的 16.8%，占总耕地面积的 2.7%。从土壤退化类型来看，土壤侵蚀退化面积占总退化土壤面积的 84%，而且以中度、严重和极严重退化为主，可见土壤侵蚀是最重要的土壤退化形式。其中水蚀占 56%，风蚀占 28%。

在水蚀的成因中，有43%是由森林破坏引起的，29%是由过度放牧引起的，24%是由不合理的农业管理引起的；在风蚀的成因中，60%是由过度放牧引起的，16%是由自然植被的过度开发引起的，8%是由森林破坏引起的。我国水土流失面积已达$3.67\times10^6km^2$，约占国土陆地总面积的38.2%。据估算，世界每年因土壤侵蚀流失的土壤养分几乎等于世界肥料生产量。有人认为，土地生产力的下降，50%是由土壤侵蚀和荒漠化造成的。每年全球土壤流失量为$7.5\times10^{10}t$。我国水蚀面积已达到$1.79\times10^6km^2$，年流失表土约6.0×10^9t，全球土壤侵蚀直接造成的经济损失相当于4000亿美元。而土壤侵蚀对土壤圈以至地球陆地生态环境系统所造成的损失，如流域河湖淤塞、洪涝灾害的发生等则常常是无法估量和弥补的。

2. 土壤化学退化

土壤化学退化包括土壤养分衰减、盐碱化（包括次生盐碱化）、酸化、污染等。全球受影响的土壤面积达$2.4\times10^6km^2$。其中，主要原因是农业的不合理利用（56%）和森林破坏（28%）。

以土壤养分含量及保蓄能力下降为特征的土壤退化形式，面积达$1.35\times10^6km^2$，占化学退化面积的57%，占全球退化土地总面积的7%。其中包含土壤有机质含量的下降和养分失衡问题。缺N、P的耕地占总耕地面积的59.1%，缺K的占22.9%，土壤有机质<6g/kg的耕地约占10.6%，5～20g/kg的耕地约占50%。

土壤盐渍化和次生盐碱化形式的土壤退化主要分布于干旱和半干旱地区，部分发生于半湿润地区和滨海地区。受其影响的面积约分别占土壤退化总面积和化学退化面积的4%和32%。每年约$1.2\times10^4km^2$的土地发生次生盐碱化。

全球受土壤酸化影响的面积约分别占退化总面积和化学退化面积的0.3%和2%。包括西欧、北美洲、南美洲和亚洲等地，在亚洲土壤酸化有扩大之势。我国土壤酸化面积也有日趋扩大之势。

煤和石油等矿物燃料燃烧排放的烟气中含有大量二氧化硫、二氧化碳和氮氧化物，工矿企业、交通运输工具大量消耗燃料，排放烟气。SO_2、NO_x等在大气条件下被氧化并随雨水沉降（酸雨），是大气污染的一个重要侧面。酸雨包括各种酸性降水，如雨、雪、冰雹等。还有携带SO_2、NO_x、HN_4^+的气溶胶等干沉降也会造成土壤环境污染。从广义上说，酸雨包括各种酸性降水和干沉降的SO_2、NO_x等。我国的酸雨在各大城市几乎都有发生，尤以西南地区最为严重。

土壤是酸沉降的最大承受者，大量的酸性物质输入土壤，土壤生态体系不得不接受更多的H^+荷载，不可避免地引起土壤酸化。其次，酸雨含有较多的NO_3^-、SO_4^{2-}等阴离子，加速了Ca^{2+}、Mg^{2+}、K^+、Na^+等阳离子的淋失速率。对庐山土壤的研究监测表明，近35年中土壤损失了20%的交换性盐基离子，这与期间酸雨频繁出现有密切联系。

在土壤酸化过程中，黏土矿物结构中的层间铝、土壤体系中有机螯合态的铝受到活化，在土壤溶液中具有较高的浓度，Al^{3+}浓度与土壤溶液中其他离子的浓度比例失调，可导致作物、树木生长受到阻碍。在酸雨多发地区，森林衰亡的一个重要原因就是土壤中的铝离子毒害作用。

酸雨给土壤输入大量的氮、硫成分，它们被氧化并与土壤有机质作用，产生更多的有机酸，引起次生酸化问题。同时，还导致土壤中C/N、C/S比例减小，土壤透气性能变差，这也是酸雨地区森林衰亡的一个原因。

3. 土壤物理退化

全球土壤物理退化主要集中于温带地区。其中，压实和结壳等土壤结构变差是物理退化的主要形式。有资料表明，因此而导致欧美地区农业减产约25%～50%，西部非洲减产约40%～90%。其他因土壤排水不畅而发生涝害（或沼泽化）的土壤面积、因过度排水而致有机质加速分解和含量下降的土壤面积都数量惊人。

4. 土地荒漠化

1993年和1994年国际防止荒漠化公约政府商谈委员会（INCD）多次讨论，逐步明确了土地荒漠化的概念，即“由于气候变化和人类不合理活动的多种因素作用，干旱、半干旱和具有干旱灾害的亚湿润区的土地退化”。1997年，联合国荒漠化会议又对之进行了修正，土地荒漠化的定义明确为“土地生产潜力下降和破坏，并最终导致类似荒漠化景观条件的出现”。由此可见，土地荒漠化是一个全球性和含义广泛的土壤退化形式。土地荒漠化的驱动因素除气候外，水土流失、土壤盐碱化、沙化均是导致荒漠化的重要因素。

土地荒漠化是土壤退化的重要形式，是当今人类面临的重大资源环境问题之一。全球约有41%的陆地、100多个国家、10亿人口的土地受到土地荒漠化的威胁，每年有$7\times10^4km^2$土地沙漠化。中国是土地荒漠化分布较广泛的国家之一。其中，土地沙化地区，即干旱、半干旱、半湿润多风和疏松沙质地表条件下的生态脆弱区，由于人类不合理的土地利用（或气候旱化），以原有的非沙质荒漠地区出现的风沙活动（包括土地风蚀、地表沙砾化和沙丘形成与移动）为主要标志，形成了类似沙质荒漠景观的土地退化现象。我国已沙漠化的土地面积为$3.71\times10^5km^2$，潜在沙漠化危险和易变沙漠化的土地为$5.35\times10^5km^2$，两者共$9.06\times10^5km^2$，占国土面积的9.4%。

我国土地荒漠化的发展速度是惊人的，20世纪50～70年代每年增加约$1560km^2$，至80年代则每年以$2100km^2$的速度增加。按土地沙化的区域特点差异可分为：干旱荒漠地区的沙化（新疆塔里木盆地、准噶尔盆地，青海的柴达木盆地，甘肃河西走廊和内蒙古阿拉善沙漠地区）；半干旱地区的沙化（如内蒙古的东部和中西部、冀北、陕北、晋北、宁夏东南部）；半湿润地区的沙化（如松嫩平原、华北平原、滨海区）。土地沙化不仅使肥沃耕地的表土丧失、植物种子或根系裸露、沙粒移动堆积从而埋压牧场、居民点和道路，并在空中飞扬形成沙尘暴，影响周边甚至较遥远地区的生态环境，使大气环境质量下降。近年北京地区受来源于西北干旱和半干旱地区的沙尘暴的侵袭，引起政府和公众的关注与重视。

5. 非农业占用土地

随着社会经济的发展和人口增长，特别是城市化、开发区的发展，非农业用地随之大幅度增加。鉴于地球陆地土地面积的有限性，而农业用地和非农业用地二者之间存在着竞争，且随着人们对农业用地和非农业用地的需求不断增长，它们之间的矛盾日趋尖锐激烈。非农业用地扩张侵占的往往主要是耕地，其项目的开发或启动常常是以牺牲农业用地为代价的。因此，为保护宝贵的耕地资源，增加非农业用地要慎之又慎，并争取尽可能保护肥沃表层资源（如国外施工前把表土层土壤移往其他地区）。特别像中国这样的人口大国，人均占有土地只$0.8hm^2$，尚不足世界平均水平（$2.97hm^2$）的1/3。而人均耕地（$0.11hm^2$）仅为世界人均占有量（$0.4hm^2$）的27%。因此，保护耕地和控制非农业用地显得尤为重要。

二、土壤圈未来变化预测

土壤圈是全球环境变化的“记录本”，对现在土壤记忆信息的正确解读是区分过去和现在的土壤变化并预测未来变化的依据。

土壤圈变化具有极广泛的含义，包括土壤各种性状、特性，迁移转化过程，以及土壤类型、利用状况等方面定性、定量的变化。土壤变化的类型也是复杂多样的，既包含有非系统（随机）变化，也有规则的周期性（循环）变化和趋势变化，具有一定的趋向，呈直线或呈“螺旋形”的下降或上升。土壤变化的方向和过程在很大程度上取决于它的可逆性（即土壤恢复原状的可能性和速率）。而土壤变化的可逆性又取决于外界环境条件和土壤本身的微环境特征（土壤的固、液、气相物质组成及其比例和动态，土壤 pH 值、Eh 值等）。我们研究的重点是土壤的环境、动态、土壤形成类型和过程的定性和定量特征。目前，主要是通过土壤发生的现在环境和未来环境变化趋势如全球气候变化、人类活动等大致了解与推断土壤如何、何时和何地对环境作用与响应，从而推测土壤圈的未来变化。主要有如下两个方面。

（1）对全球气候增暖的响应　如果北半球冻原地带温度上升，则大量的冰冻土可能融冻，在此情况下，有机质分解加强，向大气圈释放的 CO_2、CH_4、氮氧化物将增加，地表土壤沼泽化增强；北方泰加林地带因温度上升，其南部界限可能向北收缩，并出现南部植被的入侵，进而影响其土壤形成发育和呈现南方温带森林植被下发育的土壤形态特征；北半球的半湿润半干旱地区可能经受更极端的天气，干旱和更热的夏季使土壤更易于退化。一般认为全球增暖现象不会对目前的热带气候有显著影响，其生态系统下的土壤过程将保持不变。但气候变暖可能导致海平面上升，淹没滨海地区，包括一些重要湿地，这些地区既是碳和其他物质地球化学循环的“汇”，又是许多水生、陆生两栖野生动植物的栖息地，这些地区的原有生态功能将遭到破坏，同时，这一过程会促使滨海地区土壤盐渍化增强。

（2）对人类活动的响应　如果世界人口持续增长而未得到有效的控制，各国政府所制定的发展战略和管理政策不利于可持续发展，都必将给环境和土壤资源带来日益增加的压力，如增强土壤侵蚀、次生盐碱化、酸化、污染、肥力与生产力下降及水分管理问题。人类对土壤变化的负面影响将更为突出。

三、土壤退化研究进展与趋势

自 1971 年联合国粮农组织（Food and Agriculture Organization of the United Nations，FAO）提出土壤退化问题并出版《土壤退化》专著后，联合国环境署（United Nations Environment Programme，UNEP）资助 Oldeman 等（1991，1994）和 Dregne 等（1994）开展全球土壤退化评价研究，并开展编制全球土壤退化图和干旱区土壤退化（即荒漠化）评估项目的工作。此后，陆续对亚太地区湿润地区土地退化评估、热带亚热带的土壤退化问题、土壤退化的概念、退化动态数据库、退化指标及评价模型与地理信息系统、退化的遥感与定位动态监测、模拟建模及预测、退化系统的恢复重建的专家决策系统等开展了研究。其内容如下。

（1）从土壤退化的内在动因和外部影响因素（自然的和社会经济的）的综合角度，研究土壤退化的评价指标、分级标准与评价方法体系。

（2）从土壤物理、化学与生物过程及其相互作用入手，研究土壤退化过程的本质与机理。

（3）从历史过程出发，结合定位动态监测，研究各类土壤退化的演变过程、速率及其发展趋势，并对其进行模拟和预测。

(4) 侧重人类活动（土地利用与土壤经营管理）对土壤退化和对土壤质量影响的研究，并将土壤退化理论的研究与退化土壤的治理和开发利用相结合，进行土壤更新技术和土壤生态功能的恢复与保护研究的示范和推广。

(5) 研究方法注重传统技术（野外调查、田间试验、盆栽实验、定位观测与室内分析等）与新技术（如3S技术）的应用相结合。

我国直接以土壤退化为主题的研究始于近十几年来对热带、亚热带的土壤退化的研究。如南方富铁土壤退化机制及防治措施研究，初步提出了土壤退化的概念、基本过程、土壤肥力的评价指标和分级标准，并通过数学模型和地理信息系统技术，编制了土壤养分贫瘠评价图，尤其是在土壤可蚀性、富铁土壤养分退化过程的评价指标体系、富铁土酸敏感性指标、酸化预测及作物耐铝快速评估等方面取得了较好成果。

由此可见，土壤退化是一个非常综合的概念，具有时间上的动态性和空间上的分异性。因此，土壤退化研究涉及土壤、农学、生态、环境、气候、水文及社会经济学等众多领域。因而，今后的研究方向在以下几个方面会是重点。

(1) 土壤退化评价方法论及评价方法指标体系的定量化、动态化、综合性和实用性，评价建模。

(2) 重点区域和国家的土壤（土地）退化状况评价（包括土壤退化类型、范围，退化程度，分类区划等）以及土壤退化图的编制，为退化土壤的整治提供依据。

(3) 主要土壤（土地）退化形式的退化过程机理及影响因素的研究（如土壤侵蚀、土壤肥力衰减、土壤酸化等）。

(4) 土壤（土地）退化动态监测与动态数据库及其管理信息系统的研究。

(5) 退化土壤生态系统的恢复与重建的研究。

(6) 土壤退化经济评价研究。

思考讨论题

1. 土壤污染源主要有哪些？土壤中最主要的污染物是什么？

2. 影响痕量金属在土壤中化学行为的因素有哪些？土壤中痕量金属的环境意义是什么？

3. 农药在土壤中的迁移方式有哪些？各类农药在土壤中的残留与哪些因素有关？各自的情况怎样？

4. 植物对农药的吸收有哪些特点？受什么因素影响？

5. 土壤化肥污染的环境效应是什么？

6. 土壤固体废物污染的环境效应是什么？

7. 土壤放射性污染的环境效应是什么？

8. 土壤环境中主要的有毒有机污染物有哪些？各自有什么特点？对人体有何毒害效应？

9. 简述土壤污染对人类社会可持续发展的影响及意义。

参考文献

陈静生，1990. 环境地球化学. 北京：海洋科学出版社.

寇长林，等，2005. 三种集约化种植体系氮素平衡及其对地下水硝酸盐含量的影响. 应用生态学报，16（4）：660-667.

冈吉 WD（美），等，1985. 土壤和水中的农药. 夏增禄，等译. 北京：科学出版社.

黄瑞农，1987. 环境土壤学. 北京：高等教育出版社.

李天杰，等，1995. 土壤环境学. 北京：高等教育出版社.

廖自基，1992. 微量元素的环境化学及生物效应. 北京：中国环境科学出版社.

刘英俊，等，1984. 元素地球化学. 北京：科学出版社.

牟树森，青长乐，1993. 环境土壤学. 北京：农业出版社.

南京大学地质学系，1977. 地球化学. 北京：科学出版社.

彭少兵，等，2002. 提高中国稻田氮肥利用率的研究策略. 中国农业科学，35（9）：1095-1103.

王晓蓉，1993. 环境化学. 南京：南京大学出版社.

夏家琪，1996. 土壤环境质量标准详解. 北京：中国环境科学出版社.

杨崇洁，1988. 几种金属元素进入土壤后的迁移转化规律及吸附机理的研究. 环境科学，10（3）：2-8.

张夫道，1985. 化肥污染的趋势与对策. 环境科学，6（6）：54-59.

张辉，2000. 污染生态学. 呼和浩特：内蒙古大学出版社.

赵睿新，2004. 环境污染化学. 北京：化学工业出版社.

中国科学院土壤环境容量协作组，1991. 中国主要类型土壤 Cd、Pb、Cu 和 As 的主要生态学指标和临界含量. 环境科学，12（4）：29-34.

朱兆良，2000. 农田中氮肥的损失与对策. 土壤与环境，9（1）：1-6.

Bohn H L，et al，1958. Soil Chemistry. Second Edition，John Wiley & Sons.

Bowen H J W，1979. Environmental Chemistry of the Elements. Academic Press.

Bumb，B L，Baanante C A，1996. World Trends in Fertilizer Use and Projections to 2020. International Food Policy Research Institute，Washington DC（http：//www. ifpri. org/2020/briefs/number38. htm).

Duce R A，LaRoche J，Altieri K，Arrigo K R，Baker A R，Capone D G，Cornell S，Dentener F，Galloway J，Ganeshram R S，et al，2008. Impacts of atmospheric anthropogenic nitrogen on the open ocean. Science，320：893-897.

Durand P，et al，2011. Nitrogen processes in aquatic ecosystems. In The European Nitrogen Assessment (chapter 7). Edited by Sutton M A，Howard C M，Erisman J W，Billen G，Bleeker A，Grennfelt P，van Grinsven H，Grizzetti B. Cambridge University Press.

FAO，2001. Statistics databases. Food and Agriculture Organization of the United Nations（http：//www. fao. org).

Hodson M E，2004. Heavy metals -geochemical bogey men. Environmental Pollution，129：341-343.

Herzog F，Prasuhn V，Spiess E，Richner W，2008. Environmental cross-compliance mitigates nitrogen and phosphorus pollution from Swiss agriculture. Environmental Science & Policy，11：655-668.

Howarth R W，et al，2005. Nutrient management，responses assessment. Ecosystems and Human Well-being，Policy Responses，the Millennium Ecosystem Assessment Chapter 9，3：295-311.

Howarth R W，2006. Atmospheric deposition and nitrogen pollution in coastal marine ecosystems. In：Visgilio G R，Whitelaw D M（Eds.），Acid in the Environment：Lessons Learned and Future Prospects. Springer NY：97-116.

IUPAC，2002. "Heavy metals" a meaningless term（IUPAC Technical Report). Pure and Applied Chemistry，74：793-807.

Kinniburgh D G & Jackson M L, 1981. Cation adsorption by hydrous metal oxides and clay. In: Anderson M A & Rubin A J eds. Adsorption of inorganic at solid-liquid inter faces. MI: Ann Arbor.

Manahan S E, 1984. Environmental Chemistry. Fourth Edition, Boston: Willard Press.

Pugh C E, Hossner L R, Dixon J B, 1984. Oxidation rate of iron sulfides as affected by surface area, morphology, oxygen concentration and autotrophic bacteria. Soil Science, 137: 309-314.

Rass D J, et al, 1999. Nitrogen management impacts on yield and nitrate leaching in inbred maize systems. J Environ Qual, 28: 1365-1371.

Richter J, Roelcke M, 2000. The N-cycle as determined by intensive agriculture-example from central Europe and China. Nutrient Cycling in Agro-ecosystems, 57: 33-46.

Roy R N, et al, 2006. Plant Nutrition for Food Security. FAO Fertilizer and Plant Nutrition Bulletin 16, Food and Agriculture Organisation, Rome: 348.

Sparks D L, 1989. Kinetics of Soil Chemical Processes. Academic Press.

Stille P, Shields G, 1997. Radiogenic Isotope Geochemistry of Sedimentary and Aquatic Systems. Berlin Heidelberg: Springer-Verlag.

Townsend M A, et al, 1996. Effects of agricultural practices and vadose zone stratigraphy on nitrate concentration in ground water in Kansas, USA. Wat Sci Tech, 33 (4-5): 219-226.

Thorburn P J, et al, 2003. Nitrate in groundwaters of intensive agricultural areas in coastal Northeastern Australia. Agric Ecosyst Environ, 94: 49-58.

Thornton I, 1983. Applied Environmental Geochemistry. London: Academic Press.

US National Research Council, 2000. Clean Coastal Waters: Understanding and educing the effects of nutrient pollution. Washington DC: National Academies Press.

White W M, 1999. Geochemistry, MD: John-Hopkins University Press.

Whornton I, 1983. Applied Environmental Geochemistry. London: Academic Press.

Wim de Vries, et al, 2011. Quantifying impacts of nitrogen use in European agriculture on global warming potential. Current Opinion in Environmental Sustainability, 3: 291-302.

Zhang, et al, 2009. The Chemical Fertilizer Industry in China: A Review and its Outlook. International Fertilizer Association, Paris.

第六章　土壤中元素的背景值和化学形态

第一节　土壤中元素的背景含量

一、土壤中元素背景含量的根源及其不同认识

由于土壤是岩石圈的派生物，如前面章节所述，自然界各类土壤中都无一例外地存在元素的背景含量（geochemical setting），亦即元素的土壤环境背景值。其主要指在未受人为活动污染的情况下，岩石、土壤、水体、天然植物、农作物等的天然化学组成。显然，这仅是一种相对的概念，因为如前所述，时到今日，人类活动对环境的影响已广泛而深刻，以致很难找到一个不受污染的地方。因此，所谓环境背景值，只是相对于污染情况下，未受污染或少受污染的环境要素的基本化学成分而已。土壤环境背景值是与土壤环境容量密切关联的两个概念，当人类发现环境受到污染和自身的健康受到威胁时才意识到环境背景与环境容量的重要（Faure，1998）。

由于土壤环境背景值自身情况的特殊性，目前，在环境科学领域对土壤背景值的理解尚存在分歧，不同的学者或不同的教科书有各自的阐述。粗略地看，可概括为两种观点。一种观点是指土壤在无污染或未污染时的元素含量，特别是有害元素的含量。按照这个定义，土壤背景值是指没有人为因素对其组分干扰的土壤的天然组成含量状态。另一种观点认为，土壤背景值是指距污染源很远，污染物不易达到的而且生态条件正常的地区的土壤中元素的含量。显然，这种观点认为能保证生态条件正常的土壤的元素含量即为其背景含量（Bohn et al，1985）。

土壤环境背景值是在土壤形成的漫长地质时代中，各种成土因素综合作用的结果，目前绝对未受污染的土壤已经很难找到，实际工作中通常选择离污染源很远、污染物难以达到、生态条件正常地区的土壤作为调查土壤环境背景值的基本依据。显然土壤环境背景值是一个相对的概念，其数值因时间和空间因素而异（White，1999；陈静生，1990）。

其实，在很多情况下，环境是否被污染，其标准是依生物的反应而定的。生物的生理生态反应正常，其环境谓之背景；若生物发生异常反应，其环境称为污染。但生物对环境是有适应能力的，现在对生物来说是异常的环境，将来某一个时期，这种环境对生物来说就可能是正常的了。正如地球上产生生命物质之初，那时的大气成分中的氧含量是很低的。由于以后有了绿色植物，它的光合作用才使大气中的氧浓度逐渐增长，直至现在的水平。当时的生物能够适应低浓度氧的条件，而以后地球上的生物不但适应而且需要环境中有如此高浓度的氧气成分。所以，应当说背景值是一种历史性的相对数值。另一个问题是地球上的不同区域，从岩石成分到地理环境和生物群落都有很大的差异。生物也都各自适应自己所在的环

境，所以它们的背景值自然会因地理位置而有所差异。因此，背景值在空间上也是因地而异的。此外，在元素含量对生态条件正常与否的限制方面，起决定作用的往往并不是其总含量，而是生物效应意义上的有效含量，即以“有效态”形式存在的那部分含量，或土壤介质中以易于被生物吸收利用的化合物或单质离子形式存在的元素的那部分含量。

因此，我们偏向于接受这样的概念，即土壤环境背景值是在一定地理位置、一定时期内相对稳定的、保证生态条件正常的土壤元素含量及其赋存状态。

土壤背景值在空间上、时间上的差异都是客观存在的。可以肯定，远古时代的背景值比较难以知晓，由于测试手段的限制，对土壤背景值的研究基本上是近代的情况，只有百年左右的工作积累。但是，一方面，地球化学家们从 19 世纪已经着力于研究各地的岩石、土壤、水和大气的化学成分；另一方面，从古至今的人类活动，大约在几百年前，自然界都没有受到明显的人为影响和破坏。从 19 世纪的工业革命以来，环境开始了迅速的转变，但都限于大型的或新型的城镇和工矿附近，这种变化持续到 20 世纪 40 年代。此时，已经有了地球化学家对地壳成分、岩矿成分的分析，积累了资料。在第二次世界大战之后，全球性的人口增长、技术革命、资源开发，都进入了高速发展时期，特别是 20 世纪 60 年代以来，人口爆炸所带来的资源耗竭，不但使各种生活废物与生产废物泛滥，而且大量的资源遭到不合理的开发与利用，造成资源的巨大浪费损失与环境的严重污染。在此期间，人们亟待了解岩石、土壤和植物的背景状况，以便对环境污染做出适当的评价和预测。因此，从欧美、东亚各国开始了环境背景值的调查研究。所以，处在现代社会发展条件下的土壤背景值就更有其区域特征，它不仅是自然条件的区域性，而且有很明显的社会与科技发展的区域性与时代特征。

土壤背景值所代表的显然是一定的区域条件下的元素含量，而不是只代表一个土壤类型或剖面的状况，所以它和土壤学上为土壤肥力评价或土壤发生分类与改良所研究的土壤元素含量的含义不尽相同。它是以一定环境区域范围内各种土壤元素含量的统计平均值为代表的一种含量范围，用以衡量区域内土壤中元素含量水平和作为判别是否异常的参比标准。

除了元素含量之外，也需研究人工化合物的背景值，不过这类物质在 20 世纪才有所发展，而且从 20 世纪 50 年代以后才以每年数千个新种问世的速度进入环境，并且都最终进入土壤。所以，它们在土壤中的原始背景值为零，随着时间的推移有较明显的增长。目前，不仅在世界各地的土壤中能检出它们，而且在极地的冰芯、珠穆朗玛峰的介质中都能发现它们的存在，比如人工合成农药六六六在上述地区均发现了其痕迹。

土壤背景值的专门研究大约始于 20 世纪 70 年代，它是随着环境污染的出现而发展起来的。美国、英国、加拿大、日本等国已做了较大规模和较深入的工作。例如美国在 1975 年就提出了美国大陆岩石、沉积物、土壤、植物及蔬菜的元素化学背景值；有学者分别列出了加拿大曼尼巴省和安大略省土壤中若干元素的背景值；日本在 20 世纪下半叶报道了水稻土元素的背景值。我国在 20 世纪 70 年代后期也开始了土壤背景值的研究工作，并在 1973～1980 年把土壤环境背景值研究作为重点科技攻关项目，在全国范围内组织许多单位协作研究，先后开展了北京、南京、广州、重庆以及华北平原、东北平原、松辽平原、黄淮海平原、西北黄土、西南红黄壤等的土壤、农作物的背景值研究，同时还开展了土壤背景值的应用及与环境容量的同步研究，这是我国土壤背景值研究有别于其他国家的主要方面，并于 1990 年出版了《中国土壤元素背景值》一书，这是目前国内此领域中最权威的著作（赵其国，1990）。

二、土壤中元素背景值与土壤污染和地方病的关系

地球上的生物都是在地壳物质上生长繁育起来的（朱祖祥，1982）。研究表明，人体血液与地壳中的18种元素含量（Fe、Ca、Zn、I、Co、V、Mn、Cr、Mo、Sn、Cu、Al、As、Sb、Pb、Cd、Ni、Hg）呈显著性相关，而与海水无相关性。我国学者的研究也发现，在一定的环境单元内，岩石、土壤与植物和水下底泥之间，土壤与植物和水下底泥之间，其铜、锌、镍、锰、铅、镉元素含量皆呈极显著正相关。水体中的元素含量与土壤、植物和底泥都不相关，只与岩石成分有正相关趋势，说明土壤与环境和生物有密切关系。

土壤中各元素与生命活动的密切关系是通过食物链（网）组建起来的。根据土壤元素含量及其对生物的作用，可将土壤元素分为两大类：生物必需元素与非必需元素。在必需元素中，有的对所有生物（动、植物和人类）都必需，有的只对植物必需，如硼；有的只对动物和人类必需，如钴、硒。不过，必需与非必需元素之间的界限是随着生物与环境之间相互作用的发展而转变的，也是随着科学技术水平提高而逐渐被发现或认识的，现有必需元素的确定历史过程可以说明这一点。例如就对植物必需的元素来说，最早只认为碳、氢、氧、氮、磷、钾、硫、镁、钙、铁等10种元素是必需的，后来才逐渐认识了锰、硼、锌、铜、钼、氯对植物的必需性。必需元素含量过低时，生命活动不能正常进行；过高时，对生命活动又不利。它们只有维持在一定浓度范围之内，才能使生命活动正常运行。非必需元素在土壤环境中含量较低时，对生命尚无明显不利作用，但稍稍升高就可导致严重的后果，例如汞、镉等。因此，土壤元素背景含量的波动都会在生物（包括植物、动物和人类）体上反映出来。土壤中某些元素含量的变化已经引起了明显的病变，即所谓的地方性疾病。目前，已经基本明确病因的地方性疾病有甲状腺肿、氟病、大骨节病及克山病等，它们都是由土壤中某一个或几个元素背景含量异常（过高或过低）引起的。另外，由现代人为活动引起的环境污染所导致的污染病也很突出。下面对几种地方病和土壤污染及其土壤背景含量的情况进行讨论。

1. 地方性甲状腺肿

地方性甲状腺肿是由地区性土壤环境中碘元素含量过低（如山区）或含量过高（如沿海）所造成的。表现为甲状腺组织增生与肥大，因病变位于颈部，又叫大脖子病。世界上大多数国家都有这种病，全球约有2亿患者。主要流行于亚洲的喜马拉雅山、非洲的刚果河流域、南美洲的安第斯山区、欧洲的阿尔卑斯山区、北美洲的美国和加拿大之间的五大连湖盆地及大洋洲的新西兰等。我国以西北、东北、华北和西南等地区的山区及丘陵区最重。另外，在日本北海道和中国的渤海湾南部、山东日照市、广西北海市等沿海或平原区也有甲状腺肿。研究证实，环境碘量过低或过高都引起甲状腺肿大，且缺碘性甲状腺肿与高碘性甲状腺肿在外观上无差别。土壤中碘异常，导致水、粮食、蔬菜中含碘异常，进而人体摄入亦异常。土壤中的碘常以阴离子态存在，迁移能力较强，容易淋溶损失，但在有机质丰富的土壤中却易被固定，难以参加生物循环，因此，有的地方土壤并不缺碘，粮食中含碘却较少。我国学者曾提出国内土壤碘的地理分异与地方性甲状腺肿分布的一般模式：从湿润地区到干旱地区，从内陆到沿海，从山岳到平原，从河流上游到下游，土壤环境中的碘由淋溶转为积累。因此，缺碘的地方性甲状腺肿的流行强度由山地丘陵到平原渐减，最后消失。相反，干旱、半干旱气候区和沿海地区，又往往发生高碘的地方性甲状腺肿大。有研究表明，过量Mn、Ca、F等也可通过干扰甲状腺对碘的摄取而致病。在甲状腺肿与环境碘关系的研究中，发现水碘的含量与甲状腺肿患病率之间表现为U形线，即水碘含量在5～300μg/L时，属安

全范围值；超出两端值，都导致甲状腺肿患病率上升，且水碘与土壤碘的含量具有一致性。其数学表达式为：

$$y=78.60-27.60x+2.3x^2 \tag{6-1}$$

式中，x 为水中碘浓度，μg/L；y 为发病率。

甲状腺肿虽是由土壤与水通过食物供给人体的碘量所决定，但是，采取预防措施却不必向土壤与水中加碘，只需在食盐里补充碘 20～50mg/kg 即可达到实效。向土壤与水中施加碘，反而因淋溶迁移而致浪费。对于碘过量致病者，以节制食用量为佳。

2. 地方性氟病

地方性氟病包括龋齿（主因缺氟）与氟中毒。由于氟的水迁移性强，所以在高温多雨与淋溶性地区易于发生缺氟病，如山地、丘陵、酸性淋溶的林地等区域。氟的积累则往往发生在相对干燥的地带，它们或是干旱与半干旱的富钙地球化学环境，或是半湿润的富铁地球化学环境。长期以来，科学家们发现了地方性氟病与水体和食物含氟量有关，却不认为与土壤氟的背景含量有关。但是，一个地区的水质和作物含氟量与土壤是有着不可分割的关联的。20 世纪 80 年代后期，中国学者初步揭示了它们的关系。他们通过对高氟、低氟与过渡带的岩石、土壤、水体、粮食中的含氟量和人体发病情况的分析发现，土壤全氟量和 HCl 提取的氟量与水体、粮食的含氟量无关，与人体氟病亦无关，土壤的水溶性氟量（x）与地下水含氟量（y）存在正相关关系（$r=0.921$），回归方程为：$y=0.048+0.067x$。

土壤水溶性氟与水稻植株含氟量亦呈显著正相关（$r=0.9796$）。这一结果说明土壤元素的生物效应只与土壤中该元素的有效浓度有关。因此，从实效出发，土壤背景值也应当以研究全量与有效性并重。或者说，在土壤背景研究中应当补充元素形态分布的研究才更有实用价值。这一研究成果还说明，土壤全氟偏低的地区并非一定就是安全区，而全氟含量偏高的区域也未必就一定是氟中毒高发区。

3. 克山病

克山病为一种地方性心肌病，最早在我国黑龙江省克山县发现，故名为克山病。据研究，这是与钼和硒含量有关的地方性疾病。已查明，我国东北、华北、西北及西南等地区 15 个省、自治区 309 个县（旗）有克山病流行，形成东北—西南走向的“病带”。国外仅日本、朝鲜有发现。该病主要发生于吃当地生产的粮食为主的农村人口，且以在育龄期妇女和 10 岁以下的儿童中多见。病区的土壤生态环境是气候湿润多雨的低山丘陵，土壤为棕壤、褐土系列，富含腐殖质，因此，土壤硒、钼含量低，病带土壤硒含量小于 0.17mg/kg。研究表明，环境硒、钼缺乏与克山病的发病区是一致的，尤其与缺硒关系最大，病区水、土、粮、人发、血液中硒显著低于非病区，并且口服亚硒酸钠有明显治愈效果。

4. 大骨节病

大骨节病为一种世界性地方病，其典型症状是关节疼痛、增粗，严重者关节畸形、臂弯腿短、步态蹒跚。在苏联早在 1849 年就有记载。目前流行于俄罗斯的西伯利亚东部、朝鲜北部、越南太平省、蒙古国、日本、瑞典和荷兰等地，我国分布于黑龙江、吉林、辽宁、河北、河南、山东、山西、陕西、甘肃、四川、台湾、内蒙古、西藏等省（区）。其病因尚未查明，目前较为流行的三种假说是食物性真菌中毒说、腐殖质中毒说和环境缺硒说，它们都能对大骨节病作出一定解释，但是对有关大骨节病的有关问题都不能给出完美答案。因此，人们开始从综合环境生态效应角度寻求答案。我国学者提出环境“低晒-高腐殖酸复合病因”的观点，认为腐殖酸（尤其富里酸）的作用是对软骨细胞产生过氧化损伤（这是骨关节系统病变的先决条件）。据研究，胡敏酸和富里酸在低浓度（6.25mg/L）下就可损伤软骨细胞，但富里酸的作用比胡敏酸强一倍。硒的作用是分解这一过氧化物，从而消除这种损伤。因此，低硒不是致大骨节病的原因，只是一个重要的发病条件。腐殖质主要通过饮水进入人体，硒则由粮食进入。实际上，大骨节病区多为温暖或温凉的湿润、半湿润区，土壤腐殖质含量较高，且土壤淋溶作用较强，因此，周围地下水（尤其浅层地下水）中水溶性腐殖酸含量亦高。据测定，病区饮水中腐殖酸含量高出非病区一倍以上，达 0.75mg/L 以上，如我国东北地区的黑土、暗棕壤和西南山区的山地棕壤等。不过，环境低硒与高腐殖酸致大骨节病的观点目前还尚未被普遍接受。

5. 水俣病

水俣病是因人体摄入过量的汞尤其是甲基汞所引起的脑损伤，于 1953 年在日本九州岛水俣湾首次被发现。最初是在动物（猫、狗）体上发现，后来才在人体上发现。除日本外，加拿大、美国、瑞典、委内瑞拉等地也有报道。水俣病是以脑损害为特征，轻度患者症状为鼻、唇、舌、手、足麻木，语言不清，记忆力减退，动作笨拙，步态不稳；严重患者全身瘫痪、痉挛、吞咽困难，最后死亡。这种病是由水环境中汞污染物通过水-水生生物-鱼，再进入人体所引起的。同样，土壤环境中的汞可以通过土壤-农作物-粮食-人体引起危害。后一途径为农业上的主要渠道。因此，国内外学者对土壤-农作物系统汞的迁移与分布给予了高度重视。我国学者早年曾提出了我国某些土壤汞的最高允许含量与相应的土壤背景值（表 6-1），结果表明，最高允许含量比按背景值计算的土壤污染评价标准（背景值＋3 倍标准差）高，说明采用背景值评价土壤环境质量的方法在一定范围内是安全的。

表 6-1　几种土壤汞的最高允许含量（蔡士悦等，1986）　　单位：mg/kg

土壤种类	褐土	草甸棕壤	紫色土
最高允许含量	0.4	0.2	0.5
背景值	0.04×1.67	0.079＋0.029	0.0628×1.8
目前土壤污染标准	0.2	0.17	0.339

6. 痛痛病

痛痛病是 1955 年首先在日本富山县神通川流域地区发现的一种疾病，是由镉中毒引起的。表现为腰痛、背痛、膝关节痛，步行困难，呈摇摆步态，最后遍及全身，骨骼变形，身长缩短，骨脆易折，疼痛在活动时加剧、休息时缓解，呼吸受限，睡眠不足，终因疼痛折磨而死。

镉为蓄积性中毒，主要损害肾脏和骨骼，使人体内钙质排出体外，引起钙不足，从而导致骨质疏松和骨骼软化。痛痛病的潜伏期一般为 2～8 年，长的可达 10～30 年。神通川流域痛痛病的发生是由于矿山开采，使下游河流和地下水都受到镉污染，用污染河水灌溉农田，使水稻、蔬菜中都含有较高的镉，当地居民食用这些含镉的稻米、蔬菜和饮用含镉的水，导致镉中毒。因此，我国规定生活饮用水中含镉不超过 0.01mg/L，废水排放浓度小于 0.1g/L。我国土壤环境工作者对一些土壤中镉最大允许含量的研究结果表明，红壤性水稻土中为 1.1mg/kg，草甸棕壤中为 2.0mg/kg，草甸褐土中为 2.8mg/kg。

7. 砷中毒

砷中毒是由人体砷摄入过量所致，已成为一个世界性的环境问题，各国都非常重视。目前，全世界有研究报道的砷污染和砷中毒地区有孟加拉国恒河冲积平原、印度西孟加拉邦红河三角洲、越南、匈牙利、罗马尼亚、阿根廷、智利、美国西南部（亚利桑那、加利福尼亚、内华达）及阿拉斯加、墨西哥、泰国、希腊、加拿大安大略省、英国、德国等。其中，以孟加拉国恒河冲积平原和美国西南部的水砷污染及人群中毒研究程度最高。

砷的来源很广，如开矿、冶炼、农药施用和高背景区物质迁移影响等。砷主要危害神经细胞，它与酶系统巯基结合，使细胞代谢失调，主要表现为食欲不振、恶心、眩晕、肝肿大、皮肤色素高度沉着、皮肤角质化等症状，还可致癌。砷中毒潜伏期可达几十年。美国、日本等国饮用水中砷标准为0.01mg/L，我国的饮用水中砷标准为0.05mg/L。韩国规定旱地土壤的砷含量水平应在15mg/kg以下。土壤砷含量标准的部分研究报道见表6-2。

表6-2 土壤砷含量上限（牟树森等，1993） 单位：mg/kg

土壤种类	红壤性水稻土	草甸棕壤	草甸褐土	紫色土	日本土壤
含 量	45.0	30.0	21.0	15.3	15.0
针对作物	水 稻	大豆	水 稻	小白菜	

8. 铅中毒

人体摄入过量铅，会引起神经系统、造血系统和消化系统的综合症状，表现为食欲减退、头痛、头晕、失眠、记忆力减退、贫血、便秘、腹痛等，伴有四肢肌肉和关节酸痛。幼儿比成年人对铅过量敏感，铅主要损伤幼儿大脑，影响智力和骨骼发育。我国规定生活饮用水水质Pb标准为0.1mg/L，食品卫生标准（各类食品）为1.0mg/L（kg），废水排放标准为1.0mg/L。目前，我国学者提出的一些土壤含铅临界上限见表6-3。

表6-3 我国某些土壤中铅临界上限含量（蔡士悦，1986）

土壤种类	红壤	草甸棕壤	草甸褐土	紫色土
含量/(μg/g)	230.0	300.0	300.0	371.7
针对作物	水稻	大豆	小麦	水稻

当然，由环境中元素异常所致的地方病远远不只这几种。有些新发现的疾病，如地方性硒中毒，它是由于环境硒含量过高而影响到食物从中的含量，当地居民摄入高硒食物从而引起的中毒症。其症状是脱发、脱甲和某种神经系统症状。它具有明显的地区性，主要分布在高硒地质环境的区域，如炭质页岩、硫化物矿床、含煤地层及火山喷出物等含硒丰富的地质单元内。目前，在我国湖北恩施市和陕西紫阳县有发现。地方性不孕症发生于新疆伽师县，是当地土壤环境锌、锰两种元素不足和铁过高的综合作用所致。不过，这些地方性疾病的范围有限，不如前述几种疾病那么普遍。

地方病是因自然环境（土壤、水环境）中某些元素含量异常所致。但是，如上所述，由于人类活动引起的环境污染所导致的人类污染病（也称公害病）早在20世纪40年代就开始发现，如水俣病和痛痛病。有的污染病虽然最初是由水环境异常引起的，如水俣病，但是，水与土壤之间是有着密切联系的，随着时间推移和生产的发展，自然水污染地区的土壤污染亦势必日益严重，这是需要清醒认识的。

在土壤环境背景与生命的关系方面，除了有关疾病的研究外，还有人类健康状况（如长寿、智力等）的研究。研究表明，我国百岁老人在新疆、西藏西部最多，占人口比例大于万分之二，而东北、华北区最低，小于或等于十万分之一，这与生态系统中的某些元素的含量与供给有关。环境碘锌缺乏将影响到儿童智力发育，据调查，在缺碘地区，儿童智力低下者发生率在20%以上，而在正常区一般智力低下者不超过5%。因此，土壤环境元素的背景状况已经逐渐显示出它们的生态学意义，但更多的内容还有待于深入研究。

三、土壤中元素背景值的研究意义和影响因素

环境背景值的研究，从理论到实践都还需做大量的工作。以前述美国等国家始于20世纪70年代的土壤背景值研究工作来说，无疑是一个很有意义的尝试，但也存在许多有待改进之处。如这些工作实际上只给出环境中元素浓度的大致范围，测定的是元素的总量，而未能表明元素在环境中可能的形态变化。特别是该工作未能充分评价数百年来农业和工业生产历史给环境背景值带来的影响等等（Bowen，1979）。

前苏联的环境地球化学家在环境地球化学背景值方面也做了大量的工作，他们总结出了一套化学元素的运移规律，提出了地球化学“景观”形成和地球化学带、省、区特征的理论。在人类影响方面，提出了“智慧圈”“技术圈”的概念。同时，在别乌斯·A. A等人的著作中，引入了“地球化学本底”（即地球化学元素背景值）和“地球化学异常”的概念；对岩石化学、土壤化学、水化学、大气化学、生物化学等各类型的地球化学异常提出了“正异常”和“负异常”，又按其形成的原因，区分出了“自然异常”和“人为异常”。并认为，在大多数情况下，无论是天然的还是人为的异常，其浓度水平总是处于地球化学本底（背景值）与极限值之间；在评价人为地球化学异常即偏离正常值的程度中，应以地球化学本底作为比较标准。

迄今，已经发表了大量的有关岩石、土壤、水体、植物与农作物的天然化学成分的资料。应指出的是，我们不能简单地把这些资料与环境背景值等同起来，尽管有些资料是很有价值的。原因在于，这些资料都是各门学科为了各自特定的目的和需要，如划分矿区、估计化学污染程度或了解土壤化学性质等而搜集的，不是专门用来阐述自然环境的一般化学性质的。另外，这些资料没有统一的设计，加之取样和分析方法的不同，其分析内容及精度也就各异，造成了归纳讨论和对比中的实际困难。

环境背景值的研究，以研究自然环境的基本化学性质、了解自然界的地球化学变化为主要目的。作为环境背景值的资料，其应具有如下特点。

（1）资料要体现背景含量　在用于背景研究的样本或数据中，凡是已知或者怀疑有次生成矿作用、污染及其他人为影响的，均要删除。因为这些影响都可能导致元素的局部异常富集，从而干扰环境背景值的自然面貌。

（2）资料要体现大范围的特点　环境背景值的研究可在几个地质、地球化学性质类似的自然单元内进行，每一个自然单元某个方向上的地理延伸要有足够长、足够大的范围才可以充分体现区域的地球化学特点。

（3）资料要按一定的实验设计，有目的地搜集　这是背景研究工作的基本要求，这样才能最后获得对环境背景值的统一的正确、无偏见的估计。为此，在设计取样方案时，要尽可能使所采的样本类似于它们在自然环境中的比例。采得的全部样品则要按随机程序进行分析，以防实验过程中可能出现的任何系统误差，或造成所得数据的不统一，从而导致可靠性的降低。

1. 土壤环境背景值的研究意义

土壤环境背景值研究是评价土壤环境质量（特别是评价土壤污染状况）、研究土壤环境

容量、制定土壤环境标准、确定土壤污染防治措施所必需的工作前提。研究污染物在土壤中的化学变化、形态分布及其生物有效性等，要以土壤环境背景值作参比。在制订土壤利用规划、提高生产水平、提高人民生活质量等方面，土壤环境背景值也是重要的参考数据。

土壤背景值可以作为衡量区域土壤是否污染的参比标准，同时，土壤背景值与岩石、生物相应成分的相关性还是生态环境状况的一种评价依据（Whornton，1983）。根据背景值水平，可以发现污染物，追踪污染源。从土壤背景值角度认识一定区域的地方病因也有重要意义。此外，土壤背景值在认识土壤成分特征与评价施用微量元素肥料的效益方面以及土壤化学地理学方面都将是最基础的资料。对土壤背景值的定时监测还是环境质量演化与发展趋势估计中不可缺少的根据。土壤背景值在人类生产实践及对认识自然、认识客观规律方面的实际意义主要可归纳为如下几个方面。

（1）土壤背景值是土壤污染评价的基础。环境容量是环境污染研究的前提，而环境背景则是确定环境容量的基本依据。在没有土壤环境背景研究基础的地方进行土壤污染评价是毫无意义的。在没有背景含量参比的情况下，强调某些或某一元素的绝对含量的多寡没有任何实际意义。在有背景值作参比基础时，按一般的统计原则，将高于背景值范围的土壤判定为污染。也就是说，该研究区土壤中，某元素含量在该区土壤原有含量基础上又有外来因素的叠加，叠加的部分一般即是由污染过程引起的，或者说，该区的土壤发生过污染和目前已出现污染现象。背景值是具体的含量，污染程度的衡量标准最根本的也是物质的具体含量。因此，牵涉到土壤污染评价，在有背景含量资料的前提下，会遇到如何准确界定元素的污染含量数据，以客观有效地评价污染的环境效应的问题。目前，在这方面尚存在许多问题。一方面是因为土壤背景含量本身的复杂成因以及人们对这部分含量在生物效应体现中的实际贡献的认识常常不很确切，另一方面是对土壤中的元素在生物效应意义上的有效含量以及实际生物效应认识方面也常常难以做到确切。尽管如此，土壤背景含量还是土壤污染评价中最基本、最重要的参量。目前，对土壤污染的评价或判别，不同的学者有各自的做法。其中，一种做法为取背景值范围的均值，再加以3倍的标准差作为背景值的上限，从统计学角度它意味着99%置信域的可靠性。超越此限值即意味着不正常浓度的出现，所以将这一数值作为污染的下限值。不过，它是限于浓度分布的统计意义上的处理，与实际情况中的污染可能有不完全一致的情形，因为污染往往要考虑生物的生理生态反应，其中包含有生物本身适应能力等复杂情况与问题。

（2）土壤背景值是其他与之关联环境介质质量评价的重要依据。土壤来自岩石母质，其发育受一定的气候、水文、植被等条件影响，所以在非污染的生态系统中，岩石、土壤与植物的背景值之间天然地紧密联系。研究表明，三者之间相关性良好的地方基本上是良性的生态环境；相关性不好的地方其生态平衡往往失调。例如，重庆江北区胜天水库集雨区，为一个受人类干扰少而保持自然状态较好的陆生生态系统，元素的生物地球化学循环在岩石、土壤与植物各个环节上处于动态平衡，6种痕量金属元素在岩石、土壤与植物中的含量具有很高的相关性。还有长白山自然保护区岩石-土壤、土壤-植物之间8种元素含量呈极显著正相关。可以预料，如果某一地区受某种或某些元素污染，如工矿区的土壤和植物中元素含量升高，但母岩受影响甚小，那么岩石与土壤中污染物含量的相关性就会改变，甚至出现负相关，这也意味着区域生态平衡已经失调。

土壤由于处在与水、大气、植物物质组分不断的循环交换之中，它们中的某一要素或介质的组分特征自然会影响到其他介质中的组分变化。因此，在研究这些元素物质组成以及变化规律时，与之相关的要素的组分特征需要一并考虑，因为在组分方面，在它们之间存在着成因联系。因而，土壤背景值对与之有关的植物中、水体中以及大气中的元素含量有重要影响。在研究有关这些环境介质的元素含量问题时，土壤中的含量（特别是背景含量）是不可或缺的考虑因素和重要依据。

（3）土壤背景值是特定地质、地理及气候条件与因素的综合体现，是深入认识环境自然属性的钥匙。土壤背景值是受特定地质、地理、气候条件与因素制约和影响形成的土壤的自然属性。不同的地理、地质单元有不同类型的土壤发育，同时有不同的背景值与之相应。在这些差异中，各自都体现着其本身的特征及其成土过程、气候影响等因素的烙印。不同地质单元（如不同岩石类型、构造类型以及风化类型）、不同地理单元（如地貌类型）发育的土壤，从母质到风化作用发生的类型、程度以及产物都存在差别，有时存在着很大的差别。在此基础上形成的土壤，自然在其组成成分或元素含量方面也会存在差别。这些差别是由于上述母质以及在成土过程中存在的差别引起的。因而，具有不同土壤背景值特征（元素含量、元素组合以及相关性）的土壤类型反映着其在上述因素方面存在的差异。据此，往往可以大致推断具有某种背景值特征土壤的母质、地理条件、气候特征、风化壳类型以及风化作用程度等。如主要形成于湿热气候带、经过彻底的风化过程的砖红土型风化壳上的土壤，其 SiO_2 含量较之母岩明显降低，可由母岩中的45%～50%降至1%～2%；Al_2O_3、Fe_2O_3 含量则较之母岩明显增高，可由母岩中的15%～20%增大到土壤中的50%，甚至80%～90%，成分以Fe、Mn和Al的氧化物为主。

开展某一地区土壤环境地球化学研究的一个先决条件，就是必须了解化学元素在该区域内的分布状况。因此，有关化学元素区域分布的研究是环境地球化学研究的基础工作之一。如前所述，过去几十年来世界各国都花了很大的精力，大至一国领土，小至一个城镇、区域，开展了元素的区域分布调查。这类研究，根据调查目的的不同，大致可分为以下两类。

（1）服务于地方性疾病研究和农业生产的区域分布研究　这类研究，要求分析测试的元素尽可能多，调查的区域一般比较大，要尽量避开显然遭受污染的地区。为减少工作量和降低成本，往往又常用一些近似办法，如在地球化学勘查中，将河流沉积物看成采样点上游的岩石和土壤侵蚀产物的混合样本，从而通过对河流沉积物的系统采样，研究其中化学元素的含量，来了解当地岩石、土壤中元素的分布。例如，英国对英格兰和威尔士的河流沉积物，按每平方英里[1]一个样的密度，约取50000个样品，用直读发射光谱和原子吸收光谱等方法，测定了样品中Al、As、Ba、Ca、Co、Cr、Cu、Cd、Fe、Ga、K、Li、Mn、Mo、Ni、Pb、Sr、Sn、V、Zn等20个元素。通过计算机处理数据，分别编绘出各元素区域分布图，并勾绘了英格兰和威尔士低钴、低铜、低锰和低锌的地区以及高砷、高镉、高铜、高铅、高镍、高铬和高钼的地区，为对比研究这些地区人和动物可能的健康异常情况提供了基础资料，对于环境污染评价也是有价值的背景材料。英国科学工作者将这些元素区域分布图应用于农业生产时，还发现了一些农作物生长异常的地球化学原因。

（2）服务于调查环境污染的区域分布研究　这些调查的对象多数是水体和沉积物，按照不同的密度布设网络点取样或控制点取样，对某些特定的污染元素进行详细的区域含量调查。通过这种途径获得的研究结果，往往能给人们勾绘出污染程度的水平分布状况和显示出污染源的大致方向。这种方法在环境地球化学研究中应用较为普遍。

[1] 1英里＝1609.344m。

2. 土壤环境背景值的影响因素

影响土壤环境背景值的因素很多，主要有以下几种。

（1）成土母岩和成土过程的影响　前面曾述及，各种岩石的元素组成和含量不同是造成土壤背景值差异的根本原因之一。母岩在成土过程中的各种元素重新分配是土壤背景值有差异的重要原因。

（2）地理、气候条件的影响　地形条件对成土物质、水分、热能等的重新分配有重要影响，影响土壤中元素的聚集和流失。气候条件对风化、淋溶作用的影响导致在不同条件下形成的土壤的元素环境背景值产生差异。

（3）人为活动的影响　人类的各种活动，如开矿、修路、砍伐森林、植树造林、开发草地、养殖业，特别是农业生产中的耕作方式和习惯、种植作物的品种、施入土壤的肥料等农业措施，都对土壤中某些元素或组分的含量和形态有显著影响。如施用磷肥常常引起给土壤中输入氟、镉等元素的负效应。

四、土壤环境背景值研究的具体程序和方法

综上所述，要取得土壤背景值这一特定区域和时间范围内土壤中元素成分的代表性含量数值，必须在预定的范围内采取代表性土壤样品进行分析，并按各元素分析结果的频数分布规律进行统计，确定背景值。每一个元素在一定空间范围内所取得的数据是很多的，有时变化很大，有时变化较小。虽然最后都是以其均值与标准差（算术均值或几何均值，及其相应的标准差）表示其数值范围，但在实用上，往往还按其含量进行分级与制图。

当取得任一元素背景值后，要判断这一数据是否具有代表性，在肯定或否定背景值的代表性方面，需要进行一系列的检验，包括样点数的检验、分析化验的质量检验、背景值结果的频数分布类型检验、含量分级的差异显著性检验等多角度分析与考证。经过这一系列的检验，方可确定背景值的可靠性。

1. 土壤背景值研究的采样点部署

在用于求取土壤背景值的土壤样品的采集及采样点的部署中，要把握几个原则。首先是明确研究范围，其次要根据研究区域内的地质、地貌、水文、土壤与污染物类型和分布明确其影响范围。在污染物影响范围之外，按一定网度规则确定样点数与样点布局，然后按预定设计采取无污染的土样。对于不同尺度和目的的背景值研究工作，其采样网度和规则要求往往不同，视具体情况确定。

（1）研究范围的确定　研究范围取决于研究目的。为一个工业开发区了解土壤背景值，就需围绕工矿区内的工厂布局、三废排放途径与影响方法估计其范围；为一定政区求取土壤背景值，则该政区的疆界就是它的研究范围。

确定研究范围的目的，一方面是设计样点数，另一方面是设计样点的布局。因此，在明确研究范围边界的基础上，需要进一步了解该区域内的自然地理条件、土壤类型及分布。这些工作需在对政区图、地貌图、地质图和土壤类型（包括各级分类）分布图的综合研究基础上完成。

（2）样点的设计和布局　样点设计有不同层次的考虑。首先是样点总数的设计，这要依据被测物质含量变异情况而定。变异大者，样点数自然比变异小者要多，否则统计结果的可靠性差。但是，在采样阶段尚不能预知样品中某些成分含量的情况下，首先按土壤环境研究中或土壤学的常规布点原则，初步估计一个样品总数，然后再按成分分析的误差进行一般的

样品量估计。例如，在研究区内有几种土壤类型，随着母质、地貌、水文条件的差异，土类以下必然还有几个层次的系统分类。最基层的分类为土种。确定样点时，应保证使每一个土种至少有若干次重复的样点，这种重复在条件允许的前提下越多，所求得的背景值代表性越好。其次，样点数还应与土种面积适应。因此，在母质、水文均一的地方，土种变异小，样点数可以少些；在地貌、母质和水文情况变异较大的地方，土种变异大，土种多，样点布置自然应该多一些。在 1985 年我国农业土壤背景值研究中，整个范围包括 9 个片区，约 43 万平方千米，平均每一万平方千米部署 41 个样点。其中，以陕西黄土高原和黄河下游两个片区的地形最平坦，母质、水文条件最均一，因此布点相应较少，平均每一万平方千米仅有 13～27 个样点；而地貌复杂、母质类型繁多的贵州、四川地区，平均每一万平方千米为 84～185 个样点。

2. 土样的采取与分析

在既定样点上用常规法挖掘土壤剖面，用木铲或竹铲自下而上分层采取一定质量的土壤，用布袋收集，在室内风干。在运输与风干过程中尽量避免尘埃落入，保证无采后的污染。经过过筛后供分析用。对于不同目的和要求的成分分析，采样量和供分析的土壤粒级不同，视具体要求而定。一般在微量金属元素分析中，截取小于 0.65μm 部分分析效果较好。

样品分析是背景研究中的重要一环，保证分析质量格外重要。特别是微量元素如铜、锌、铅、砷、镍、铬、镉、汞等，分析误差有时会超过它的含量水平，这需要特别注意。

保证分析质量方面，首先要掌握分析方法的质量参数，如检测上、下限和误差控制范围等。同时，必须带标准参考样品与必要数量的空白样品参与平行测定与回收检验。只有在空白值、平行误差与回收测定的误差都达到允许范围时的数据方可接受，否则应视为无效数据。在完成某一区域背景值分析时，全部分析结果应当用 3 个质量控制图（空白值控制图、精密度控制图和准确度控制图）来印证，以判断分析质量的可靠性。

3. 数据处理

背景值分析结果往往会有很多数据，它们各自代表所在样点的成分含量。但作为整个区域的代表，就需进行统计处理，取其均值与标准差，作为代表性背景值。

单变数的统计平均值，需视数字的频数分布规律来确定统计方法。当数字的分布符合正态分布时，可采用算术平均值与标准差作为代表值。当数字偏离太大，符合对数正态分布时，应采用几何平均值与几何标准差作为代表值。若数字的频数分布属于偏态情况，则需经过正态化处理，再按正态分布方式进行计算。因此，数据处理的第一步是确定元素浓度的概论分布类型，第二步才是土壤元素背景值的计算，即根据含量分析数据概论分布类型，分别计算出表示其背景值范围的平均值和标准差。

土壤元素浓度概率分布类型的确定，其具体方法是进行拟合度检验，即假定数据服从某种理论分布（正态分布或对数正态分布），然后采用各种拟合度检验法检验数据是否符合这种分布。检验方法有多种，如直方图法、概率纸图示法、偏度峰度法等多种方法，详见应用数理统计类书籍。

元素浓度概率分布类型一旦被确定，即可很容易地计算其背景值参数。几种计算公式如下。

（1）呈算术正态分布的元素含量数据　其背景值用算术平均值（x）和算术标准差（s）表示，其范围为 $\overline{x}\pm s$：

$$\bar{x}=\frac{1}{n}\sum_{i=1}^{n}x_i \tag{6-2}$$

$$s=\sqrt{1/(n-1)\sum_{i=1}^{n}(x_i-\bar{x})^2} \tag{6-3}$$

式中，n 为样本数；x_i 为第 i 个样本中元素含量。

（2）呈对数正态分布的元素含量数据　背景值用几何平均值（M）和几何标准差（D）表示，其范围为 $M/D \sim MD$：

$$M=\lg^{-1}\left[(1/n)\sum_{i=1}^{n}\lg x_i\right] \tag{6-4}$$

$$D=\lg^{-1}\sqrt{\left(\sum_{i=1}^{n}\lg^2 x_i-n\lg^2 M\right)/(n-1)} \tag{6-5}$$

（3）呈偏态分布的元素含量数据　须经过正态化处理后，方可求其平均值和标准差。其正态化过程的主要环节是先将原始数据按一定组距分组，并计算“频数”和“相对累积频数（%）”，以后者之值在正态曲线面积表中用插值法求得“概率尺度（组段）”；用相邻两个组段值之差计算“组距”；然后计算出频数与组距的比值（f 值）、相邻两个组段的均值（组值 t）、平均组值（$\bar{t}$）和组值标准差（δ_t）。具体计算方法与步骤参见有关统计学书籍或专门的背景值数据处理参考书。

五、当前土壤污染研究中元素背景值研究动态讨论

前面介绍的土壤背景值确定方法，是把存在的与研究对象可类比而又一定意义上未被干扰或污染的土壤单元作为背景值研究对象的一般情况。在实际工作中，常常遇到的是已无法找到未污染或未受干扰并可类比的土壤单元的情形。特别是在目前的城市污染研究中，情况往往如此。在这种情形下，需要在受污染土壤的元素含量中区分出其原生背景含量，这就更增加了求取背景值的难度（魏复盛等，1991）。

前述情况都表明，土壤元素背景值的研究和确定是一项烦琐、复杂的工作，然而在土壤污染研究中，背景含量的确定又是一项不可或缺的重要内容。它是衡量和评价污染的最基本参量，因为确定研究对象元素原生背景含量对正确识别乃至防治污染有着至关重要的作用和意义。因此，这是目前土壤污染研究工作中的重点和难点。主要原因有如下几个方面。

（1）元素背景含量在土壤介质中是客观存在的，但人们对各类介质的元素背景数据资料并不是都确切了解和掌握。

（2）在有过背景研究工作的地域，可认为痕量金属背景含量是已知的。但由于元素背景含量本身有着复杂的成因属性，导致这些在一定程度上往往是宏观意义的数据资料对解决具体环境问题常常显得不够确切。

（3）在已经出现或发现污染的地区往往单靠简单的取样、测试等工作已难于取得元素背景含量数据。

由此可见，元素背景含量的确定，特别是其与污染叠加含量的区分是土壤污染研究中的重点也是难点。在土壤污染研究中，如何区分原生背景含量与污染叠加含量是一项难度较大而又非常重要的工作，历来是环境科学界的一个重要且棘手的基本课题。区分元素背景含量与污染叠加含量在整个土壤污染研究中是影响到研究结论的瓶颈问题。

目前，国际环境科学界在处理土壤元素背景问题时多见的是用区域背景含量或同类介质

含量间接替代和在近似意义上的论证（Nickson et al，1998，2000；House et al，2000；Carrillo et al，1998；Adrienne et al，1998；Godgul et al，1995），尚无区分具体环境单元土壤介质中元素背景含量与后期叠加含量的具体方法。

目前，环境科学工作者在土壤环境元素背景值的研究工作中提出的一些方法包括以下几种。

1. 标准差法

标准差法为平均值加标准差的方法，即任何一定区域内的土壤中用元素自然含量的平均值加二倍或三倍标准差，以作为确定土壤是否受到污染的标准。大于平均值加二倍或三倍标准差的样品则视为可疑污染值，应予以剔除。具体方法如下。

（1）将样本排序：

$$x_1 \leqslant x_2 \cdots \leqslant x_i \cdots \leqslant x_n (n>3)$$

（2）求平均值：

$$\overline{x} = \frac{1}{n}\sum_{i=1}^{n} x_i \tag{6-6}$$

（3）求标准差：

$$s = \sqrt{1/(n-1)\sum_{i=1}^{n}(x_i - \overline{x})^2} \tag{6-7}$$

式中，x_i 为第 i 个土壤样品中某元素的含量；n 为样品数；$\overline{x}$ 为土壤样品中某元素的平均值；s 为标准差。

当 $|x_1 - \overline{x}| > t_s$ 时，x_1 含量中有污染叠加，将此值在统计中舍去，否则保留。

当 $|x_n - \overline{x}| > t_s$ 时，x_n 含量中有污染叠加，将此值在统计中舍去，否则保留；其余类推。

t_s 由置信水平决定，一般选择 t_s 等于 2 或 3，分别对应于 95%和 99.7%的置信水平。

2. 差异检验法

差异检验法即用表、底土层间的化学元素含量的差异显著性去判别是否可代表背景含量。具体做法是选出表层土壤样平均含量高于底部土层样平均含量的元素作为检验对象，如表土含量大于底土含量的频率大于 1/2 时，可用下式求出 t 值：

$$t = \frac{\overline{x} - \overline{y}}{\sqrt{\frac{(n_1 - 1)s_1^2 + (n_2 - 1)s_2^2}{n_1 + n_2 - 1}}\sqrt{\frac{1}{n_1} + \frac{1}{n_2}}} \tag{6-8}$$

式中，$\overline{x}$、$\overline{y}$ 分别为表、底土样元素含量平均值；n_1、n_2 分别为表、底土样样品数；s_1、s_2 分别为表、底土元素含量的标准差。

标准差（s）的求法：

$$s = \sqrt{\frac{\sum_{i=1}^{n}(c_i - \overline{x})^2}{n-1}} \tag{6-9}$$

式中，c_i 为元素的实测浓度。

也可用 Fisher 对比法进行 t 检验：

$$t = \frac{\overline{x}_i \sqrt{n}}{s_d} \tag{6-10}$$

式中，$\overline{x}_i$ 为表、底土样元素浓度差的平均值；n 为样品数；s_d 为表、底土元素浓度差的标准差。

标准差（s_d）的求法：

$$s_d=\sqrt{\frac{\sum_d^2-\left(\sum_d\right)^2/n}{n-1}} \tag{6-11}$$

式中，d 为表、底土样元素浓度差。

上述两式中的显著性水平 P 大于 0.1 时，差异无显著性，表示处于背景水平；否则意味着差异显著。差异显著表示该土壤表土可能或已被污染，在背景值统计计算中应予以剔除。该法适宜于区域性的土壤背景值研究中的判别检验。在具体问题中，具体土壤对象常常需做表层土壤与底土层土壤某一元素的比值，如比值显著大于 1 者，则认为有过污染叠加。这里需要特别强调的是，采用该方法研究背景值时，在确定底层土取样位置时要依据当地土壤剖面特征或土壤发育情况慎重判断，为排除成土过程中元素在不同土层的自然分异形成的表、底土层元素含量差异，原则上应在土壤发生剖面的同一层次内部采取。

3. 富集系数法

利用含量较高的抗风化物质 TiO_2 或 Al_2O_3 作为指示矿物，用下式计算某一元素的富集系数：

$$富集系数=\frac{土壤中元素含量/土壤中\ TiO_2(或\ Al_2O_3)含量}{岩石中元素含量/岩石中\ TiO_2(或\ Al_2O_3)含量}$$

富集系数大于 1 者，表示该元素在土壤中有污染叠加，应予以剔除；一般认为富集系数小于 1.5 时为未污染土壤情况。富集系数应明确指出为表层，因为同一母质上发育的土壤，在自然成土过程中，土壤中某元素有可能向下淋溶、淀积。富集系数可能超过 1，这可认为是由土壤发生过程引起的。同时，由于生物积累，也可能使某元素在表层积聚，这就需要在充分的调查、研究后加以确定。做该检验时还应注意，同一剖面不同层次的土壤应发育于同一母质上，才能按此法计算，否则应做 Ti、Zr 比，以确定剖面是否为同一母质发育的土壤。

4. 元素相关分析法

元素相关分析法是根据发育在同一母质上的土壤样品在其元素含量之间存在着一定相关性的原理进行的一种判断方法。该法关键是要找出一个代表自然含量水平（即未受污染时的含量）而又与其他元素具有一定相关的某化学元素作依据。然后通过计算求出相关系数。相关性好的，再求出线性回归方程，并对回归方程建立 95% 的置信带（区）。处于置信带内的样点，可认为是背景含量；落在置信带外的，则认为含量不正常，可能由污染造成。

5. Hazen 概率格纸作图法

近些年来，有人针对在有些地区（特别是城市或其周边地区）土壤人为影响严重、已基本不存在成土过程中形成的原始土壤元素含量特征的实际情况，提出借鉴地球化学数据处理中 Hazen 概率格纸作图法区分元素成因分布数据集中不同子集的方法思路，将研究区土壤中元素背景含量和后期污染叠加含量分别看作两种成因数据集，利用存在于含量数据间的内在联系规律，对土壤中的背景含量与污染叠加含量进行区分，并进行了研究实践，为呈偏态分布的元素含量数据或多成因叠加土壤元素含量情况下的土壤元素背景含量的确定探索和提供了有价值的方法思路（张辉等，2003）。

Hazen概率格纸作图法区分不同成因数据集方法是地球化学数据处理中的经典方法之一（Sinclair，1976）。适用于该方法的数据集要符合两个条件，亦即可用于Hazen概率格纸区分的有意义数据集必须满足以下两个前提条件。

（1）数据集所包含的子集的数据结构必须满足正态分布规律。

（2）该数据集必须由一定数目的数据构成。数据数目越多，区分效果越好。

具体方法步骤如下。

（1）将实测土壤元素含量数据按含量段（依据样本多少和样本间含量差距特征确定分组含量段）进行数据分组，并统计每组中样品数，计算其在总样本中的出现频率及累积频率。

（2）据由（1）步骤所得累积频率在Hazen概率格纸上作出概率曲线并找出与曲线拐点对应的数据（含量值）。

（3）以（2）步骤求得的拐点对应数据为含量界限将原先的数据集分组，并分别按（1）步骤方法计算每组新数据中每项数据在本组中的出现频率和累积频率。

（4）据（3）步骤求得的累积频率在图上作出曲线，此曲线即为子集数据的累积概率曲线。

（5）据Hazen概率曲线规则进行数据和曲线检验并求取有关参量。

设：子集1的频率为f_1，子集2的频率为f_2……

f_1对应的含量为P_1，f_2对应的含量为P_2……

P_1等于P_2时，对应的f_1、f_2的累积样本数各自在总体数据集中的累积频率之和与P_1或P_2（$P_1=P_2$）的交点应落在总体数据集概率分布曲线上。

f_1、f_2……等于50%处的对应含量值（Hazen概率格纸横坐标数据）即为子集1、子集2……的均值。对应于f_1、f_2……都等于84.1%和子集1、子集2……的累积概率曲线各自的交点含量值与各自均值的差值即为其各子集的标准差。据所得均值、标准差即可求得各子集变异系数。

上述方法已有案例研究实践，并经对比分析其在不同成因金属含量的区分方面具有很好的分辨效果，是值得推荐和应用的一种方法(张辉，2001)。

目前，国际环境科学界在处理污染区土壤元素特别是金属元素背景问题时，多见的是用区域背景含量或同类介质中的含量间接替代和类比等方法进行近似意义上的论证，尚无区分具体环境单元介质中金属背景含量与后期叠加含量的具体方法。Hazen概率格纸作图法区分元素背景含量方法是对土壤污染研究中的背景含量确定方法的一次具有理论根据和实际意义的重要探索。有研究表明，该方法兼具简单易行和较好地符合实际的优点，相信在环境科研实践中将会发挥其积极的甚至是重要的作用。

如前所述，确定土壤中元素原生背景含量是土壤污染研究中一项非常重要的工作，对正确识别乃至防治污染起着至关重要的作用。区分土壤中元素背景含量与污染叠加含量在整个土壤污染研究中是影响到研究结论的瓶颈问题。特别是在城市土壤污染研究中，如何区分介质中原生背景含量与污染叠加含量是一项难度较大而又非常重要的工作，历来是环境科学界的一个棘手课题。由于土壤形成是一个复杂的自然过程，再加上人类活动的影响，在土壤元素背景值研究中，采用任何单一方法判别可疑值的取舍都有其局限性。实际工作中，往往需要多种方法同时进行，互为补充，才可以减少误差和确定出较客观的土壤元素背景值。

第二节 土壤中元素的化学形态

一、元素化学形态概念

在环境污染物的研究中，人们发现各种元素的生物有效性与元素的形态有关。例如，水俣病就是由于食用了含有甲基汞的鱼。痕量金属对鱼类和其他水生生物的毒性，不是与溶液中金属总浓度相关，主要是取决于游离（水合）的金属离子。对于镉则主要取决于游离 Cd^{2+} 浓度，铜则取决于游离 Cu^{2+} 及其氢氧化物，而大部分稳定配合物及其与胶体颗粒结合的形态则是低毒的（Kinniburgh et al，1981）。不过，脂溶性金属配合物例外，因为它们能迅速透过生物膜，并对细胞产生很大的破坏作用。因此，单纯测定介质中金属元素总浓度并不能说明该介质中的金属对生物是否有害，也不能用来判断其环境质量恶劣与否。利用形态分析方法研究土壤中污染物存在形态和形态转化与生物有效性关系，就可为评定土壤的环境质量、确定土壤环境容量等方面提供科学依据。同时，人为转化体系中金属化学形态为不被生物利用的形态，是一个在生物解毒和脱毒方面具有开拓意义的应用领域。

元素在环境介质中的化学形态是评价元素在环境中的生态环境效应的关键参量，也是深刻了解和认识其化学、地球化学行为的重要依据，是环境科学工作者在具体相关工作中必须要面对和解决的一个重要课题。近 20 年来，有关化学形态的报道逐渐增多，Stumm 和 Forstner 的专著都对化学形态分析做了专题讨论，并附注有大量的工作报道（Stumm et al，1981）。我国对化学形态分析的研究也在日趋深入（Manahan，1984）。

瑞典学者 Stumm 认为，化学形态（chemical species）指的是一元素在介质中以某种分子或离子存在的实际形式。例如碘在水溶液中可能以一种或多种形式存在，如 I_2、I^-、I^{3-}、HIO、IO^-、IO_3^- 以及离子对、配合物或有机碘化物等。我国学者曾提出，元素形态实际上包括价态、化合态、结合态和结构状态 4 个方面，有可能分别表现出不同的生物毒性和环境行为。从广义上来说，有关土壤环境中元素行为的研究工作都可以包括在形态研究之内，因为土壤溶液体系中每一种物理、化学参数的改变都有可能引起土壤中原来的金属形态发生变化。例如氧化还原电位、pH 值、离子强度、金属元素的浓度、各种无机及有机组分的种类和浓度这样一些因素的改变，必然会影响到对土壤环境中金属的配合物离解、吸附与解吸、沉淀与溶解、氧化与还原等过程，从而最终导致金属形态的变化（Pugh，1984）。从狭义上来说，介质中痕量金属形态研究指的是从分析化学角度出发，去研究如何区别和测定在介质中痕量金属的不同存在形式，并且利用这种形态分析的手段去研究环境问题。

研究元素存在形态的必要性主要体现在如下几个方面。

（1）环境中的元素可能以各种不同的形态存在，这是客观现象。存在于环境中的各种不同性质的元素，可有不同的来源。例如，地表沉积物和土壤中的微量元素可能有 5 种不同的天然来源，它们包括：①石源性生成物，包括陆源地区的风化产物或河床的岩石碎屑，它们仅发生轻微的变化；②水源性生成物，即由于介质的物理、化学变化所形成的颗粒、沉积产物和吸附物质；③生物成因生成物，包括生物残留物、有机物质的分解产物以及无机的硅质或钙质介壳；④大气成因生成物，即大气中沉降的金属富集物；⑤宇宙成因生成物，即地球以外来的物质颗粒。

（2）同一种化学元素以不同形态存在，将表现出不同的地球化学行为（Sparks，1989）。

例如，元素Mo在不同的条件下可以有5种不同的价态，即有可能生成多种化合物，具有复杂的地球化学行为。譬如，在我国华南红壤、砖红壤分布地区和东北森林土地带，土壤中总Mo的含量都相当高，一般在3μg/g以上，甚至达10μg/g左右，大大高于世界土壤总Mo的平均含量（2μg/g）。但在这些高Mo地区，植物非但没有因此而受到损害，相反，往往还表现出某种程度的Mo缺乏症状，需要施以Mo肥促进植物的生长。这种奇怪现象的出现，就在于华南土壤属偏酸性的富含铁、铝氧化物和黏土矿物的介质，对高价Mo$(MoO_4)^{2-}$的活动有束缚作用，限制了Mo被植物吸收利用；而在东北地区，酸性的富含腐殖质等有机物的环境，使Mo发生一些复杂的聚合反应，形成一些很难被植物根系吸收利用的大分子复杂化合物，如可能生成$[H_3Mo_{12}O_{21}]^{3-}$等聚合体，随着介质酸度的变化，Mo还可能缩合成更大的分子（Stevenson，1994；Tessier et al，1996）。而通过元素存在状态的研究，了解了Mo的形态与环境条件的关系，人们就可因势利导地进行改造。如在上述地区农田中合理地施用石灰，就可既不额外施用Mo肥，又能解除植物缺Mo的症状。石灰提高了土壤的碱性，避免了Mo缩合成大分子的可能性，有利于形成$(MoO_4)^{2-}$，也有利于被吸附的$(MoO_4)^{2-}$从土壤吸附体中释放出来，参与到土壤-植物的循环中去。

（3）促使人们重视元素存在形态研究的另一个直接原因是对环境质量的科学评价。不同形态的元素可能具有不同的毒性，比如，砷是环境污染研究中受到重视的一种元素，但不同的砷化物，毒性有很大差别，砷化氢＞亚砷酸盐＞三氧化二砷＞砷酸盐＞五价砷和砷酸＞砷化物（As^{5+}）＞元素砷。三价砷（三氧化二砷、亚砷酸酐）的毒性较强，因为它们能强烈地抑制细胞呼吸和一些酶的活性，尤其是含双巯基结构的酶（如丙酮酸氧化酶系统），从而导致糖代谢紊乱，细胞呼吸发生障碍，引起中枢神经及末梢神经的功能紊乱。五价砷的毒性稍低，游离砷毒性最低。因此，只有既测定砷的总含量，又了解砷的存在形态，才可能正确地评价环境中存在的砷的作用及其对生物的影响。

（4）在环境治理过程中，元素形态研究是十分重要的。不同形态的离子决定着对处理手段的选择。

二、元素化学形态及其分析方法

1.元素化学形态的研究划分

形态研究涉及不同学科的不同领域，而不同的学科又各有侧重。在环境地球化学领域中，人们首先倍加注意的是元素的结合形态，即所谓地球化学相，是指原先即存在的和人为污染叠加的元素在介质中的赋存形态。多年的研究表明，元素形态一般可区分出五种结合类型，即惰性部分、可交换部分、与铁锰的氧化物和氢氧化物结合部分、与有机物结合部分及与碳酸盐结合部分。

土壤中金属元素的存在形式（化学相）可以具体划分为以下几种。

（1）因土壤颗粒或其主要成分（如黏土、铁锰水合氧化物、腐殖酸及二氧化硅胶体等）对微量金属的吸附作用而形成的“可交换态（或称被吸附态）”。

（2）与土壤中的碳酸盐联系在一起的部分微量金属称为“和碳酸盐结合态”。

（3）与土壤溶液体系中的铁锰氧化物以铁、锰结核或凝结物形式存在于颗粒上，也有的成胶膜覆盖在颗粒上，它们是微量金属极好的吸着剂。与铁锰氧化物联系在一起的被包裹或本身就成为氢氧化物沉淀的这部分微量金属称为“和铁锰氧化物结合态”。

（4）“与硫化物及有机物结合态”，这部分包括在还原环境下生成的硫化物沉淀及被各种形态的有机物束缚的微量金属，这些有机物主要是活的有机体、腐殖质、矿物颗粒上的有机胶体层。

（5）“残渣态或硅酸盐态”，即包含在硅酸盐或铝硅酸盐矿物晶格中而一般不会释放到溶液中去的那部分金属。

较多作者在描述土壤中金属元素形态时，常采用上述划分原则，有的把某个形态划分得更细小一些。如将“可交换态”再分成可溶的与被吸附的两种，将“和铁锰氧化物结合态”再细分为易还原相和半还原相，将“与有机物结合态”又分为与腐殖酸结合及与富里酸结合两种情况，但也有的把土壤中的金属元素只简单地划分为非残渣和残渣两大部分，非残渣金属包括可交换态、与碳酸盐结合态、与硫化物及与有机物结合态、与铁锰氧化物结合态，余下的就是残渣态金属。非残渣态部分的金属在许多文献中又常常被合称为有效态。

被结合于不同化学相中的元素在环境中有着不同的化学行为。例如，无论是常量的还是微量的元素，若是处于惰性结合状态，表明它们存在于载体矿物的晶格中，因而是相对稳定的，往往是随着天然的岩石碎屑或矿物颗粒一起迁移和沉积，一般情况下不会因外界环境酸碱度的改变而从矿物中释出（Allen et al，1980）。因此，即使这些元素的含量很高，它们对环境质量的有害影响也不会很大。但是，如果元素不是存在于矿物中，而是以被黏土矿物吸附的结合形态存在，那就必须考虑其潜在影响。实验证实，被黏土矿物吸附的Cu、Pb、Zn及其他痕量金属，受环境pH值影响很大。当环境变为酸性，H^+浓度增高时，H^+将和痕量金属离子争夺黏土矿物表面的可交换位置，结果使原先被吸附在黏土矿物表面的部分痕量金属离子释放出来，H^+浓度愈大，交换释放出来的痕量金属离子就愈多。在环境变得极酸性时，黏土矿物吸附的痕量金属离子几乎全部释放到体系中。这些被释放出来的大量痕量金属离子有可能重新加入食物链而迁移，从而引起对人体健康的危害。

Forstner等曾对金属元素在上述不同形态中的结合机理进行了总结，其结论概括于表6-4中。

表6-4 金属的物质载体及其结合机制（Forstner，1979）

天然岩石、矿物碎屑		金属主要结合在晶格内
金属 ——氢氧化物 ——碳酸盐 ——硫化物	与pH值有关	由于超过体系中金属元素的溶度积而沉淀
Fe、Mn氢氧化物和氧化物	与pH值有关	物理吸附 化学吸附（在固定位置上的H^+交换） 由于超过溶度积而沉淀
沥青、脂质 腐殖质 残留有机物	与pH值有关	物理吸附 化学吸附（在—COOH和—OH基团上H^+的交换） 配合物
碳酸钙	与pH值有关	物理吸附 假同晶现象（取决于供给和时间） 共沉淀（由于超过溶度积而结合）

2. 土壤中元素化学形态研究方法

土壤中元素化学形态的许多问题实际上都是与土壤溶液体系相联系的。由于元素形态问题本身的复杂性，对于包括水沉积物、土壤等固体介质中元素的化学形态分析目前尚未有针对性很好或完全切合实际问题的分析方案。另外，目前应用于土壤元素形态分析的各种方法，最初也都是针对水沉积物中元素特别是金属元素化学形态分析的探索性成果。由于水沉积物和土壤都是固相物质，从元素化学形态角度看，不存在本质的区别，因此，人们常常把最初针对水沉积物的元素形态分析方法运用到土壤元素形态分析中来，并且可取得较理想的研究结论。应该指出，实际工作中在从各种各样的分析程序获得的分析结果中，无论是水沉积物还是土壤，用不同方法得出的数据往往会存在一些差异，因此，目前的化学形态分析结果尚仅仅是限定在研究者推荐的反应试剂和操作程序条件下的对介质中元素实际存在形态量的一种逼近。自 20 世纪 70 年代以来，各国对元素形态的研究日渐重视，分析程序和方法也日渐完善。目前，国内外有关学者仍在积极地开展元素形态分析方面的深入研究，形态分析工作还处在不断的研究探索中。开展介质中元素形态研究的一个明显趋势是，元素数目愈来愈多，浸提的步骤也愈来愈细。

(1) 化学提取法形态分离技术　对土壤中金属元素形态问题的研究，近些年来进行了大量的工作，许多学者从不同角度对土壤中金属元素的生物可利用性进行定量或定性分析。在这些分析方法中，大致包括实验模拟法、环境地球化学法、化学形态分析法和植物指示法等。其中，前两种方法主要是依据水-岩反应机理以及矿物抗风化能力，针对工矿区富含金属元素的土壤介质中金属的环境效应问题，对该条件下金属的生物可利用性的判断。最后一种方法是从植物对土壤中金属元素的实际吸收效果或吸收量角度，对土壤中金属元素的生物有效性的一种评判（张辉等，1998）。可以想象，这三种方法在实际应用中除了可以说明一些问题外，更主要的是不能很好地反映土壤体系中元素的行为作用和难以确切量化各种因素。因此，在实际工作中影响了其应用，发展受到限制。化学形态分析法是目前应用最广的一种研究土壤中金属元素形态的方法，其用一种或数种化学试剂控制作用条件对样品中的金属元素进行萃取，根据不同化学相中金属元素被萃取程度的难易，将样品中的金属元素分为不同的形态（或化学相）。根据不同的目的，该法又分为连续萃取法和单一萃取法。

① 单一萃取法。连续萃取法与单一萃取法都可提供有关土壤中微量痕量金属化学形态方面的信息。与连续萃取法不同的是，单一萃取法所用的萃取剂通常只有一种或者萃取的步骤只有一次，而且萃取的相态往往不止一种。依据样品的组成与性质以及萃取痕量金属元素种类等因素，在进行单一萃取时所用的试剂也会不同。常用的萃取剂有酸、螯合剂、中性盐和缓冲剂等。

酸试剂一般被用来评估酸性土壤中植物对痕量金属元素吸收的情况。常用的酸试剂有 HNO_3、HCl、HAc 等。有人用 HNO_3 和 HCl 作为单一萃取剂对淤泥污染的土壤进行分析时，发现土壤中元素 Cd 和 Pb 的含量与此土壤上生长的饲料油菜中 Cd 和 Pb 的含量之间存在明显的正相关关系；研究者也发现，用 HAc 萃取的污染土壤中 Cd 和 Ni 的量与植物中这两种元素的量相吻合。

由于螯合剂能与大多数金属离子形成稳定的水溶性螯合物，因此，螯合剂可用来萃取土壤中被植物直接吸收和利用部分的痕量金属元素。常用的螯合剂有乙二胺四乙酸（$C_{10}H_{16}N_2O_8$，ethylene diamine tetraacetic acid，EDTA）和二乙烯三胺五乙酸（$C_{14}H_{23}N_3O_{10}$，diethylenetriamine pentaacetic acid，DTPA）两种。与酸试剂不同，螯合剂一般适用于碱性土壤。当用螯合剂萃取痕量金属含量较高的酸性、还原性或污染严重的土壤样品时，需要加大螯合剂的用量。

中性的盐试剂和缓冲试剂也可用作萃取剂。用中性盐作萃取剂的优点是萃取结果不受土壤酸碱性的影响，其缺点是萃取率较低。由于考虑了土壤体系的酸碱度，因而，缓冲试剂提高了测定结果的可靠性。常用的中性盐试剂有：$CaCl_2$、$Ca(NO_3)_2$、$NaNO_3$、NH_4Ac 和 NH_4NO_3 等。常用的缓冲试剂有：1mol NH_4Ac + HAc，pH = 4.8；0.1mol NH_4Ac + HAc，pH=5.0；H_2CO_3 + $(NH_4)_2C_2O_4$，pH=5.0。

上面提到的许多研究结果都表明单一萃取法从土壤中萃取的痕量金属的量与植物中痕量金属的含量之间有较好的可比性。但是必须注意到，这种可比性不仅与萃取剂和土壤的性质有关，更与植物的种类有关。

② 连续萃取法。化学形态分析法的本质是对不同形态的分离技术。所谓萃取实际上是化学提取，通过不同试剂在体系反应中的行为、作用差异，控制相应反应条件与作用次序，将赋存于不同化学相中的金属分离开来，进行定量分析。因此，尽管土壤金属元素形态分析方法目前都还存在一些问题或不足，但在各种分析方法中，化学形态分析法是适用性最好、使用最为广泛的方法（张辉，1997）。表 6-5 将常见的一些土壤、水沉积物中金属形态分类及其分离方法列出。一些与之不完全一致的分类情况可以看作是下列分类的某种特殊意义的组合。

表 6-5 常见土壤、水沉积物中金属元素形态分类及其分离方法（许鸥泳等，1982）

金属的结合形态	分离提取方法
可交换态	1. 0.1mol/L $BaCl_2$，pH 8.1 2. 1mol/L NH_4Cl 3. 1mol/L $MgCl_2$，pH 7.0 4. 0.5mol/L NaCl-$MgCl_2$，40℃下浸提 6h 5. EDTA
碳酸盐结合态	1. 通入 CO_2 2. 1mol/L HAc 3. 1mol/L NaAc，用 HAc 调节 pH 值到 5.0
铁锰氧化物结合态	1. 盐酸羟氨+25%HAc 2. 0.04mol/L 盐酸羟氨+25%HAc 在(96±3)℃下浸提 3. 溶于 0.01mol/L HNO_3 中的 0.1mol/L 盐酸羟氨 4. 用连二硫酸钠还原，柠檬酸络合 5. 2mol/L HCl 在 40℃下浸提 6h 6. 0.3mol/L 柠檬酸钠+1mol/L 碳酸氢钠+连二硫酸钠 7. 0.3mol/L HCl，在 90℃下浸提 30min 8. 酸性草酸铵(提铁氧化物中的铜和锰)
有机物及硫化物结合态	1. 30%的 H_2O_2，加热至 85℃，用溶于 6%HNO_3 的 1mol/LNH_4Ac 提取，pH=2.2 2. 30%的 H_2O_2，加热至 85℃，用 0.01mol/L 的 HNO_3 提取 3. 5%H_2O_2-2mol/L HCl，40℃下浸提 6h 4. 用次氯酸钠氧化，然后用连二硫酸钠、柠檬酸盐处理
硅酸盐结合态(残渣态)	1. HNO_3+HF+$HClO_4$ 2. HF+$HClO_4$ 3. HNO_3-H_2SO_4(用于测 Cr 和 Cu) 4. 偏硼酸锂熔融(1000℃)，再以 HNO_3 提取

a. Tessier五态连续提取法。土壤中金属的形态划分是从土壤科学和土壤环境科学研究发展起来的。把从土壤中用化学试剂有选择地提取金属的连续提取法应用到金属形态的研究中，Hirst和Nicholls首先做了详细的工作，他们采用乙酸处理及有机物沉淀的方法区别出了碳酸盐岩石的碎屑部分和非碎屑部分的金属组分。自20世纪70年代以来，有学者相继提出了用连续提取法分离沉积物中的可交换态、易还原态（指与铁、锰氧化物结合态）、有机态及残渣态，然后再测定其浓度。Tessier等于1979年提出用化学提取法来研究水沉积物中的金属形态，也将沉积物中的金属形态划分为五种类型（Tessier et al，1979）。他们设计了一组实验，在测定各次提取液中痕量金属的含量时，也同时测定了其中的硅、铝、钙、硫、有机碳及无机碳的含量，另外又对各次提取后的残渣进行X射线衍射分析，然后将这些数据进行对照，证明每一步浸取对目标物质都有较理想的选择性。Tessier等人的这一研究成果在美国化学会主办的“分析化学（Analytical Chemistry）”上发表后，其分析方法很快得到大家的重视并被广为采纳。Tessier等人在1979年推荐的元素化学形态分析方案由于在相对简单易行的前提下对影响因素考虑较全面，因此在形态分析领域影响较大，工作中被实际采用的也最多，其分析程序见图6-1。

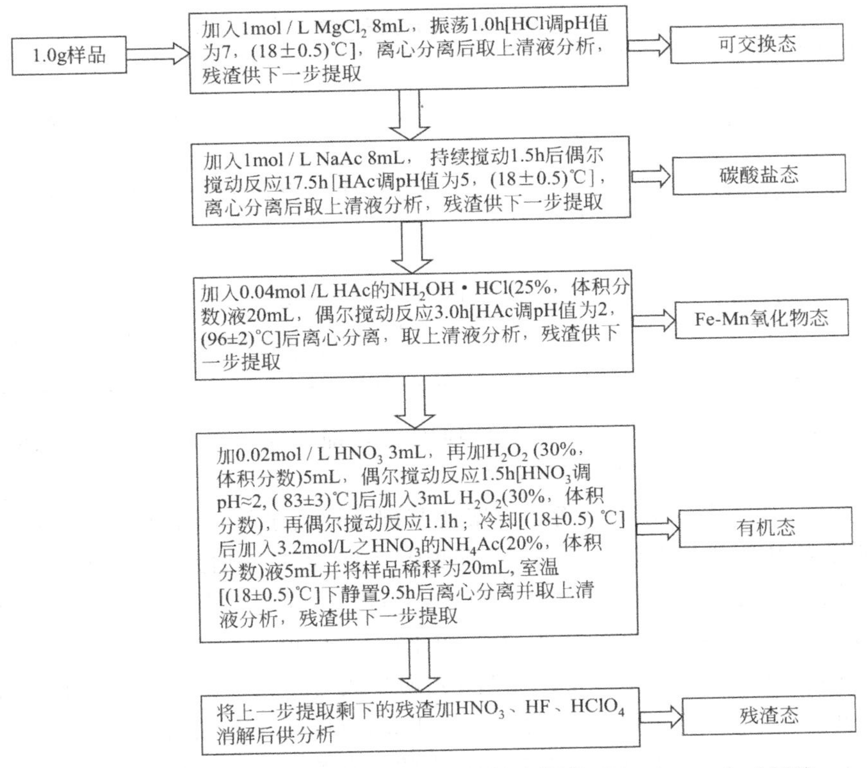

图6-1　土壤痕量金属元素化学形态连续提取程序（Tessier et al，1979）

环境介质中元素化学形态含量这一参数的确定是目前整个环境科学界环境毒物研究中极为重视和关心的问题，多年来一直在探索和寻找适合于各类环境介质的形态分析方法，这方面的研究成果在近年来的国际环境学术刊物上常有报道（Tessier A et al，1979，1996；Gleb P，1996；Ure A M et al，1993；Forstner U，1993；Lopez-Sanchez J F，1993；Salomons W，1993；Gomez Ariza J L，2000；党志，2001；张辉，2001）。

b. 修正的 BCR 四态连续提取法。欧共体标准物质局 BCR（Bureau Community of Reference，现名欧共体标准测量与检测局 SM&T）为解决由于不同学者使用的分析操作流程各异、缺乏一致步骤和标准物质、世界各地实验室间的数据缺乏可比性等问题，在 Tessier 方法的基础上提出了 BCR 三步提取法（Rauret et al，1989）。BCR 提取方法对提取的振荡速度、提取之后的最佳固液分离方法、在提取中固体应该始终保持悬浮状态等细节都有了较为详细的规定与描述（Rauret et al，1989）。BCR 三步提取法将提取出来的痕量金属形态按步骤定义为弱酸提取态、可还原态、可氧化态。

同时为加强对分析质量的控制，还用该方案研制了沉积物标准物质 BCR601，并组织欧盟 8 个国家 20 余个实验室参加进行了 2 轮比对实验，实验室间的比对结果证明了其正确性。Jeffrey 等通过长期的研究也证实了 BCR 方案良好的重现性（Jeffrey et al，2005）。实验对用于提取溶液中痕量金属检测的各种检测技术——火焰原子吸收法（FAAS）、电热原子吸收法（ETAAS）、等离子体光谱法（ICP-AES）和等离子体质谱法（ICP-MS）所得数据进行了分析对比。数据表明，ICP-MS 方法的可接受数据比例最高。BCR 提取方法程序及试剂见表 6-6。

表 6-6　BCR 提取方法

步骤	提取形态	提取条件
1	弱酸提取态	在样品中加入 40mL(每 1g 试样)0.11mol/L HAc,在 20℃下振荡过夜;14.7N 下离心 20min
2	可还原态	在上步提取残渣中加入 40mL(每 1g 试样)0.1mol/L $NH_2OH \cdot HCl$(用 HNO_3 调 pH=2),在 20℃下振荡过夜;14.7N 下离心 20min
3	可氧化态	在上步提取残渣中加入 10mL(每 1g 试样)8.8mol/L H_2O_2(用 HNO_3 调 pH=2),在室温下振荡 1h;再次加入 10mL(每 1g 试样)8.8mol/L H_2O_2(用 HNO_3 调 pH=2),在 85℃下振荡 1h,使溶液蒸发至几毫升;最后加入 50mL(每 1g 试样)1mol/L NH_3OAc(用 HNO_3 调 pH=2),20℃下振荡过夜;14.7N 下离心 20min

Ure 等人在 1993 年提出了四步提取的 BCR 法，即增加了残余态金属形态的提取（Ure et al，1993），用以检验各步骤的提取效果。

Rauret 等于 1999 年又在 Ure 等人方案的基础上提出了修正的 BCR 顺序提取方案。将第 2 步可还原态中所用 $NH_2OH \cdot HCl$ 的浓度从 0.1mol/L 增加到 0.5mol/L，将 pH=2 改为 pH=5，同时将每步离心处理过程中的离心力由 14.7N 改为 29.4N，明确反应温度为 22℃±5℃；并依据该方案研制了标准物质 BCR701（定值元素为 Cd、Ni、Zn、Cr、Cu 和 Pb）。改进方案中 Cr、Cu 和 Pb 的重现性得到明显改善，且较原方案能更好地减少基体效应，适应了更大范围土壤、沉积物的分析。基于此，目前已经停止了标准物质 BCR601 的使用。当前，修正后的 BCR 提取方案被越来越多的研究者采用，见表 6-7。

表 6-7　经修正的 BCR 提取方案

步骤	提取形态	提取条件
1	弱酸提取态	在样品中加入 40mL(每 1g 试样)0.11mol/L HAc,在 22℃±5℃下振荡 16h;在 29.4N 下离心 20min
2	可还原态	在上步提取残渣中加入 40mL(每 1g 试样)0.5mol/L $NH_2OH \cdot HCl$,在 22℃±5℃下振荡 16h;在 29.4N 下离心 20min

续表

步骤	提取形态	提取条件
3	可氧化态	在上步提取残渣中加入10mL(每1g试样)8.8mol/L H_2O_2(pH=2～3),室温下保持1h,然后加热到85℃±2℃保持1h;再次加入10mL(每1g试样)8.8mol/l H_2O_2(调pH=2),在85℃±2℃下保持1h,使溶液蒸发至几毫升;最后加入50mL(每1g试样)1mol/L NH_3OAc(pH=2),在22℃±5℃下振荡16h;在29.4N下离心20min
4	残余态	王水消解,遵循ISO规范(11466)

c. 三态法——金属形态分析方法的一种改进与推荐。如前所述，当前的形态分析仍存在许多不足与缺陷。如目标物与作用剂反应不彻底、不完全，实验过程对提取的有效性有影响，样品与试剂间量比会影响结果准确性，粒度分布与矿物组成会影响浓度准确性，样品制备过程形态将发生改变等。而且使用不同的提取方法及提取过程中使用的不同试剂都会对结果产生影响，从而使得用不同的提取方法取得的数据之间缺乏可比性。鉴于这种情况，有人试图在前人研究成果基础上结合实际工作积累探索一种便捷、适用和较高效的痕量金属形态分析方法，提出了“三态法”金属形态分析思路和具体操作程序（张辉，2015）。

就Tessier方法划分的五种痕量金属形态，即可交换态、碳酸盐态、Fe-Mn氧化物态、有机态和残渣态来看，介质中交换吸附在黏土矿物及其他成分上的可交换态痕量金属与结合在碳酸盐矿物中的碳酸盐结合态痕量金属，在环境体系的pH值降低时即会被释放进入体系溶液中，属于最容易被生物利用的痕量金属部分；与铁、锰或铝的氧化物和氢氧化物结合的Fe-Mn氧化物态痕量金属和与有机质螯合或存在于硫化物中的痕量金属，只有在环境Eh值变化时才会被释放，这部分金属通常情况较可交换态与碳酸盐结合态痕量金属相对不易被生物利用；而被束缚于黏土等结晶硅酸盐矿物晶格里的残渣态痕量金属，在地表通常条件下很难重新进入体系溶液中，即难以被生物利用，一般认为不具有生物活性。因此，本书中针对土壤、水沉积物中痕量金属形态问题，将Tessier法中的可交换态痕量金属和碳酸盐态痕量金属合称为“生物易利用态痕量金属”，将Tessier法中的Fe-Mn氧化物态痕量金属和有机态痕量金属合称为“生物可利用态痕量金属”，将Tessier法中的残渣态痕量金属称为“生物不可利用态痕量金属”。这样的痕量金属形态分类方法似乎更贴近实际情况，并且在实际工作中有利于对痕量金属生物效应的较直接认识与评价。这里将这种分类方法称之为“三态法”。

“三态法”根据在自然界痕量金属元素从介质中释放条件的相似性划分痕量金属形态，一定程度上明确了痕量金属被生物利用的难易程度区分和二次污染风险，希望对快捷、高效地评价环境痕量金属污染起到积极意义。

归纳“三态法”的提取程序见表6-8。

表6-8 土壤、水沉积物中痕量金属元素三态法形态分析程序及试剂（1g干样品）

序号	提取形态	提取程序
1	生物易利用态	在样品中加入40mL(每1g试样)0.11mol/L HAc,在室温下振荡16h;在4000r/min下离心15min;上清液过滤定容
2	生物可利用态	在上步提取残渣中加入10mL(每1g试样)8.8mol/L H_2O_2(HNO_3调pH=2),在室温下静置1.5h,水浴(85±2)℃下反应4.5h,蒸发至体积小于3mL; 再次加入10mL(每1g试样)8.8mol/L H_2O_2,在85℃±2℃下保持1h,使溶液蒸发至体积小于3mL; 加入40mL(每1g试样)0.5mol/L $NH_2OH \cdot HCl$,在室温下振荡16h;最后加入5mL(每1g试样)20mol/L NH_3OAc;在4000r/min下离心15min;上清液过滤定容
3	生物不可利用态	HCl-HF-$HClO_4$消解(As元素采用王水低于100℃消解)

目前，已有工作在较大范围介质内对“三态法”的适用性和分析效果进行验证，分别选取了岩石（原煤）、土壤、水体沉积物（底泥）三类样品，选用当前主流痕量金属形态分析方法中的代表性方法——修正的 BCR 连续提取方法、单独提取法（本实验中采用 DTPA-5Na 盐法）和“三态法”进行对比实验，以对该方法的分离分析效果及其适用性进行判断。实验内容包括：原煤样品（山西大雁煤矿无烟煤）、土壤样品（内蒙古河套地区 As 污染区土壤）和水沉积样品（上海黄浦江现代沉积物），分别采用修正的 BCR 方法、DTPA-5Na 盐法和三态法进行痕量金属形态分析提取实验。

分别就干重 1g 的上述各类样品，实验程序及试剂分别见表 6-9～表 6-11。

表 6-9 修正的 BCR 法痕量金属形态分析方法提取步骤及试剂

序号	提取形态	提取试剂	提取条件
1	水或酸溶解态	40mL(每 1g 试样)0.11mol/L CH_3COOH	16h、室温、4000r/min 20min
2	可还原态	40mL(每 1g 试样)0.5mol/L $NH_2OH \cdot HCl$	pH 5、16h、室温、4000r/min 20min
3	可氧化态	2×10mL(每 1g 试样)8.8mol/L H_2O_2 蒸发近干，45mL(每 1g 试样)1mol/L NH_4Ac	pH 2 4000r/min 20min
4	残余部分	HCl-HF-$HClO_4$(As 元素采用王水低于 100℃消解)	消解

表 6-10 DTPA-5Na① 盐法痕量金属形态分析方法提取步骤及试剂

序号	提取形态	提取试剂	提取条件
1	可生物利用态	10mL(每 1g 试样)0.05mol/L DTPA-5Na＋0.01mol/L $CaCl_2$＋0.1mol/L TEA②	pH 7.3、2h、室温 4000r/min 20min
2	不可生物利用态	HCl-HF-$HClO_4$(As 元素采用王水低于 100℃消解)	消解

① DTPA 中文名称为二乙烯(基)三胺五乙酸。

② TEA 中文名称为三乙醇胺(三羟乙基胺)。

表 6-11 三态法形态分析程序及试剂

序号	提取形态	提取试剂	提取条件
1	易生物利用态	40mL(每 1g 试样)0.11mol/L CH_3COOH	16h、室温、4000r/min 20min
2	可生物利用态	10mL(每 1g 试样)8.8mol/L H_2O_2 蒸发近干(同剂量进行两次)，40mL(每 1g 试样)0.5mol/L $NH_2OH \cdot HCl$，5mL(每 1g 试样)5.5mol/L NH_4Ac	pH 2、16h、室温、4000r/min 20min
3	不可生物利用态	HCl-HF-$HClO_4$(As 元素采用王水低于 100℃消解)	消解

三态法研究中就 Pb、Zn、Cu、As 四个元素的情况进行讨论。根据所研究元素的分析化学特征，工作中分别选用了不同仪器。主要实验仪器为 IRIS Advantage 1000 型全谱直读电感耦合等离子体发射光谱仪（ICP-AES，美国 Thermo Jarrell Ash 公司制造，用于 Cu 分析）、PE-5100 型火焰原子吸收分光光度计（美国 PE 公司制造，用于 Cu、Zn 分析）、AFS-810 型双道原子荧光光度计（北京吉大小天鹅仪器有限公司制造，用于 As、Pb 分析）、AMA 254 型测汞仪（德国 Sigma 公司制造，用于 Hg 元素分析）和 3-18K 18000r/min 型高

速调温调速离心机等。

上述比较情况表明，对介质中生物不可利用态在不同介质以及在相同介质不同元素间，各分析方法的结果存在一定差异。其中，土壤在不同分析方法间的数据吻合情况好于沉积物和原煤；不同元素间在各类介质中 Zn 的吻合情况多数情况较差。除 Zn 和 Cu 在沉积物中的 BCR 法吻合情况较差外，其他元素在各类介质中不同方法间的数据吻合程度差异尚在有意义范围之内（误差<25.6%）。

由于 DTPA-5Na 盐法实际上只能给出生物易利用态的数据，其与 BCR 法、“三态法”等方法存在形态定义角度的差异，在实际应用中一般情况下属于特例或较少被用到的情形，在这里的比较研究中只起与其他方法得出的可交换态、酸溶态、生物易利用态的对比作用。而目前在土壤、水沉积物痕量金属形态研究中，最常用的方法首推 BCR 法。在“三态法”分析方法中的“生物易利用态”与修正的 BCR 法中的酸溶态相当，为体系中最易被生物吸收利用的金属含量部分，也是有关研究工作中最为关注的内容。这两种方法在不同介质中的“生物易利用态”分析结果见图 6-2（张辉，2015）。

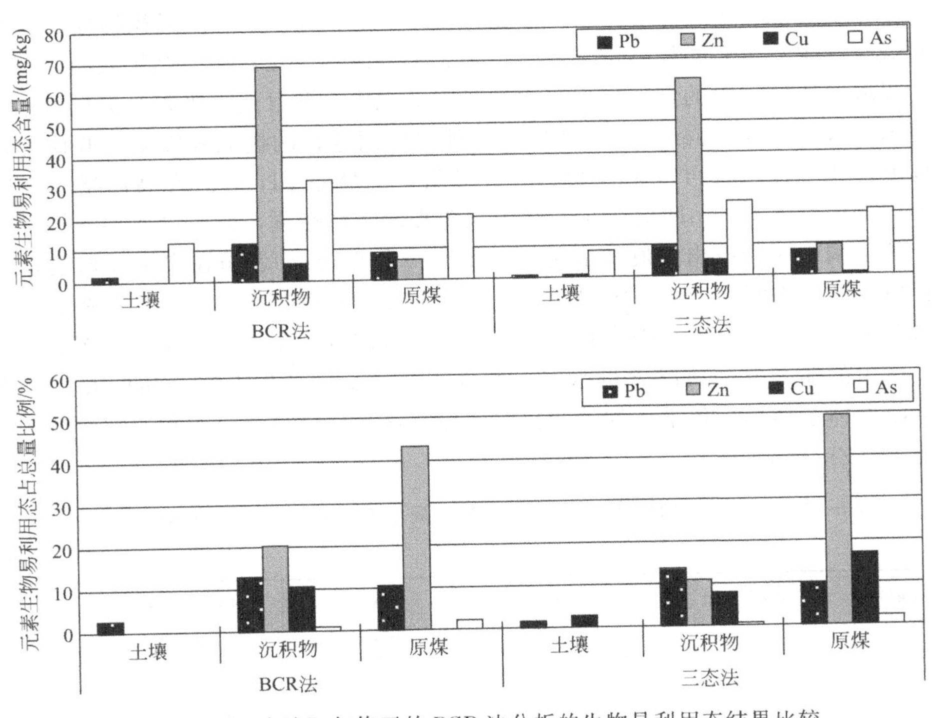

图 6-2 “三态法”与修正的 BCR 法分析的生物易利用态结果比较

图 6-2 表明，由两种方法在不同介质中获得的易被生物利用的金属含量部分的结果总体上有着较好的一致性。各元素“三态法”的生物易利用态含量数据在原煤中比 BCR 法的数据偏高，各元素含量分别高出 BCR 法含量的 0.96%～31.03%；在沉积物中偏低，其含量分别低于 BCR 法含量的 7.52%～25.72%。上述情况表明，两种方法的误差均属正常或在相对可接受范围内。

在痕量金属形态分析中，就问题的针对性而言最关键的是两部分含量。其一为生物易利用态含量——是污染物生物有效性的直接标志，也是人们最为关注的部分；其二为生物不可利用态含量——是对生物安全的含量部分，其大小可作为污染物生物有效性的间接标志

(Zhang et al，2009)。上述两部分含量情况在不同方法、不同介质中的比较情况表明，无论是从获得的哪部分含量数据角度来看，“三态法”分析的结果都是可接受的。

由于目前人们能够做到的痕量金属形态分析方法尚停留在操作定义阶段，基于介质中的具体情况和形态问题本身的复杂性，如前所述，在各种方法所得数据间存在差异是不可避免的。上述“三态法”的操作程序以及分析结果表明，与目前主流方法相比这种分析方法具有明显的易操作性和更好的适用性，其是颇有意义和值得进一步探索发展的一个方向。这也是本书在这里特别予以介绍和推荐的原因。应该说，“三态法”金属形态分析方法程序揭示的意义应该远比上述有限工作获得的数据重要，希望其能够对痕量金属形态分析方法的不断改进起到促进作用。

需要指出，上述对于土壤中金属形态的划分所采用的化学提取法并不是严格的，某种金属在各种形态间的分配并不一定就确切反映出各个物相的相对量，而只应是该种提取方法的操作所限定的结果。有人曾对化学提取法中所出现的吸附问题做过专门的研究。他选用有代表性的 7 种提取剂，即 0.01mol/L 盐酸、0.05mol/LEDTA、25%的乙酸、0.1mol/L 柠檬酸钠、乙酸铵、过氧化氢和 0.1mol/L 的盐酸羟胺，分别对 5 条河流沉积物样品进行提取试验，同时做了一组在沉积物样品中加有铜、铅、镉溶液的对比试验。结果表明，沉积物用化学提取法提取时所释放出的金属出现再次被吸附的现象，并且这种吸附是提取液 pH 值的函数。王晓蓉等人利用 Tessier 方法所使用的各种提取剂进行的提取和吸附实验研究，也再次证明在提取过程中存在着再吸附作用，并且吸附量随体系 pH 值的升高而增大。实验还表明，当不同提取剂溶液的 pH 值为 1.0 时，只要提取条件相同，则不论使用哪一种提取剂进行提取，从土壤中所释放出的痕量金属浓度相近（表 6-12）。表明在实际提取痕量金属的过程中，提取剂的 pH 值对于从土壤中释放金属浓度起主要控制作用。由于存在着再吸附，可能导致对提取量的严重曲解，因为在提取液中的金属浓度并不表明在土壤或沉积物中被化学提取剂浸取出的那部分金属的含量水平。此外，痕量金属的形态在介质中并不是固定不变的，其会随着体系物理、化学条件的变化而变化，这是环境科学与工程研究领域的一个重要的前沿课题（Zhang，2017）。

表 6-12 pH 值恒定时不同提取剂提取的金属浓度（pH=1.0）（王晓蓉，1993）

单位：μg/mL

提取剂／元素	$MgCl_2$① 1mol/L	NH_4Ac① 1mol/L	NaAc② 1mol/L	$NH_2OH\cdot HCl$② 1mol/L	HCl② 1mol/L
Fe	39.0	39.5	86.5	108.0	89.2
Mn	0.80	0.74		1.07	1.13
Cu	0.38	0.35	0.50	0.33	0.57
Zn	1.90	1.95	2.20	2.25	2.20
Pb	1.52	1.40	1.50	1.29	1.37

① 25℃下持续搅拌 1h 实验结果。

② 25℃下恒温振荡 8h 实验结果。

(2) DGT (diffusive gradients in thin-films) 形态分离技术　DGT 形态分析方法的全称是薄膜扩散梯度形态分析技术（diffusive gradients in thin-films，DGT）。这一技术是近十几年发展起来的对土壤、水沉积物同体介质以及水、沉积物/水界面等环境体系中在原位定量累积和测量痕量金属、营养元素（S、P）有效态或生物可给性的新方法（范洪涛等，2009；Davison et al，1994）。DGT技术以描述稳态扩散的菲克第一定律为理论基础，通过一定厚度的可渗入离子的扩散相将离子交换树脂与体系溶液隔开，利用扩散相控制离子自由扩散过程，做到对被监测物质的定量累积和测量（Davison et al，1994；范洪涛等，2009）。

菲克定律是生理学家阿道夫·菲克（Adolf Fick）于1855年发现并提出的，用来描述气体扩散现象的宏观规律，包括以下两项内容。

① 1855年，菲克得出了在单位时间内通过垂直于扩散方向的单位截面积的扩散物质流量（称为扩散通量/diffusion flux，用J表示）与该截面处的浓度梯度（concentration gradient）呈正比的研究结论。也就是说，浓度梯度越大，扩散通量越大。这就是菲克第一定律（Davison et al，1994；范洪涛等，2009）。

② 在菲克第一定律的基础上又推导出第二定律，即菲克第二定律。它指出，在非稳态扩散过程中，在距离x处，扩散物质浓度随时间的变化率等于该处的扩散通量随距离变化率的负值。

菲克定律与同时代的其他著名科学家所发现的定律有近似的地方，如达西定律（水流）、欧姆定律（电荷运输）及傅里叶定律（热运输）。不同领域在需要模拟物质传输过程时，都会用到各种基于菲克定律的方程。这些领域包括食品、生理学（神经元、生物聚合物、药剂）、土壤及半导体掺杂过程等。在土壤体系的元素形态分析中，DGT技术通常用如下公式计算本体溶液的浓度：

$$C_b = M\Delta g/(DtA) \tag{6-12}$$

式中，C_b为本体溶液中金属的浓度；M为金属扩散到DGT装置中的扩散量；Δg为与本体溶液分开的扩散相的厚度；D为金属在扩散相中的扩散系数；A为DGT装置上允许离子扩散的面积；t为扩散时间。M值可通过扩散装置测量得到，Δg、A、t均为可测量的量，D是在一定温度下金属离子在扩散相中的扩散系数。在常规应用中，一定温度下Δg、A、t、D均是常数。M与C_b存在上述函数关系（Philibert J，2005）。

DGT装置的核心主要由两部分组成，即扩散相和结合相。最早的DGT装置采用聚丙烯酰胺凝胶、琼脂凝胶、透析膜、色谱纸为扩散相（Zhang et al，1995）。后来Panther等利用一个带负电荷的膜（Nafion）为扩散相（Panther et al，2008）。研究表明以Nafion膜为扩散相的DGT装置与以聚丙烯酰胺凝胶为扩散相的DGT装置联用可以很好地测量水体系中As的不同价态浓度。与扩散相内部紧密相连的是结合相，其主要作用就是配位本体溶液中通过扩散相传输到结合相的被监测物质，使扩散相与结合相界面间的被监测物浓度降至最低。DGT技术采用的结合相其分子结构中含有一些可提供配位电子对的官能团，如氨基、磺酸基、羧基等（Fan et al，2009）。这些官能团可以与金属离子发生配位反应。DGT装置的结合相分固体和液体。液体结合相易于处理，操作简单，分析时不需要洗脱，进一步提高了DGT装置的准确性和精密度等特点，近些年得到了进一步的研究（Li et al，2003；Fan et al，2009；Li et al，2008）。

DGT技术应用在土壤环境研究中是一种金属形态测量方法，通过调整结合相种类、扩散相厚度与孔隙大小可控制DGT测得的金属有效态的组分。除游离形态之外，无机结合态和部分弱有机结合态也可能包括在DGT有效态中，这主要取决于上述络合物的稳定程度和分子大小。与胶体和颗粒物结合的形态，由于其体积大于扩散相孔隙，通常不包括在DGT有效态中。

DGT方法是一种原位形态测量技术，取样后只需将样品带回实验室进行相关成分分析测定即可，既避免了程序繁杂的分离实验操作，又能回避由操作及试剂引起的误差，可较客观地得到元素生物有效态部分的实际含量。大量验证工作表明，DGT法和透析装置法（一种金属形态测量方法）对金属形态测量的结果吻合度很高。如有人利用DGT法和透析装置法在pH=4.0和pH=7.0条件下测量了4种土壤溶液中Al、Fe（Ⅲ）和Zn的有效态浓度。对于pH=4.0的土壤溶液，DGT法和透析装置法对三种金属有效态浓度的测量没有差异。对于pH=7.0的土壤溶液，DGT法和Dialysis法对Al和Fe（Ⅲ）的有效态浓度的测量也没有差异，但是对Zn的有效态测量时，两种方法的测量值不同，DGT法对Zn有效态的测量值高于透析装置法的测量值。这是由于在pH=7.0的条件下，部分Zn天然有机配合物不能被透析装置法测量到，只能被DGT法所累积和测量。这表明DGT方法获得的测量结果是相对较切合实际情况的。

作为一种简单、易行的技术，DGT技术目前已经广泛应用于土壤、河流、海洋沉积物以及淡水、海水、污水中痕量金属的检测。DGT方法也是预测金属的生物可利用性的技术之一，它能够测定土壤和沉积物孔隙水中金属的浓度以及金属从固相到液相的释放通量。Zhang等利用DGT法预测了植物（*Lepidiumheterophyllum*）对Cu的生物可利用性。研究组测定了29种含铜量不同土壤中Cu的DGT有效态浓度、EDTA萃取态Cu的浓度、Cu的活度和土壤溶液Cu的总浓度，并与种植在这些土壤上的植物（*Lepidiumheterophyllum*）对铜的累积浓度进行了比较。研究结果表明，Cu在植物*Lepidiumheterophyllum*中累积的浓度与Cu的有效态浓度有很好的相关性，但是与自由铜离子活度、EDTA萃取浓度、土壤溶液总浓度则没有相关性。说明土壤中痕量金属的主要供给过程是扩散和不稳定金属部分的释放，DGT方法的有效态金属浓度测量为土壤中金属生物可利用性的原位定量测量提供了可能。

一些学者将DGT技术和已有的土壤金属生物可利用性的测量方法即化学萃取法进行了比较。例如，有人用DGT法和化学萃取法预测了江苏省水稻种植区水稻根部和果实中Cd、Cu、Pb、Zn的浓度。结果表明DGT法优于化学萃取法。还有人比较了DGT法和1mol/L NH_4NO_3溶液萃取法预测一种Cu超积累植物（*Elsholtzia splendens*）和一种耐Cu植物（*Silene vulgaris*）对30种不同浓度Cu污染土壤中Cu的生物可利用性。实验表明，两种植物中Cu的累积浓度与Cu的DGT测量有效态浓度有很好的相关性。DGT法测得的有效态Cu含量明显优于用土壤中Cu的总浓度、EDTA萃取Cu浓度和Cu的活度等方法算得和测得的植物Cu的生物可利用性含量。Nolan等利用DGT法和0.01mol/L $CaCl_2$溶液萃取法对小麦中的Zn、Cd和Pb的生物可利用性进行了评价，结果表明DGT法可以很好地预测Zn、Cd和Pb在植物中的累积。有人利用DGT法和0.01mol/L $CaCl_2$溶液萃取法对植物中Zn的生物可利用性的评价结果也与上述情况相似。

上述研究表明，DGT技术可以很好地评价金属的生物可利用性。不过，有些学者认为利用DGT技术评价金属生物可利用性的方法尚有待商榷。例如，有人比较了DGT法和其他几种土壤化学萃取法（0.1mol/LCH_3COOH、0.4mol/L $MgCl_2$、BCR标准连续萃取法）对U的生物可利用性的评价工作，结果表明DGT法对土壤溶液中U的有效态浓度可以很好地预测植物（黑麦草）对U的吸入量，但是DGT法的计算与土壤溶液的pH值有直接关系。他们认为利用DGT法预测土壤溶液中U的生物可利用性需要进一步商榷。有人比较了DGT法利用0.01mol/L$CaCl_2$溶液萃取法在28种外加标的土壤中对Zn生物可利用性的测量。在土壤溶液中DGT法测量的Zn有效态浓度与0.01mol/L$CaCl_2$溶液萃取法测量的Zn浓度有很好的相关性。在莴苣和草类植物中Zn的累积与Zn的DGT有效态浓度也表现出很好的相关性，而在羽扁豆类植物中Zn的累积与Zn的DGT有效态浓度则没有相关性。有人认为DGT法可以评价部分植物的金属生物可利用性，但是其不适用于整个陆地生态系统。虽然DGT法对金属生物可利用性的测量存在着一些争议，但DGT法测量部分植物金属生物可利用性与土壤化学萃取法的测量结果是一致的，只是有待于进一步深入研究，如其适用的生物体、DGT装置使用和操作的标准化、痕量金属扩散系数的校正等。

在目前采用的原位采样技术中，如透析装置（dialysispeepers）法、半透膜装置（semi-permeablemembrane device，SPMD）法以及薄膜扩散平衡（diffusive equilibrium in thin-films，DET）技术等，DGT法是痕量金属生物可利用性分析测量技术中的一项实用且有特色的方法。相对于其他形态分析技术，DGT技术的优势在于以下几方面。

① DGT技术具有选择性。DGT技术只能测量那些能够通过扩散相并且能被结合相累积的可溶性形态，而其他技术像透析装置法和薄膜扩散平衡（DET）技术则没有选择性，被监测物质的可溶性形态都能扩散到采样介质中，并能够被透析装置法和DET技术检测到。

② DGT和其他原位被动采样技术的测量机理不一样，不是平衡采样技术，而是一种动力学采样技术，采样期间在水凝胶中维持一定的浓度梯度，它只与被监测物质的动力学和扩散相的特性有关。

③ 可以提供被监测物质有效态在监测期间的平均浓度。

④ 可以测量超重的被监测物质有效态。DGT法和透析装置法对同一水体中痕量金属有效态的测量是不同的，这与痕量金属的形态有直接关系。

如前所述，痕量金属的形态测量一直是环境科学和分析化学工作者关注的焦点问题。目前，DGT作为一种形态测量的工具已被许多学者应用于实际环境科学与工程问题研究中。例如，有人利用扩散层厚度不同的DGT装置对淡水中痕量金属的无机络合物和有机络合物进行了测量，Panther等利用DGT测量了水体中总的溶解性无机砷的含量，有人利用DGT测量了水体中纳米银的含量，等等。一些学者将DGT与其他形态测量以及分析方法如DET/薄膜扩散平衡法、离子选择电极法（ISE）、配体交换法（competing ligand exchange，CLE）、HPLC-ICP-MS等技术联用，用于环境中痕量金属的形态测量。还有些学者将DGT与一些形态测量方法（伏安法、超滤法/UF、流动注射法/FIA、固相萃取法/SPE、WHAM模型）进行比较研究。

总之，从实际工作中对环境体系的适用情况而言，DGT技术适用的体系更宽，能用于水体、沉积物、土壤，而透析装置法和DET技术仅可用于水体和沉积物孔隙水测量。就形态测量方面而言，透析装置法和DET技术测量的形态是相同的，测量的均是物质可溶性形态的总浓度。DGT技术测量的形态要比透析装置法和DET技术所测量形态的范围窄，只能测量能够通过扩散相并能被结合相累积的可溶性形态，然而这部分形态恰恰是能够对生物产生危害和毒性的，也是环境化学家最为关注的含量部分。随着全球环境问题的加剧，由于环境体系的多样性、复杂性和多变性，单一的采样和分析方法不能全面地了解和认识某一区域环境污染的变化和危害。多种采样、分析技术的联用，就某一区域内环境污染物的浓度和形态的变化进行全面、综合、及时、高效的监测和评价，将会为环境科学研究提供更加准确、可靠的技术支持。原位被动采样技术简单、方便、无需动力驱动，可以长时间监测污染物浓度，了解其形态变化、预测其生物可利用性等，势必将成为未来环境科学与工程研究中形态分析的重要手段。

在环境问题研究中，就固体介质而言，人们在较多的情况下需要面对的常常是水沉积物或土壤。因此，沉积物和土壤中痕量金属形态分析是日常工作中最为常用的。虽然这两种介质成因不同，其物理化学性质亦有别，但从物相以及其化学成分的分析提取角度来看似乎不存在本质的区别。在地表环境中，两种物质均为以无机铝硅酸盐矿物为主的松散物质体系，除此之外也常含有一定量的有机物、氧化物（或其水化物）以及少量的其他盐类，如碳酸盐、硫酸盐、磷酸盐等。因此，从物质成分的提取分离角度看，沉积物和土壤中痕量金属形态分析与上述水体颗粒物中痕量金属的形态分析在方法上不存在本质的区别。这也是最初Tessier等基于水沉积物中痕量金属形态研究提出的形态分析方法被广泛应用于土壤介质中痕量金属形态分析，以及其后出现的不断演进、修正的诸多方法都适用于沉积物和土壤中痕量金属形态提取分析的原因。目前，人们在痕量金属形态分析中，在选用方法时一般都认为土壤和沉积物对提取分析程序的适用性是没有显著区别的。

目前，在诸多方法对比以及原因讨论基础上，土壤中痕量金属形态分析较常用的方法与上述水体系中颗粒态痕量金属（金属的沉积相或颗粒态）形态分析方法一样，是Tessier等的五步连续提取形态分析方法和欧共体标准物质测量与检测局（BCR/SM&T）推荐的四步连续提取分析方法。此外，近年研究表明，虽然痕量金属形态分布是自然介质（土壤、水、沉积物）中的客观情况，但这种分布是动态的，随着体系物理、化学条件的变化，痕量金属的形态会随之进行变化，以适应环境条件（Zhang，2014，2017）。痕量金属的不同形态在不同条件下会发生转化，其体现在环境效应上亦会发生相应改变。因此，痕量金属形态问题是一个比较复杂的问题，其既是环境科学特别是环境土壤学的重要课题，同时也是环境科学与工程研究中的难点之一，尚需要做大量的工作。

综上所述，经典的Tessier五步连续提取法、BCR的连续提取法及其改进的方法、三态法分析法和DGT分析方法，都为痕量金属元素的生物地球化学循环和环境污染程度、效应等研究提供了非常重要的方法支持。毋庸置疑，如何获得样品中痕量金属总量的真实值、如何在顺序提取过程中不改变样品性质而确定痕量金属各种形态的真实含量、如何研究建立适用面更广的通用顺序提取化学形态分析方法，仍然是环境科学的前沿问题，也必将是今后该领域的研究热点和难点之一。因此，应重视土壤、沉积物及其他环境介质中顺序提取化学形态分析方法的研究，特别应关注简便、高效、易于标准化的方法研究工作，以更好地满足当前污染防治、环境保护工作的需求。

思考讨论题

1. 土壤中的元素为什么存在背景含量？土壤中元素的背景含量与哪些因素有关？
2. 关于土壤中元素的背景含量主要有哪些不同认识？为什么？
3. 土壤中元素的背景含量研究有什么意义？
4. 土壤中元素的背景含量研究主要有哪些方法？其各自的理论依据是什么？
5. 土壤中痕量金属元素的化学形态在环境科学问题中有什么具体意义？
6. 土壤中金属元素的化学形态分离方法主要的有哪些？
7. 简述土壤中元素的背景含量影响因素、研究现状和在土壤污染研究中的作用。
8. 简述土壤中元素的化学形态研究现状与意义。

参考文献

蔡士悦，等，1986. 北京地区土壤（草甸褐土）有机物矿物油的容量研究. 环境科学研究，2：1-11.

陈静生，1990. 环境地球化学. 北京：海洋科学出版社.

党志，刘丛强，尚爱安，2001. 矿区土壤中痕量金属活动性评估方法的研究进展. 地球科学进展，16（1）：86-92.

范洪涛，孙挺，隋殿鹏，等，2009. 环境监测中两种原位被动采样技术——薄膜扩散平衡技术和薄膜扩散梯度技术. 化学通报，72：421-426.

牟树森，青长乐，1993. 环境土壤学. 北京：中国农业出版社.

王晓蓉，1993. 环境化学. 南京：南京大学出版社.

魏复盛，陈静生，吴燕玉，郑春江，1991. 中国土壤环境背景值研究. 环境科学，12（4）：12-19.

许鸥泳，曾灿星，1982. 天然水中金属形态分析. 环境化学，1（5）：329-343.

张辉，2003. 土壤痕量金属污染研究中原生背景含量与污染叠加含量的区分. 环境化学，22（6）：615-620.

张辉，1997. 南京地区土壤沉积物中痕量金属形态研究. 环境科学学报（3）：346-352.

张辉，马东升，1998. 公路痕量金属污染的形态特征及其解吸、吸持能力探讨. 环境化学，17（6）：564-568.

张辉，2001. 痕量金属污染的地球化学研究——城市和区域性污染的特征与机制. 南京大学地球科学系博士论文.

张辉，2015. 痕量金属的环境行为——区域与城市污染. 上海：上海交通大学出版社.

张辉，2014. 痕量金属的环境行为——区域与城市污染. 上海：上海交通大学出版社.

赵其国，1990. 中国土壤元素背景值. 南京：中国科学院南京封丘试区“七五”攻关课题组.

朱祖祥，1982. 土壤学. 北京：农业出版社.

Allen H E，et al，1980. Metal speciation effects on aquatic toxicity. Environ Sci & Technology，14：441.

Adrienne C L，Larocque P，Rasmussen E，1998. An overview of trace metals in the environment，from mobilization to remediation. Environmental Geology，33：85-91.

Bohn H L，et al，1985. Soil Chemistry. Second Edition. John Wiley & Sons.

Bowen H J W，1979. Environmental Chemistry of the Elements. Academic Press.

Carrillo A，Drever J I，1998. Adsorption of arsenic by natural aquifer material in the San Antomio-EI Triunfo mining area，Baja California，Mexico. Environmental Geology，35：251-257.

Davison W，Zhang H，1994. In situ speciation measurements of trace components in natural waters using thin-film gels. Nature，367：546-548.

Gleb Pokrovski，Robert Gout，Jacques Schott，Alexandre Zotov，Jean-Claude Harrichoury，1996. Thermodynamic properties and stoichiometry of As（Ⅲ）hydroxide complexes at hydrothermal conditions. Geochimica et Cosmochimica Acta，60（5）：737-749.

Godgul G，Sahu K C，1995. Chromium contamination from chromite mine. Environmental Geology，25：251-257.

Gomez Ariza J L，Giraldez I，Sanchez-Rodas D，Morales E，2000. Comparison of the feasibility of three extraction procedures for trace metal partitioning in sediments from south-west Spain. The Science of the Total Environment，246：271-283.

Fan H，Sun T，Li W，et al，2009. Sodium polyacrylate as a binding agent in diffusive gradients in thin-films technique for the measurement of Cu^{2+} and Cd^{2+} in waters. Talanta，79：1228-1232.

Faure Gunter，1998. Principles and Application of Geochemistry（2nd ed）. New Jersey：Prentice Hall，Upper Saddle River，461-504.

Forstner U，1993. Metal speciation-general concepts and applications. Intern J Environ Anal Chem，51：5-23.

Forstner U，Wittmann G T W，1979. Metal Pollution in the Aquatic Enviroment. Berlin Heidelberg：Spring Verlag.

House W A，Denison F H，Warwick M S，Zhmudl B V，2000. Dissolution of silica and the development of concentration profiles in freshwater sediments. Applied Geochemistry，15：425-438.

Jeffrey R B，Hewitt I J，Cooper P，2005. Reproducibility of the BCR sequential extraction procedure in a long-term study of the association of heavy metals with soil components in an upland catchment in Scotland. Science of the Total Environment，337：191-205.

Kinniburgh D G, Jackson M L, 1981. Cation adsorption by hydrous metal oxides and clay. In: Anderson M A & Rubin A J Eds. Adsorption of inorganic at solid-liquid inter faces. MI: Ann Arbor.

Li W, Teasdale P R, Zhang S, John R, Zhao H, 2003. Application of a poly (4-styrenesulfonate) liquid binding layer for measurement of Cu^{2+} and Cd^{2+} with the diffusive gradients in thin-films technique, Analytical Chemistry: 2578-2583.

Li W, Zhao H, Teasdale P R, et al, 2008. Trace metal speciation measurements in waters by the liquid binding phase DGT device. Talanta, 67: 571-578.

Lopez-Sanchez J F, Rubio R, Rauret G, 1993. Comparison of two sequential extraction procedures for trace metal partitioning in sediments. Intern J Environ Anal Chem, 51: 113-121.

Manahan S E, 1984. Environmental Chemistry. Fourth Edition. Boston: Willard Press.

Nickson Ross, John Mcarthur, William Burgess, Kazi Matin Ahmedt, Peter Ravenscroft, Mizanur Rahman, 1998. Arsenic poisoning of Bangladesh groundwater. Nature, 395: 338.

Nickson R T, McArthura J M, Ravenscroftb P, Burgessa W G, Ahmedc K M, 2000. Mechanism of arsenic release to groundwater, Bangladesh and West Bengal. Applied Geochemistry, 15: 403-413.

Panther J G, Stillwell K P, Powell K J, Downard A J, 2008. Perfluoro-sulfonated Ionomer-modified diffusive gradients in thin films: Tool for inorganic arsenic speciation analysis. Anal Chem, 80: 9806-9811.

Philibert J, 2005. One and a Half Century of Diffusion: Fick, Einstein, before and beyond. Diffusion Fundamentals, 13 (5): 309-322.

Pugh C E, Hossner L R, Dixon J B, 1984. Oxidation rate of iron sulfides as affected by surface area, morphology, oxygen concentration and autotrophic bacteria. Soil Science, 137: 309-314.

Rauret G, Rubio R, Lopez-Sanchez J F, 1989. Optimization of Tessier procedure for metal solid speciation in river sediments. Trends Anal Chem, 36: 9-83.

Salomons W, 1993. Adoption of common schemes for single and sequential extractions of trace metal in soils and sediments. Intern J Environ Anal Chem, 51: 3-4.

Sinclair A J, 1976. Application of Probability Graphs in Mineral Exploration. Richmond BC: Richmond Printers LED, The association of Exploration Geochemists, Special Volume No. 4.

Sparks D L, 1989. Kinetics of Soil Chemical Processes. Academic Press.

Stumm W, Morgan J J, 1981. Aquatic Chemistry. John Wiley &Sons, Inc.

Stevenson F J, 1994. 腐殖质化学. 夏荣基, 等译. 北京: 北京农业大学出版社.

Tessier A, Campbell P G C, Bisson M, 1979. Sequential extraction procedure for the speciation of particulate trace metal. Analytical Chemistry, 51 (7): 844-851.

Tessier A, Fortin D, Belzile N, Devitre R R, Leppard G G, 1996. Metal sorption to diagenetic iron and manganese oxyhydroxides and associated organic matter: Narrowing the gap between field and laboratory measurements. Geochimica et Cosmochimica Acta, 60 (3): 387-404.

Ure A M, Quevauviller Ph, Muntau H, Griepink B, 1993. Speciation of heavy metals in soils and sediments. An account of the improvement and harmonization of extraction techniques undertaken under the auspices of the BCR of the commission of the European Communities. Intern J Environ Anal Chem, 51: 135-151.

Whornton I, 1983. Applied Environmental Geochemistry. London: Academic Press.

White W M, 1999. Geochemistry. MD: John-Hopkins University Press.

Zhang H, Davison W, 1995. Performance Characteristics of Diffusion Gradients in Thin Films for the in Situ Measurement of Trace Metals in Aqueous Solution. Anal Chem, 67: 3391-3400.

Zhang H, 2017. The factors for transformation between the fractions of speciation of trace metals in lake sediments. Acta Geologica Sinica, 91 (2): 753-754.

Zhang H, Zhou X Y, 2009. Speciation Variation of Trace Metals in Coal Gasification and Combustion. Chemical Speciation and Bioavailability, 21 (2): 93-97.

第七章　土壤环境污染防治

第一节　土壤的自净作用与环境容量

一、土壤的自净作用

土壤是基本环境要素之一，又是连接自然环境中无机界和有机界、生物界和非生物界的中心环节（黄昌勇，2000）。环境中的物质和能量不断地输入土壤体系并在土壤中转化、迁移和积累，从而影响土壤的组成、结构、性质和功能（黄瑞农，1987）。同时，土壤也向环境输出物质和能量，不断影响环境的状态、性质和功能，在正常情况下，两者处于动态平衡状态（Bowen，1979；Bohn et al，1985）。

人类的各种活动产生的污染物质通过各种途径输入土壤（包括人类活动叠加进入环境的各类物质和施入土壤的肥料、农药等），其数量和速度超过了土壤环境的自净作用速度，打破了污染物在土壤环境中的自然动态平衡，使污染物的积累过程占据优势，即可导致土壤环境正常功能的失调和土壤质量的下降，或者土壤生态系统发生明显变异，导致土壤微生物区系（种类、数量和活性）的变化，土壤酶活性减小，同时，由于土壤环境中污染物的迁移转化，引起大气、水体和生物污染，并通过食物链最终影响人类健康，这种现象属于土壤环境污染（Manahan，1984）。

因此，我们说当土壤环境中所含污染物的数量超过了土壤自净能力或当污染物在土壤环境中的积累量超过土壤环境基准或土壤环境标准时，即为土壤环境污染。

土壤环境的自净作用即土壤环境的自然净化作用（或净化功能的作用过程），是指在自然因素作用下，通过土壤自身的作用使污染物在土壤环境中的浓度、毒性或活性降低的过程。土壤环境自净作用的含义所包括的范围很广，其作用的机理既是制定土壤环境容量的理论依据，又是选择土壤环境污染调控与污染修复措施的理论基础。按其作用机理的不同，土壤自净作用可划分为物理净化作用、物理化学净化作用、化学净化作用和生物净化作用4个方面。

1. 物理净化作用

由于土壤是一个多相的疏松多孔体系，犹如一个天然过滤器，固相中的各类胶态物质——土壤胶体又具有很强的表面吸附能力，土壤对物质的滞阻能力是很强的。因此，进入土壤中的难溶性固体污染物可被土壤机械阻留；可溶性污染物可被土壤水分稀释，降低毒性，或被土壤固相表面吸附（指物理吸附），也可能随水迁移至地表水或地下水中，特别是那些易溶的污染物（如硝酸盐、亚硝酸盐等）以及呈中性分子和阴离子形态存在的某些农药等，随水迁移的可能性更大。某些污染物可挥发或转化成气态物质在土壤孔隙中迁移、扩散，以致进入大气。这些净化作用都是一些物理过程，因此，统称为物理净化作用。

物理净化作用只能使污染物在土壤中的浓度降低，而不能从整个自然环境中消除，其实质只是对污染物迁移的影响作用。

土壤中的农药向大气的迁移即是大气中农药污染的重要来源。如果污染物大量迁移进入地表水或地下水，将造成水源的污染。同时，难溶性固体污染物在土壤中被机械阻留，引起污染物在土壤中的累积，造成潜在的污染威胁。

2. 物理化学净化作用

所谓土壤环境的物理化学净化作用，是指污染物的阴、阳离子与土壤胶体原来吸附的阴、阳离子之间的离子交换吸附作用。例如：

$$(\text{土壤胶体})Ca^{2+} + HgCl_2 \rightleftharpoons (\text{土壤胶体})Hg^{2+} + CaCl_2$$

$$(\text{土壤胶体})3OH^- + AsO_4^{3-} \rightleftharpoons (\text{土壤胶体})AsO_4^{3-} + 3OH^-$$

此种净化作用为可逆离子交换反应，服从质量作用定律，同时，此种净化作用也是土壤环境缓冲作用的重要机制。其净化能力的大小用土壤阳离子交换量或阴离子交换量来衡量。

污染物的阴、阳离子被交换吸附到土壤胶体上，降低了土壤溶液中这些离子的活度，相对减轻了有害离子对植物生长的不利影响。由于一般土壤中带负电荷的胶体较多，因此，土壤对阳离子或带正电荷的污染物的净化能力较高。当污水中污染物离子浓度不大时，经过土壤的物理化学净化以后，就能得到较好的净化效果。增加土壤中胶体的含量，特别是有机胶体的含量，可以提高土壤的物理化学净化能力。此外，土壤 pH 值增大，有利于对污染阳离子进行净化；相反，则有利于对污染阴离子进行净化。

对于不同的阴、阳离子，其相对交换能力大的，被土壤物理化学净化的可能性就较大。但是，物理化学净化作用只能使污染物在土壤溶液中的离子浓（活）度降低，相对地减轻危害，而并没有从根本上将污染物从土壤环境中消除。

例如，利用城市污水灌溉，可将污染物从水体转移入土体，对水起到了一定的净化作用。经交换吸附到土壤胶体上的污染物离子可被相对交换能力更大的或浓度较大的其他离子交换出来，重新转移到土壤溶液中去，又恢复原来的毒性和活性。因此，土壤的物理化学净化作用只是暂时性的、不稳定的。对土壤本身来说，物理化学净化作用也是污染物在土壤环境中的积累过程，将引起严重的潜在污染威胁。

3. 化学净化作用

污染物进入土壤后，可能发生一系列的化学反应。例如凝聚与沉淀反应、氧化还原反应、络合-螯合反应、酸碱中和反应、同晶置换反应（次生矿物形成过程中）、水解、分解和化合反应，或者发生由太阳辐射能引起的光化学降解作用等（Pugh et al，1984；Sparks，1989）。通过这些化学反应，或者使污染物转化成难溶、难解离性物质，使危害程度和毒性减小，或者分解为无毒或营养物质。这些净化作用统称为化学净化作用。土壤环境的化学净化作用反应机理较复杂，影响因素也较多，不同污染物有着不同的反应过程。那些性质稳定的化合物，如多氯联苯、多环芳烃、有机氯农药以及塑料、橡胶等合成材料，难以在土壤中发生化学净化作用。痕量金属在土壤中只能发生凝聚沉淀反应、氧化还原反应、络合-螯合反应、同晶置换反应等，而不能被降解（Whornton，1983）。发生上述反应后，痕量金属在土壤环境中的活性可能发生改变，例如，富里酸与一般痕量金属形成可溶性的螯合物，其在土壤中随水迁移的能力便大大增强。

4. 生物净化作用

土壤中存在着大量依靠有机物生活的微生物，如细菌、真菌、放线菌等，它们有氧化分解有机物的巨大能力。当污染物进入土体后，在这些微生物体内酶或分泌酶的催化作用下，发生各种各样的分解反应，统称为生物降解作用（陈文新，1996；贺延龄等，2001）。这是土壤环境自净作用中最重要的净化途径之一。

例如，淀粉、纤维素等糖类物质最终转变为 CO_2 和水；蛋白质、多肽、氨基酸等含氮化合物转变为 NH_3、CO_2 和水；有机磷化合物释放出无机磷酸等。这些降解作用是维持自然系统碳循环、氮循环、磷循环等所必经的途径之一。

土壤中的微生物种类繁多，各种有机污染物在不同条件下的分解形式也是多种多样的。主要有氧化还原反应、水解、脱烃、脱卤、芳环羟基化和异构化、环破裂等过程，并最终转变为对生物无毒性的残留物和 CO_2（陈文新，1996；贺延龄等，2001）。

一些无机污染物也可在土壤微生物的参与下发生一系列化学变化，以降低活性和毒性。但是，微生物不能净化痕量金属，甚至能使痕量金属在土体中富集，这是痕量金属成为土壤环境最危险污染物的重要原因。有些痕量金属如 Hg，可在微生物作用下改变价态或形态，从而影响其在土壤环境中的迁移能力和活性。

土壤的生物降解作用是土壤环境自净作用的主要途径，其净化能力的大小与土壤中微生物的种群、数量、活性以及土壤水分、土壤温度、土壤通气性、土壤 pH 值、Eh 值、C/N 值等因素有关。为了强化生物降解作用，常采用增加碳源、通气或引入优势微生物种群等措施。例如，土壤水分适宜、土壤温度在 30℃左右、土壤通气良好、Eh 值较高、土壤 pH 值偏中性到弱碱性、C/N 值在 20∶1 左右，都有利于天然有机物的生物降解。

土壤环境中的污染物质被生长在土壤中的植物所吸收、降解，并随茎叶、种子而离开土壤，或者被土壤中的蚯蚓等软体动物所食用，污水中的病原菌被某些微生物所吞食等，都属于土壤环境的生物净化作用。选育栽培对某种污染物吸收、降解能力特别强的植物，特别是对痕量金属超积累吸收的植物，是目前土壤生物修复的研究热点。

二、土壤环境容量

1. 土壤环境容量概念

一定环境范围内，在规定的环境目标下能容纳某污染物的最大负荷量，称之为环境容量（environmental capacity）。土壤环境容量就是将环境容量的概念用于土壤体系，其含义是：在维持土壤的正常结构和功能并保证农产品的生物学产量和质量的前提下，土壤所能容纳污染物的最大负荷量。

环境容量是在环境管理中实行污染物浓度控制而提出的概念。污染物浓度控制措施最初只规定了各个污染源排放污染物的容许浓度标准，没有规定排入环境中的污染物数量，也没有考虑环境净化和容纳能力，这样在工矿区尽管各个污染源排放的污染物达到浓度控制标准，但由于排放总量过大，仍使环境受到严重污染。因此，在环境管理上，有必要采用总量控制的方法。而采用总量控制，必须研究环境容量问题。一个特定环境对污染物的容量是一定的。其容量大小与环境空间的大小、各环境要素的特性、污染物本身的物理和化学性质有关。环境空间越大，环境对污染物的稀释净化能力就越大，环境容量也就越大；对某污染物而言，它的理化性质越不稳定，环境的容量也越大。

2. 土壤环境容量及其计算方法

环境容量主要包括绝对容量和时间容量两个方面。

（1）绝对容量（absolute capacity）　环境中的绝对容量（W_Q）是某一环境所能容纳的

某种污染物的最大负荷量。达到绝对容量没有时间限制。环境绝对容量由环境标准的规定值（W_S）和环境背景值（B）来决定，可分别以浓度单位和质量单位表示。以浓度单位表示的计算公式为：

$$W_Q = W_S - B \quad (\text{单位为 } \mu g/g) \tag{7-1}$$

例如，某地土壤中Cd的背景值为0.1μg/g，农田土壤标准规定的最大容许值为1μg/g，则该地土壤Cd的绝对容量为0.9μg/g。

任何一个环境都有一个空间范围，如一片农田有多少亩，其耕作层土壤（深度按20cm计）有多少立方米（或吨）；一个大气空间有多少立方米空气；一个水库能容纳多少水等。对这样一个具体环境的绝对容量，常用质量单位表示。其公式为：

$$W_Q = (W_S - B)M \quad (M \text{ 为土壤质量}) \tag{7-2}$$

如按上面例子的条件，计算10亩农田对镉的绝对容量，可根据土壤的密度，求出耕作层的质量（M），并把它代入上式，即可求得。如土壤容重1.5g/cm^3，10亩农田对镉的绝对容量为1800g。

绝对容量取决于毒物的性质、生态系统中毒物迁移的时空特点以及生态系统的物理、化学、生物方面的净化能力。因此，在确定容量时要注意以下几个问题。

① 选择参数。根据当地实际情况和工作目的，选择污染物。在一般情况下，最主要的有以下几种污染物，如Hg、Cd、As、Cr、Pb、有机氯农药等。

② 确定背景值。主要在没有污染且与研究区特征相似的地区进行调查，以确定主要化学元素的正常含量。如前所述，环境背景值的研究是环境科学的一项基础工作，能为环境质量评价和预测、污染物在环境中迁移转化规律的研究和环境标准的制定提供依据。

③ 确定环境质量标准。它是为了保护人体健康，对环境中污染物容许含量作出的明确统一规定。环境质量标准具体体现国家的环境保护政策和要求，是衡量环境是否受到污染的尺度。近几年来，各国先后颁布了各种环境质量标准，分为大气质量、水质量、土壤质量、生物质量标准等。

环境容量计算中，痕量金属环境容量一般采取以下公式计算：

$$Q = (C - B)MS \tag{7-3}$$

式中，Q 为环境容量；B 为土壤本底值（背景值），μg/g；C 为环境标准值，μg/g；M 为每亩耕作层土壤质量，g/亩；S 为区域面积，亩。

（2）时间容量（period capacity） 有人提出年容量等时间容量概念，以衡量一定时间段内土壤容纳污染物的极限，这一概念是与土壤的自净能力相联系的。年容量（W_A）为在污染物的积累浓度不超过环境标准规定的最大容许值情况下，一定范围土壤每年所能容纳的某污染物的最大负荷量。年容量的大小除了与环境标准规定值和背景值有关外，还与环境对污染物的净化能力有关。如某污染物对环境的输入量为 A（单位负荷量），经一年后被净化的量为 A'，$A'/A \times 100\% = K$，K 为某污染物在某环境中的净化率。以浓度单位表示的环境年容量的计算公式为：

$$W_A = K(W_S - B) \tag{7-4}$$

年容量与绝对容量的关系式为：

$$W_A = KW_Q \tag{7-5}$$

如某农田对镉的绝对容量为0.9μg/g，农田对镉的年净化率为20%，其年容量为0.9×20%=0.18μg/g。按此污染负荷，该农田镉的积累浓度永远不会超过土壤标准规定的镉的最大容许值 1μg/g。

土壤环境容量是保护土壤资源、控制污染的重要参数、拟定土壤环境容量的综合指标和各种参数、建立数学模型和土壤环境容量信息系统是当前正在深入研究的重要课题。

第二节 土壤污染防治

土壤污染的防治主要有如下几种措施：控制和消除外排污染源、土壤改造和植物修复法(只适用于痕量金属轻度污染的情况)、农药微生物降解等。对于不同的污染物，在实际工作中常常采用不同的治理措施。

切断污染源是削减、消除土壤污染的有效措施。尽可能避免工矿企业痕量金属与有害有机污染物等各类污染物的任意排放，尽量避免其输入土壤环境，是防止土壤环境遭受污染的最根本性的也是最重要的原则。

主要包含：①控制含有痕量金属有害气体和粉尘的超标排放；②严格执行污灌水质标准和控制污水超标排放；③控制污泥、垃圾等固体废物的排放和使用；④发展清洁工艺。

一、土壤痕量金属污染的治理途径

(一) 土壤痕量金属污染的调控措施

目前，治理土壤痕量金属污染的途径主要有两种：①改变痕量金属在土壤中的存在形态，使其固定，降低其在环境中的迁移能力和生物可利用性；②从土壤中去除痕量金属。

围绕这两种治理途径，已相应地提出一些物理、化学和生物治理方法。

1. 施用改良剂

该方法要以了解痕量金属的特性及其在土壤中的活动为前提，这一点对于研究能使作物减少吸收痕量金属的方法来说是极为重要的。

(1) 调节土壤 pH 值和施用石灰　一般说来，提高 pH 值可降低许多物质的溶解度，但对有的元素来说存在相反情况，如 Cu、Cr 和 Mo 等的情况，因此，需要视具体情况决定。

(2) 土壤中增施有机物质　向土壤施入有机物质被视为是提高土壤肥力的方法。有机肥料含有作物生长和发育所必需的各种生命元素，这种肥料与矿质肥料相比较，其优点在于它对土壤具有多种多样的积极影响，首先是它能提供营养元素，其次这也是土壤物理改良的重要组分调节措施。

加入的有机物可促使土壤溶液中的痕量金属离子形成络合物、螯合物，增大土壤对痕量金属离子的吸附能力，从而减轻痕量金属对作物的危害。另外，向土壤中施加促进还原作用的有机物，可促使痕量金属以硫化物形式沉淀，可使某些元素的毒性降低（如 Cr^{6+} 转化为 Cr^{3+}）。

(3) 化学沉淀和吸附　促使土壤中痕量金属形成难溶性盐，可使大多数痕量金属的植物毒性显著降低。例如，土壤中增施易溶性正磷酸化合物，在提高土壤磷含量、改善土壤肥力状况的同时，可使土壤中某些痕量金属呈难溶性的磷酸盐沉淀（黄盘铭，1991；李天杰，1995）。

铅、铁、锰、铬、锌、镉等的磷酸盐通常都是难溶盐，在水田条件下，土壤中的镉可以磷酸镉的形式沉淀。土壤遭受严重污染时，特别是痕量金属与砷复合污染时，施加磷酸盐对消除或减轻土壤痕量金属的危害程度有重要意义。

(4) 离子拮抗作用　在研究植物营养时，当营养液中一种离子浓度提高时，可观察到植物对其他离子吸收增多或减少的现象。当一种离子抑制另一种离子的吸收时，可认为两者之间产生了拮抗作用。拮抗作用常发生于化学性质相似的元素之间。也就是说，两者可能竞争植物根上相同的一些离子吸附位，在钙和锶之间、镉和锌之间、钾和铯之间都有可能发生这种现象。

在美国，有人建议在施用含镉肥料时要考虑可能形成的 Zn/Cd 的值。如果两者之比大于 100，则每公顷施入的镉量不宜超过 6～7kg，而如果两者之比小于 100，则随肥料施入的镉量应降低到 3～4kg/hm^2 以下。这样的建议就是以 Zn^{2+} 和 Cd^{2+} 在其进入植物体时产生的拮抗关系为依据的。

土壤中增加锌的含量会减少镉进入植物体的量。在农业生产中可利用轻金属和痕量金属之间的拮抗作用减轻痕量金属的植物毒性。比如，进入植物体的锶量可因土壤溶液中锶和钙之间的竞争增强而显著减少。

2. 调节土壤的 Eh 值

土壤的 Eh 值在很大程度上控制着水田土壤中痕量金属的行为。而土壤 Eh 值与土壤水分状况有密切关系，因此可以通过调节土壤水分来控制土壤中痕量金属的某些行为（牟树森，1993）。

有资料表明，生长在氧化条件下（不淹水）的水稻，含镉量比生长在还原条件下（淹水）的高得多。我国学者对水稻抽穗一周后不同土壤 Eh 值条件下的糙米含镉量进行了测定，氧化还原电位 416mV 时糙米含镉量为 168mV 时的 12.5 倍。在湿润和淹水条件下种植水稻，湿润条件下根的含镉量为淹水条件下的 2 倍，茎叶为 5 倍，糙米为 6 倍。

在砷污染的土壤中，氧化还原条件对 As 的影响与其他元素有所不同。在氧化条件下，砷酸根（AsO_4^{3-}）是稳定态，在还原条件下，转化为亚砷酸根（AsO_3^{3-}）。而亚砷酸根对植物的毒性要比砷酸根大得多。所以，当土壤环境被痕量金属与砷复合污染时，采取调控土壤水分的办法将是无效的。

（二）土壤痕量金属污染的工程治理措施

土壤痕量金属污染的主要工程治理措施有：客土、换土法，水洗法，电动力学法，热解吸法等。

1. 客土、换土法

客土法是在被污染的土壤上覆盖非污染土壤；换土法是部分或全部挖除污染土壤而换上非污染土壤。实践证明，这是治理农田痕量金属严重污染的切实有效的方法，在一般情况下，换土厚度愈大，降低作物中痕量金属含量的效果愈显著。

但是，采用客土、换土法必须注意以下两点。一是作客土的非污染土壤的 pH 值等性质最好与原污染土壤相一致或接近，以免由于环境因素的改变而引起污染土壤中痕量金属活性的增大。比如，如果使用了酸性客土，可引起整个土壤酸性增强，使下层土壤中痕量金属元素的活性增大，对作物的毒性效应增强。因此，为了安全起见，原则上要使换土的厚度大于耕作层的厚度。二是应妥善处理被挖出的污染土壤，使其不致引起二次污染。在有些情况下也可不挖除污染土壤，而将其深翻至耕作层以下，这对于防止作物受害有一定效果，但效果不如换土法。客土法和换土法的不足之处是需花费大量的人力与财力，因此，只适用于小面积严重污染土壤的治理。

2. 水洗法

水洗法是采用清水灌溉稀释或洗去痕量金属离子，或使痕量金属离子迁移至较深土层中，以减少表土中痕量金属离子的浓度。采用此法也应遵守防止次生污染的原则，要将含高浓度痕量金属的处理水排入一定的储水池或特制的净化装置中进行净化处理，切忌直接排入环境。此法也只适用于小面积严重污染土壤的治理。

3. 电动力学法

有人研究了应用电动力学方法去除土壤中 Ba、Ca、Cr 和 As 的方法。在土壤中插入一些电极，把低强度直流电导入土壤以清除污染物。电流接通后，阳极附近的酸就会向土壤毛细孔移动，并把污染物释放在毛细孔的液体中，大量的水以电渗透方式开始在土壤中流动，这样，土壤毛细孔中的流体就可以移至电极附近，并在此被吸收到土壤表层从而得以去除。

研究表明，电流能克服所有的金属与土壤中各类颗粒间的键力，当电压固定时，去除效率与通电时间呈正比。但对于渗透性较高、传导性较差的土壤，电动力学方法所能起的作用较弱，此法不适用于对砂性土壤痕量金属污染的治理。

4. 热解吸法

对于挥发性痕量金属，如汞，采取加热的方法能将其从土壤中解吸出来，然后再回收利用。此种汞去除、回收技术包括以下几个方面的程序。

① 将被污染的土壤和废弃物从现场挖掘后进行破碎。

② 向土壤中加入具有特定性质的添加剂，此添加剂既能有利于汞化合物的分解，又能吸收处理过程中产生的有害气体。

③ 在不断对小体积土壤以低速通入气流的同时加热土壤。加热分两个阶段：第一阶段为低温阶段（105.6～117.8℃），主要去除土壤中的水分和其他易挥发的物质；第二阶段温度较高（555.6～666.7℃），主要是从干燥的土壤中分解汞化合物并使之气化，然后收集并凝结成纯度较高的汞金属。

④ 对低温阶段排出的气体通过气体净化系统，用活性炭吸收各种残余的汞类蒸气和其他气体，然后将水蒸气排入大气。

⑤ 对在高热阶段产生的气体通过④程序净化后再排入大气。为了保证工作环境的安全，程序操作系统采用存在负压的双层空间，以防止汞蒸气向大气中散发。

5. 淋洗法

淋洗法的原理是运用试剂和土壤中的痕量金属作用，形成溶解性痕量金属离子或金属-试剂络合物，最后从提取液中将痕量金属回收。提取液可循环利用。

其中，采用表面活性剂作为痕量金属的去除试剂是在近年开始研究和发展起来的新技术。应用 EDTA 络合剂去除土壤中的 Cu、Ni、Cd、Zn，0.01mol/L 浓度的 EDTA 能去除初始浓度为 100～300mg/kg 痕量金属的 80%。利用季胺型表面活性剂对土壤中微量金属阳离子的解吸作用，在表面活性剂的吸附作用等于或超过土壤的阳离子交换量时，表面活性剂能显著促进微量金属阳离子的解吸作用，而且，表面活性剂的链越长，效率越高。

虽然表面活性剂能去除痕量金属，但由于其自身容易给环境带来污染影响，所以应采用易降解和无毒性的表面活性剂，如开发和使用最好能被生物降解的生物表面活性剂等是该方法中的重要工作。

（三）土壤痕量金属污染的生物修复

生物修复（bioremediation）主要是利用天然存在的或特别培养的生物在可调控环境条

件下将有毒污染物转化为无毒物质，或把污染物从一种介质转移到生物体内的处理技术。生物修复可以消除或减弱环境污染物的毒性，进而减少污染物对人类健康与生态系统的危害。生物修复最早主要是微生物修复，起源于对有机污染物的治理，目前已不只微生物修复，并被应用于对无机污染物的治理。

人类利用微生物制作发酵食品已经有几千年的历史，利用好氧或厌氧微生物处理污水、废水也有100多年的历史。但是使用生物修复技术处理现场有机污染才有30多年的历史。首次记录实际使用生物修复是在1972年，美国宾夕法尼亚州的Ambler清除管线泄漏的汽油。开始时生物修复的应用规模很小，一直处于试验阶段。直到1989年，美国阿拉斯加海域受到大面积石油污染以后才首次大规模应用生物修复技术。阿拉斯加海滩污染后生物修复的成功最终得到了政府环保部门的认可，所以可以认为阿拉斯加海滩溢油污染的生物修复是生物修复发展的里程碑（沈德中，2002）。美国从1991年开始实施庞大的土壤、地下水、海滩等环境危险污染物的治理项目，称为"起基金项目"（Superfund Program）。欧洲的生物修复技术大致与美国并驾齐驱，德国、荷兰等国位于欧洲前列。人们普遍认为生物修复是一项很有希望、很有前途的环境污染治理技术。根据预测，美国对有毒废物污染场所的生物修复，项目费用由20世纪末的2亿美元提高到21世纪初的28亿美元，在6年内增长达14倍之多。

在土壤、沉积物等的生物修复中，根据人工干预的情况，可进行如下分类。

生物修复：

(1) 自然生物修复

(2) 人工生物修复

① 原位生物修复

② 易位生物修复

a. 非反应器修复

b. 反应器修复

自然生物修复（intrinsic bioremediation）是不进行任何工程辅助措施或不调控生态系统，完全依靠自然的生物过程，即靠土著微生物或植物发挥作用。这类被污染土壤和地下水的生物修复需要有以下环境条件：①有充分和稳定的地下水流；②有微生物可利用的营养物；③有缓冲pH的能力；④有使代谢能够进行的电子受体；⑤适合植物生长的气候条件。如果不具备以上条件，将会影响生物修复的速率和程度。

人工生物修复是将自然因素与工程条件或设备相结合的一种修复方法。其中，原位生物修复在污染的原地点进行，采用一定的工程措施，但不人为移动污染物，不挖出土壤或抽取地下水，利用生物通气、生物冲淋、生物吸收等一些方式进行。易位生物修复是移动污染物到邻近地点或反应器内进行，采用工程措施，挖掘土壤或抽取地下水进行。很显然这种处理更好控制，结果容易预料，技术难度较低，但投资成本较大。例如可以用通气土壤堆、泥浆反应器等形式处理。在易位生物修复中，反应器型生物修复在反应器内进行处理，主要在泥浆相或水相中进行，反应器使细菌和污染物充分接触，并确保充足的氧气和营养物供应。

运用于土壤污染修复的生物修复方法以植物修复为主，属于自然生物修复类型。因此，土壤生物修复是利用各种天然生物过程而发展起来的一种现场处理各种环境污染的技术，具有处理费用低、对环境影响小、效率高等优点。

痕量金属的特点是能在生物体内积累富集，不能被降解和彻底消除，只能从一种形态转化为另一种形态，从高浓度转变为低浓度，所以痕量金属的生物修复有以下两种途径。

① 通过在污染土壤上种植木本植物、经济作物以及长年生长的野生植物，利用其对痕量金属的吸收、积累和耐性除去痕量金属。

② 利用生物化学、生物有效性和生物活性原则，把痕量金属转化为较低毒性产物（络合态、脱烷基、改变价态）；或利用痕量金属与微生物的亲和性以及生物学活性最佳时机，降低痕量金属的毒性和迁移能力。

通过各种途径进入土壤的痕量金属，由于化学、物理、生物因素的作用，其在土壤中不断累积。由于痕量金属具有不能被微生物降解和可在土壤中发生迁移、转化的特性，使土壤痕量金属污染治理十分困难。目前，科学家们开始探索在不破坏土壤生态环境的情况下来治理痕量金属污染土壤的新途径。在现有的土壤污染治理技术中，生物修复技术被认为是最具前景和生命力的。

1. 植物修复技术

植物修复是利用植被原位处理污染土壤的方法，它是一种很有希望的、可有效和廉价处理某些有害废物的新方法。这种方法在美国等发达国家已经开展大规模的试验，并被证明是有效的。我国在植物修复方面也做了大量工作，如黄会一等人于1986年发现杨树对镉和汞污染有很好的削减和净化功能（沈德中，2002）；熊建平等人于1991年研究发现，水稻田改种苎麻后极大地缩短了受汞污染的土壤恢复到背景值水平的时间（沈德中，2002）。

植物土壤修复系统与废水生物处理系统类似，它有以太阳能为动力的“水泵”和进行生物处理的“植物反应器”，植物可吸收转移元素和化合物，可以积累、代谢和固定污染物。植物修复的成本较低，是物理化学修复系统的替代方法。据美国的实践，种植管理的费用在每公顷200～10000美元之间，即每年每立方米的处理费用为0.02～1.0美元，比物理化学处理的费用低几个数量级。

植物修复技术是以植物忍耐和超量积累某种或某些化学元素的理论为基础，利用植物及其共存微生物体系清除环境中污染物的一种污染治理方法，它是一门新兴的应用技术。广义的植物修复技术包括利用植物修复痕量金属污染的土壤、利用植物净化空气、利用植物清除放射性核素和利用植物及其根系微生物共存体系净化土壤中有机污染物4个方面。狭义的植物修复技术主要指利用植物生长吸收功能清除污染土壤中的痕量金属元素。

植物修复技术主要通过两种途径来达到对土壤中痕量金属的净化目的：①通过植物作用改变痕量金属在土壤中的化学形态，使痕量金属固定，降低其在土壤中的移动性和生物可利用性；②通过植物吸收、挥发及降解代谢达到对痕量金属的削减、净化和去除作用。

根据其作用过程和机理，痕量金属污染土壤的植物修复技术可归纳为以下3种类型。

（1）植物提取技术

利用金属积累植物或超累积植物将土壤中的金属吸取出来，传输并富集到植物根部可吸收部位和植物地上的枝条部位，待植物收获后再进行处理。

植物提取是目前研究最多和最有发展前景的方法。它是利用专性植物根系吸收一种或几种污染物，特别是有毒金属，并将其转移、储存到植物茎叶中，然后收割茎叶，易地处理。植物提取比传统的工程方法更经济，其成本可能不到各种物理化学处理技术的1/10，并且通过回收植物中的金属还可以进一步降低植物修复的成本。

在长期的生物进化中，生长在痕量金属含量较高土壤中的植物产生了适应痕量金属的能力，有以下3种情况：不吸收或少吸收痕量金属；将吸收的痕量金属元素钝化在植物的地下部分，使其不向地上部分转移；大量吸收痕量金属元素，植物仍能正常生长。

可利用前两种情况在金属污染的土壤中生产金属含量较低、符合要求的农产品。第三种情况可进行植物提取，通过栽种绿化树、薪炭林、草地、花卉和棉麻作物等去除痕量金属。

植物可以吸收和积累必需的营养物质（浓度可高达1%～3%），某些非主要元素（如钠和硅）也可以在植物体内大量积累，大多数植物会将痕量金属排除在组织外，使痕量金属的积累只有0.1～100mg/kg。但是也有一些特殊植物能超量积累痕量金属，从分类上来说，超量积累植物（*Hyperaccumulator*）很广泛，据报道，现已发现对Cd、Co、Cu、Pb、Ni、Se、Mn、Zn的超积累植物400余种，其中73%为Ni超积累植物。山榄科的渐尖塞贝山榄（*Sebertia accminata*）可以在高含铁量的土壤中生长，树液内含有25%的镍（以干重计）。十字花科的天蓝遏蓝菜（*Thlaspi caerulescens*）在植物组织内能够积累高达4%的锌而没有明显伤害。一些显著具有积累痕量金属能力的植物列于表7-1中。大多数研究者希望超量积累植物中的金属含量能达到1%～3%。

表7-1　已知植物地上部分超量累积的金属含量（沈德中，2002）

金属	植物种	超量积累含量/(mg/kg)
Cd	*Thlaspi caerulescens*(天蓝遏蓝菜)	1800
Cu	*Ipomoea alpina*(高山甘薯)	12300
Co	*Haumaniastrum robertii*	10200
Pb	*Thlaspi rotundifolium*(圆叶遏蔽菜)	8200
Mn	*Macadamia neurophylla*(粗脉叶澳洲坚果)	51800
Ni	*Psychotria douarrei*(九节属)	47500
Zn	*Thkspi caerulescens*(天蓝遏蓝菜)	51600

植物提取需要有超量积累植物。根据美国能源部的标准，筛选超积累植物用于植物修复应具有以下几个特性：即使在污染物浓度较低时也有较高的积累速率；能在体内积累高浓度的污染物；能同时积累几种金属；生长快，生物量大；具有抗虫抗病能力。

在所有土壤污染的植物修复中，对铅污染的植物修复研究最多，并且有关部门已形成计划，试图将铅污染的植物修复技术商业化。许多研究表明，植物可大量吸收并在其体内积累铅，圆叶遏蓝菜（*Thlaspi rotundifolium*）吸收铅可达8500μg/g（以茎干重计）。芥菜（*Brassico juncea*）培养在含有高浓度可溶性铅的营养液中时，可使茎中铅含量达到1.5%。美国的一家植物修复技术公司已用芥菜进行野外修复试验。芥菜不仅可吸收铅，而且可吸收并积累Cr、Cd、Ni、Zn和Cu等金属。

研究发现，可以使用土壤改良剂使超累积植物高产，使植物对金属积累的速率和水平提高。一些农作物如玉米和豌豆可以大量吸收Pb，但达不到植物修复的要求。如果在土壤中加入人工合成的螯合剂，可以促进农作物对Pb的吸收及其向茎的转移。在土壤中加铅螯合剂可增加芥菜对铅的吸收。近几年来，多个田间试验证明这种化学与植物综合技术是可行的。土壤改良剂EDTA可络合Pb、Zn、Cu、Cd，使其在土壤中保持溶解状态，供植物利用。

筛选突变株可以产生有用的超量累积植株。例如豌豆（*Pisum sativum*）的突变株是单基因突变，积累的铁比野生型高10～100倍。拟南芥属（*Arobidopsis*）累积镁的突变株可比野生型积累的镁高10倍。

将超累积植物与生物量高的亲缘植物杂交，近年来已经筛选出能吸收、转移和耐受金属的许多作物与草类。主要的工作集中在十字花科植物中，许多超量积累植物都属于这一科。基因工程是获得超累积植物的新方法。通过引入金属硫蛋白（metallothioneins）基因或引入编码 Mer A（汞离子还原酶）的半合成基因，增大了植物对金属的耐受性。转基因植物拟南芥属可将汞离子还原为可挥发 Hg，使其对汞的耐受性提高到 100μmol。研究表明，耐受机制还包括植物螯合肽（phytochelatins）和金属结合肽的改变。需要促进金属从根部向地上部分的转移，通过发根土壤杆菌（*Agrobacterium rhizogenes*）的转化作用改变根的形态，可以加强不容易迁移的污染物的吸收。

（2）植物挥发技术　利用一些植物的功能来促进痕量金属转变为可挥发的形态，挥发出土壤和植物表面，以减少土壤中痕量金属含量。植物将污染物吸收到体内后又将其转化为气态物质，释放到大气中。目前，在这方面研究最多的是金属元素汞和非金属元素硒。通过植物或与微生物复合代谢，形成甲基胂化物或砷气体也是可能的，但尚未见有植物挥发砷的研究报道。

在土壤或沉积物中，离子态汞（Hg^{2+}）在厌氧细菌的作用下可以转化为毒性很强的甲基汞（CH_3Hg^+）。利用抗汞细菌先在污染点存活繁殖，然后通过酶的作用将甲基汞和离子态汞转化成毒性小得多的可挥发的元素汞（Hg^0），已被作为一种降低汞毒性的生物途径之一。当前研究利用转基因植物转化汞，即将细菌体内对汞的抗性基因（汞还原酶基因）导入到拟南芥属等植物中，将植物从环境中吸收的汞还原为 Hg^0，使其转化为气态从而挥发。研究证明，转基因植物可以在通常生物中毒的汞浓度条件下生长，并能将土壤中的离子汞还原成挥发性的元素汞。

许多植物可从污染土壤中吸收硒并将其转化成可挥发状态（二甲基硒和二甲基二硒），从而降低硒对土壤生态系统的毒性。在美国加利福尼亚州的一个人工构建的二级湿地功能区（1 公顷）中种植的不同湿地植物品种，显著地降低了该区农田灌溉水中硒的含量，效果最好的为硒含量从 25mg/kg 降低到低于 5mg/kg。因硒的许多生物化学特性与硫类似，硒酸根以与硫类似的方式被植物吸收和同化。在植物组织内，硫是通过三磷酸腺苷（adenosine triphosphate，ATP）硫化酶的作用还原为硫化物的。运用分子生物学技术在印度芥菜体外试验，证明硒的还原作用也是由该酶催化的，而且在硒酸根被植物同化成有机态硒的过程中，该酶是主要的转化速率限制酶。印度芥菜中硒酸根的代谢转化是 ATP 硫化酶基因的过量表达所致，其转基因植物比野生品种对硒具有更强的吸收力、忍受力和挥发作用。根际细菌在植物挥发硒的过程中也起了作用，其不仅增强植物对硒的吸收，而且还能提高硒的挥发率。根际细菌对根须发育有促进作用，从而使根表有效吸收面积增加，更重要的是，根际细菌能刺激产生一种热稳定化合物，当将这种热稳定化合物加入植物根际后，植物体内出现硒盐的显著积累。进一步实验表明，对灭菌的植株接种根际细菌后，其根内硒浓度增加了 5 倍，而且经接种的植株，硒的挥发作用也增强了 4 倍。这可能是因为由微生物引起的对硒吸收量的增加。

由于这一方法只适用于挥发性污染物，所以应用范围很小，并且将污染物转移到大气中对人类和生物也有一定的影响，因此它的应用将受到限制。

（3）植物固定技术　植物固定是利用植物吸收和沉淀来固定土壤中的大量有毒金属，以降低其生物有效性并防止其进入地下水和食物链，从而减少污染物对环境和人类健康的污染风险。在植物固定中植物有两种主要功能：第一为减少渗漏、防止金属污染物的迁移；第二为通过在根部的累积和沉淀对污染物进行固定，利用耐痕量金属植物或超累积植物降低痕量金属的活性，从而减少痕量金属被淋滤到地下水或通过大气扩散进一步污染环境的可能性。

有机物和无机物在具有生物活性的土壤中都会不同程度地进行着化学和生物化学的络合或螯合。这种螯合作用包括有机物与木质素、土壤腐殖质的结合，金属沉淀及多价螯合物存在于铁氢氧化物或铁氧化物包膜上等等，而这些包膜常常形成于土壤颗粒上或包埋于土壤结构的孔隙中。植物固定作用会进一步降低污染物的迁移及其生物有效性。

痕量金属污染土壤的植物固定技术的主要目的是对采矿及冶炼厂废气干沉降、清淤污泥和污水厂污泥等污染土壤的治理。土壤改良剂能够改变土壤化学性质和多价螯合金属污染物的性状。常使用的土壤改良剂有堆肥和污泥、无机阴离子（磷酸盐）、金属氧化物或氢氧化物等。植物的作用是通过改变土壤的水流量，使残存的游离污染物与根结合，以及防止风蚀和水蚀等，进而增加对污染物的多价螯合作用。利用植物改变和固定多价螯合污染物的机制有：氧化还原反应（如将 Cr^{6+} 转变为 Cr^{3+}）；将污染物变为不可溶的物质（铅变为磷酸铅）；将污染物结合至植物木质素中。

植物固定技术适用于表面积大、土壤质地黏重等相对污染土壤的情况，有机质含量越高越好。目前这项技术已在矿区复垦或土壤污染修复中使用，在城市和工业区中采用的不多。

需要指出，植物固定并没有将环境中的痕量金属离子去除，只是暂时将其固定，使其对环境中的生物不产生毒害作用，没有彻底解决环境中的痕量金属污染问题。如果环境条件发生变化，金属的生物有效性即会发生改变。因此，植物固定不是一个很理想的去除环境中痕量金属的方法。

2. 微生物修复技术

微生物在被污染土壤环境去毒方面具有独特作用，近年来微生物修复法已被用于进行土壤微生物改造或土壤生物改良，就地净化污染土壤。微生物修复土壤的基本原则依据是要有利于污染物毒性降低、有利于污染物生物可利用性降低和有利于微生物活性增强，这三点为微生物修复土壤要遵循的三个原则。

微生物对痕量金属污染土壤的修复能力主要表现在其对金属存在的氧化还原状态改变方面。如某些细菌对变价元素的高价态有还原作用，而有些细菌对变价元素的低价态有氧化作用。随着金属价态的改变，金属的稳定性也随之变化。研究发现，不少细菌产生的特殊酶能还原痕量金属，且对某些痕量金属元素如 Cu、Zn、Mg、Pb 等有亲和力。

有人曾对利用细菌去除废弃物中痕量金属毒性的可能性进行了研究。结果表明，细菌能将硒酸盐和亚硒酸盐还原为胶态的硒，并将二价的铅转化为胶态的铅，而胶态的硒、铅不具毒性，且结构稳定，大大减小了其对环境特别是通过食物链对人体健康产生危害的可能。此外，痕量金属价态改变后，其络合能力也随之发生改变，对其迁移能力有重要影响。

二、土壤有机物污染的治理途径

土壤有机物污染的修复治理方法主要有化学法、生物法及化学与生物相结合的修复方法。有机污染物的生物修复研究较为广泛、深入，包括多氯联苯、多环芳烃、石油、表面活性剂、杀虫剂等。目前，生物修复治理土壤有机污染的实例较多，主要可分为两类：一类是原位生物处理技术；另一类是地上生物处理技术。

原位生物处理是向污染区域投放氮、磷营养物质或供氧，促进土壤中依靠有机物作为碳源的微生物的生长繁殖，或接种经驯化培养的高效微生物等，利用其代谢作用达到消耗有机物的目的。许多国家应用这种技术处理被石油污染的土壤，取得了较好的成效。

美国犹他州某空军基地针对航空发动机油污染的土壤，采用原位生物降解，取得了很好的治理效果。具体做法是喷湿土壤，使土壤湿度保持在8%～12%范围内，同时添加N、P等营养物质，并在污染区打竖井抽风，以促进空气流动，增加氧气的供应。经过13个月后，土壤中平均油含量由410mg/kg降至38mg/kg。

地上生物处理法要求把污染的土壤挖出，集中起来进行生物降解，可以设计和安装各种过程控制器或生物反应器以形成生物降解的理想条件。这样的处理方法包括土耕法、土壤堆肥法和生物泥浆法。

土耕法的基本操作程序是：将被污染的土壤挖出来置于处理垫上，以防止污染物转移，并进行定期的耕作，以使生物降解保持良好的通风条件。这是一种有效地节省成本的方法，最初用于处理石油工业废物及生活污泥，可在短短几个月的时间内使石油在土壤中的浓度从70000mg/kg降低到100～200mg/kg。这种方法存在的问题是挥发性有机物会造成空气污染，难降解物质的缓慢积累会增加土壤中毒物的浓度。

土壤堆肥法传统上用于处理农业废物，近年来也用于处理污水处理厂的污泥和被有机物污染的土壤。对汽油污染土壤堆肥处理的研究表明，动物粪便中存在大量能降解烃类的微生物，它既能提供无机、有机营养物质，又能起到接种微生物的作用。

生物泥浆反应器的工作流程是：土壤挖出后进行预筛，然后将土壤分散于水中（一般20%～50%质量浓度）送入生物反应器。生物反应器可在好氧或厌氧条件下运转，当需氧时，经喷嘴导入氧气或压缩空气，或通过加 H_2O_2 产生 O_2，达到处理目标后，将土壤排出脱水。

生物泥浆法实质上是土耕法和堆肥法的重新组合，它们在微生物相互作用和污染物降解途径方面是相同的，只是生物泥浆法增强了营养物、电子受体及其他添加物的效力，因此往往能达到较高的降解率。

美国一家木材处理厂，通过生物泥浆法处理受石油类物质污染的土壤，接种能降解杂酚油的细菌，使苯并芘的含量从1100mg/kg降至低于3mg/kg，五氯酚的含量从13000mg/kg降至40mg/kg。

植物修复可用于石油化工污染、炸药废物、燃料泄漏、氯代溶剂、填埋淋溶液和农药等有机污染物的治理。例如，裸麦（*Lolium perenne*）可以促进脂肪烃的生物降解，在田间试验水牛草（*Buchloe dactyloides*）可以分解萘（沈德中，2002）。在植物修复有机污染物中，正确选择植物对生物修复效果非常重要，因为有时植物对有机物是没有作用的，例如紫苜蓿（*Medicago sativa*）对土壤中的苯就没有降解作用（沈德中，2002）。

植物降解的成功与否取决于有机污染物通过植物-微生物系统的吸收和代谢能力，即生物有效性。生物有效性与化合物的相对亲脂性、土壤的类型（有机质含量、pH值、黏土含量与类型）和污染时间有关。传统的分析方法不能测定污染物的可利用性。土壤含有的可生物降解的污染物，会因为土壤的性质和污染物在土壤中的时间而变为难降解的污染物。被土壤颗粒紧密吸附的污染物、抗微生物或植物吸收的污染物都不能很好地被植物降解。

植物修复有机污染有3种机制：第一为直接吸收并在植物组织中积累非植物毒性的代谢物；第二为释放促进生物化学反应的酶；第三为强化根际的矿化作用。

1. 有机污染物的直接吸收和降解

植物对位于浅层土壤的中度憎水有机物（辛醇-水的分配系数的对数 $\lg K_{ow}=0.5\sim3$）有很高的去除效率，中度憎水有机物有氯代溶剂、短链脂肪族化合物等。憎水有机物（$\lg K_{ow}>3.0$）和植物根表面结合得十分紧密，致使它们在植物体内不能转移；水溶性物质（$\lg K_{ow}<0.5$）不会充分吸着到根上，迅速通过植物膜转移。

一旦有机物被吸收，植物可以通过木质化作用在新的植物结构中储藏它们，也可以代谢或矿化，还可挥发。去毒作用可将原来的化学品转化为对植物无毒的代谢物如木质素等，并储藏于植物细胞的不同部位。化学物质经根的直接吸收取决于其在土壤水中的浓度和植物的吸收率、蒸腾率。植物的吸收率又取决于污染物的物理化学特性和植物本身。蒸腾作用是决定植物修复工程中污染物吸收速率的关键因素，它又与植物种类、叶面积、养分、土壤水分、风力条件和相对湿度有关。概括起来，植物对污染物的吸收受化合物的化学特性、环境条件和植物种类三个因素的影响，因此，为了提高植物对环境中有机污染物的去除率，应从这三方面入手进行调控。通过遗传工程可以增加植物本身的降解能力，把细菌中的降解除草剂基因转移到植物中产生抗除草剂的植物。使用的基因还可以是非微生物来源，如哺乳动物的肝和抗药的昆虫等。

某些细菌培养物能以卤代烷烃作为其生长的唯一碳源。如自养黄色杆菌（*Xanthobacter autotrophics*）可将二氯乙烷（或二溴乙烷）分解成烃基乙酸，并进入生物体代谢循环中心。郝林等（1999）将卤代烷烃脱卤酶基因转入拟南芥菜中，以期获得一种对卤代烷烃类污染的土壤进行生物修复的植株系统，进而利用植物根系去除土壤中的污染物。

2. 酶的作用

植物根系释放到土壤中的酶可直接降解有关的化合物，使有机物降解得非常快。植物死亡后酶释放到环境中还可以继续发挥分解作用。植物特有酶的降解过程为植物修复的潜力提供了有力的证据。在筛选新的降解植物或植物株系时需要特别注重这些酶系，并注意发现新酶系。位于美国佐治亚州的 EPA 实验室从淡水沉积物中鉴定出五种酶，即脱卤酶、硝酸还原酶、过氧化物酶、漆酶和腈水解酶，这些酶均来自植物。硝酸还原酶和漆酶能分解炸药废物（2,4,6-三硝基甲苯，即 TNT），并将破碎的环状结构结合到植物材料或有机物中，变成沉积有机物的一部分。植物来源的脱卤酶能将含氯有机溶剂三氯乙烯还原为氯离子、二氧化碳和水。

分离到的酶（例如硝酸还原酶）确实可以迅速转换 TNT 一类底物。但经验表明，植物修复还要靠整个植物体来实现。游离的酶系会在低 pH 值、高金属浓度和细菌毒性下被摧毁或钝化，而植物生长在土壤上，pH 被中和，金属被生物吸着或螯合，酶被保护在植物体内或吸附在植物表面，不会受到损伤。

3. 根际的生物降解

实验表明，植物以多种方式帮助微生物转化污染物，根际在生物降解中起着重要作用。根际可以加速脂肪烃类、多环芳烃类和农药的降解。例如，几种表面活性剂的矿化速率有根际的土壤比无根际的土壤要快 1.4～1.9 倍，深根系的土壤比未耕种的土壤中苯并［*a*］蒽、苯并［*a*］芘、二苯并［*a*，*h*］蒽等消失得快。

植物提供了微生物的生长环境，其可向土壤环境释放大量分泌物（糖类、醇类和酸类等），其数量约占年光合作用产量的 10%～20%，细根的迅速腐解也向土壤中补充了有机碳，这些都加强了微生物矿化有机污染物的速率。如莠去津的矿化与土壤中有机碳的含量有直接关系；植物根系微生物密度增加，多环芳烃的降解也增加。植物为微生物提供生存场所，并可转移氧气使根区的好氧转化作用能够正常进行，这也是植物促进根区微生物矿化作用的一个机制。

三、土壤放射性污染的治理途径

植物修复除了可以治理痕量金属和有机物污染以外，对放射性污染的治理也有很大的潜力。

核反应装置运行产生的放射性物质是环境中的一类重要污染物。这些放射性核素长期存在于土壤中，对人类及生物的健康造成很大的威胁，如果农业生态系统被污染则会引起很多问题。植物可从污染土壤中吸收并积累大量的放射性核素，因此用植物去除大面积低浓度的放射性核素污染是一个很有意义的方法。有人曾在核电站的附近地区找到多种能大量吸收^{137}Cs和^{90}Sr的植物。有研究证明，桉树苗一个月可去除土壤中31.0%的^{137}Cs和11.3%的^{90}Sr，大型水生植物天胡荽属（*Hydrocotyle* spp.）比其他15种水生植物积累^{137}Cs和^{90}Sr的能力强。用生长很快的多年生植物与特殊的菌根真菌或其他根区微生物共同作用，以增加植物的吸收和累积也是一个很有价值的研究方向。

植物对放射性核素的吸收不仅与植物种类有关，还与土壤的性质有着密切的关系。土壤的离子交换能力越强，植物对放射性核素的吸收能力越大。另有研究表明，在土壤中加入有机物、整合剂和化肥，可通过改变土壤的物理和化学特征，增大土壤中放射性核素的植物可利用性和降低这类污染物在土壤中的流动性。

四、土壤污染植物修复技术存在问题与发展趋势讨论

综上所述，在土壤污染的修复治理中，以植物修复最为重要。目前，全球范围的相关研究与实践正在不断推动着这种修复理论和技术应用的快速发展，植物修复技术已衍生出多个分支研究领域。但是，植物修复从理论到技术都尚存在一些问题或制约因素。

1. 植物修复技术的优点

植物修复技术较其他物理的、化学的和生物的方法更受社会欢迎。该技术成本较低，据美国的实践，植物修复比物理化学处理的费用低几个数量级，此技术在清理土壤痕量金属污染的同时，还可清除污染土壤周围的大气或水体中的污染物，有美化环境作用，易被社会所接受。

此外，植物修复痕量金属污染的过程也是土壤有机质含量和土壤肥力增加的过程，被植物修复过的干净农田更适合多种农作物的生长。生物固化技术能使地表长期稳定，控制风蚀、水蚀，有利于生态环境改善，而且维持成本较低。植物的蒸腾作用还可以防止污染物向下迁移，同时，植物把氧气供应给根际可促进根际有机污染物的降解。

2. 植物修复技术的局限性及影响因素

植物是活的生物体，需要有合适的生存条件，因此，植物修复有以下一些局限性。

① 要针对不同污染状况的土壤选用不同的生态型植物。痕量金属污染严重的土壤宜选用超累积植物，而污染较轻的土壤应栽种耐痕量金属植物。

② 植物修复过程通常较为缓慢，对土壤肥力、气候、水分、盐度、酸碱度、排水与灌溉系统等条件和人为条件有一定的要求。

③ 植物修复往往会受土壤毒物毒性的限制，一种植物常常只是吸收一种或两种痕量金

属，对土壤中其他浓度较高的痕量金属会表现出某些中毒症状，从而限制了植物修复技术在多种痕量金属污染土壤治理方面的应用。

④ 用于清理痕量金属污染土壤的超累积植物通常都是矮小、生物量低、生长缓慢、生长周期较长的类型，因而修复效率低，不利于机械化作业。

⑤ 用于清理痕量金属污染土壤的植物往往会通过器官腐烂、落叶等途径使痕量金属污染物重返土壤。因此，必须在植物落叶前收割并处理。

为了提高植物修复污染土壤的效率，在设计植物修复技术方案时必须事先考虑如下因素。

① 首先要了解受金属污染的土壤所处的地理、海拔条件，以便选择适合生长在该条件下的耐痕量金属植物和超累积植物种类进行污染土壤的植物修复。

② 将整个需要治理的污染土壤纳入土地使用和规划管理方案中进行总体设计与考虑。

③ 对土壤的酸碱度、植物的耐盐度进行调查。

④ 了解要治理土壤的含水量及水分供给状况。

⑤ 掌握拟治理土壤的营养供给情况，以便拟定合适的施肥方案。

⑥ 调查痕量金属污染土壤的污染状况，了解痕量金属的化学形态及植物可利用性，以便从土壤化学的角度采取相应措施增加植物对痕量金属的吸收量。此外，植物遭受自然灾害后的复原能力、植物病虫害、良好的灌溉与排水系统等也是需要考虑的因素。

3. 植物修复技术的发展趋势

植物修复技术是一种很有前途的新技术，不仅成本较低，而且具有良好的综合生态效应，特别适合在发展中国家采用。但是由于这项技术起步时间不长，在理论体系、修复机理和修复技术工艺上还有许多不成熟、不完善之处，因此，在有关基础理论研究和应用实践方面还有许多工作要做。

目前，国内外许多研究者正在从事植物修复的理论研究和实际应用研究方面的工作，今后的发展趋势大致有如下几个方面。

① 寻找更多的野生超累积植物，并将它们应用于矿山复垦、改良痕量金属污染的土壤、净化污水和固化污染物。我国的野生植物资源十分丰富，研究开发野生植物在痕量金属污染植物修复中的作用和应用是具有重要意义和前景的工作。

② 建立更多的应用植物修复技术的示范性基地，获得经验后加以推广。目前，我国一些部门和学者正在研发植物修复生态工程。如有的植物对 Cr、Ni、As、Cd 四种痕量金属的忍耐积累程度高于一般植物几十倍到上百倍，且生物量大，在短时间内通过根系吸收可去除农田中大量有毒物质，这一技术有较广阔的应用前景。

③ 在应用研究的同时，开展理论研究，包括植物机体中痕量金属的存在形态研究、植物积累或超量积累金属的机理研究、土壤环境学和土壤化学关于对增加植物吸收痕量金属可利用性的控制机理研究等。

④ 耐痕量金属和超累积植物及其根际微生物共存体系的研究。在这方面，前景看好的研究领域包括与超累积植物根际共存的微生物群落的生态学特征和生理学特征研究、根际分泌物在微生物群落的进化选择过程中的作用与地位研究、根圈内以微生物为媒介的腐殖化作用对表层土壤中痕量金属的生物可利用性的影响研究等等。研究这些问题不仅可以更好地揭示环境中植物生存的奥秘，而且可为充分利用植物及与之共生的根际微生物清除污染土壤中的化学污染物提供理论依据。

⑤ 分子生物学和基因工程技术的应用研究。这方面的工作在国外刚刚开始。将来的研究工作是把能使超累积植物个体长大、生物量增高、生长速率加快和生长周期缩短的基因传导到该类植物中并得到相应的表达，使其不仅能克服自身的生物学缺陷（个体小、生物量低、生长速率慢、生长周期长），而且能保持原有的超累积特性，从而更适合于在栽培环境下的机械化作业，提高修复污染的效率。

五、区域性土壤退化防治

区域性土壤退化是自然因素与人为因素综合作用的结果，自然因素如地球演化过程中的气候、环境条件演进等是土壤退化的基础和潜在作用因子，人类活动是土壤退化的诱发因子。在对区域性土壤退化的防治中，应特别强调对人为因素在土壤退化中作用的控制与调节。主要应强调如下几个方面。

1. 水土流失与水土保持是土壤退化防治研究中的重中之重

有人提出，土壤侵蚀基础性研究不仅限于水土不再流失、控制泥沙入河等，最根本性的问题在于侵蚀环境整体系统的整治。因为土壤侵蚀不仅是多种因子综合影响的过程，而且它的发生与发展又形成特殊的侵蚀环境。如原为森林或森林草原的景观，因土壤侵蚀就可能逐渐演变退化成为草原乃至荒漠化草原等脆弱的生态景观。侵蚀环境的主要特点表现为土地切割破碎、自然植被退化、生物多样性消失、土壤质量急剧下降、水资源耗竭、生态系统功能削减、旱涝灾害加剧，最终使原先的正常生态自然景观演变为侵蚀环境。

坡耕地土壤侵蚀过程是人为加速侵蚀的主要形式。中国坡耕地的土壤侵蚀有其自身的发生发展规律，但至今尚未正式建立适用于中国坡耕地水土流失的预报模型。研究表明，中国坡耕地尤其黄土丘陵的坡耕地不仅发生通常的溅蚀、片蚀、细沟侵蚀，而且形成了特殊的浅沟侵蚀，并影响到沟谷侵蚀的发展。因此，黄土丘陵坡耕地的侵蚀功能不仅标志了各种因素的侵蚀能量，而且特别显示各种因素之间及各种侵蚀方式相互连接成链状的加速作用的功能关系，我国学者称之为侵蚀链动能机制，并由此发展了物理力学和侵蚀学相交叉形成的侵蚀力学。通过对我国黄土高原揭示的坡、沟系统侵蚀链的动力机制的研究，是设计配置调控降雨径流侵蚀与水土保持措施的重要理论依据。

在我国暖温带、亚热带等湿润区和半湿润区，甚至在半干旱的黄土高原区，像欧美发达国家那样采取生态保护措施，不作为生产开发区，采取自然封禁或退耕栽种树，较快地取得保持水土和改善生态环境的效应是可能的。问题在于，在我国当前的情况下不能采取简单地退耕或人口迁移，在国家有限投入的情况下，既要实施水土保持又必须解决吃饭和脱贫致富问题，就必须在水土保持的科学研究方向进行创新，以能适合水土流失治理和农业可持续发展的需要；还必须与改善农田生态环境相结合，即建设可持续发展的水土保持生态农业，发展水土保持系统工程等，推动大面积生产治理，以及发展水土保持社会经济学，推动社会发展和进步，使公众认识到搞好水土保持不仅关系到国民经济建设和社会的发展与进步，还关系到子孙后代乃至全人类的生存环境。

2. 土壤酸化的预防和治理

以我国富铁土壤为例，目前南方富铁土壤地区土壤退化面积已经占了其土地总面积的一半左右（赵其国，1997）。富铁土壤退化形式中，除土壤侵蚀外，引人注目的是其酸化。富铁土壤 pH 值一般均下降 0.2～0.5，其中的旱地土壤下降幅度较大，水耕土壤下降幅度较小。其中，尤以发育于花岗岩上的土壤 pH 值甚至下降了 2 为注目，其次第四纪母质发育的富铁土壤 pH 值下降了约 1.5。两者的 pH 值多已达到 5.0，甚至 4.5。

影响富铁土壤酸化的因素很多，诸如富铁土壤的性质，有机质和交换性盐类含量低、阳离子交换量小是富铁土壤易受外界影响而酸化的重要原因，不同的管理措施（如施有机肥、化肥的不同处理）、不同的生态条件下其酸化速度都不同。而影响富铁土壤酸化的另一非常重要的因素就是酸雨的影响（赵睿新，2004）。富铁土壤酸化的后果首先是对作物生长的直接危害，加速土壤 Ca、Mg、P、K 等营养元素的淋溶和减少，或影响磷素、土壤微生物的活性，产生有害元素的胁迫作用如铝胁迫。富铁土壤酸化的防治途径有施用石灰、增加有机肥的施用量、减少生理酸性化肥的施用、控制和减少引起酸雨和酸性物沉降的 SO_2、NO_x 等、控制和减少三废物质的排放量等。

3. 自然土壤资源的可持续利用与保护

除耕地土壤外的其他土壤的开发利用，以及尚未开发利用的各类自然土壤、森林土壤、草原土壤、湿地土壤、冻土、干旱土、盐碱土等自然土壤资源，为了保护土壤圈的整体生态功能和环境功能，应以保护土壤的多样性，建立特殊的具有生态、环境、土壤形成发育特性或历史发生学方面有价值的土壤保护区，应以适度的针对土壤特性的开发利用为总原则。值得注意的是，2003 年加州伯克利大学研究提出的濒危土壤概念，认为土壤的多样性决定着生物的多样性，珍稀的土壤会出产珍稀植物，随着对自然土壤的开发、利用程度的增大，会使包括珍稀土壤在内的自然土壤逐渐减少或变为有消失可能的濒危土壤。濒危土壤的消失也意味着依赖于该土壤的动植物的消失，从而影响生物的多样性。

思考讨论题

1. 土壤的自净作用分哪几类？各自的作用机理是什么？
2. 如何确定土壤环境容量？确定土壤环境容量有何实际意义？
3. 土壤痕量金属污染目前有哪些治理途径？各自的实用性及发展趋势如何？
4. 土壤有机污染、土壤放射性污染的治理方法有哪些？主要原理是什么？
5. 简述土壤有机污染的环境意义及目前治理方法对解决实际问题的实用性。
6. 简述区域性土壤退化对人类社会发展的影响和目前人类采取的对策及意义。

参考文献

陈文新，1996. 土壤和环境微生物学. 北京：中国农业大学出版社.
贺延龄，陈爱侠，2001. 环境微生物学. 北京：中国轻工业出版社.
黄昌勇，2000. 土壤学. 北京：中国农业出版社.
黄盘铭，1991. 土壤化学. 北京：科学出版社.
黄瑞农，1987. 环境土壤学. 北京：高等教育出版社.
李天杰，等，1995. 土壤环境学. 北京：高等教育出版社.
牟树森，青长乐，1993. 环境土壤学. 北京：中国农业出版社.
沈德中，2002. 污染环境的生物修复. 北京：化学工业出版社.
赵其国，1997. 现代土壤学中的农业持续发展问题. 共同走向科学. 北京：新华出版社.
赵睿新，2004. 环境污染化学. 北京：化学工业出版社.

Bohn H L，et al，1985. Soil Chemistry. Second Edition. John Wiley & Sons.

Bowen H J W，1979. Environmental Chemistry of the Elements. London：Academic Press.

Manahan S E，1984. Environmental Chemistry. Fourth Edition. Boston：Willard Press.

Pugh C E，Hossner L R，Dixon J B，1984. Oxidation rate of iron sulfides as affected by surface area，morphology，oxygen concentration and autotrophic bacteria. Soil Science，137：309-314.

Sparks D L，1989. Kinetics of Soil Chemical Processes. London：Academic Press.

Whornton I，1983. Applied Environmental Geochemistry. London：Academic Press.

第八章　土壤污染修复案例及主要工程措施的重要机理

随着人类社会的不断发展，由生产和生活引起的对自然界的影响甚至破坏的程度在明显增强。土壤系统受人为活动影响、干扰的最终结果是使土壤减弱甚至丧失其生态功能，不能保持对植物或粮食的正常生产能力，进而影响或制约人类社会的持续发展。因此，如何避免土壤污染以及如何有效地对被污染了的土壤进行修复，使其保持正常功能和正常生产力，是人类社会持续发展的前提条件。当前，防治土壤污染已受到政界、学术界以及整个社会公众的广泛关注和重视，并已有大量的研究工作和工程案例在探索土壤污染的防治问题。但由于土壤污染问题本身在成因、过程、效果等方面的复杂性和预防、修复、治理工作中的如理论认识、实践可能性、成本经费、时间周期等诸多难题的客观存在，应该说，对于那些被污染了的土壤目前尚没有任何一种独到、理想的方法可以彻底解决问题，以能使土壤完全恢复到未受污染时的状态。近些年来，人们陆续提出了各种方法、思路，这些方法、思路有的甚至无论是在理论上还是在实践层面上都还存在问题或争议，但都是对土壤污染防治进程中为最终达到使其得以持续地被人类生态友好地利用和有效为人类服务的有益探索和启示。

下面就当今本领域和业界近年有代表性的工作成果、有新意的工作思路以及人们较感兴趣的方向，从痕量金属污染修复、有机污染物污染修复、痕量金属有机物复合污染修复、主要工程方法和案例的重要机理等几个方面概略地做些介绍，和大家一起讨论，并希望从中得到启发，以资污染土壤修复治理工作中参考。

第一节　土壤痕量金属污染修复

本节分别介绍土壤痕量金属污染的植物修复、套种和化学淋洗联合修复、磷灰石和氯化钾联用修复等三个研究案例，其中，植物修复只概略地叙述应用情况。这些方法都是近十几年来发展起来的新思路、新技术，各案例情况都有不错的修复效果，是值得重视的土壤污染防治方向。

一、土壤痕量金属污染植物修复案例

近年，我国的科研人员发现运用植物修复技术治理土壤痕量金属污染具有经济、简单和高效的优点，适于大规模推广。据我国农业部进行的我国全国污灌区调查，在约140万公顷的污水灌区中，遭受痕量金属污染的土地面积占污水灌区面积的64.8%，其中轻度污染的占46.7%，中度污染的占9.7%，严重污染的占8.4%。土壤痕量金属污染具有污染物在土壤中移动性差、滞留时间长、不能被微生物降解的特点，因此治理和恢复的难度大。

根据其作用过程和机理，植物修复技术可分为植物稳定、植物提取、植物挥发和根系过滤四种类型。植物稳定主要是利用耐痕量金属植物或超累积植物降低痕量金属的活性，从而

减少痕量金属被淋洗到地下水或通过空气扩散进一步污染环境的可能性；植物提取是利用痕量金属超累积植物从土壤中吸取金属污染物，随后收割地上部分并进行集中处理，以连续种植该植物的方式达到降低或去除土壤痕量金属污染的目的；植物挥发是利用植物根系吸收金属，将其转化为气态物质挥发到大气中，以降低土壤污染；根系过滤主要是利用植物根系过滤沉淀水体中痕量金属的过程，主要是利用水浮莲、浮萍、水葫芦等水生植物的吸附能力，减轻痕量金属对水体的污染程度。

此外，还有微生物修复技术。微生物可降低土壤中痕量金属的毒性，通过吸附积累痕量金属和改变根际微环境，从而提高植物对痕量金属的吸收、挥发或固定效率。

事实表明，采用工程、物理化学和化学方法修复痕量金属污染土壤，在实践中具有一定的局限性，难以大规模处理污染土壤，并且会导致土壤结构破坏、生物活性下降和土壤肥力退化。农业生态措施又存在周期长、效果不显著的特点，而生物修复是一项新兴的高效修复技术，具有良好的社会、生态综合效益，并且易被大众接受，具有广阔的应用前景。目前，植物修复技术的研究重点在以下几个方面。

（1）超累积植物筛选与培育　超累积植物是在痕量金属胁迫条件下的一种适应性突变体，往往生长缓慢，生物量低，气候环境适应性差，具有很强的富集专一性。因此，筛选、培育吸收能力强且同时能吸收多种痕量金属元素、生物量大的植物是生物修复的一项重要任务。

（2）分子生物学和基因工程技术的应用　随着分子生物技术的迅猛发展，将筛选、培育出的超累积植物和微生物基因导入生物量大、生长速度快、适应性强的植物中已成为现实。因此，利用分子生物技术提高植物修复的实用性方面将取得突破性进展。

（3）生物修复综合技术的研究　痕量金属污染土壤的修复是一个系统工程，单一的修复技术很难达到预期效果。比如，以植物修复为主，辅以化学、微生物及农业生态措施，从而提高植物修复的综合效率等。因此，生物修复综合技术将是今后痕量金属污染土壤修复技术的重要研究方向。

随着经济社会的发展，中国的土壤痕量金属污染也在加重。据国家环保部 2011 年估算的数据，全国每年被痕量金属污染的粮食高达 1200 万吨，造成的直接经济损失超过 200 亿元。据国土资源部 2011 年的数据，目前全国耕种土地面积的 10%以上已受到痕量金属污染。因矿产资源采掘不当而使废弃采矿地大量裸露，并通过水流等途径污染农田，导致土壤中的痕量金属含量严重超标，直接影响到农作物的产量和品质，威胁人类健康。土壤污染问题的“弱势”与其隐蔽性和滞后性有关。在一些受到痕量金属污染的土地上，原本正常生长的农作物会被超标的痕量金属毒死，在这些土地上人们已难看到蔬菜和粮食的踪影。

中国科学院地理与资源研究所陈同斌的痕量金属污染土壤植物修复团队于 1999 年在中国本土发现了世界上第一种砷的超富集植物——蜈蚣草，至今已开发出 3 套具有自主知识产权的土壤污染风险评估与植物修复的成套技术，并鉴别出在中国生长的 16 种能够吸收土壤痕量金属污染物的植物。研究证实，蕨类植物蜈蚣草对砷具有很强的超富集功能，其叶片含砷量高达 8‰，大大超过植物体内的氮、磷养分含量。

植物修复可以细分成植物富集、植物稳定、植物阻隔等很多类型。但是，目前植物修复的重点方向主要集中在以去除痕量金属为目的的植物萃取技术上。能成为超富集植物，一是植物在有毒痕量金属污染胁迫下生物量不能减少，二是植物吸收的痕量金属含量应该高于土壤中的含量。这样的超富集植物才具有实用价值，可以推广应用。蜈蚣草是一种通过孢子繁殖的蕨类植物，幼苗育好后移植到痕量金属污染的土壤中去就可以了。蜈蚣草将土壤中的痕量金属通过根系吸收到体内，并转移到地上部分。由于它对土地中砷的吸收量比普通植物高很多，一块原本污染得无法种庄稼的土地，种植蜈蚣草几年后，土壤可被显著净化。为了缩短净化的时间，提高净化率，原本一年收割一茬的蜈蚣草还可以每年割三茬。同时，为了提高土地的利用率，在修复土壤的同时，可将蜈蚣草和一些经济作物套种。在广西，蜈蚣草就和制造工业乙醇的能源甘蔗种在一起。在其他地方，蜈蚣草还能和桑树、苎麻一起套种，为当地农民带来一定的经济收入。几年后，那些完成修复土壤任务的超累积植物（包括每年被割掉的地上部分和几年后完成修复土壤任务的整株植物），经焚烧处理后再作为危险废弃物集中填埋。

在国家高技术发展计划（863 项目）、973 前期专项和国家自然科学基金重点项目的支持下，中国科学院地理与资源研究所建立了世界上第一个砷污染土壤植物修复基地。修复后，在田间种植条件下，蜈蚣草叶片含砷量高达 0.8%，有力证明了蜈蚣草在砷污染土壤治理方面具有极大的应用潜力。

经种植超富集植物进行土壤痕量金属污染修复试验，取得成效，并建立了污染土地的植物修复示范工程基地。该小组开展的植物修复与植物采矿技术研究与推广应用，有效地解决了严重的土壤及农产品痕量金属污染超标问题，提高了矿产资源利用率，保障了人民的安全健康。

土壤的植物修复技术因其安全、低成本而成为世界上该领域研究和开发的热点。植物修复就是筛选和培育超富集植物，利用植物把土壤中的有毒痕量金属元素吸收起来，再将植物收获，回收植物中的痕量金属物质。植物修复既能大量减少土壤中的痕量金属污染，又为回收利用痕量金属资源提供了可能。

二、套种和化学淋洗联合技术修复痕量金属污染土壤案例

联合使用不同的痕量金属污染土壤修复技术可以弥补单一措施的不足，其中植物提取联合化学淋洗技术就是有效的途径之一。本案例通过盆栽试验，在东南景天和玉米套种情况下，用不同浓度和种类的混合试剂对土壤进行化学淋洗，测定淋洗液中痕量金属含量、植物的吸收量以及土壤痕量金属的剩余量（黄细花等，2010）。结果表明，第 1 季 10mmol/L 的混合试剂对套种系统淋洗，Zn、Cd 的总去除量（植物提取量和淋洗量）最高，两季合计对 Zn、Cd 的总去除率分别达到 6.0%、40.46%，大于单一植物提取。土壤测定结果表明，通过两季（约 9 个月）套种植物联合淋洗技术处理后，土壤痕量金属 Cd、Zn 和 Pb 的降低率分别达到 27.8%～44.6%、12.6%～16.5%和 3.6%～5.7%。50mmol/L 的混合试剂对套种系统淋洗，会影响后季东南景天的生长，而且淋洗结束后用清水淋洗产生的淋出液浓度高于其他低浓度处理，风险较大。EDDS（乙二胺二琥珀酸）混合试剂亦能促进东南景天吸收 Zn 和 Cd，但不能有效淋洗出土壤中的 Pb。在该套种加淋洗联合技术中，Zn、Cd 的去除主要靠植物提取，Pb 的去除主要靠淋洗，套种加淋洗加快土壤修复，而且可以解决 Zn、Cd、Pb 复合污染问题。

近年来，针对痕量金属污染，土壤研究人员发展了许多修复技术（Baker et al，1994；Brown et al，1995；Ma et al，2001；Schwartz et al，2003）。基于痕量金属超富集植物提取土壤中的痕量金属的植物提取技术中，植物提取金属的效率取决于土壤痕量金属浓度和有效性、植物吸收积累痕量金属的能力和植物生物量等几个因素（Chen et al，2003；Ernst，

1996)。研究人员向土壤中施加螯合剂，如乙二胺四乙酸（ethylenediamine tetraacetic acid，EDTA)、柠檬酸等，以改变痕量金属的活性，提高痕量金属的植物可利用性，进而促进植物吸收金属（Chen et al，2003；Huang et al，1997；Wu et al，2004)。然而，EDTA价格较贵、不易降解，容易造成地下水污染，因此，研究人员寻求更安全的螯合剂类别（Lestan et al，2008)。吴启堂等研制了由包括味精废液在内的多种有机试剂混合而成的添加剂(MC)，该混合试剂具有廉价和对地下水低污染的特点，能促进金属超富集植物吸收痕量金属（吴启堂等，2006；Wu et al，2006)。此外，在提高植物修复效率方面，选择几类适当的植物种植在一起，有利于提高超富集植物对痕量金属的吸收。例如，将超富集植物东南景天与低累积玉米种植在一起修复痕量金属污染土壤，植物提取土壤痕量金属的效率得到明显提高，同时可以收获符合一定卫生标准的农产品（卫泽斌等，2005；Wu et al，2007/2)。

土壤淋洗技术也是去除土壤痕量金属的有效技术手段（Peters，1999)。利用淋洗剂溶解土壤中的痕量金属使其随淋洗液流出，然后对淋洗液进行后续处理，从而达到修复污染土壤的目的。其中，原位土壤淋洗由于投资消耗相对较少且不扰动土壤而备受青睐。土壤淋洗过程中产生的洗液可以采用化学方法（Lestan et al，2008）或人工湿地（Groudev et al，2001）等方法处理。然而，高浓度的淋洗剂处理后的土壤将严重影响后续植物的生长，Kos等人采用螯合诱导植物提取、可降解络合剂淋洗、透性墙过滤联合技术修复痕量金属污染土壤，使植物修复技术更加有效（Kos et al，2003)。因为，活化的痕量金属除了随淋洗液流出土壤外，也能促进植物对金属的吸收。但在土层下安装可透性墙处理含痕量金属滤液的方法有不尽合理的方面。根际过滤技术可以去除废水中的痕量金属（Dushenkov et al，1995)，然而Guo等人进行的初步研究表明，有的根系不能有效吸收去除污染土壤淋出液中的痕量金属（Guo et al，2008)。目前，利用在深层土壤添加化学药剂固定从耕作层污染土壤淋下来的金属的新技术已经被开发（吴启堂等，2009)。已有研究表明，用混合有机络合剂(MC）淋洗单独种植东南景天的痕量金属污染土壤的效果比EDTA和味精废液好。本案例研究是在套种条件下分析不同浓度MC的修复效果，并尝试用较易降解的乙二胺二琥珀酸(ethylenediamine two succinic acid，EDDS）代替MC中的EDTA，以完善植物与化学联合修复技术。

1. 试验方法

供试土壤采自广东省乐昌市痕量金属污染水稻土。供试植物分别为：①东南景天（sedum alfredii hance)，浙江矿山型，Zn、Cd超富集植物（杨肖娥等，2002)；②玉米（zea mays)，痕量金属低累积玉米品种，Huidan-4（Samake et al，2003)。

供试试剂。混合试剂（MC）主要成分为味精废液、柠檬酸、EDTA等，各组分配比如下：柠檬酸：味精废液：EDTA：KCl=10：1：2：3（摩尔比)，该MC是促进超富集植物吸收Zn、Cd的螯合剂，在本案例中将MC溶于蒸馏水作土壤淋洗剂，既可以起到螯合诱导作用，又可起到淋洗作用（吴启堂等，2006)。

试验分别设计两季套种加淋洗进行。第1季套种加淋洗试验在盆栽试验温室进行，在Zn、Cd超富集植物——东南景天和低累积玉米套种情况下，对土壤进行淋洗。淋洗试验共设置5个处理，每个处理均设3个重复。土壤风干过5mm筛，装入搪瓷盆（直径=20cm，盆高H=23cm，每盆装土5kg，以风干重计)，底部垫1kg经酸泡的小石子，石子上垫一张尼龙网。化肥分别采用尿素和KH_2PO_4（均为分析纯)，用作基肥与土混匀，其用量分别为：N 100mg/kg，P 80mg/kg，K 100mg/kg。在每个盆底部安装一弯曲玻璃管，平时开口端向上不漏水，淋洗时向下供淋洗液流出。2006 年 11 月 3 日，选择大小一致的东南景天枝条直接插枝，每盆 6 棵，玉米直接播种，待长出 3 叶后进行间苗。每盆保留 2 棵玉米，共 15 盆。2007 年 1 月 23 日，即植物收获前 40 天（盆栽时间为 117 天）开始进行淋洗处理。混合试剂 MC 溶于 2L 蒸馏水，对土壤进行缓慢淋洗（淋洗速度约为 30mL/min），收集淋滤液并记录体积，取部分淋滤液供分析测定 COD、Zn、Pb 和 Cd 含量。以上淋洗处理每 5 天一次，共 4 次。2007 年 3 月 2 日分别收获东南景天和玉米的上部，其中东南景天留茬 1cm，供其继续生长，玉米分茎和叶分别采样。采集盆栽土壤样品，自然风干后粉碎过筛，用于测量金属含量。植物样品用蒸馏水洗净后，于 70℃ 下烘干，称干重并磨细，用于测定植物 Zn、Cd 和 Pb 含量。

第 2 季套种加淋洗试验是在第 1 季淋洗试验完成后，在留茬的东南景天继续生长的情况下进行。2007 年 4 月 1 日继续种植玉米，间苗时每盆保留 1 棵玉米。期间追施尿素和 KH_2PO_4 一次，用量同第 1 季。2007 年 6 月 9 日开始进行淋洗处理，5 天一次，共淋洗 3 次（6 月 9、14、19 日），24 日（第 4 次）用蒸馏水进行淋洗，并收集淋滤液，记录体积。6 月 25 日收获东南景天和玉米（玉米按籽粒和茎叶分别收获），并采集土壤样品。分析测定项目为土壤理化性质指标、植物痕量金属含量（鲁如坤，2000）、淋出液样痕量金属含量（中国标准出版社第一编辑室，2001）、淋出液 COD（国家环境保护局，1997）。

上述试验工作的结果讨论如下。

（1）不同淋洗处理对套种植物生物量的影响　在第 1 季和第 2 季生长期，玉米没有表现出被毒害症状，不同淋洗处理对套种玉米的生物量没有显著影响。不同淋洗处理对第 1 季东南景天的生物量没有显著影响，MC-10 处理和 MC-20 处理的东南景天生物量较大。MC-50 处理第 2 季东南景天生物量显著低于其他处理。说明浓度为 50mmol/L 的混合试剂对土壤进行淋洗会影响第 2 季东南景天的生长。

（2）不同淋洗处理对套种植物痕量金属含量的影响　第 1、2 季东南景天的 Zn 含量分别达到 12977mg/kg 以上和 10221mg/kg 以上，超过超富集植物 Zn 的临界标准 10000mg/kg；第 1 季东南景天 Cd 含量达到 211mg/kg，第 2 季东南景天 Cd 含量明显低于第 1 季，这与土壤 Cd 含量下降幅度有关系。与不淋洗处理相比，在第 1 季，只有 MC-10 处理提高了东南景天的 Zn 含量，提高幅度为 6%；MC-10 处理和 ME-20 处理提高了东南景天的 Cd 和 Pb 含量，提高幅度分别为 8% 和 15%。在第 2 季，除 MC-20 处理东南景天 Cd 含量略低外，其余淋洗处理增加了东南景天的 Zn 和 Cd 含量。由此可见，10mmol/L 混合试剂对土壤进行淋洗是提高东南景天中 Zn 和 Cd 含量的较好选择。不同淋洗处理的第 1 季玉米茎和叶 Zn、Cd、Pb 含量均没有显著差异。由于相对有限的盆栽空间和相对较多的玉米植株，第 1 季玉米没有结出玉米籽粒。玉米的上部茎和叶的 Zn、Cd、Pb 含量并不高，不同处理玉米茎部分 Zn、Cd、Pb 含量的平均值分别为 574.9mg/kg、1.323mg/kg 和 11.71mg/kg，玉米叶片部分 Zn、Cd、Pb 含量的平均值分别为 496.5mg/kg、1.296mg/kg 和 38.40mg/kg，低于商品有机肥痕量金属卫生标准（NY 525—2002：Cd≤3mg/kg，Pb≤100mg/kg，Zn 没有规定）。第 2 季玉米茎叶部分痕量金属含量也远远低于有机肥痕量金属标准。可见，玉米茎叶用作有机肥是可行的。第 2 季玉米籽粒 Zn、Cd、Pb 含量处理间差异显著。ME-20 处理的玉米籽粒 Zn 含量是 43.94mg/kg，低于国家食品卫生标准 50mg/kg（GB 13106—1991），其余 4 个处理籽粒 Zn 含量都高于 50mg/kg。MC-10 处理的籽粒 Cd 含量低于 0.1mg/kg 的国家标准（GB 2762—2005），其余处理均高于 0.1mg/kg。不同处理的玉米籽粒 Pb 含量都超过了

0.2mg/kg 的国家食品卫生标准（GB 2762—2005）。玉米籽粒 Cd、Pb 含量均低于国家饲料卫生标准（GB 13078—2001，Cd 0.5mg/kg，Pb 5.0mg/kg）。因为动物需要相对高浓度的 Zn，Zn 含量在饲料卫生标准中没有颁布，本试验中玉米籽粒 Zn 含量在动物饲料推荐范围（45～80mg/kg）（Coic et al，1989），说明该玉米籽粒可以用作动物饲料，而且其也可用于提炼生物柴油（Altm et al，2001）。与不淋洗处理相比，MC-10、MC-20 和 ME-20 淋洗处理降低了玉米籽粒的 Zn 含量，MC-10 和 MC-20 处理降低了玉米籽粒的 Cd 含量，MC-10、MC-20 和 MC-50 处理降低了籽粒的 Pb 含量。由此可见，MC-10 和 MC-20 处理能有效地降低玉米籽粒痕量金属含量，说明 10mmol/L 和 20mmol/L 的较低浓度 MC 继续对土壤淋洗能降低后茬套种玉米籽粒痕量金属含量。淋洗处理降低了第 2 季玉米茎叶部分的 Zn 和 Cd 含量，Cd 含量达到了显著性差异，MC-10 和 MC-20 处理降低幅度较大。MC-50 处理显著降低了其 Pb 含量，其约为不淋洗处理的一半，MC-10 和 MC-20 处理与不淋洗处理相差不大。由此可见，继续用 MC 作淋洗剂的处理降低了后茬玉米茎叶中的痕量金属含量。

（3）不同淋洗处理对套种植物提取痕量金属的影响　套种系统对 Zn 和 Cd 的植物提取量主要取决于东南景天，正常生长的东南景天对 Zn 和 Cd 的提取量远远大于玉米。不同处理对第 1 季东南景天和玉米提取痕量金属的影响不显著。与不淋洗处理相比，MC-10 淋洗处理提高东南景天 Zn、Cd、Pb 吸收量且提高幅度最大，10mmol/L 的混合试剂对套种系统进行淋洗是促进套种东南景天吸收 Zn 和 Cd 的较好选择。在第 2 季，MC-50 处理的东南景天生长受到了毒害，生物量最小，该法处理的东南景天对 Zn、Cd 和 Pb 的提取量也最小。因此，50mmol/L 的混合试剂 MC 对土壤淋洗会影响东南景天生长，进而影响东南景天对痕量金属的提取。

（4）淋出液　第 1 季土壤淋洗产生的淋出液 Zn、Cd、Pb 浓度和 COD 浓度与第 2 季前 3 次淋洗产生的淋出液相近。第 2 季第 1～3 次使用化学试剂淋洗，淋出液 Zn、Cd 和 Pb 浓度随着淋洗次数的增加浓度呈下降趋势。前 3 次不同处理产生的淋出液痕量金属浓度，MC-50 处理最高，MC-20 处理次之，MC-10 和 ME-20 处理最低。与第 1 季不同的是，第 2 季的第 4 次淋洗采用的是蒸馏水，用水对土壤进行淋洗后的不同处理淋出液 Cd 浓度都低于农田灌溉水质标准 0.005mg/L（GB 5084—1992）。MC-10、MC-20、ME-20 处理的淋出液 Zn 浓度分别为 1.408mg/L、1.590mg/L 和 0.513mg/L，均低于 2.0mg/L 的农田灌溉水质标准。而 MC-50 处理的为 6.869mg/L，是标准的 3.5 倍。MC-10、MC-20、ME-20 和 MC-50 处理的淋出液 Pb 浓度分别为 0.229mg/L、0.264mg/L、0.129mg/L 和 0.584mg/L，都超过了农田灌溉水质标准 0.1mg/L，其中 MC-50 处理超过该标准 5 倍。用水淋洗土壤产生的淋出液，其 COD 浓度远远低于前 3 次试剂的淋洗浓度。其中 MC-50 处理的淋出液 COD 浓度为 229mg/L，高于农田水作（200mg/L）和蔬菜（150mg/L）时的灌溉水质标准，低于旱作时标准（300mg/L）。MC-10、MC-20 和 ME-20 处理的淋出夜 COD 浓度较低，都低于农田种植蔬菜时的灌溉水质标准。由此可见，50mmol/L 的混合试剂对土壤进行淋洗，其后续的风险较大，用水淋洗产生的淋出液 Pb、Zn 含量较高。低浓度 10～20mmol/L 的试剂对土壤进行淋洗，后续风险较小。

土壤淋洗是将土壤固相上的污染物转移到淋洗液中，因此要对产生的淋出液进行后续处理。用 EDTA 络合剂淋洗污染土壤产生的污染淋出液，可以化学方法回收其中的 EDTA 和痕量金属（Hong et al，1999；Palma et al，2003；Zeng et al，2005）。可以利用抽出处理技术（pump and treat，P&T 技术）处理污染淋出液（Nathanail et al，2004），在深层土壤中添加固定剂能有效固定从耕作层淋下来的痕量金属，且被固定的痕量金属很少被后期的降水等再淋洗出来，能很好地控制对地下水的环境风险（吴启堂，2009）。可见，合适的淋出液处理技术将会使套种植物提取加土壤淋洗联合技术更加具有应用前景。

（5）不同处理对土壤痕量金属去除量的影响　两季不同处理套种植物和淋洗对痕量金属去除量数据表明，植物提取和土壤淋洗联合技术对痕量金属的去除量大于单一技术。与不淋洗处理相比，MC-10 淋洗处理增加了第 1 季套种系统植物对 Zn 的总提取量且增加幅度最大，同时只有 MC 处理增加了植物总提取 Cd 量。第 2 季中植物总提取 Zn 量为低浓度淋洗处理大于不淋洗处理和高浓度处理，总提取 Cd 量为低浓度淋洗处理与不淋洗处理相当。不同淋洗处理都能去除土壤中 Zn 和 Cd，进一步增加总去除量。套种植物提取和淋洗对土壤 Zn 和 Cd 的两季总去除量为 MC-10 处理的最大，分别是不淋洗处理的 1.7 和 1.3 倍。两季不同处理淋洗出的 Pb 量差异显著，且远远大于套种植物提取的 Pb 量。Pb 的去除主要靠淋洗，弥补了植物提取 Pb 量少的不足。淋洗剂 MC 的浓度越大，淋洗出的 Pb 量越多。对 Pb 的两季总去除量在 MC-50 处理下最高，是不淋洗处理的 59 倍。Zn 和 Cd 总去除量最高的 MC-10 处理，其 Pb 的总去除量也不低，是不淋洗处理的 29 倍。ME 与 MC 的不同之处是，MC 中的 EDTA 替换为同量的 EDDS。ME-20 处理和 MC-20 处理的东南景天提取的痕量金属量无显著差异，而对 Pb 的淋出效果差异显著，两季中 ME-20 处理的淋出液 Pb 浓度远远低于 MC-20 处理，ME-20 处理淋出的 Pb 量显著低于 MC-20 处理。这些结果说明，EDDS 亦能促进东南景天吸收痕量金属，但不能有效地淋出土壤中的 Pb。植物套种与化学淋洗联合能明显提高土壤痕量金属的去除效率，两季不同浓度的淋洗处理对 Zn 的总去除率为 5.74%～6.36%，对 Cd 的总去除率达到 35.35%～40.46%。对 Pb 总去除率较低，为 0.44%～3.70%。

（6）不同处理的土壤痕量金属全量和有效含量的变化　两季套种和淋洗联合修复土壤后，土壤痕量金属全量和 DTPA 提取态含量与原始土壤相比，不同处理后的土壤痕量金属全量均降低。经过两季植物联合淋洗处理后，土壤痕量金属 Zn、Cd 和 Pb 的降低率分别达到 12.6%～16.5%、27.8%～44.6%和 3.6%～5.7%。这些结果与植物提取量加淋洗量的计算结果基本吻合。不同处理后土壤有效 Zn 和有效 Cd 含量均低于原始土壤，且第 2 季不同处理后的土壤有效 Zn 和有效 Cd 含量低于第 1 季，第 2 季 MC-20 淋洗处理后的土壤有效态 Zn 和有效态 Cd 含量显著低于不淋洗处理（CK）。经过两季植物提取联合淋洗处理后，土壤有效态 Zn、Cd 和 Pb 的含量分别降低了 58%～63%、66%～76%和 18%～25%，大于相应痕量金属全量的降低率。

2. 本案例研究可有如下结论

（1）套种和化学淋洗联合技术对痕量金属的去除量大于单一植物提取。10mmol/L 的混合试剂对套种系统淋洗，两季合计对 Cd 的总去除率达到 40.46%，还降低了第 2 季玉米籽粒和茎叶 Zn、Cd 含量。Zn、Cd 的去除主要靠植物提取，Pb 的去除主要靠淋洗，套种加淋洗可以解决 Zn、Cd、Pb 复合污染。

（2）淋洗和套种联合处理 Zn、Cd、Pb 污染土壤后，痕量金属全量均显著降低，通过两季套种植物联合淋洗技术处理（约 9 个月）后，土壤痕量金属 Cd、Zn 和 Pb 的降低率分别达到 27.8%～44.6%、12.6%～16.5%和 3.6%～5.7%。

（3）50mmol/L 的混合试剂对套种系统淋洗，会影响后季东南景天的生长，而淋洗结束后用清水淋洗产生的淋出液痕量金属浓度高于其他低浓度处理，风险较大。

(4) EDDS混合试剂能促进东南景天吸收痕量金属，但不能有效淋洗土壤中的Pb。

三、磷灰石和氯化钾联用修复铅锌矿区铅镉污染土壤案例

本案例以某铅锌矿区的2个痕量金属污染土壤（HF-1、HF-2）为对象，利用组合制剂羟基磷灰石（HA）加氯化钾（KCl）修复矿区铅镉污染土壤，以探讨Cl^-对HA修复痕量金属铅镉污染土壤的作用（王利等，2011）。每个实验土壤试样设置5个HA水平和4个KCl水平，共计40个处理。HA能够有效地降低污染土壤中由标准毒性浸出方法（toxicity characteristic leaching procedure，TCLP）浸提出的铅和镉含量。组合制剂在HA：Pb：KCl（摩尔比）为8：1：2时对土壤中铅和镉的固化效果达到最佳，该处理下土壤HF-1、HF-2中铅和镉的固化率分别达到83.3%、97.27%和35.96%、57.82%；在HA：Pb（摩尔比）为8的水平上，KCl：Pb（摩尔比）为2时土壤HF-1、HF-2中铅和镉的固化率比未添加KCl时分别提高6.26%、0.33%和7.74%、0.83%。试验表明，适量的Cl^-存在可以增强羟基磷灰石对痕量金属铅镉污染土壤的修复效果。

矿业导致的痕量金属污染已经引起越来越多的关注。土壤痕量金属污染修复的常用方法中（周启星，2006；王立群等，2009；李静等，2008），化学钝化是一种有效的修复方法（周东美等，2004）。羟基磷灰石（HA）是一种天然且经济的磷酸盐来源，能够与痕量金属元素形成溶解性很低的、相对稳定的化合物，对二价的痕量金属离子具有高效的去除效果（Lusvardi et al，2002）。目前，有很多学者利用磷化合物钝化污染土壤中的铅、镉等痕量金属元素（Basta et al，2001；陈杰华等，2009；陈世宝等，2006；Eric et al，2003；刘斌等，2005；Ma et al，1993；McGowen et al，2001；王碧玲等，2005；王碧玲等，2008），但鲜见氯化钾和羟基磷灰石作为组合制剂进行铅、镉污染土壤修复的报道。基于磷铅系列矿物$Pb_{10}(PO_4)_6(OH, Cl, F, \cdots)_2$化学和生物学稳定性原理，本案例探讨低剂量$Cl^-$存在对羟基磷灰石修复矿区铅、镉污染土壤的影响。修复效果评价采用美国固体废物毒性浸提程序（即TCLP）。目前，我国土壤钾肥供给潜力普遍缺乏（鲁如坤，1989；刘会龄等，2002），研究氯化钾肥和磷肥联合修复的优化参数组合并评价其可行性，有望在修复我国矿区痕量金属污染土壤的同时有效改善区域土壤的肥力状况。

1. 试验方法

供试土壤HF-1、HF-2采自某铅锌矿区2个矿井周围表层水稻土（0～20cm）。该矿区是我国典型的低温矿床密集区之一，至今已有70多年的采矿历史，铅锌矿开采和冶炼的过程中产生的大量废气、废水和废渣，导致矿区及周边环境痕量金属污染。供试土壤剔除砾石和植物碎根后自然风干、混匀、碾碎过100目尼龙筛。修复剂氯化钾和羟基磷灰石分别购自南京埃普瑞纳米材料有限公司和北京化学试剂公司，其主要成分分别为KCl和$Ca_{10}(PO_4)_6(OH)_2$。2个矿井点土壤HF-1、HF-2中铅含量远高于镉含量。已有研究表明，矿区土壤中铅较镉更易在土壤表层富集（姬艳芳等，2009）。因此，本次实验以土壤铅总量为依据，按照以下HA：Pb和KCl：Pb的摩尔比计算HA和KCl的添加量。

共设置5个HA水平［HA：Pb（摩尔比）为0、1、2、4、8］，即往每2g的HF-1和HF-2土壤中分别加入0g、0.0125g、0.025g、0.05g、0.1g和0g、0.0134g、0.0268g、0.0534g、0.107g的HA，同时设置4个KCl水平［KCl：Pb（摩尔比）为0、0.5、1、2］，即往每2g的HF-1和HF-2土壤中分别加入0g、4.5×10^{-4}g、9×10^{-4}g、1.8×10^{-3}g和0g、4.93×10^{-4}g、9.85×10^{-4}g、1.97×10^{-3}g的KCl，每种土壤共有20个处理样。

分别称2.00g已处理土壤于50mL的聚碳酸酯离心管中，按比例添加HA和KCl，充分混匀，模拟自然环境条件下土壤干湿交替的循环，每7天加超纯水使土壤保持饱和含水量，在(20±1)℃条件下培养30天，测定TCLP浸提态Pb、Cd含量。

KCl的添加对HA修复铅、镉效果的影响如下所述。

研究表明，HA钝化痕量金属离子的主要机制是溶解-沉淀机制（Suzuki et al，1981；Ma，1996；Patricia et al，2008），机理如下：

$$Ca_{10}(PO_4)_6(OH)_2+14H^+ \longrightarrow 10Ca^{2+}+6H_2PO_4^-+2H_2O \quad (8\text{-}1)$$

$$10Y^{2+}+6H_2PO_4^-+2X^- \longrightarrow Y_{10}(PO_4)_6X_2+12H^+ \quad (8\text{-}2)$$

式中，X可以用Cl^-、F^-、OH^-等离子代替，Y指污染痕量金属离子。由该反应机制可看出，溶解过程（8-1）和沉淀过程（8-2）是可逆过程，土壤中X的多少直接关系着沉淀反应（8-2）的作用方向。针对以上机制，本案例研究设置在KCl∶Pb（摩尔比）为0、0.5、1、2水平下，HA［HA∶Pb（摩尔比）为0、1、2、4、8］对土壤痕量金属铅和镉的修复实验。组合制剂对土壤铅的修复结果表明，土壤HF-1、HF-2中TCLP浸提态铅含量随着HA的增加都有明显下降趋势，在HA∶Pb（摩尔比）为8且KCl∶Pb（摩尔比）为2的处理中，即HA∶Pb∶KCl为8∶1∶2时，HF-1平HF-2中TCLP浸提态铅的钝化率分别达到了83.3%和97.27%。HF-1和HF-2中HA与铅的摩尔比分别为0、2、4、8的比例时，随着KCl添加量的增加，TCLP浸提态铅含量逐渐降低。HF-1、HF-2在HA与铅的摩尔比为8的处理中，KCl的添加分别提高了6.26%和0.33%的钝化率。可见，针对HF-1和HF-2这两种土壤，KCl的添加能够促进HA对铅的钝化。由该实验发现，组合制剂（HA+KCl）在钝化土壤铅的同时，对土壤中TCLP浸提态镉含量也产生钝化作用，HA添加量和污染土壤中TCLP浸提态镉含量呈显著负相关关系。KCl的添加促进了HA对土壤HF-1、HF-2中TCLP浸提态镉的钝化率的增加，在HA∶Pb（摩尔比）为0、1、2、4、8的水平上，TCLP浸提态镉的钝化程度随着KCl的增加呈增加趋势。相比未添加KCl时的钝化情况，KCl∶Pb（摩尔比）为2时，HF-1和HF-2中5个HA水平上的TCLP浸提态镉的钝化率分别提高了10.53%、11.09%、14.81%、13.01%、7.74%和3.57%、0.21%、2.38%、2.38%、0.83%。组合修复制剂在KCl∶Pb∶HA为2∶1∶8时对土壤HF-1、HF-2中TCLP浸提态镉的钝化率达到最大，分别可达35.965%和57.82%。可见，修复组合制剂（HA+KCl）在修复铅锌矿区铅污染的同时，也有效降低了TCLP浸提态镉含量，KCl的添加能够促进HA对重金属铅和镉的钝化作用。相对土壤HF-2，KCl对土壤HF-1钝化率的影响更加明显（土壤HF-1的铅、镉钝化率分别提高6.26%、7.74%，土壤HF-2的铅、镉钝化率分别提高0.33%、0.83%）。土壤HF-1和HF-2在钝化率上的差异性则可能是由土壤理化性质的差别和土壤中其他共存金属离子的影响所致。这启示人们，为深入解释土壤痕量金属钝化剂对痕量金属的钝化机制，还需同时开展土壤理化性质及共存离子对痕量金属钝化的影响研究。已有研究表明（Ma，1996；Patricia et al，2008；Smiuciklas et al，2008），K^+的添加并不影响HA钝化污染痕量金属的效果，修复效果的提高是因为Cl^-的添加促进了HA对痕量金属铅、镉离子的吸收，结合钝化反应的溶解过程（8-1）和沉淀过程（8-2）可以看出，本实验的结果与HA修复痕量金属的溶解-沉淀机制相吻合（Ma et al，1993；Suzuki et al，1981；Patricia et al，2008）。钝化生成的氯磷铅矿和羟基磷酸铅具有很低的溶度积（pK_{sp}分别为84.4和76.8）(Ma et al，1997）。比较而言，氯磷铅矿具有更低的溶解度，在自然状态下更加稳定。Cl^-的添加不仅促进了HA对铅离子的吸收，其生成的沉淀物氯磷铅矿更不易分解。

2. 本案例研究结论

(1) 供试土壤 HF-1 和 HF-2 中铅、镉含量分别超出了国家土壤环境二级标准 4 倍、4.6 倍和 17 倍、15 倍，超出当地区域土壤环境背景值的 48 倍、53 倍和 127 倍、112 倍；其 TCLP 浸提态铅、镉含量分别超出了固体废物毒性浸提程序（TCLP）毒性限值的 21 倍、24 倍和 13 倍、11 倍。

(2) HA 和 KCl 组合剂能够有效地降低土壤中 TCLP 浸提态铅和镉，HF-1 和 HF-2 土壤中铅、镉最高钝化率分别达到 83.30%、97.27%和 35.96%、57.82%；在 HA∶Pb（摩尔比）为 0～8 范围内，修复剂 HA 的添加量与 TCLP 浸提态镉含量呈显著负相关关系，与土壤 HF-1 中 TCLP 浸提态铅呈显著负相关关系，与土壤 HF-2 中 TCLP 浸提态铅呈显著负相关关系。

(3) Cl^- 可促进 HA 对铅锌矿区土壤中 TCLP 浸提态铅、镉的钝化率，在 HA∶Pb（摩尔比）为 8 的水平上，相比未添加 KCl 时的钝化率，KCl∶Pb（摩尔比）为 2 时土壤 HF-1 和 HF-2 中铅、镉钝化率可分别提高 6.26%、0.33%和 7.74%、0.83%。

第二节　土壤有机污染物污染修复

本节分别介绍土壤多环芳烃污染的微生物修复和土壤石油污染的微生物修复两个研究案例。这些方法都是值得重视的土壤有机污染防治新方向。

一、多环芳烃（PAHs）污染土壤的强化微生物修复案例

多环芳烃（polycyclic aromatic hydrocarbons，PAHs）是焦化等企业污染土壤中最常见的一类污染物（冯嫣等，2009；刘大锰等，2004）。PAHs 为 2 个或 2 个以上芳环稠合在一起的一类化合物。它们是具有毒性甚至致癌（5～6 环的 PAHs）的有机化合物（Cerniglia，1992）。对 PAHs 污染土壤进行修复采用的修复方法包括物理法（如土壤蒸汽浸提、热脱附）、化学法（如化学氧化、土壤淋洗）以及生物法（如微生物修复、植物修复）等。其中，利用微生物代谢活性去除污染物的微生物修复方法被认为是最经济有效且环境友好的一种方法（Bamforth et al，2005）。关于 PAHs 的微生物降解，已有显示，主要有两类菌可降解 PAHs，即细菌和真菌（丁克强等，2001；Lusvardi et al，2002）。PAHs 微生物降解的难易度取决于其化学结构的复杂性和降解酶的适应程度。许多细菌可以 2～3 环的 PAHs 为唯一碳源，只有少数几种菌如红球菌属（*Rhodococcus* sp.）、鞘氨醇菌属（*Sphingomonas* sp.）、假单胞菌属（*Pseudomonas* sp.）、分枝杆菌属（*Mycobacterium* sp.）等可以 4 环的 PAHs 为唯一碳源。更高环（4 环以上）的 PAHs 多以共代谢的方式被降解（张银萍等，2010；Kanaly et al，2000）。PAHs 的微生物降解受多种因素的影响，包括微生物种类和数量、污染物的浓度以及环境条件如温度、电子受体、营养盐、体系 pH 值、含水率等。PAHs 的浓度对微生物降解有一定制约。浓度过高，会对微生物产生毒害作用；浓度过低，微生物细胞内完成反应的调节机制不易启动。此外，PAHs 为强疏水性物质，易被土壤颗粒吸附或被其他作用固定，隔断了其与专性微生物和酶的直接接触（安淼等，2002）。

在 PAHs 污染土壤的微生物修复中，通常采用添加氧源、氮磷营养物、PAHs 降解菌、表面活性剂、共代谢底物等方法来强化修复效果（程国玲等，2005；Hamdi et al，2007；

Mancera-Lopez et al，2008；Jacques et al，2008）。微生物修复成功与否在很大程度上取决于污染土壤的环境条件、污染物性状以及微生物特征。对于任何污染场地，在工程修复之前应对所选技术的可行性进行研究。本案例针对某焦化厂PAHs污染土壤的现状，从当地土著菌中分离出PAHs降解菌，并确定其适宜的生存条件，进行富集培养后，应用于该污染土壤的强化微生物修复（卢晓霞等，2011）。工作中，应用聚合酶链反应-变性梯度凝胶电泳（PCR-DGGE）技术对所分离菌的纯度进行验证，在PAHs降解菌的分离研究中是一次创新意义的工作。对污染土壤多种处理方式的处理效果进行比较是本案例研究的特色。

1. 试验方法

土壤采样分两次进行。第1次从某焦化厂采了6个表层污染土壤样品，并对其理化性质、PAHs含量和微生物数量进行分析。第2次从该焦化厂采取9个田字形钻孔点的垂直剖面样品（大多数钻孔点总取样深度为13m，每1m取1个样），对田字四角和中心的5个钻孔点的样品进行了理化性质测定和微生物数量分析。取其中6个深度6～8.7m的样品（样品量较多且具有代表性）用于本案例中的强化微生物修复实验，对其PAHs含量进行测定。

不同类型的PAHs（2～6环）在污染土壤中均有检出，且大多数浓度均在10mg/kg以上。在污染较严重的土壤中，中高环的PAHs浓度均接近或高于100mg/kg。总体上，表层土壤中PAHs的含量高于深层土壤，表层土壤中的微生物数量高于深层土壤。表层土壤的pH值波动较大，这可能与其受外界影响较大有关。个别样点总有机碳含量较高，可能是局部样品中存在焦油渣所致。据了解，焦化厂的污染源有废气、废水和固体废物。其中，固体废物主要为焦化厂产生的焦油渣、焦尘等。除PAHs外，焦化厂污染土壤中通常还含有苯系物、挥发酚、杂环芳香烃、各类烷烃等物质。本案例主要针对PAHs进行。氮、磷是微生物生长必需的元素，根据土壤的总有机碳和PAHs含量，按照C：N：P为100：10：1计算（邢维芹等，2007），可知该土壤中氮和磷营养物相对缺乏，有碍PAHs的微生物降解。

（1）PAHs降解菌的分离与富集　分别以萘（NAP）、苊烯（ANY）、苊（ANE）、芴（FLE）、菲（PHE）、蒽（ANT）、荧蒽（FLA）、芘（PYR）、苯并蒽（BaA）、䓛（CHR）、苯并［*b*］荧蒽（B*b*F）、苯并［*k*］荧蒽（B*k*F）、苯并［*a*］芘（B*a*P）、茚并［1,2,3-*cd*］芘（I*cd*P）、二苯并蒽（DahA）、苯并［*g*，*h*，*i*］苝（B*ghi*P）为唯一碳源，经过多次从表层污染土壤中分离出7种PAHs降解菌，即赤红球（*Rhodococcus* sp.）、微杆菌（*Microbacterium* sp.）、苍白杆菌（*Ochrobactrum* sp.）、博特氏菌（*Bordetella* sp.）、黏质沙雷氏菌（*Serratia* sp.）、鞘氨醇杆菌（*Sphingobacterium* sp.）和假黄色单胞菌属（*Pseudoxanthomonas* sp.）。同一种菌可以不同PAHs为生长基质。例如，分别以B*a*P、B*b*F和B*k*F为唯一碳源，均可从污染土壤中分离得到微杆菌。另一方面，同一PAHs可以被不同的菌降解。例如，以B*b*F为唯一碳源，可分离得到赤红球菌、微杆菌和鞘氨醇杆菌。关于这些菌对PAHs的降解，也有过一些报道（Wu et al，2009；Yuan et al，2009；Hultgren et al，2010；王春明等，2009；Klankeo et al，2009）。

越来越多的研究表明，PAHs降解菌群的作用强于单一PAHs降解菌的降解作用（毛健等，2010）。因此，本案例中将所得7种PAHs降解菌混合在一起，利用发酵罐进行富集培养，以煤焦油作为碳源，考察混合的PAHs降解菌对培养液中PAHs的降解情况。在为期两周的培养中，除NAP、ANY和ANE外，其他PAHs在培养液中的浓度都经历了一个先上升后降低的过程。在培养初期，煤焦油浮在水面，而发酵罐的取样管口是通向底部，因此测定的PAHs偏低。随着菌体的生长和代谢，可能产生一些具有表面活性的分泌物，使煤焦油发生乳化，使其在水中的分布均匀，进而导致被测定的PAHs浓度升高，曾有过这方面的报道（Nayak et al，2009）。随着菌量的进一步增多及其代谢活性的增强，对各种（2～6环）PAHs的降解增强，使得PAHs浓度逐渐降低。培养后期，PAHs降解菌的数量约为10^5个/mL。

（2）PAHs降解菌对PAHs的耐受性　以微杆菌为代表，通过摇瓶实验，本案例研究了单一菌对PAHs的耐受性。在培养液中16种PAHs初始总量为17mg/L的条件下，经过21天的培养，微杆菌对2～3环的PAHs（NAP、ANY、ANE、FLE、PHE和ANT）有明显降解，去除率分别为75%、52%、58%、49%、26%和72%。除B*k*F外，其他4～6环的PAHs均无明显降解。这表明当低环和高环的PAHs共存时，微杆菌优先利用低环的PAHs。在16种PAHs初始总量为166mg/L的条件下，经过21天的培养，16种PAHs均无明显降解，且没有观察到微杆菌的生长。这表明高浓度的PAHs毒性大，抑制了降解菌的生长和活性。同样地，在16种PAHs初始总量为166mg/L条件下，混合菌的生长和活性也受到了抑制。经过21天的培养，除NAP外，其他PAHs均无明显降解。

（3）PAHs污染土壤的强化微生物修复　土壤中的PAHs以多种形态存在，如水溶态、结合态、纯相态等。其中，对生物有效的主要为水溶态和弱结合态。PAHs的标化分配系数$\lg K_{oc}$为2.4～7.0（平均4.7）（朴海善等，1999），根据土壤中PAHs总量（58.0～400.3mg/kg，平均229.15mg/kg）和土壤总有机碳含量（0.10%～1.11%，平均0.61%），按照公式

$$K_d(\text{PAHs分配系数})=K_{oc}(\text{标化分配系数})\times f_{oc}(\text{有机碳质量分数})$$
$$=c(\text{土壤中浓度})/c(\text{水中浓度})$$

可大致估算土壤水相中PAHs含量约为0.01mg/L，远低于对降解菌的致毒浓度水平。土壤中有机污染物的微生物降解受多种因素影响，如水分含量、氮磷营养物含量、氧含量、降解菌数量以及污染物的生物有效性等。

本案例设计了5组实验，分别为对照组（C）、添加营养物组（N）、添加营养物和降解菌组（N+B）、添加营养物和表面活性剂组（N+S）以及添加营养物、降解菌和表面活性剂组（N+B+S）。实验进行了五周，每周取1次样，共计6次（包括初始时的取样）。降解菌为分离所得7种PAHs降解菌的混合物，表面活性剂为吐温80。实验期间，通过定期加水保持土壤含水率在15%左右。由于实验土壤是采自6个点的土样混合而成（其中4个样为沙质土，2个样为黏质土），导致PAHs在各个组的分布不够均匀，不同时间测定结果的波动较大。尽管如此，整个实验期间不同组之间还是显示出了较明显的差异，且这种差异在不同种类的PAHs中都有体现。主体上，在添加了降解菌的组中各类PAHs的去除率比未添加降解菌的组中高。表面活性剂的加入，进一步提高了各类尤其是高环PAHs的降解。其原因可能是表面活性剂提高了土壤中PAHs的生物有效性。这与文献报道的结果一致（丁娟等，2007；刘魏魏等，2010）。为了进一步比较不同组中不同PAHs去除率的区别，计算了各处理组相对于对照组的去除率增量（文中定义为"相对去除率"）。从实验5周后各处理组中16种PAHs相对于对照组中的去除率可以看出，添加营养物促进了土壤中PAHs的降解，但仅限于中低环的PAHs。降解菌的添加明显提高了土壤中各类PAHs的去除率。与对照组相比，去除率平均提高了32%（低环和高环PAHs的去除率提高幅度基本相同）。在添加了降解菌和表面活性剂的情况下，PAHs的去除率进一步提高，与对照组相比，去除率

平均提高了46%，尤其是高环PAHs的去除率提高幅度较大（与对照组相比，10种4～6环PAHs的去除率平均提高了52%）。在添加营养物和表面活性剂的组中，土壤中某些（尤其是高环的）PAHs浓度上升，相应地，其相对去除率表现为负值。可见，吐温80对土壤中PAHs有良好的脱附作用。

2. 本案例研究结论

（1）本案例研究的焦化厂污染土壤中PAHs含量高达每千克土壤数百毫克，其中约有一半是4～6环具有致癌性的物质。表层土壤中PAHs含量较深层土壤中高，表层土壤中异养微生物数量也较深层土壤中多。土壤中氮、磷营养物含量较低，不能满足PAHs降解菌的需要。

（2）从本案例研究的焦化厂表层污染土壤中分离得到7种PAHs降解菌，分别为微杆菌、赤红球菌、苍白杆菌、博特氏菌、假黄色单胞菌、黏质沙雷菌以及鞘氨醇杆菌属。这7种PAHs降解菌混合在一起，在适当浓度条件下可降解2～6环的各类PAHs。当培养液中16种多环芳烃总浓度为166mg/L时，则抑制了降解菌的生长和活性。

（3）改善污染土壤的营养条件、添加PAHs降解菌和表面活性剂（吐温80），对污染土壤中PAHs的微生物降解有明显的强化作用，可在5周内使实验土壤中16种PAHs的去除率平均提高46%，其中，10种4～6环PAHs的去除率平均提高52%。

二、石油污染土壤的两阶段微生物修复案例

在本案例研究的油田污染严重的区域，土壤中含油量已达到10000mg/kg，远远超过临界值500mg/kg，致使油田区域内及周围地区上千亩土地受到严重污染（何良菊等，1999）。尤其是石油开采过程中产生的落地原油，已成为土壤严重污染的重要源头。石油中的某些成分特别是多环芳烃（PAHs）类有机污染物能够在粮食中积累，以至通过食物链进而危害人类健康。近10年来，发达国家极为重视污染土壤的恢复。德国早在1995年就投资约60亿美元用于净化土壤，美国在土壤恢复方面的投资在20世纪90年代达到约数百亿到上千亿美元。发达国家在污染土壤的治理和恢复方面，对生物修复技术的研究一直都十分活跃（何良菊等，1999；Vasudevan et al，2001；Parker et al，1999）。

预制床堆腐工艺已被证明是修复石油污染土壤最为有效的方法之一。堆腐工艺属于异位处理技术。其原理是在被污染土壤中加入膨松剂后，于预制床上堆成条状或圆柱状，通过人工补充营养、空气，并加以适度搅拌，保证其好氧修复条件，进而实现对有机污染物的降解。微生物在预制床堆腐工艺中占有重要地位，在石油污染土壤中存在的微生物种群通常可有效降解土壤中的污染物。然而，为了更有效地去除石油污染物中难以利用的组分如多环芳烃、沥青和胶质等，对优势降解菌的筛选和工艺条件的优化已成为这一技术研究的重点之一（Jorgesen et al，2000）。

目前，国内关于石油污染土壤预制床堆腐技术还仅限于理论研究和实验阶段（丁克强等，1999；李培军等，2002；王新等，2002；魏德洲等，1997；张甲耀等，1999），中试规模的处理工程尚未见报道。本案例通过对油田不同类型的石油污染土壤进行了生物处理示范研究，探讨中试规模条件下石油污染物的降解规律和工艺参数，以为大规模处理石油污染土壤提供科学依据（李培军等，2003）。

1. 试验方法

利用生物修复技术对4种原油（稀油、高凝油、特稠油和稠油）污染土壤进行处理。第

1阶段从9月2日开始，到10月25日结束，经过近53天的处理，因为气温较寒冷中间停止了试验。第2阶段（10月25日～次年5月20日）继续处理，运行前补充1%的有机复合肥，添加1%固体菌剂，调节土壤水分含量为15%～25%，pH值为6～8，将土壤重新混匀后进行处理，运行管理方法同第1阶段。

分析测定项目包括O_2和CO_2（将探头插在堆料15cm深处分别对O_2和CO_2进行测定）、水分（补充水分前，在堆料15cm深处进行多点采样，混合均匀后于65℃下烘至恒重）、石油烃（total petroleum hydrocar，TPHs）[重量法，参见文献（城乡建设与环境保护部环境保护局环境监测分析方法编写组，1986）的测定]等。

（1）运行过程堆料中O_2和CO_2含量的变化　堆料处理开始时，测定O_2和CO_2含量分别为21.0%和0，即堆料中O_2和CO_2含量与空气中含量相同。堆腐处理为好氧生物修复过程，微生物在有氧条件下利用石油烃污染物作为碳源与能源进行代谢，在整个堆制过程中O_2的消耗量和CO_2的生成量可以直接反映微生物的活性与处理效果。堆腐处理经过17h后测定O_2和CO_2含量，发现两者开始呈现大幅度变化，堆料B的O_2从21.0%减少到14.2%，CO_2从0增加至3.7%，此时微生物的活性达到了高峰，以后随时间推移O_2消耗和CO_2生成均分别逐渐下降。污染土壤的石油类型不同，对微生物的活性影响亦不同。从O_2和CO_2的变化看，堆料B高凝油污染土壤中微生物活性最强，堆料C特稠油污染土壤的微生物活性最差。在该堆腐处理过程中，随着微生物活性迅速增加，耗氧速度加快，O_2浓度出现下降，CO_2浓度上升，这种状况说明该生物修复运行达到了非常理想的状态。当O_2下降到一定浓度时，由于缺氧，微生物活性会减弱，此时根据O_2和CO_2的监测数据，及时对堆料进行翻动或采取其他充氧措施，尽量减少对微生物活性的影响，使处理系统保持良好运行状态以达到最佳的处理效果。工程运行到第10天，各堆料中CO_2含量均出现降低趋势，但CO_2浓度仍然高于一般情况，此时微生物活动处于平缓期。这表明土壤中易被微生物降解的有机物已被快速降解，此后微生物对较难降解的污染物进行降解，降解速率相对降低。另外，伴随着温度下降，所以此后一直呈现相对稳定的平缓期。

（2）堆料的温度变化　18天后堆温与气温基本相同。结果表明，当气温在30℃时，4种堆料在无供热、不保温的情况下经17h温度提高10～15℃，说明微生物充分利用堆料中易分解的有机物和石油烃作为碳源和能源，迅速生长繁殖并放出大量热量使堆温上升。

在气温25～30℃的情况下，堆料B的温度在43～47℃区间持续了6天，6天中其他堆料温度也高于30℃。

第10天堆温与气温开始接近，此时气温为23℃，4种堆料的平均温度为24.5℃，堆料温度仍高于气温。随着气温降低，预制床上通风量较大，气温降低不利于微生物生长繁殖，从而产生的热量也相对降低且易散发。

第11～18天气温在12～17℃之间，堆温在12～25℃之间，可以认为此时微生物的活性处于平缓期。

到第1阶段结束时气温降到12℃，堆料的温度与气温基本相同，这一点与O_2和CO_2含量的变化规律是吻合的。

（3）土壤中石油烃含量的变化　运行过程中，堆料TPHs的降解率和残留量拟合方程式说明，4种堆料在同一预制床上进行处理效果明显不同。运行到第10天开始采样，测定结果表明A、B、C和D 4种堆料TPHs含量都有明显减少，降解率分别为19.09%、17.49%、31.0%和12.74%。到第18天，TPHs的降解率比第10天的情况几乎增加了1

倍。在此期间，4 种堆料的处理效果为 A＞B＞D＞C，堆料 A 稀油 TPHs 降解率最高。第 53 天，4 种堆料 TPHs 的降解率分别为 55.45%、56.74%、38.37% 和 145.19%，堆料 TPHs 含量从 55.0g/kg、77.2g/kg、25.8g/kg 和 41.6g/kg 分别下降到 24.5g/kg、33.4g/kg、15.9g/kg 和 22.8g/kg。

经过 53 天的运行，4 种堆料的处理效果依次为 B＞A＞D＞C。第 2 阶段开始运行前，堆料初始 TPHs 浓度为 23.9g/kg、32.5g/kg、15.4g/kg 和 22.0g/kg，经过 156 天处理其 TPHs 浓度分别下降到 13.3g/kg、14.7g/kg、7.1g/kg 和 13.9g/kg。4 种堆料 TPHs 的降解率分别达到 75.82%、80.96%、72.48% 和 66.59%，降解率分别增加了 20.37%、24.22%、34.11% 和 21.40%。情况表明，第 2 阶段降解速度比较缓慢。

上述结果说明，TPHs 在两个阶段的降解趋势均符合 $Y=Y_0e^{-kt}$（式中，Y 为 TPHs 浓度；Y_0 为 TPHs 初始浓度；k 为降解反应速率常数），其大小可用来描述污染物降解的难易程度。各处理的反应速率常数在两个阶段截然不同，在第 1 阶段 TPHs 的降解速率常数 k 值均远远大于第 2 阶段，表明土壤中的石油烃残留组分时间越长越难去除。另一方面，尽管剩余污染物越来越难降解，但接种优势微生物菌剂、调节微生物生长条件，仍能在一定程度上促进难降解污染物的降解。

堆料中的微生物数量变化是第 2 阶段微生物数量的测定结果。在第 1 阶段，石油污染土壤经投加优势菌种、肥料及共代谢底物，以及调节 pH 值和湿度并保证适当通风等条件，土壤微生物迅速繁殖，数量大幅度增加。堆腐第 3 天采样测定微生物数量，4 种堆料（以干土质量计）中细菌分别为 1125×10^{15} 个/g、8103×10^{17} 个/g、310×10^{14} 个/g、8150×10^{14} 个/g。比 0 时提高了 5～8 个数量级。当土壤中易分解的有机物降解后，一些不能利用石油污染物为碳源的微生物逐渐死亡，使菌数下降。但第 10 天仍比 0 时高 2～4 个数量级。此后细菌数量呈平稳状态。堆腐处理进行到 53 天时，4 种堆料中的细菌数又有回升，可能是土壤中细菌经过一段时间适应后，一些利用 TPHs 为碳源的细菌又繁殖起来引起的。此时，真菌数量的变化较小，除堆料 B 有较小的增长外，A 和 D 的真菌数量保持平衡，而 C 则呈下降趋势。说明高凝油对微生物毒性小，并易被微生物利用，特稠油则对微生物有一定的抑制作用。

第 2 阶段中，经过 210 天的堆腐处理后堆料中微生物的数量明显减少。其中，堆料 D 的细菌数达到 5169×10^9 个/g，堆料 B 和 C 分别达到了 215×10^8 个/g、7131×10^8 个/g 的水平，堆料 A 也在 8178×10^6 个/g 以上。真菌则在 2172×10^2～4118×10^3 个/g 之间。比第 1 阶段堆腐结束时细菌少了 4～8 个数量级。真菌除堆料 D 外，其他堆料减少了 1～4 个数量级。王洪军等在地面上铺土 40cm 厚，围成 $1m^2$ 大小的实验田，加入原油待其下渗，翻耕上土层 20cm 左右，使油分布均匀，然后采取生物修复技术进行处理。该方法应用于冀东油田含油土壤的实际处理（王洪村等，2000）。采取加水、加菌、增加空隙度等措施，处理 183 天后，土壤原油浓度从 85g/kg 下降到 16g/kg，降解率为 81.6%。

丁克强用该法处理本案例研究油田含油 65g/kg 的污染土壤，在实验室 28℃的理想条件下，经 50 天 TPHs 去除率为 61%～66%（丁克强等，1999）。由此看来，一定规模的堆腐处理工程对石油污染土壤的处理效果与上述文献报道的小试处理效果相近，证明该工艺用于石油污染土壤的处理是可行的。

2. 本案例研究结论

历时 2 个阶段，共运行 210 天。当稀油、稠油、特稠油和高凝油污染土壤中石油烃总量

(TPHs) 为 25.8～77.2g/kg 时，经过 53 天（为第 1 阶段）的运行，TPHs 去除率 38.37%～56.74%。第 2 年（为第 2 阶段）继续处理 156 天，TPHs 降解率达到 66.59%～80.96%。连续运行结果表明，污染土壤中易分解的石油烃污染物大部分在第 1 阶段得到降解，第二阶段降解率明显降低。主要有如下几个方面的情况。

① 在油田现场建立中试规模的预制床堆腐处理工程对不同类型原油污染土壤的处理效果为：当 TPHs 含量在 25.8～77.2g/kg 范围时，经过 210 天工程运行，TPHs 的降解率为 66.59%～80.96%。

② 该工艺运行过程中可利用堆料中 O_2 和 CO_2 含量的监测数据作为调控指标。本案例研究认为，堆料温度保持 20～400℃、O_2 含量＞14%、pH 值范围 6～8、水分 10%～25% 是较理想的运行参数。

③ 预制床堆腐处理工程的自然通风即可满足运行要求，可大大节省能源投入，对大规模污染土壤的处理来说，本项技术是一种简单易行、便于推广的土壤污染清洁处理技术。

④ 从两阶段连续处理结果来看，尽管后一阶段剩余的污染物越来越难降解，但通过接种优势微生物菌剂、调节和控制微生物的生存繁殖条件，仍能促进难降解污染物的降解。石油污染物中难降解组分和中间产物的处理方法是今后需要重点研究的问题。

第三节　土壤痕量金属-有机物复合污染修复

本节介绍电动氧化法对痕量金属-有机物复合污染土壤的最新修复研究案例，其对一些复杂的土壤复合污染修复问题的解决有启示意义。

铜-芘复合污染土壤电动-氧化修复案例

本案例选取我国 3 种典型土壤（红壤、黄棕壤和黑土），以铜和芘为模式污染物，分别代表典型的痕量金属和有机污染物，探索不同土壤类型对电动-氧化技术处理铜和芘复合污染土壤的影响机制（樊广萍等，2011）。试验中，阴、阳极电解液的组分均为 10% 的羟丙基-β-环糊精、12% H_2O_2 和 0.01mol/L $NaNO_3$ 溶液，施加电压梯度为 1V/cm。经过 15 天电动修复后，红壤、黄棕壤和黑土中总芘去除率分别为 38.5%、46.8% 和 51.3%，总铜去除率分别为 85.0%、22.6% 和 24.1%。pH 值较高的黑土产生高电渗流，增加了氧化剂与污染物的接触，同时较低的黏粒含量也有利于芘的解吸。红壤的低 pH 值和低有机质含量影响了痕量金属的形态分布，提高了铜去除率。研究表明，不同土壤的 pH 值、黏粒含量和痕量金属的形态分布等，是影响不同类型土壤中铜和芘迁移及修复效率的主导因素。

土壤复合污染的出现给土壤修复带来了挑战，复合污染物通常包括有机污染物、痕量金属和放射性核素等。由于污染物性质之间的巨大差异，痕量金属-有机物复合污染土壤的修复已成为污染土壤修复的难点之一。电动（electrokinetic，EK）修复技术是 20 世纪 90 年代兴起的一门土壤修复技术，它既能修复土壤痕量金属污染，又能修复有机污染物污染（Acar et al，1993；Reddy et al，2003；Reddy et al，2004）。但电动修复仅能通过电场作用将污染物迁移出土体，无法实时地对污染物进行降解处理（李泰平等，2009；徐泉等，2006）。而原位化学氧化技术可以通过向土壤中加入氧化试剂，对土壤中的有机污染物进行实时降解处理。许多研究表明，氧化试剂（高锰酸钾、双氧水、Fenton 试剂等）可有效去除土壤中的有机污染物（Arnolde et al，1995；Thepsithar et al，2006）。由于多数氧化试剂在较低的pH值条件下氧化效率较高，而电动过程中阳极电解产生的酸性环境将有利于氧化反应的发生。另外，电动过程中的电子迁移和电子渗流也加强了氧化剂在土壤中的迁移（Kim et al，2005；Kim et al，2006）。因此，电动-氧化技术结合了电动修复和化学氧化的优点，大大提高了污染物去除效率。有人将电动-氧化技术用于痕量金属-有机物复合污染土壤的修复，取得了很好的结果（樊广萍等，2010）。红壤、黄棕壤和黑土是我国3种有代表性的土壤，土壤的pH值、有机质含量等理化性质存在巨大差异。这些土壤基本性质的差异必然会对痕量金属-有机物复合污染土壤的电动-氧化修复产生影响，而这方面的研究在国内外尚鲜见报道。本案例研究选取3种典型土壤（红壤、黄棕壤、黑土）为供试土壤，以铜和芘为痕量金属和有机物的模式污染物，分析讨论不同土壤类型对电动-氧化技术处理复合污染土壤的影响，以揭示和阐明不同类型土壤中影响污染物迁移和修复效率的主导因素。

1. 试验方法

将培养后的土壤装入电动池中，压实后连接外围设备并装入电解液。阴、阳极电解液的组分均为10%羟丙基-β-环糊精（hydroxypropyl-β-cyclodextrin，HPCD）+12% H_2O_2 + 0.01mol/L $NaNO_3$。土重为570～580g，施加电压为1V/cm，处理时间为15天。试验中定期测定每个土柱的电流、电渗流以及电解液的pH值、电导率等。试验结束后，切断电源并将土柱从阳极到阴极分为5部分，分别标记为S1～S5，测定每部分土壤的pH值、电导率以及芘的全量和有效态浓度、铜的全量和各形态分布。测定项目包括：土壤pH值、电导率、阳离子交换量、土壤有机碳含量（organic matter，OM）、土壤黏粒含量、土壤中总芘及HPCD提取态芘含量、土壤中铜全量及形态含量（Ure et al，1993）。

土壤中电流在最初的54h达到最大值13.6mA，然后逐渐降低并稳定在10mA左右。黄棕壤中电流在149h达到峰值42.9mA，然后迅速降低至10mA左右，随后又逐渐上升。黑土中电流在开始的44h迅速升至44.7mA，随后下降稳定在30mA左右，直到269h才开始逐渐下降至15mA。

三种土壤中，黑土的电流值较大，并且高电流持续的时间比较长。这可能与黑土中较高的阳离子交换量有关。红壤中电流较低，可能是由于土壤本身的阳离子交换量和电导率均较低。由于土壤颗粒表面一般带负电荷，所以电渗流方向一般从阳极流向阴极。3个处理中电渗流方向都是朝向阴极，表明土壤表面电荷负电性未发生改变。其中，黑土的电渗流量最大（296mL），黄棕壤次之（214mL），红壤最小（143mL）。由于黑土、黄棕壤和红壤的表面负电荷是黑土＞黄棕壤＞红壤，较负的表面电荷有利于电渗流的产生，所以电渗流的大小顺序是黑土＞黄棕壤＞红壤。通常，电渗流的变化趋势与电流大小是一致的，电流强度大时，电渗流相应增强。黑土处理中电流一直保持较高的水平，连续不断地产生电渗流。电动处理后各截面土壤pH值分布有从阳极到阴极逐渐升高的趋势，总体范围在2.4～3.62间，均明显低于土壤起始pH值。红壤中靠近阳极的部分S1的pH值相对于黄棕壤和黑土都较高，可能是因为红壤中电流最小，阳极电解产生较少的H^+，所以土壤的酸化不是很明显。黄棕壤中各截面的pH值低于红壤和黑土，这可能与试验后期电流的上升有关。电流的上升，表明电解产生更多的H^+和OH^-进入土壤，而H^+相对较高的迁移速度使土壤酸面向阴极移动，降低了整个系统的pH值。黑土中，靠近阴极附近较高的pH值与黑土自身较高的pH值有关。

电动处理后3种土壤的电导率均明显高于土壤起始电导率（0.025～0.400mS/cm），表明电场作用和土壤酸化导致大量的离子释放到了土壤中，从而提高了土壤的电导率。不同类型土壤的电导率各截面分布也存在差异。红壤各截面的电导率变化不大，而黄棕壤和黑土各截面电导率均从阳极向阴极逐渐下降，这与pH值的变化趋势是相对应的，表现出pH值越高则电导率越低的规律性变化。

（1）土壤中芘的去除　红壤、黄棕壤和黑土中总芘的初始值分别为487mg/kg、474mg/kg和467mg/kg。与初始值相比，处理后各截面芘浓度均有明显下降，红壤、黄棕壤和黑土中总芘的去除效率分别达到38.5%、46.8%和51.3%。3个处理中靠近阳极附近的土壤芘含量相对较低，这与阳极附近土壤较低的pH值有关。较低的pH值使黏土颗粒形成开放的结构，增加了土壤-溶液-有机污染物之间的反应机会，从而有利于土壤中芘的去除（樊广萍等，2010；Maturi et al，2006）。3种土壤比较，红壤中芘的去除率最低，这与红壤处理中较小的电渗流量有关，氧化剂在土柱内的迁移和氧化效果均不如其他处理。3种土壤中黑土的有机质含量最高，但芘的去除效率却最高，可能是人为污染土壤中有机污染物与天壤有机质的结合比较疏松，所以有机质含量没有成为限制总芘除效率的因素。研究发现，用HPCD提取多环芳烃的量与微生物降解的量呈现1∶1的关系，因此HPCD提取是测定土壤多环芳烃有效态含量的有效方法（Doick et al，2006；Stokes et al，2005）。红壤、黄棕壤、黑土HPCD提取态含量的初始值分别为337mg/kg、304mg/kg和262mg/kg，其占总芘含量的质量分数分别为69.2%、64.2%和56.2%。随着有机质含量的增加，HPCD提取态芘占土壤总芘的质量分数逐渐减小，表明部分芘可能与土壤有机质结合成不易被HPCD解吸的形态。电动处理后，土壤各截面有效态含量均有明显的降低，且各截面有效态含量与总芘含量有类似的分布。红壤、黄棕壤和黑土中的HPCD提取态芘去除率分别为45.1%、44.4%和41.8%，呈现随土壤中有机质含量升高逐渐降低的趋势。表明土壤中高有机质含量会降低HPCD提取态芘的去除。HPCD提取态芘的去除率趋势与总芘去除率的规律相反，表明在电动-氧化强化修复中，电动-氧化机制可以去除除有效态芘之外其他形态的芘。

（2）土壤中铜的去除　电动处理后各截面铜有从阳极到阴极逐渐升高的趋势，说明铜在电场的作用下发生了从阳极到阴极的迁移。3种土壤中，红壤中铜的去除效率最高，达85.0%，说明大部分铜已经迁移出土壤。在黄棕壤中，虽然电动处理后土壤pH值最低，但是铜集中在靠近阴极的部分（S5），只有少部分铜迁移出土体，去除率为22.6%。黑土中只有S1和S2部分铜有所降低，S3和S4的迁移不明显，S5部分有铜积聚，总铜去除率达24.1%。

土壤痕量金属形态分布可为电动过样提供重要信息（Zhou et al，2005；Jorgesen et al，2000）。红壤中酸溶态、可还原态、可氧化态和残渣态分别占总量的65.0%、11.4%、10.0%和13.6%。电动处理后，酸溶态和可还原态含量明显减少。这与一些研究结果是一致的（Sah et al，2000）。黄棕壤中初始酸溶态和可还原态含量较高，分别占总量的35.6%和36.2%，电动处理后大部分酸溶态集中在S5截面，这与电动处理后S5部分较低的pH值（3.11）不一致，其原因有待进一步研究。黑土中初始各形态铜分布比较均匀，其中酸溶态含量最低，占总量的14.7%。处理后S1和S2截面各形态铜明显减少，酸溶态的铜有向阴极迁移的趋势。3种土壤中，红壤中Cu的去除率最高，与其高比例的酸溶态Cu含量有直接关系。而黄棕壤和黑土具有较高的pH值和有机质含量，因此，Cu的迁移和去除率均不如红壤中Cu的迁移和去除高。可见土壤的基本理化性质影响了土壤中Cu的化学形态，从而影响了Cu在电场作用下的迁移和去除。

在本案例研究的讨论中，没有考虑Cu和芘的相互作用对EK-氧化处理的影响。但在实际情况中，Cu和芘进入到土壤中后可能存在着交互作用，从而影响了Cu和芘之间的相互吸附、降解和迁移，以及污染物的同时被去除。Luo等研究了痕量金属对菲在土壤中吸附的影响因素，其表明痕量金属进入到土壤后改变了土壤溶解有机碳的组成和结构，从而显著提高了土壤对菲的吸附容量和非线性吸附（Luo et al，2010）。而这方面的研究将有助于解释土壤中痕量金属和有机污染物的交互作用，并对痕量金属和有机污染物同时去除的研究和技术研发具有较好的参考价值和指导意义。

2. 本案例研究结论

不同土壤中总芘的去除率为黑土＞黄棕壤＞红壤，而总铜的去除率则为红壤＞黄棕壤＞黑土。黑土中较高的pH值有利于电渗流的产生，H_2O_2随电渗流迁移与芘的接触比较充分，芘的氧化效率也较高。红壤的低pH值、低有机质含量使红壤中酸溶态铜含量明显高于其他类型的土壤，从而促进了铜的迁移和去除。土壤的pH值、黏粒含量和Cu在土壤中的形态分布是影响有机污染物和痕量金属迁移和去除的主导因素。

第四节　土壤污染修复主要工程案例的重要机理

这里侧重介绍近年来不断开展的土壤污染修复工程案例的概略情况。基于这些工程措施在原理、效果以及实际情况下的实用性等方面存在的一些问题大多还有较多的改进空间或争议的实际情况，介绍的工程案例不见得就是目前有关土壤污染的工程解决途径，也不代表业界的主流或固定方法，我们认为其仅仅是一些向土壤污染修复目标迈进的过程探索。这里着重将这些工程措施的基本原理进行阐释，为土壤污染修复治理提供方法启示和新思路，以利寻求和摸索更合适有效的修复措施。

一、异位热脱附修复技术

该方法技术属基于设备的污染土壤物理修复技术，分间接与直接热脱附两种情况。

（1）异位间接热脱附修复技术　是通过土壤在加热装置内加热将污染物从土壤中转移至气相中，再通过对气体的净化实现污染物去除。污染土壤经破碎、筛分等预处理后送入污染土壤与加热介质间接接触的加热装置；通过控制污染土壤的加热温度和停留时间将目标污染物加热到沸点以上，从而使污染物气化挥发，达到污染物与土壤分离的目的；气化污染物进入气体处理系统去除或回收。适用范围仅限于挥发性、半挥发性有机物及汞污染土壤的修复。

（2）异位直接热脱附修复技术　是将污染土壤经破碎、筛分等预处理后送入加热火焰与土壤直接接触的加热装置；部分污染物被加热至气化温度转移至气相中，部分污染物被直接高温氧化去除；气相中的污染物经气体处理系统去除或回收。适用于挥发性、半挥发性有机物污染土壤的修复。

二、蒸汽浸提修复技术

土壤蒸汽浸提（简称SVE）技术是去除土壤中挥发性有机污染物（VOCs）的一种原位物理修复技术。它将新鲜空气通过注射注入污染区域，利用真空泵产生负压，空气流经污染区域时，解吸并夹带土壤孔隙中的VOCs经由抽取井流回地上，抽取出的气体在地上经活性炭吸附或生物处理等净化处理，重新排放到大气或注入地下循环使用。该方法有处理有机物的范围宽、不破坏土壤结构和不引起二次污染等优点。为解决汽提过程中降低尾气净化成本、提高污染物去除效率，深入研究土壤多组分 VOCs 的传质机理，精确计算气体流量和流速，是优化土壤蒸汽浸提技术中尚需要解决的问题。

三、有机物污染土壤的氧化-还原修复技术

该方法技术属于污染土壤的化学/物理化学修复范畴，是通过向土壤中投加化学氧化剂或还原剂，使其与污染物质发生化学反应来实现去除或分解、分离土壤中污染物的技术措施。该技术措施可分为常规氧化（有时也称高级氧化）-还原修复和芬顿氧化修复。

(1) 污染土壤常规氧化-还原修复技术　是通过向土壤中投加化学氧化剂（臭氧、过氧化氢、高锰酸钾、过硫酸钠等）或还原剂（SO_2、Fe^0、气态 H_2S 等），使其与污染物质发生化学反应来实现去除或分解、分离土壤中污染物的方法措施。通常，化学氧化法适用于土壤和地下水同时被有机物污染的修复；化学还原法适用于一些特殊物质污染土壤以及对还原作用敏感的有机污染物污染的修复。上述方法在实施过程中往往需要依据药剂和污染物特征添加作用催化剂，以及要有对拟处理土壤进行适当破碎、搅拌、养护等处理措施与之配合。

(2) 污染土壤芬顿氧化修复技术　该技术在体系酸性条件下以 Fe^{2+}（或 Fe^{3+}）为催化剂，使 H_2O_2 产生具有强氧化能力的羟基自由基（·OH），进而氧化、分解污染土壤中的有机污染物。H_2O_2 连同 Fe^{2+}（或 Fe^{3+}）混合物组成的物质体系统称芬顿试剂。用于异位土壤修复时，其将污染土壤按一定比例与类芬顿试剂混合搅拌并反应一定时间，达到去除土壤中有机污染物的目的。土壤中 H_2O_2 和 $FeSO_4 \cdot H_2O$ 的浓度依据现场试验确定，反应体系 pH 值调整至 4 左右。适用范围为有机物污染土壤的修复。

四、痕量金属污染土壤的固化-稳定化修复技术

痕量金属污染土壤的固化-稳定化技术，是将污染物在污染介质中固定或稳定，使其处于长期稳定状态，是较普遍应用于土壤痕量金属污染的快速控制修复方法。美国环境保护署(EPA) 曾将固化/稳定化技术称为处理有害有毒废物的最佳技术。中国一些冶炼企业场地痕量金属污染土壤和铬渣清理后的堆场污染土壤也采用这种技术。国际上有较多的利用水泥固化-稳定化处理有机与无机污染土壤的报道。该处理技术属于污染土壤物理方法和物理化学方法修复的范畴。

实际上，固化和稳定化具有不同的含义。固化即固定化技术，是将污染物封入惰性基材中，或在污染物外面加上低渗透性材料，通过减少污染物暴露的被淋滤面积达到限制污染物迁移和进入生态系统的目的。稳定化是指从污染物的生物有效性出发，通过金属形态转化将其转化为不易溶解、迁移能力更小、毒性更低的形式来实现无害化，以降低其对生态系统的危害风险。固化产物可以方便地进行运输，而无须任何辅助容器，一般是在特殊情况下采取的一类处理技术；而稳定化不一定改变污染土壤的物理性状。该方法技术属于污染土壤的化学/物理化学修复范畴，是工程措施修复污染土壤实践中当前较常用的方法。

污染土壤稳定化修复分天然材料稳定化处理、天然材料与人造化学品混合稳定化处理和化学药物稳定化处理几种情况。该方法的实质是使体系中的痕量金属生物有效性降低，以此达到对生物毒性的缓解、抑制或消除。关于这种处理方法，有必要在这里说明以下 3 点：第一，用“稳定化”描述这种处理方法似乎不能算是一个很合适的术语，因为根据其基本的作用机理以及可能的化学过程，这种方法对痕量金属在土壤中的行为达不到“稳定”的效果，

而仅仅是一定条件下显示相对惰性而已，根据其作用机理，称这种方法为“钝化”可能稍微好些；第二，不同的污染痕量金属元素应选择与之相应的稳定化药剂，在很多情况下，同一种药剂并不能对若干种金属元素都起稳定作用；第三，经稳定化处理后的土壤痕量金属污染，其对痕量金属环境负面效应的削弱或降低有时效性特点，其稳定效果会随着体系物理化学条件的变化不间断地发生改变，也就是说并没有根本解决问题，这是一个需要重视的基本情况。

（1）污染土壤天然材料钝化修复技术　即按照一定比例向污染土壤中添加沸石类天然矿物、生物质废料等天然材料，通过这些材料与污染土壤中的金属发生作用进而改变其化学形态，使其向生物有效性降低或迁移能力减弱方向变化的方法。该方法的使用一般有适用性前提，不是所有痕量金属污染土壤都可以使用，需要对污染土壤特征、污染金属元素种类以及天然材料主要成分有充分的了解，以及对它们在理论上的合理性有清晰的认识。

（2）污染土壤天然材料与人造化学品混合钝化修复技术　在实验或工程小试工作的基础上，将一些对痕量金属有亲和结合能力的天然物质与特定化学品按一定比例混合添加到污染土壤中，通过这些天然物质和化学品与土壤中的痕量金属作用，降低痕量金属化合物的溶度积或诱导其价态改变，进而减轻或削弱污染土壤中痕量金属的直接生物毒性。常见的天然物质有碱性矿物、生物质燃烧灰、磷矿物等，人造化学品有钙镁盐、铁盐、铝盐类化合物等，有时也有添加一定比例有机肥的情况。这些物质经混匀、造粒等工艺过程，制备成颗粒状土壤痕量金属稳定化材料。因为这些材料含有硅、磷、钙、有机质等，可通过释放羟基、硅酸根、磷酸根等络阴离子与土壤中的痕量金属发生结合、吸附、沉淀、离子交换或螯合等物理化学作用，实现对痕量金属的稳定化。

（3）污染土壤化学药物钝化修复技术　该方法技术是基于痕量金属毒性效应的制约因素是其在环境中的行为效应，也就是其毒性取决于它在体系中的实际形态。而能够影响这种形态变化的根本机制是体系中的化学过程。将一定的化学品按照特定剂量添加到污染土壤中，促使其在适当条件下与土壤中的痕量金属污染物发生化学作用，进而起到促使痕量金属化学形态发生变化和环境毒性降低的效果。常见的添加剂化学品有 CaO、SiO_2、$MgO+Fe_2O_3+MnO$ 等。这种方法对被处理污染土壤的性状、条件有一定要求。

五、痕量金属污染土壤的生物修复技术

该方法技术属于污染土壤生物修复中的植物提取技术范畴。这方面的研究较多，较成熟的案例有砷污染土壤蜈蚣草修复技术，列述如下。

在污染土壤中种植对砷具有超富集能力的蜈蚣草，经过一定时间段的轮作和移除，达到使土壤中砷含量降低的目的。蜈蚣草在生长过程中能够快速吸收和富集土壤中的砷，通过定期收割蜈蚣草去除土壤中的砷，达到修复土壤的目的。然后，通过对收割的富砷蜈蚣草按照有关要求进行处置即可最终达到环境友好修复砷土壤的目的。

植物提取技术在本书前面有关章节已有过较详细的介绍、讨论，应该说其是一项环境友好和易于操作的方法技术，但除了存在时间周期较长、修复效率相对较低等缺陷外，更主要的是针对性较苛刻，如只有具有对某种金属元素具有超积累能力的植物才可用，而该种植物对生境的要求至少要与污染土壤的情况相近，这些因素结合起来，不难想象污染土壤的植物修复实际上适用范围较为局限。

综上所述，从当前土壤污染研究与修复领域的动态情况来看，在污染土壤修复决策上，

已从基于污染物总量控制的修复目标向基于污染风险评估的修复导向发展；在方法技术上，已从常规的物理修复、化学修复、物理化学修复、生物修复向基于监测的自然修复方向发展，从单一的修复技术发展到多技术联合的修复技术以及多种方法综合集成的工程修复；在设备方面，也从基于固定式设备的离场修复发展到移动式设备的现场修复；在应用方面，已从服务于痕量金属污染土壤、农药或石油污染土壤、持久性有机物污染土壤的修复发展到多种污染物复合或混合污染土壤的组合式修复。这些工作，已从单一厂址场地走向特大城市复合场地，从针对单一介质的单项修复发展到融大气、水体监测的多技术多设备协同的土壤与地下水综合集成修复，从适用于工业企业场地污染土壤的异位修复技术发展到适用于农田耕地污染土壤的原位肥力维持性绿色修复。但是应该说，在这些很有意义的工作探索与实践中，还存在大量需要深入认识、研究和具体解决的问题，需要大家长时间的努力。

思考讨论题

1. 当前土壤污染修复常见案例各自依据的基本原理分别有哪些？
2. 确定污染土壤修复方法的依据是什么？有哪些？
3. 目前土壤痕量金属污染修复治理各方法的实用性及发展趋势怎样？
4. 土壤有机物污染修复治理方法选择的主要考虑因素有哪些？
5. 简述目前土壤有机污染修复、治理方法对解决实际问题的实用性。
6. 简述土壤痕量金属污染对人类社会发展的影响，以及目前人类采取的对策及意义。

参考文献

安森，周琪，李辉，2002. 土壤污染生物修复的影响因素. 土壤与环境，11（4）：397-400.

城乡建设与环境保护部环境保护局环境监测分析方法编写组，1986. 环境监测分析方法. 北京：中国环境科学出版社，328-332.

程国玲，李培军，王风友，等，2005. 多环芳烃污染土壤生物修复的强化方法. 环境污染治理技术与设备，6（6）：1-6.

陈杰华，王玉军，王汉卫，等，2009. 基于 TCLP 法研究纳米羟基磷灰石对污染土壤重金属的固定. 农业环境科学学报，28（4）：645-648.

陈世宝，朱永官，2006. 添加羟基磷灰石对土壤铅吸附与解吸特性的影响. 环境化学，25（4）：409-413.

丁娟，罗坤，周娟，等，2007. 表面活性剂 Tween 80 和 β-环糊精对白腐菌降解多环芳烃的影响. 南京大学学报（自然科学版），43（5）：561-566.

丁克强，骆永明，2001. 多环芳烃污染土壤的生物修复. 土壤，4：169-178.

丁克强，孙铁珩，李培军，等，1999. 真菌对石油污染土壤的降解研究. 微生物学杂志，19（4）：25-26.

樊广萍，仓龙，徐慧，等，2010. 痕量金属-有机复合污染土壤的电动强化修复研究. 农业环境科学学报，29（6）：1098-1104.

樊广萍，仓龙，周东美，周立祥，2011. 土壤性质对铜-芘复合污染土壤电动-氧化修复的影响研究. 环境科学 32（11），3435-3439.

冯嫣，吕永龙，焦义涛，等，2009. 北京市某废弃焦化厂不同车间土壤中多环芳烃（PAHs）的分布特征及风险评价. 生态毒理学报，4（3）：399-407.

国家环境保护局，1997. 水和废水监测分析方法. 第 3 版. 北京：中国环境出版社，246-366.

何良菊，魏德洲，张维庆，1999. 土壤微生物处理石油污染的研究. 环境科学进展，7（3）：110-115.
黄细花，卫泽斌，郭晓方，等. 2010. 套种和化学淋洗联合技术修复痕量金属污染土壤. 环境科学，31（12）：3067-3074.
姬艳芳，李永华，杨林生，等，2009. 湘西凤凰铅锌矿区典型土壤剖面中痕量金属分布特征及其环境意义. 境科学学报，29（5）：1094-1102.
李静，俞天明，周洁，等，2008. 铅锌矿区及周边土壤铅、锌、镉、铜的污染健康风险评价. 环境科学，29（8）：2327-2330.
李培军，攻宗强，井欣，等，2002. 生物反应器法处理 PAHs 污染土壤研究. 应用生态学报，13（3）：327-330.
李培军，台培东，郭书海，刘宛，蔺欣，张春桂. 2003. 辽河油田石油污染土壤的 2 阶段生物修复. 环境科学，24（3）：74-78.
李泰平，袁松虎，林莉，等，2009. 六氯苯和痕量金属复合污染沉积物的电动力学修复研究. 环境工程，27（2）：105-109.
刘斌，寇小丽，王奎，等，2005. 人工合成羟基磷灰石对水溶液中 Pb^{2+} 、Cd^{2+} 离子的固定作用. 应用化工，34（7）：415-418.
刘大锰，王玮，李运勇，2004. 首钢焦化厂环境中多环芳烃分布赋存特征研究. 环境科学学报，24（4）：746-749.
刘会龄，陈亚恒，段毅力，等，2002. 土壤钾素研究进展. 河北农业大学学报，25：66-69.
刘魏魏，尹睿，林先贵，等，2010. 生物表面活性剂——微生物强化紫花苜蓿修复多环芳烃污染土壤. 环境科学，31（4）：1079-1084.
卢晓霞，李秀利，马杰，吴淑可，陈超琪，吴蔚. 2011. 焦化厂多环芳烃污染土壤的强化微生物修复研究. 环境科学，32（3）：864-869.
鲁如坤，1989. 我国土壤氮、磷、钾的基本状况. 土壤学报，26（3）：280-286.
鲁如坤，2000. 土壤农业化学分析法. 北京：中国农业出版社.
毛健，骆永明，腾应，等，2010. 高分子量多环芳烃污染土壤的菌群修复研究. 土壤学报，47（1）：163-167.
朴海善，陶澍，胡海英，等，1999. 有机化合物 K_{oc} 片段常数估算模型的误差与稳健性分析. 环境科学，20（4）：28-32.
王利，李永华，姬艳芳，杨林生，李海蓉，张秀武，虞江萍，2011. 羟基磷灰石和氯化钾联用修复铅锌矿区铅镉污染土壤的研究. 环境科学，32（7）：2115-2118.
王碧玲，谢正苗，2008. 磷对铅、锌和镉在土壤固相-液相-植物系统中迁移转化的影响. 环境科学，29（11）：3325-3329.
王碧玲，谢正苗，孙叶芳，等，2005. 磷肥对铅锌矿污染土壤中铅毒的修复作用. 环境科学学报，25（9）：1189-1194.
王春明，李大平，王春莲，2009. 微杆菌 3-28 对萘、菲、蒽、芘的降解. 应用环境生物学报，15（3）：361-366.
王洪村，吴任钢，王熹麟，2000. 生物技术处理冀东油田含油土壤. 环境科学研究，13（5）：20-23.
王立群，罗磊，马义兵，等，2009. 痕量金属污染土壤原位钝化修复研究进展. 应用生态学报，20（5）：1214-1222.
王新，李培军，攻宗强，等，2002. 采用固定化技术处理土壤中菲、芘污染物. 环境科学，23（3）：84-87.
魏德洲，秦煜民，1997. H_2O_2 在石油污染土壤微生物治理过程中的作用. 中国环境科学，17（5）：429-432.
卫泽斌，吴启掌，龙新宪，2005. 利用套种和混合添加剂修复痕量金属污染土壤. 农业环境科学学报，25（6）：1262-1263.

吴启堂，邓余川，龙新宪，2006. 提高土壤锌、镉污染植物修复效率的混合试剂及其应用. 中国专利：ZL 03140098.1.

吴启堂，卫泽斌，丘锦荣，等，2009. 一种利用化学淋洗和深层固定联合技术修复痕量金属污染土壤的方法. 中国专利：CN101585045.

邢维芹，骆永明，李立平，2007. 影响土壤中PAHs降解的环境因素及促进降解的措施. 土壤通报，38（1）：173-178.

徐泉，黄星发，程炯佳，等，2006. 电动力学及其联用技术降解污染土壤中持久性有机污染物的研究进展. 环境科学，27（11）：2363-2368.

杨肖娥，龙新宪，倪哥钟，等，2002. 东南景天（sedum alfredii）——一种新的锌超积累植物. 科学通报，47（13）：1003-1006.

张甲耀，马英，管筱武，等，1999. 不同堆料比对石油废弃物堆肥处理效率的影响. 环境科学，20（5）：86-89.

张银萍，王芳，杨必伦，等，2010. 土壤中高环多环芳烃微生物降解的研究进展. 微生物学通报，37（2）：280-288.

周东美，郝秀珍，薛艳，等，2004. 污染土壤的修复技术研究进展. 生态环境，13（2）：234-242.

周启星，2006. 土壤环境污染化学与化学修复进展. 环境化学，25（3）：257-265.

中国标准出版社第一编辑室，2001. 中国环境保护标准汇编——水质分析方法. 北京：中国标准出版社，49-283.

Acar Y B，Alshawabkeh A N，1993. Principles of electrokinetic remediation. Environmental Science & Technology，27（13）：2638-2647.

Altm R，Cetinkava S，Yucesu H S，2001. The potential of using vegetable oil fuels as fuel for diesel engines. Energ Convers Manage，42：529-538.

Arnold S M，Hickey W J，Harris R F，1995. Degradation of atrazine by Fenton's reagent：condition optimization and product quantification. Environmental Science & Technology，29（8）：2083-2089.

Baker A J M，McGrath S P，Sidoli C M D，et al，1994. Possibility ofinsitu heavy metal decontamination of polluted soils using crops ofmetal-accumulating plants. Resour Conserv Recy，1（1-4）：41-49.

Bamforth S M，Singleton I，2005. Bioremediation of polycyclic aromatic hydrocarbons：current knowledge and future directions. Journal of Chemical Technology and Biotechnology，80：723-736.

Basta N T，Gradwohl R，Snethen K L，et al，2001. Chemical immobilization oflead，zinc，and cadmiumin smelter contaminated soils using biosolids and rock phosphate. Journal of Environmental Quality，30：1222-1230.

Brown S L，Chaney R L，Angle J S，1995. Zinc and cadmium uptake byhyperaccumulator Thlaspi caerulescens and metal tolerant Silenevulgaris grown on sludge amended soils. Environ Sci Technol，29（6）：1581-1585.

Cerniglia C E，1992. Biodegradation of polycyclic aromatic hydrocarbons. Biodegradation，3：351-368.

Chen Y X，Lin Q，Luo Y M，et al，2003. The role of citric acid on thephytoremediation of heavy metal contaminated soil. Chemosphere，50（6）：807-811.

Coic Y，Coppenet M，1989. Les Oligo-Elements en Agriculture et Elevege. Paris：INRA Publ，77-93.

Doick K J，Clasper P J，Urmann K，et al，2006. Further validation of the HPCD-technique for the evaluation of PAH microbial availability in soil. Environmental Pollution，144（1）：345-354.

Dushenkov V，Kumar N P B A，Motto，et al，1995. Rhizofiltration：Theuse of plants to remove heavy metals from aqueous streams. Environ Sci Technol，29（5）：1239-1245.

Eric D，Richard G，2003. Beneficial use of meat and bone meal combustion residue："an efficient low cost material to removelead from aqueous effluent". Journal of Hazardous Materials，B101：55-64.

Ernst W H O, 1996. Bioavailability of heavy metals anddecontamination of soils by plants. Appl Geochem, 11 (1-2): 163-167.

Groudev V I, Groudev S N, Doycheva A S, 2001. Bioremediation of waters contaminated with crude oil and toxic heavy metals. Int J Min Process, 62 (1-4): 293-299.

Guo Z M, Wei Z B, Wu Q T, et al, 2008. Chelator-enhanced phytoextraction coupling with soil washing to remediate multiplemetals contaminated soils. Practice Periodical of Hazardous, Toxic, and Radioactive-Vaste Management, 12: 210-215.

Hamdi H, Benzarti S, Manusadzianas L, et al, 2007. Bioaugmentation and biostimulation effects on PAH dissipation and soil ecotoxicity under controlled conditions. Soil Biology & Biochemistry, 39: 1926-1935.

Hong P K A, Li C, Banerji S K, et al, 1999. Extraction, recovery and biostability of EDTA for remediation of trace metal-contaminatedsoil. J Soil Contam, 8: 81-103.

Huang J W, Chen J J, Berti W B, et al, 1997. Phytoremediation of leadcontaminated soils: Role of synthetic chelates in leadphytoextraction. Environ Sci Technol, 31 (3): 800-805.

Hultgren J, Pizzul L, Castillo M P, et al, 2010. Degradation of PAH in a creosote-contaminated soil: A comparison between the effects of willows (Salix viminalis), wheat straw and a nonionic surfactant. International Journal of Phytoremediation, 12 (1): 54-66.

Jacques R J S, Okeke B C, Bento F M, et al, 2008. Microbialconsortium bioaugmentation of a polycyclic aromatic hydrocarbons contaminated soil. Bioresource Technology, 99: 2637-2643.

Jorgesen K S, Puustinen J, Suortti A M, 2000. Bioremediation of petroleum hydrocarbon contaminated soil by composting in biopiles. Environmental Pollution, 107: 245-254.

Kanaly R A, Harayama S, 2000. Biodegradation of high-molecular weight polycyclic aromatic hydrocarbons by bacteria. Journal of Bacteriology, 182 (8): 2059-2067.

Kim J H, Han S J, Kim S S, et al, 2006. Effect of soil chemical properties on the remediation of phenanthrene-contaminated soil by electrokinetic-Fenton process . Chemosphere, 63 (10): 1667-1676.

Kim S S, Kim J H, Han S J, 2005. Application of the electrokinetic-Fenton process for the remediation of kaolinite contaminated with phenanthrene. Journal of Hazardous Mater, 118 (1-3): 121-131.

Klankeo P, Nopcharoenkul W, Pinyakong O, 2009. Two novel pyrene degrading Diaphorobacter sp. and Pseudoxanthomonas sp. isolated from soil. Journal of Bioscience and Bioengineering, 108 (6): 488-495.

Kos B, Lestan D, 2003. Induced phytoextraction/soil washing of lead using biodegradable chelate and permeable barriers. Environ Sci Technol, 37 (2): 624-629.

Lestan D, Luo C L, Li X D, 2008. The use of chelating agents in theremediation of metal-contaminated soils: A review. Environ Pollut, 153 (1): 3-13.

Luo L, Zhang S Z, Christie P, 2010. New Insights into the Influence of Heavy Metals on Phenanthrene Sorption in Soils. Environmental Science & Technology, 44 (20): 7846-7851.

Lusvardi G, Malavasi G, Menabue L, et al, 2002. Removal of cadimium ion by means of synthetic hydroxyapatite. Waste Management, 22: 853-857.

Ma L O Y, 1996. Factors influencing the removal of divalent cations by hydroxyapatite. Journal of Environmental Quality, 25 (6): 1420-1429.

Ma L Q, Komar K M M, Tu C, et al, 2001. A fern that hyperaccumulates arsenic. Nature, 409 (6820): 579.

Ma L Q Y, Rao G N, 1997. Effects of phosphate rock on sequentiai chemical extraction of lead in contaminated soils. Journal of Environmental Quality, 26 (3): 788-794.

Mancera-Lopez M E, Esparza-Garcia F, Chavez-Gomez B, et al, 2008. Bioremediation of'an aged hydrocarbon-contaminated soil by acombined system of biostimulation-bioaugmentation with filamentous fungi. International Biocieterioration & Biodegradation，61：151-160.

Ma Q Y，Tralna S J，1993. In situ lead immobilization by apatite. Environmental Science and Technology，27：1803-1810.

Maturi K，Reddy K R，2006. Simultaneous removal of heavy metals and organic contaminants from soils by electrokinetics using a modified cyclodextrin. Chemosphere，63 (6)：1022-1031.

McGowen S L，Basta N T，Brown G O，2001. Use of diammonium phosphate to reduce heavy metal solubility and transport in smelter-contaminated soil. Journal of Environmental Quality，30：493-500.

Nathanail P C，Bardos R P，2004. Reclamation of Contaminated Land. England：John Wiley & Sons Ltd.

Nayak A，Vijaykumar M H，Karegoudar T B，2009. Characterization of biosurfactant produced by Pseudoxanthomonas sp. PNK-04 and its application in bioremediation. International Biodeterioration & Biodegradation，63 (1)：73-79.

Palma L D，Ferrantelli P，Merli C，et al，2003. Recovery of EDTA and metal precipitation from soil flushing solutions. J Hazard Mater，103：153-168.

Parker E F，Burgos W D，1999. Degradation patterns of fresh and aged petroleum contaminated soils. Environmental Engineering Science，16 (1)：21-29.

Patricia M，Alicia F C，2008. Phosphates for Pb immobilization in soils：a review. Environmental Chemistry Letters，6：121-133.

Peters W R，1999. Chelant extraction of heavy metals from contaminated soil. J Hazard Mater，66 (1-2)：151-210.

Reddy K R，Saichek R E，2004. Enhanced electrokinetic removal of phenanthrene from clay soil by periodic electric potential application. Journal of Environmental Science and Health，Part A-Toxic/Hazardous Substances & Environmental Engineering，A39 (5)：1189-1212.

Reddy K R，Chinthamreddy S，2003. Sequentially enhanced electrokinetic remediation of heavy metals in low buffering clayey soils. Journal of Geotechnical and Geoenvironmental Engineering，ASCE，129 (3)：263-277.

Sah J G，Lin L Y，2000. Electrokinetic study on copper contaminated soils. Journal of Environmental Science and Health Part A Toxic/Hazardous Substances & Environmental Engineering，35 (7)：1117-1139.

Samake M，Wu Q T，Mo C H，et al，2003. Plants grown on sewage sludge in South China and its relevance to sludge stabilization andmetal removal. J Environ Sci，15：622-662.

Schwartz C，Echevarria G，Morel J，et al，2003. Phytoextraction ofcadmium with Thlaspi caerulescens. Plant Soil，249 (1)：27-35.

Smiuciklas A，Onjia S，Raivcevi C，et al，2008. Factors influencing the removal of divalent cations by hydroxyapatite. Journal of Hazardous Materials，156：876-884.

Stokes J D，Wilkinson A，Reid B J，et al，2005. Prediction of PAH biodegradation in contaminated soils using an aqueous hydroxypropyl-beta-cyclodextrin extraction technique. Environmental Toxicology and Chemistry，24 (6)：1325-1330.

Suzuki T，Hatsushika T，Hayakawa Y，1981. Synthetic hydroxyapatites employed as inorganic cation exchangers. Journal of the Chemical Society Faraday Transaction，77：1059-1062.

Thepsithar P，Roberts E P L，2006. Removal of phenol from contaminated kaolin using electro kinetically enhanced jn situ chemical oxidation. Environmental Science & Technology，40 (19)：6098-6103.

Ure A M，Quevauviller P H，Muntau H，et al，1993. Speciation of heavv metals in soils and sediments. An account of the improvement and harmonization of extraction techniques undertaken under the auspices of the BCR of the commission of the European coinmunities. Inlernzaional Journal of Environmcntal Analvtical Chelnistry，51 (1-4)：135-151.

Vasudevan N, Rajaram P, 2001. Bioremediation of oil sludge contaminated soil. Environmental International, 26: 409-411.

Wu L H, Luo Y M, Xing X R, et al, 2004. EDTA-enhancedphytoremediation of heavy metal contaminated soil with Indianmustard and associated potential leaching risk. Agr Ecosyst Environ, 102: 307-318.

Wu Q T, Wei Z B, Ouyang Y, 2007. Phytoextraction of metal contaminated soil by hyperaccumulator Sedum alfredii H: Effectsof chelator and co-planting. Water Air Soil Pollut, 180 (1-4): 131-139.

Wu Q T, Deng J C, Long X X, et al, 2006. Selection of appropriate organic additives for enhancing Zn and Cd phytoextraction byhyperaccumulators. J Environ Sci, 18 (6): 1113-1118.

Wu Q T, Hei L, Mrong J W C, et al, 2007. Co-cropping for phytoseparation of zinc and Potassium from sewage sludge. Chemosphere, 68: 1954-1960.

Wu Y R, He T T, Zhong M Q, et al, 2009. Isolation of marine benzo [a] pyrene-degrading Ochrobacterium sp. BAP5 and proteins characterization. Journal of Environmental Sciences, 21: 1446-1451.

Yuan S Y, Su L M, Chang B V, 2009. Biodegradation of phenanthrene and pyrene in compost-amended soil. Journal of Environmental Science and Health, part A: Toxic/Hazardous Substances and Environmental Engineering, 44 (7): 648-653.

Zeng O R, Sauve S, Allen H E, et al, 2005. Recycling EDTA solutions used to remediate metal-polluted soils. Environ Pollut, 133: 225-231.

Zhou D M, Deng C F, Cang L, et al, 2005. Electrokinetic remediation of a Cu-Zn contaminated red soil by controlling the voltage and conditioning catholyte pH. Chemosphere, 61 (4): 519-527.